高等职业教育农业部“十三五”规划教材
“十二五”职业教育国家规划教材
经全国职业教育教材审定委员会审定

TURANG FEILIAO

土壤肥料

第四版

宋志伟 王 阳 主编

中国农业出版社
北 京

内容简介

本教材是全国高职高专院校农林、生态和资源环境类各专业的专业基础课教材，是在第三版的基础上经过具有丰富教学经验的专业教师精心研究编写完成。本教材系统介绍了土壤与肥料基础知识、基本技能以及我国近年来土壤肥料领域的新成果、新技术和新方法。全书由 5 个模块、14 个项目（或基础）、36 个任务、57 个活动组成。

本教材打破常规土壤肥料教材的编写模式，分为土壤肥料基础、土壤肥力评价与调控、土壤资源与管理、肥料的合理施用、测土配方施肥技术及应用等 5 大模块。土壤肥料基础部分主要介绍土壤肥料概述、土壤基本组成、合理施肥基础、土壤肥料与农产品安全等内容；土壤肥力评价与调控部分主要介绍土壤肥力基础物质测试与调控、土壤物理性状测定及调控、土壤化学性状测定及调控；土壤资源与管理部分主要介绍土壤资源与质量、土壤资源利用与管理等内容；肥料的合理施用部分主要介绍化学肥料的合理施用、有机肥料与生物肥料的合理施用、新型肥料与合理施肥新技术；测土配方施肥技术及应用主要介绍测土配方施肥技术的原理及在农作物、蔬菜、果树生产上的应用案例等内容。全书以项目导向、任务驱动为依据，按照模块—项目—任务—活动进行编写，每一模块包括模块目标、项目目标、背景知识、阅读材料、师生互动、资料收集、学习巩固、考证提示等栏目，突出岗位职业技能，教材内容按工作任务环节或流程进行编写，注重体现工学结合、校企合作教学需要。

本教材可作为农林、园艺、生态、环境等专业的普通专科（高职高专）与成人专科生的教材，亦可供相关专业的教师、农技推广人员、工程技术人员的参考用书。

第四版编审人员名单

主　编　宋志伟　王　阳

副主编　杨净云　刘桂芳　张爱中

编　者　（以姓名笔画为序）

王亚英　王　阳　田春丽　刘桂芳

杨净云　宋志伟　宋淑艳　张爱中

特拉津·那斯尔

审　稿　金为民　程道全　马二明

第一版编写人员名单

主　编　金为民

编　者　（按编写顺序排名）

曹金留（江苏农林职业技术学院）

金为民（黄冈职业技术学院）

王应君（河南农业职业学院）

宋志伟（河南农业职业学院）

何增明（湖南永州职业技术学院）

第二版编审人员名单

主　编　金为民　宋志伟

副主编　马爱军　殷嘉俭　金明琴

编　者　（以姓名笔画为序）

马爱军（江苏农林职业技术学院）

王春泉（江西生物科技职业学院）

王思萍（潍坊职业学院）

刘凌芝（广西农业职业技术学院）

宋志伟（河南农业职业学院）

金为民（黄冈职业技术学院）

金明琴（黑龙江畜牧兽医职业学院）

高凤文（黑龙江农业职业技术学院）

殷嘉俭（山西林业职业技术学院）

审　稿　贺立源（华中农业大学）

化党领（河南农业大学）

第三版编审人员名单

主　编　宋志伟　王　阳

副主编　徐文平　杨净云

编　者　（以姓名笔画为序）

马爱军　王　阳　刘文国　李　平

杨净云　宋志伟　宋淑艳　徐文平

审　稿　金为民　张爱中

第四版前言

根据教育部《关于加强高职高专教育教材建设的若干意见》《关于全面提高高等职业教育教学质量的若干意见》《关于“十二五”高等职业教育国家规划教材立项通知》等文件有关精神，依据高职高专教育近年来工学结合的实践性成果，充分吸收土壤肥料领域的新型肥料、作物合理施肥新技术、测土配方施肥技术等新知识、新技术，并围绕培养技能型、应用型人才目标，按照项目教材要求，在第三版基础上，重新修订了《土壤肥料》(第四版) 教材。其特点主要有：

1. 根据学生认知规律和职业教育发展需要，为适应工学结合、项目教学需要，设置了土壤肥料基础、土壤肥力评价与调控、土壤资源与管理、肥料的合理施用、测土配方施肥技术及应用等五大模块，增加了测土配方施肥技术及应用模块。

2. 本次修订体现了最新职业教育教学改革精神，突出“专业与产业、职业岗位对接，专业课程内容与职业标准对接，教学过程与生产过程对接，学历证书与职业资格证书对接，职业教育与终身教育学习对接”等五个对接，具有时代特征和职业教育特色。

3. 修订后教材打破知识与技能的分割，采取“理实一体、教学做一体”，使教材简练、实用。以适应工学结合项目教学需要，按照模块—项目（或基础）—任务—活动进行编写，每一项目（或基础）包括项目（或基础）目标、任务内容、阅读材料、资料收集、师生互动、考证提示等栏目，每一任务按任务目标、背景知识、活动内容等栏目，每一活动包括活动目标、活动准备、相关知识、操作规程和质量要求、常见技术问题处理等体例编写，较传统该类教材有重大突破。

4. 修订后教材在保留前三版教材必要的基础知识和基本理论基础上，及时吸纳当前土壤肥料等领域的“新型肥料、作物合理施肥新技术、测土配方施肥技术”等新知识、新技术、新成果，使教材内容体现新颖性，并增加了实用性。其他新知识、新技术通过设置“阅读材料”栏目将每个项目（或基础）所涉及的新知识体现出来，拓展学生视野。

5. 修订后教材突出职业岗位技能环节，较其他同类教材重视岗位知识的实践应用技能，每一活动的操作规程按照工作任务的环节或流程以表格任务单形式进行编写和训练，突出操作环节和质量要求，体现教学与职业岗位的“零距离对接”。对于测土配方施肥技术应用提供了水稻、小麦、苹果、柑橘、番茄、黄瓜等6个作物应用案例，使教材内容接近生产实际。

6. 邀请企业、行业技术专家参加教材编写和审稿，使教材内容更具有前瞻性、针对性和实用性，更体现生产实际需要，更具有企业个性和职业特色。

本教材由河南农业职业学院宋志伟、温州科技职业学院王阳主编，云南农业职业技术学院杨净云、临汾职业技术学院刘桂芳、河南中威高科技化工有限公司张爱中任副主编。参加编写的还有：天津农学院职业技术学院宋淑艳、伊犁职业技术学院特拉津·那斯尔、河南农业职业学院田春丽、山西林业职业技术学院王亚英。全书由宋志伟统稿。本书承蒙泉州理工职业学院金为民教授、河南省土壤肥料站程道全推广研究员、河南中德生态肥业有限公司马二明董事长审稿。在编写过程中，得到中国农业出版社、河南农业职业学院、温州科技职业学院、黑龙江农业职业技术学院、云南农业职业技术学院、江苏农林职业技术学院、杨凌职业技术学院、天津农学院职业技术学院、河南中威高科技化工有限公司等单位大力支持，在此一并表示感谢。

本教材在编写体例和内容组织上较传统的土壤肥料教材有很大改变，仅仅是一种尝试。由于编写者水平有限，加之编写时间仓促，错误和疏漏之处在所难免，恳请各学校师生批评指正，以便今后修改完善。

对本教材有疑惑或修改建议者，可以与主编联系，主编信箱：szw326135085@qq.com。

编 者

2014年3月

第一版前言

本教材是面向21世纪全国农林类高职高专的统编教材，是根据我国高等职业教育发展的需要和人才培养目标与规格的要求而编写的。对基础理论部分主要以应用为目的，以必需、够用为度，以掌握概念、强化应用为重点。删除陈旧、重复的知识块，减少与专业知识和技能培养等方面无关的内容，增加应用性知识，在对教材内容的先进性和针对性的处理上，以突出掌握生产实际中正在使用的技术和新近有可能推广的技术。

本教材主要阐述了土壤的基础知识与改良措施，植物营养的基本原理，土壤养分状况与各种肥料的性质、特点及合理施肥技术等。同时，加大了实践教学的比重，除了常规必做实验之外，还增加了田间实验和盆栽试验及土壤和植物营养诊断等方面的内容。

本书共九章，包括绪论、土壤固相组成；土壤物理性质；土壤化学性质；土壤水气热状况；我国土壤资源与管理及营养土的配制；植物营养与施肥原理；土壤养分状况与化学肥料；有机肥料；配方施肥与计算机在配方施肥中的应用和实验实习指导等内容。其中绪论，第四章、第六章、第八章由金为民编写；第一、二、三章由曹金留编写；第五章、第九章由王应君编写；第七章由宋志伟编写，实验实习部分由何增明编写，最后由主编金为民统稿。在统稿过程中，对某些章节作了较大的修改及内容方面的充实。

由于编者水平有限，加上时间仓促，错误疏漏之处在所难免，希望使用本教材的师生与读者给以批评、指正。

编　者

2014年1月

第二版前言

根据教育部《关于全面提高高等职业教育教学质量的若干意见》等文件精神，结合本行业技术领域和职业岗位（群）的任职要求，参照相关的职业资格标准，在强化能力培养的基础上，重新修订编写此教材。

本教材的编写立足于让学生掌握土壤肥料领域相关的基础理论知识和最新的技术成果的基础上，使学生掌握最新的操作技能和实践方法。因此，教材全面地阐述土壤肥料的新领域、新技能和新方法，从土壤的基本组成及其性质、土壤肥力的基本特性与技术信息、土壤资源的综合评价、障碍土壤的退化机理与恢复重建以及植物的需肥特性与常用肥料（含无机肥、有机肥）施用技术等诸多方面进行介绍。各章的内容安排从简要介绍职业岗位和职业能力要求入手，然后对土壤肥料的基础知识进行综合集成和系统介绍，对与土壤肥料有联系的内容采取知识链接或知识拓展的方式附在本章之中，对需要进行职业技能强化训练的内容紧接本节其后，并附有课外实践活动安排，这就充分体现了融“教、学、做”为一体，强化学生能力培养的创新之处，在每章的最后还附有小结与习题，便于学生自学和练习。本教材是由在土壤肥料领域耕耘了20多年、奋斗在教学第一线的教学、科研骨干经过充分酝酿讨论编写出版。

本教材第一章和第四章第一、二、三节由金为民老师编写；第二章由金明琴老师编写；第三章第一、二、三节由殷嘉俭老师编写；第三章第四、五节由王春泉老师编写；第四章第四节、第七章第四、五、六节由王思萍老师编写；第五章由宋志伟老师编写；第六章由高凤文老师编写；第七章第一、二、三节由马爱军老师编写；第八章由刘凌芝老师编写。初稿完成后在杨凌集中进行了轮流审阅和修订，最后由主编进行统稿和定稿。

本教材由华中农业大学博士生导师贺立源教授和河南农业大学化党领博士审稿，在此致谢。

在教材编写过程中得到了黄冈职业技术学院、河南农业职业学院、江苏农林职业技术学院、江西生物科技职业学院、潍坊职业学院、广西农业职业技术学院、黑龙江畜牧兽医职业学院、黑龙江农业职业技术学院、山西林业职业技术学院等单位的大力支持，在此表示衷心感谢！为编好该教材，本书引用了大量的重要文献资料，限于篇幅，有些未能列出，在此一并表示感谢。

由于编者的学识有限，书中难免有错误和不妥之处，真诚地欢迎各位同仁和使用本教材的老师和同学们给予批评指正。

编 者

2009 年 5 月

第三版前言

根据教育部《关于加强高职高专教育教材建设的若干意见》、《关于全面提高高等职业教育教学质量的若干意见》等有关文件精神，吸收高职高专教育近年来工学结合的实践性成果，围绕培养技能型、应用型人才目标，按照项目教材要求，重新修订了《土壤肥料》教材。

本教材在编写过程中体现以下特色：一是教材编写体现时代性。教材编写体现最新高等职业教育教学改革精神，突出“专业与产业、职业岗位对接，专业课程内容与职业标准对接，教学过程与生产过程对接，学历证书与职业资格证书对接，职业教育与终身教育学习对接”五个对接，具有时代特征和高等职业教育特色。二是教材知识体现融合性。本教材以基础知识“必需”、基本理论“够用”、基本技术“会用”为原则，对土壤和肥料两大部分内容进行有机融合，删去陈旧、烦琐的内容，将知识与技能合并编写，实现“理实一体、教学做一体”，使教材知识简练、实用，适应现代高职高专教学需要。三是教材内容体现新颖性。本教材在注重基础知识、基本理论与基本技能的基础上，充分反映当前土壤肥料等领域的新知识、新技术、新成果，体现了高等职业教育教学改革成果。通过设置“阅读材料”栏目将各项目所涉及的新知识体现出来，拓展学生视野。四是教材体例体现创新性。本教材以适应工学结合项目教学的需要，按照模块—项目（或基础）—任务—活动的体例进行编写。每一项目（或基础）包括项目目标、任务内容、阅读材料、资料收集、师生互动、考证提示等栏目。每一任务包括任务目标、知识背景、活动内容等栏目，每一活动包括活动目标、活动准备、相关知识、操作规程和质量要求、常见技术问题处理等栏目，本教材相对传统教材有重大突破。五是教材形式体现岗位性。本教材编写强调在基础知识、基本理论巩固的基础上，突出职业岗位技能环节，较其他同类教材更重视岗位知识的实践应用技能。每一活动的操作规程按照工作任务的环节或流程以表格任务单的形式进行编写和训练，突出操作环节和质量要求，体现教学与职业岗位的“零距离对接”。

本教材分为土壤肥料基础、土壤肥力评价与调控、土壤资源与管理、肥料的合理施用四大模块，由3个基础、7个项目、30个任务、45个活动组成。

本教材由河南农业职业学院宋志伟、温州科技职业学院王阳主编，黑龙江农业职业技术学院徐文平、云南农业职业技术学院杨净云任副主编。具体编写分工为：模块一：基础一和基础三由王阳编写，基础二由天津农学院宋淑艳编写；模块二：项目一和项目二由宋志伟编写；模块三由杨净云编写；模块四：项目一由杨凌职业技术学院刘文国编写，项目二由徐文平编写，项目三任务一由河南农业职业学院李平编写，项目三任务二由江苏农林职业技术学院马爱军编写。全书由宋志伟统稿。本教材承蒙泉州理工学院金为民教授、河南中威高科技化工有限公司与加拿大温哥华植物科学有限公司张爱中审稿。在编写过程中，得到河南农业职业学院、温州科技职业学院、黑龙江农业职业技术学院、云南农业职业技术学院、江苏农林职业技术学院、杨凌职业技术学院、天津农学院等单位的大力支持，在此一并表示感谢。

由于编者水平有限，加之编写时间仓促，教材中错误和疏漏在所难免，敬请各位同行、广大读者批评指正。

如需要电子课件或对本教材有修改建议，请与主编联系（电子邮箱：szw10000@126.com）。

编　者

2012年10月

目　　录

模块一

土壤肥料基础

基础一　土壤肥料概述

基础目标

知识目标：能描述土壤、土壤肥力、肥料概念；了解土壤肥料在农业生产中的重要地位；明确当前土壤肥料面临的主要工作任务；正确树立保护土壤资源的意识。

能力目标：能与农业、林业、园林、牧业等企业员工进行有效沟通，了解耕作和施肥的相关知识与经验；能说出当地主要土壤类型和经常施用的肥料名称。

任务一　土壤、土壤肥力及肥料

任务目标

掌握土壤、土壤肥力和肥料的概念；了解它们的区别与联系，能区别自然土壤与耕地土壤、水田与旱地；能说出最常见的化学肥料。

1. 土壤　土壤，人们对它并不陌生。土壤是地球表层系统的重要组成部分，是人类生产和生活中不可缺少的一种重要的自然资源。早在三四千年前，我国《周礼》中对土壤含义的记载是："万物自生焉则曰土，以人所耕而树艺焉则曰壤"，意即凡是自然植被生长的土地称为"土"（自然土壤），经垦种的土地称为"壤"（耕地土壤）。20 世纪 30 年代，苏联土壤学家威廉斯给土壤下了一个科学定义：土壤就是地球陆地表面能够生长植物的疏松表层。这一概念说明了土壤主要功能是能生长绿色植物，具有生物多样性；所处位置是地球陆地的表层；其物理状态是由矿物质、有机质、水和空气组成的，具有孔隙结构的疏松介质。

尽管不同地区的土壤千差万别，但都具有以下特点：第一，土壤是一个独立的历史自然体。土壤是生物、气候、母质、地形、时间等自然因素和人类活动综合作用下的产物。第二，土壤是多孔多相系统。组成土壤的基本物质主要有固相物质（矿物质、有机物质和生物）、液相物质（水分）和气相物质（空气）等（图 1-1-1）。第三，土壤具有垂直分层性。土壤发育过程中往往形成不同的层次，使土壤在垂直

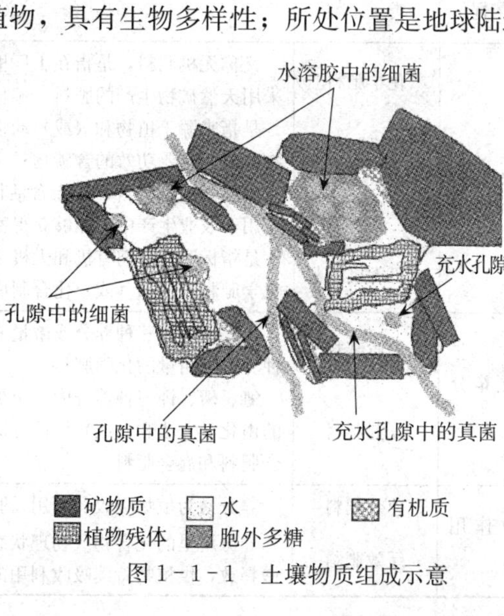

图 1-1-1　土壤物质组成示意

方向的物质组成和颜色发生分异，形成不同的发生层次（图 1-1-2）。

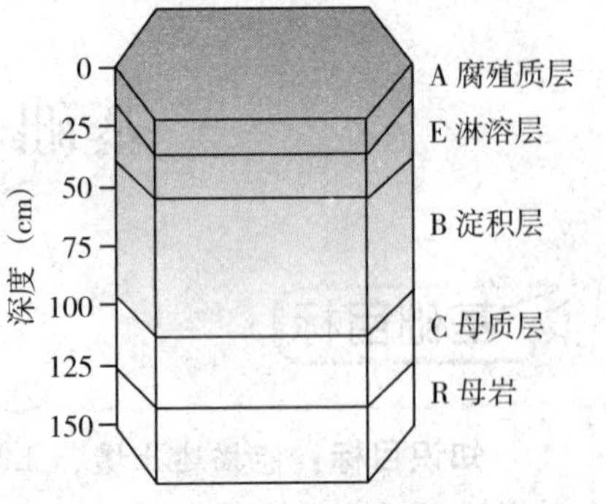

图 1-1-2　土壤剖面示意

2. 土壤肥力　土壤之所以能够生长绿色植物，是由于土壤具有肥力。土壤肥力是指土壤能经常适时供给并协调植物生长所需的水分、养分、空气、热量和其他条件的能力。土壤肥力是土壤最基本的特征。

养分、水分、空气和热量被称为土壤肥力的四大因素。土壤肥力的各要素不是孤立的，而是相互联系、相互制约的。如土壤孔隙中存在着水分和空气，在孔隙度不变的情况下，水分的增加会使空气含量减少，土壤通气性降低。同时因为水的热容量较大，水分的增加也会使土壤温度下降，影响土壤养分的转化。而土壤温度较高时，水分蒸发的速度较快，水分含量降低，土壤矿化速度加快，土壤养分供应增加。

根据肥力产生的原因，可将土壤肥力分为自然肥力和人工肥力。自然肥力是未经农业利用的自然土壤所具有的肥力。人工肥力是在人为因素（耕作、灌溉、施肥及其他技术措施）影响作用下形成的肥力。人工肥力是自然土壤经过开垦耕作以后，在人类生产活动影响下创造出来的。

在农业生产上，通常把在一定农业技术措施下反映土壤生产能力的那部分肥力称为有效肥力，又称经济肥力；而受环境条件和技术水平限制暂不能被植物利用的那部分肥力称为潜在肥力。潜在肥力在一定条件下可转化为有效肥力。

3. 肥料　肥料是指能够直接或间接供给植物生长发育必需的营养元素的物料，有“植物的粮食”之称。肥料种类繁多，从不同的角度有不同的分类（表 1-1-1）。一般常分为化学肥料、有机肥料和生物肥料三类。

表 1-1-1　不同的肥料分类情况

分类依据	类　型	含　义	示　例
来源与组分	化学肥料	又称无机肥料，是指在工厂里用化学方法合成的或采用天然矿物生产的肥料	尿素、硫酸钾、过磷酸钙等
	有机肥料	是指来源于植物和（或）动物，施于土壤以提供植物养分为主要功效的含碳物料	人粪尿、厩肥、绿肥等
	生物肥料	又称微生物肥料，是指含活性微生物的特定制品，应用于农业生产中，能够获得特定的肥料效应	根瘤菌肥料、磷细菌肥料等
	有机无机肥料	是指标明养分的有机和无机物质的产品，由有机和化学肥料混合和（或）化合制成	有机无机复混肥
有效养分数量	单质肥料	氮、磷、钾三种养分或微量元素养分中，仅具有一种养分标明量的化学肥料	碳酸氢铵、氯化钾、硼砂等
	复混肥料	氮、磷、钾三种养分中，至少具有两种养分标明量的由化学方法和（或）掺混方法制成的肥料，包括复合肥料和混合肥料	磷酸二氢钾、花生专用肥等
肥效作用方式	速效肥料	养分易为植物吸收、利用，肥效快的肥料	碳酸氢铵、硝酸铵等
	缓效肥料	养分所呈的化合物或物理状态，能在一定时间内缓慢释放，供植物持续吸收利用的肥料	尿甲醛、包裹尿素等

（续）

分类依据	类　型	含　义	示　例
肥料的化学性质	碱性肥料 酸性肥料 中性肥料	化学性质呈碱性的肥料 化学性质呈酸性的肥料 化学性质呈中性或接近中性的肥料	碳酸氢铵等 过磷酸钙等 尿素等
反应性质	生理碱性肥料	养分经植物吸收利用后，残留部分导致生长介质酸度降低的肥料	硝酸钠等
	生理酸性肥料	养分经植物吸收利用后，残留部分导致生长介质酸度提高的肥料	硫酸钾、硫酸铵、氯化铵等
	生理中性肥料	养分经植物吸收利用后，无残留部分或残留部分基本不改变生长介质酸度的肥料	硝酸铵等

任务二　土壤肥料与植物生长

任务目标

熟悉土壤在植物生长发育中的重要作用及肥料在农业生产中的重要作用。

1. 土壤是植物生长发育的基础　“民以食为天，食以土为本”，精辟地概括了人类—农业—土壤的关系。农业是人类生存的基础，而土壤是农业生产的基础。同时土壤又是地球环境的重要组成部分，其质量与水、大气、生物的质量以及人类的健康密切相关。

（1）土壤是植物生长发育的基础。农业生产的基本任务是发展人类赖以生存的绿色植物生产。绿色植物生长所需五个基本要素：光、热量、空气、水分和养分。除光外，水分和养料主要来自土壤，空气和热量一部分也通过土壤获得。植物扎根于土壤，靠根系伸长固着于土壤中，并从土壤中获得必需的各种生长条件，完成生长发育的全过程（图1-1-3）。归纳起来，土壤在植物生长和农业生产中有以下不可替代的重要作用：一是营养库作用。植物需要的氮、磷、钾及中量、微量元素主要来自土壤。二是养分转化和循环作用。地球表层系统中，通过土壤养分元素的复杂转化过程，实现着营养元素与生物之间的循环转化，维持生物生命周期生长与繁衍。三是雨水涵养作用。土壤是地球陆地表面具有生物活性和多孔结构的介质，具有很强的吸水和持水能力，可蓄存或截留雨水。四是生物的支撑作用。绿色植物通过根系在土壤中伸展和穿插，获得土壤的机械支撑，稳定地站立于大自然之中；土壤中还拥有种类繁多、数量巨大的生物群。五是稳定和缓冲环境变化的作用。土壤处于大气圈、水圈、岩石圈及生物圈的交界面，这种特殊的空间位置（图1-1-4），使得土壤具有抗外界温度、湿度、酸碱性、氧化还原性变

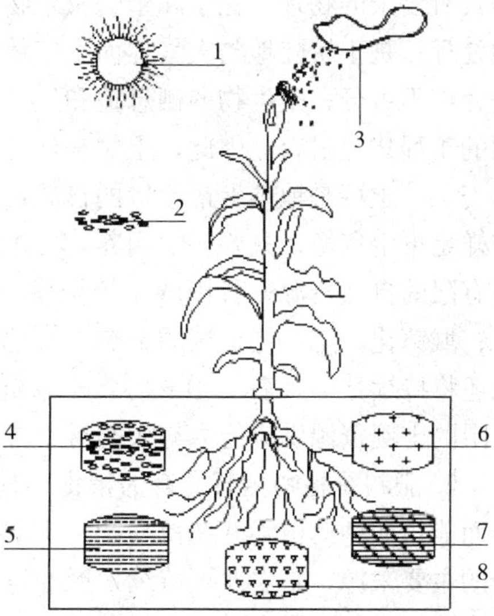

图1-1-3　植物生长因子与土壤的关系
1. 光照　2. 空气　3. 降水　4. 土壤空气　5. 水分　6. 温度　7. 养分　8. 扎根

化的缓冲能力；对进入土壤的污染物能通过土壤生物的代谢、降解、转化、消除或降低毒性，起着“过滤器”和“净化器”的作用。

（2）土壤是地球表层系统自然地理环境的重要组成部分。地球表层系统中大气圈、生物圈、岩石圈、水圈和土壤圈是构成自然地理环境的五大要素。其中，土壤圈覆盖于地球陆地表面，处于其他圈层的交接面上，成为连接它们的纽带，是结合无机界和有机界——即生命和非生命联系的中心环境（图 1－1－5）。

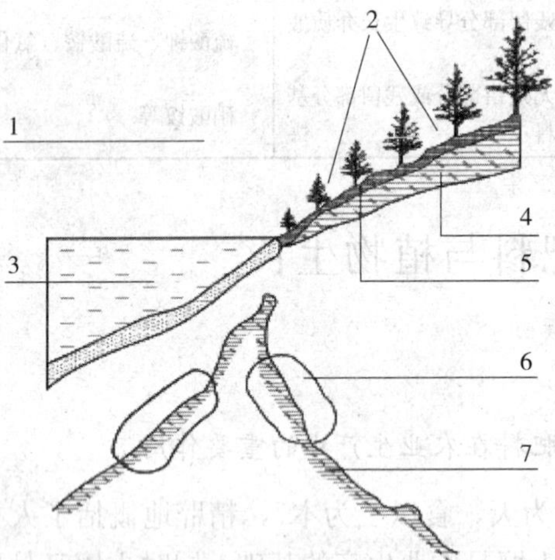

图 1－1－4　土壤在地球外圈的位置

1. 大气圈　2. 生物圈　3. 水圈　4. 风化壳　5. 土壤　6. 岩石圈　7. 接触变质区

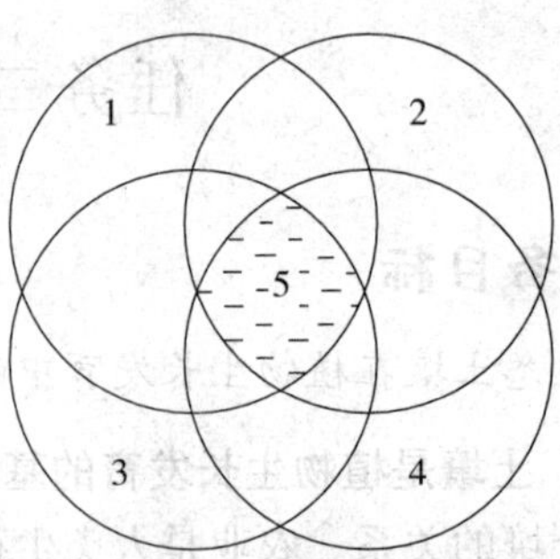

图 1－1－5　土壤圈的地位

1. 大气圈　2. 生物圈　3. 岩石圈　4. 水圈　5. 土壤圈

（3）土壤是陆地生态系统的重要组成部分。土壤在陆地生态系统中起着极其重要的作用：是具有生命力的多孔介质，对动、植物生长和粮食供应至关重要；能净化与储存水分；是具有复杂的物理、化学和生物及生物化学过程的自然体，直接影响养分循环和有机废弃物的处理；是土壤陆地与大气界面上气体与能量的调节器，如温室气体的排放和土壤生物化学过程密不可分；是生物的栖息地和生物多样性的基础；是环境中巨大的自然缓冲介质；是常用的工程建筑材料。因此，土壤是陆地生态系统的重要组成部分。

（4）土壤是地球上最珍贵的自然资源。首先，土壤作为自然资源，和水资源、大气资源一样是再生资源，只要科学用养，可永续利用。其次，从土壤的数量来看又是不可再生的，是有限的自然资源。我国的土壤资源由于受海陆分布、地形地势、气候、水分配和人口增长、城镇化、工业化扩展的影响，耕地土壤资源短缺，后备耕地土壤资源不足，人均耕地面积还将持续下降（表 1－1－2）。土壤资源的有限性已成为制约经济、社会发展的重要因素，有限的土壤资源供应能力与人类对土壤总需求之间的矛盾日趋尖锐。

2. 肥料是植物生长发育的粮食　地球上几乎没有一个地方的土壤，可以不施用任何肥料而能长期种植植物并获得高产。土壤养分是土壤肥力最重要的物质基础，肥料则是土壤养分的主要来源，是农业可持续发展的重要基础之一。联合国粮农组织的统计表明，在提高单产方面，肥料对增产的贡献额为 40%～60%。我国农业部门则认为这一比例在 40%左右。从现代科学储备和生产条件来看，在未来农业中，肥料在提高产量与品质方面仍将继续发挥积极作用。

表 1-1-2　中国土壤资源状况与世界和部分国家比较

土地类型	中国占有量与世界总占有量比率（%）	人均占有量（hm^2）					中国人均占有量与世界人均占有量比率（%）
		世界	中国	英国	巴西	印度	
土地总面积		2.77	0.91	3.92	6.28	0.43	32.9
耕作园地面积	6.8	0.31	0.1	0.8	0.56	0.22	32.3
永久菜地面积	9.0	0.66	0.27	1.01	1.22	0.02	40.9
林地面积		0.84	0.13	1.11	4.15	0.09	15.5

肥料在农业生产中的积极作用有以下几点：一是能促进和改善土壤—植物—动物系统中营养元素的平衡、交换和循环；二是提高土壤肥力，即提高单位面积土地的农牧产品数量与质量，使土壤资源获得永续利用；三是使植物生长茂盛，提高地面覆盖率，减缓或防止土壤侵蚀，维护地表水域、水体不受污染；四是改善农副产品的品质，保护人体健康。农副产品的品质包括商业品质、市场价值、营养价值以及对各种有害影响的抗性等。

但肥料施用或处置不当，会污染生态环境，导致人体健康受到威胁：首先，污染生态环境，如氮肥、磷肥等施用不当，易引起大气环境污染、水体环境污染或富营养化。其次，降低植物抗逆能力，导致减产和产品品质恶化。最后，土壤理化性状恶化，土壤养分比例失调，导致土壤肥力下降。

阅读材料

宇宙土壤和人造土壤

1. 宇宙土壤　俄罗斯科学家创造出一种土壤，称之为宇宙土壤，并在“礼炮-1”轨道科学站上进行蔬菜种植试验。宇宙土壤是一种塑料沙，沙中可以添加植物生长所必需的养分，只要补充肥料就能保证连续不断地生产植物。但这种合成材料成本很高，不适于在地球上大面积推广使用。随着航天科技的进步，人类登陆月球和火星，发现它们表面存在大量的由岩石风化产生的尘土，航天科学家把这些尘土也称之为宇宙土壤，由于没有水分和适宜的环境条件，它们并不能生长植物，也没有生命存在。

2. 人造土壤　面对日益严重的全球荒漠化威胁，在世界耕地日益减少的情况下，发达国家和一些土地资源稀缺的国家，从 20 世纪中期开始，一直在探索人造土壤的问题。如今，已经取得了初步的结果。

美国最近研制出一种米粒状的聚合物“阿果索”，它能吸收相当于自身重量 30～700 倍的水分。每平方米土壤添加 100g“阿果索”，就可以起到三种作用：一是吸收过多的雨水；二是在干旱季节通过渗透向植物提供水分；三是提高土壤的透气性。目前，联合国粮农组织的技术人员已开始实验用“阿果索”与黄沙搅拌后装在一个特殊的容器中，在里面种上草本植物以用来绿化沙漠。

瑞典也发明了一种陶瓷材料，可以为水栽作物提供营养与水分，而不必通过水龙头开关控制。以色列的研究人员发明了一种改良土壤的新型材料，这种材料由40%的废纸屑组成，既可以废物利用，又可以刺激某些蔬菜的生长，可谓一举两得。

世界各国都在加紧对人造土壤的研究，相信在不久的将来，我国的科学家也会研制出自己的人造土壤来。

资料收集

1. 阅读《土壤》《中国土壤与肥料》《土壤通报》《土壤学报》《植物营养与肥料学报》等杂志以及土壤肥料方面的书籍。

2. 浏览中国肥料信息网、××省（市）土壤肥料信息网、中国科学院南京土壤研究所网站、中国农业科学院土壤肥料研究所网站等。

3. 了解近两年有关土壤方面的新技术、新成果、最新研究进展，制作卡片或写一篇综述。

师生互动

将全班分为若干团队，每队 5～10 人，利用业余时间，进行以下活动：

1. 到当地村庄访问农户，调查当地农田土壤基本情况。

2. 到当地肥料市场，调查其销售肥料的类型、名称与养分含量。

3. 为什么说土壤是植物生长发育的基础，肥料是植物的粮食？

考证提示

获得农艺工、种子繁育员、植保员、蔬菜园艺工、花卉园艺工、果树园艺工、林木种苗工、绿化工、草坪建植工、中药材种植员、牧草工等高级资格证书，需具备以下知识和能力：

◆土壤、土壤肥力、肥料的概念。

◆土壤、肥料对植物生长的影响。

◆树立土壤生态环境保护和农产品质量安全意识。

基础二　土壤基本组成

基础目标

知识目标：了解土壤三相物质的基本组成与性质；认识土壤三相物质对植物生长与土壤肥力的作用；能运用所学知识进行土壤肥力因素的合理调节，培肥土壤。

能力目标：了解农业、林业、牧业、园林等企业员工的工作经历和工作经验，能与有关工作人员进行有效沟通，及时了解相关知识与经验；熟知农业、林业、牧业、园林等企业劳动生产安全规定；能以企业员工身份进行团队工作，为企业提供团队建设意见。

任务一　土壤固相组成

任务目标

了解土壤固相、液相和气相等三相物质组成特点；熟悉主要成土矿物、成土岩石、成土母质的组成、性质与特点；了解土壤生物的种类及功能；熟悉土壤有机质的组成、性质、转化、作用与管理。

土壤由固相、液相和气相三相物质组成。固相物质包括土壤矿物质、有机质及生物，液相物质主要包括土壤水分与溶解在水分中的各种物质，气相物质主要包括氧气、二氧化碳等气体。

1. 土壤矿物质　坚硬的岩石矿物经过一系列风化、成土过程之后形成的大大小小的颗粒物质，统称为土壤矿物质。主要来自于岩石与矿物的风化物，少部分源自于有机化合物的分解产物。

（1）主要成土矿物。矿物是指自然产出的具有一定化学组成和物理特性的元素或化合物，是岩石的组成成分，也是土壤矿物质的来源。目前已知的矿物有3 000多种，但与土壤有关的不过数十种。根据其产生的方式不同，可将矿物分成两大类，即原生矿物和次生矿物（表1-2-1）。

原生矿物是指岩浆冷凝后留在地壳上没有改变化学组成和结晶结构的一类矿物，如长石、石英、云母、角闪石、辉石、橄榄石等。原生矿物经过风化作用使其组成和性质发生变化而新形成的矿物称为次生矿物，主要有蒙脱石、伊利石、高岭石、铁铝水氧化物等。

表1-2-1　土壤中常见矿物的性质

名称	化学成分	物理性质	风化特点和分解产物
石英	SiO_2	无色、乳白色或灰色，硬度大	不易风化，是沙粒的主要来源

（续）

名称	化学成分	物理性质	风化特点和分解产物
正长石 斜长石	$KAlSi_3O_8$ $n NaAlSi_3O_8 \cdot m CaAl_2Si_2O_8$	正长石呈肉红色，斜长石为灰色或乳白色，硬度次于石英	较易风化，风化产物主要是高岭土、二氧化硅和无机盐，是土壤钾素、黏粒的主要来源
白云母 黑云母	$KAl_2(AlSi_3O_{10})(OH)_2$ $K(Mg,Fe)_2(AlSi_3O_{10})(OH \cdot F)_2$	白云母无色或浅黄色，黑云母黑色或黑褐色。均呈片状，有弹性，硬度低	白云母不易风化，黑云母易风化，是钾素和黏粒的来源之一
角闪石 辉石	$Ca_2Na(Mg,Fe)_4(Al,Fe)_4(Si,Al)_4O_{11}(OH)_2$ $Ca(Mg,Fe,Al)(Si \cdot Al)_2O_6$	黑色、墨绿色或棕色，硬度仅次于长石。角闪石为长柱状，辉石为短柱状	易风化，风化后产生含水氧化铁、氧化硅及黏粒，并释放少量钙、镁等
橄榄石	$(Mg,Fe,Mn)_2SiO_4$	含有铁、镁硅酸盐，颜色黄绿	易风化，风化后形成褐铁矿、二氧化硅以及蛇纹石等
高岭石 蒙脱石 伊利石	$Al_4(Si_4O_{10})(OH)_8$ $Al_4(Si_8O_{20})(OH)_4 \cdot nH_2O$ $K_2(Al \cdot Fe \cdot Mg)_4(SiAl)_8O_{20}(OH)_4 \cdot nH_2O$	均为细小片状结晶，易粉碎，干时为粉状，滑腻，易吸水呈糊状	是长石、云母风化形成的次生矿物，颗粒细小，土壤黏粒的主要来源

（2）成土岩石。根据岩石产生的方式不同，可将其分成三大类。一是岩浆岩，是由地球内部呈熔融态岩浆喷出地表或上升到接近于地表不同深度的地壳中，经冷却后凝固而成的岩石，也称为火成岩，如花岗岩、闪长岩、辉长岩和橄榄岩，占地壳岩石总量的80%左右。二是沉积岩，是指由原先岩石的碎屑、溶液析出物或有机质以及某些火山物质，在陆地或海洋中经堆积、挤压而成的一类次生岩石，最常见的沉积岩是砾岩、沙岩、粉沙岩、页岩和石灰岩等。三是变质岩，是指由地壳中原来的岩石由于受到构造运动、岩浆活动等影响，使其矿物成分、结构构造及化学成分发生变化而形成的新岩石，典型的变质岩有片麻岩、大理岩、千枚岩、石英岩等（表1-2-2）。

表1-2-2 主要岩石类型及组成特点

种类	岩石名称	主要矿物成分
岩浆岩	花岗岩、流纹岩	石英、正长石、云母及少量角闪石等
	正长岩、粗面岩	正长岩主要含正长石；粗面岩由正长石和角闪石等组成
	辉长岩、玄武岩	辉长岩由辉石、少量的斜长石和黑云母组成；玄武岩主要由辉石、斜长石等组成
	闪长岩、安山岩	主要由斜长石、角闪石等组成，有少量的云母、辉石等
沉积岩	砾岩	由直径大于2mm的碎石经胶结物质胶结而成
	沙岩	由0.05～2mm沙粒经胶结物质胶结而成，主要成分为石英
	粉沙岩	0.005～0.05mm的粉沙粒占50%以上，主要成分为石英，胶结物质为泥质
	页岩	由<0.005mm黏粒经压实脱水和胶结作用硬化而成
	石灰岩	由$CaCO_3$沉积结晶而成
变质岩	片麻岩	由岩浆岩、沉积岩或浅变质岩等经高温高压深度变质而来
	千枚岩	由泥质岩或隐晶质酸性岩浆岩浅变质而成
	板岩	由泥质页岩等轻度变质而来，较粗且脆
	石英岩	由沙岩、粉沙岩等热接触变质而成
	大理岩	由石灰岩、白云岩等热接触变质而成

岩石矿物在地表自然因素（大气、水分、热量、生物等）作用下发生的物理变化和化学变化就是风化作用。风化作用有物理风化、化学风化及生物风化三种类型。

物理风化也称为机械风化，是指岩石矿物在自然因素作用下发生的物理反应，其变化主要是大小、外形的变化，主要有温度、结冰、水流和风力的磨蚀作用等。化学风化是指岩石矿物在自然因素的作用下所发生的化学变化或反应，有溶解、水化、水解和氧化还原等。生物风化是岩石矿物在生物作用下发生的物理变化和化学变化，生物风化的方式有多种：岩石在生物作用下发生的崩解破碎作用、搬迁作用、生物生命活动释放的酸性物质对矿物的溶解作用等。

岩石矿物的风化是土壤形成的基础。风化产物无论是残留在原地，还是在重力、风、水、冰川等作用下通过搬运和沉积作用，均可成为各种类型的土壤母质。

（3）成土母质。岩石、矿物风化形成的风化产物称为成土母质。成土母质有的残留在原地堆积，有的受风、水、重力和冰川等外力作用搬运到别的地方重新沉积下来，形成各种沉积物。按其搬运动力与沉积特点不同可分为以下几种类型（表 1-2-3）。

表 1-2-3 成土母质的主要类型与性质

母质类型	成因	性质
残积物	就地风化未经搬运的风化物	分布在山地和丘陵上部，性质受基岩影响，未磨圆，棱角分明
坡积物	风化物在重力或流水的作用下，被搬运到山坡的中、下部而堆积	分布在山坡或山麓，层次稍厚，无分选性，坡积物的性质决定于山坡上部的岩性
洪积物	山洪搬运的碎屑物在山前平原形成的沉积物	形如扇形，扇顶沉积物分选差，往往是石砾、黏粒与沙粒混存，在扇缘其沉积物多为黏粒及粉沙粒，水分条件好，养分也较丰富
冲积物	河水中夹带的泥沙，在中下游两岸或入海口沉积而成	具有明显的成层性和条带性，上游粗，下游细，含卵石、砾石，养分丰富
湖积物	由湖泊的静水沉积而成	沉积物细，质地偏黏，夹杂有大量的生物遗体
海积物	海边的海相沉积物	各处粗细不一，质地细的养分含量较高，粗的则养分少，而且都含有盐分，形成滨海盐土
风积物	是由风力将其他成因的堆积物搬运沉积而成	质地粗、沙性大，形成的土壤肥力低

（4）土壤粒级。土壤是由各种大小不同的矿质土粒组成的，它们单独或相互团聚成土粒聚合体存在于土壤中，前者称为单粒，后者称为复粒。大小不同的土粒由于其物理、化学性质不同，对土壤肥力的作用也不相同，为了研究和使用方便，根据土粒的粒径和性质将其划分为若干等级，称为粒级。同一粒级范围内的土粒成分和理化性质基本一致，不同粒级间则有明显的差异。

国际上土壤粒级的分级标准有很多，但一般将土粒由粗到细分成石砾、沙粒、粉沙粒和黏粒 4 组，表 1-2-4 中列出了国内常用的粒级分级标准。卡庆斯基制中将小于 1mm，但大于 0.01mm 的那部分土粒称为物理性沙粒，而将粒径小于 0.01mm 的那部分土粒称为物理性黏粒，这种分级方法在生产上使用较为方便。

不同粒级土粒中的矿物类型相差很大（图 1-2-1）。沙粒和粉沙粒主要是由石英等原生矿物组成，而黏粒主要是由次生矿物组成。沙粒中石英的含量大于 80%，而黏粒中次生矿物的含量也大于80%。

表1-2-4 常用土粒分级标准

国际制

粒级名称		粒径（mm）
石砾		>2
沙粒	粗沙粒	2～0.2
	细沙粒	0.2～0.02
粉沙粒		0.02～0.002
黏粒		<0.002

卡庆斯基制

粒级名称			粒径（mm）
石块			>3
石砾			3～1
物理性沙粒	粗沙粒		1～0.5
	中沙粒		0.5～0.25
	细沙粒		0.25～0.05
	粗粉粒		0.05～0.01
物理性黏粒	中粉粒		0.01～0.005
	细粉粒		0.005～0.001
	黏粒	粗黏粒	0.001～0.000 5
		中黏粒	0.000 5～0.000 1
		细黏粒	<0.000 1

由于各粒级土粒的矿物组成不同，相应的化学组成也相差很大（表1-2-5）。土粒越粗，二氧化硅含量越高，铝、铁、钙、镁、钾、磷等含量越低；随着粒径变小，这些元素含量的变化趋势正好相反，即二氧化硅的含量下降，而其他元素的含量增加。

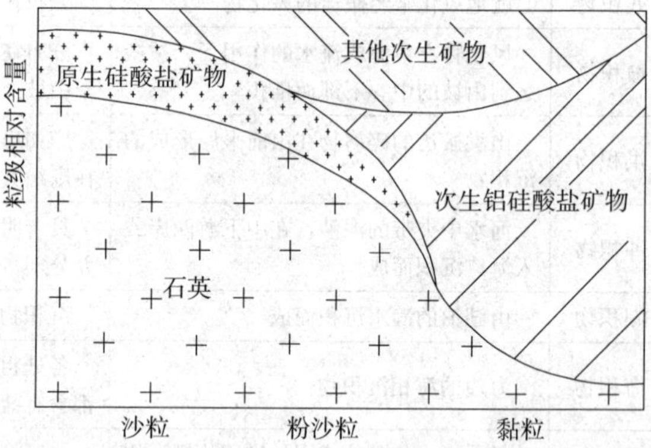

图1-2-1 各粒级矿物组成示意

2. 土壤生物 土壤生物是指全部或部分生命周期在土壤中生活的生物类群，是土壤中生命活动的主要成分。

表1-2-5 不同粒级的化学组成

粒级	粒径（mm）	SiO_2（%）	Al_2O_3（%）	Fe_2O_3（%）	CaO（%）	MgO（%）	K_2O（%）	P_2O_5（%）
沙粒	1～0.2	93.6	1.6	1.2	0.4	0.6	0.8	0.05
	0.2～0.04	94.0	2.0	1.2	0.5	0.1	1.5	0.1
粉粒	0.04～0.01	89.4	5.1	1.5	0.8	0.3	2.3	0.1
	0.01～0.002	74.2	13.2	5.1	1.6	0.3	4.2	0.2
黏粒	<0.002	53.2	21.2	13.2	1.6	1.0	4.9	0.4

（1）土壤生物的多样性。土壤生物包括土壤动物、土壤植物和土壤微生物等。土壤生物不仅种类多，数量也大（表1-2-6），其生物量通常可占土壤有机质总量的1%～8%。

土壤动物是指在土壤中度过全部或部分生活史的动物，其种类繁多，常见的有原生动物（变形虫、鞭毛虫、纤毛虫）和后生动物（昆虫、蚯蚓、线虫、蠕虫、蜈蚣、蜘蛛、蛇类、蚁类、蜗牛、螨类、千足虫等）。土壤动物的生物量一般为土壤生物量的10%～20%。

表 1-2-6　土壤中常见生物的种类与数量

生物种类	表层土壤中的数量		
	每平方米数量（个）	数量（g）	生物量（kg/hm²）
细　菌	10^{13}～10^{14}	10^{8}～10^{9}	450～4 500
放线菌	10^{12}～10^{13}	10^{7}～10^{8}	450～4 500
真　菌	10^{10}～10^{11}	10^{5}～10^{6}	560～5 600
藻　类	10^{9}～10^{10}	10^{4}～10^{5}	56～560
原生动物	10^{9}～10^{10}	10^{4}～10^{5}	17～170
线　虫	10^{6}～10^{7}	10～10^{2}	11～110
其他动物	10^{3}～10^{5}	—	17～170
蚯　蚓	30～300	—	110～1 100

注：生物量的数值以活重为基础，土壤深度为表层 15cm。

土壤植物是土壤的重要组成部分，就高等植物而言，主要是指高等植物地下部分，包括植物根系、地下块茎（如甘薯、马铃薯等）。

土壤微生物是土壤中最重要的生物类型，种类多、数量大，是土壤生物中最活跃的部分（图 1-2-2）。土壤微生物包括细菌、真菌、放线菌、藻类和病毒等类群，其中细菌数量最多，放线菌、真菌次之，藻类最少。

① 细菌。土壤细菌有近 50 个属 250 余种，占微生物总数的 70%～90%。细菌是单细胞生物，个体很小，较大的个体长度也很少超过 5μm，但它与土壤接触的表面积大，表面积与体积比大，代谢强，繁殖快。据估计，每克干土中细菌总表面积达 20cm²，因此，细菌是土壤中最活跃的类群。

重要的土壤细菌有：芽孢杆菌属、假单胞杆菌属、节杆菌属、色杆菌属、产碱杆菌属和根瘤菌属等。土壤细菌的最适温度为 20～40℃，最适 pH 为 6.0～8.0。

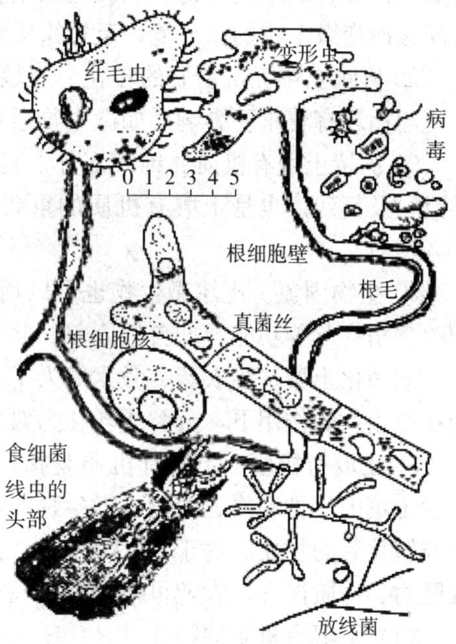

图 1-2-2　土壤生物的主要类群

② 放线菌。土壤放线菌占土壤微生物总数的 5%～30%，大部分为链霉菌属（70%～90%）、诺卡氏菌属（10%～30%）、小单孢菌属（1%～15%）。土壤放线菌是典型的好氧性微生物，适宜在中性至偏碱性、通气良好的土壤中生长。

③ 真菌。土壤真菌有 170 个属 690 多种，广泛分布于耕作层中。土壤真菌有藻状菌、子囊菌和担子菌。土壤真菌大多是好氧性的，耐酸性较强，最适 pH 为 6.0～7.5。

④ 藻类。土壤藻类是微小的含有叶绿素的有机体，主要有硅藻、绿藻和黄藻。在温暖、水分充足的土壤表面大量繁殖，在肥沃土壤中藻类发育也极为广泛。

（2）根际微生物。根际是指植物根系及其影响所及的范围，一般距根表 2mm 范围内的土壤属于根际。植物具有明显的根际效应，离根越近，微生物数量越多。植物在生长时，根系不断地向其周围土壤分泌根系的代谢物和由地上部输送到根系的光合产物，为根际微生物提供丰富的碳源和能源物质以及促进微生物活动的维生素和激素类物质。

最常见的根际微生物有：根际细菌，如假单胞菌、黄杆菌、产碱杆菌、无色杆菌、色杆菌、土壤杆菌和气杆菌等；根际真菌，如镰孢霉属、青霉属、柱孢霉属、丝核菌属、被孢霉属、曲霉属、腐霉属及木霉属等。

根际微生物的旺盛代谢可促进植物营养元素的矿化，增加对植物养分供应；某些根际微生物能产生维生素、氨基酸或生长刺激素，刺激根际微生物和植物的生长；可分泌抗生素类物质，有助于植物避免土著性病原菌的侵染；还能产生铁载体，改善植物的铁营养，保护植物免受病菌的侵害。但一些根际微生物也会对植物生长产生不利影响，如与植物竞争养分、产生连作病害、分泌毒性物质等。

（3）土壤生物的功能。虽然生物量占土壤干物质的比例较少，但却是土壤中最活跃的部分。归纳起来讲，土壤生物的功能主要有：

① 影响土壤结构的形成与土壤养分的循环。土壤生物通过对植物残体的分解，将植物残体中的碳、氮、磷、硫等营养元素释放出来，成为土壤有效养分。土壤微生物的分泌物和有机残体分解的中间产物可以促进土壤腐殖质的合成和团聚体的形成。土壤动物的排泄物也可间接改变微生物的微环境，反过来影响土壤。

② 影响土壤无机物质的转化。土壤微生物对土壤中的磷、硫、铁、钾以及微量元素的转化与循环有着重要影响。如微生物通过产生质子和有机酸溶解难溶态的无机磷等。

③ 固持土壤有机质。绝大部分土壤有机质均来源于生命活动，其中土壤生物的分泌物、排泄物及其残体也是土壤有机质的重要来源。一般来讲，土壤生物量是土壤有机质含量的10%左右。

④ 生物固氮。土壤微生物也可以通过与部分种类植物根系形成共生体，起到固氮作用和改善植物营养功能。如自生固氮、共生固氮、联合固氮、菌根等。

⑤净化土壤。当农药、激素等人工合成且不利于环境的有机物质进入土壤后，一部分也能在微生物的作用下，分解或转化为对环境无害的有机或无机物质。

3. 土壤有机质 土壤有机质是指以各种形态存在于土壤中的含碳有机化合物的总称，包括土壤中各种动物、植物、微生物残体、土壤生物的分泌物与排泄物以及这些有机物质分解和转化后的物质。对于大部分土壤，有机质含量只占到土壤总重量的很小一部分，但在土壤肥力、物质循环、农业可持续发展及土壤环境中发挥重要的作用。

（1）土壤有机质的特性。

① 土壤有机质的来源与存在形态。自然土壤中的有机质主要来源于生长在土壤上的高等绿色植物，其次是生活在土壤中的动物和微生物；农业土壤中的有机质主要来源是每年施用的有机肥料、植物残茬、根系、分泌物、人畜粪便、工农业副产品的下脚料、城市垃圾和污水等。

通过各种途径进入土壤的有机质一般呈三种形态：一是新鲜的有机物质，是指刚进入土壤不久，基本未分解的动物和植物残体。二是半分解的有机物质，指进入土壤中的有机残体被微生物分解，失去了原来的形态特征，多呈分散的暗黑色碎屑和小块，如泥炭等。三是腐殖物质，是指经微生物改造后的一类特殊的高分子有机化合物，呈褐色或暗褐色，是土壤有机质的最主要的一种形态，占有机质总量的85%～90%。

② 土壤有机质的组成。土壤有机质的基本组成元素是碳、氧、氢、氮等，分别占

52%～58%、34%～39%、3.3%～4.81%和3.7%～4.1%，碳氮比（C/N）在10～12；此外还含有灰分元素：钙、镁、钾、钠、硅、磷、硫、铁、铝、锰及少量的碘、锌、硼、氟等。

从物质组成来看，土壤有机质一般可分为腐殖物质和非腐殖物质两部分，其中腐殖物质占85%～90%。非腐殖物质主要是一些较简单、易被微生物分解的糖类、有机酸、氨基酸、氨基糖、木质素、蛋白质、纤维素、半纤维素、脂肪等高分子物质。腐殖物质是一类经过土壤微生物作用后，由酚类和醌类物质聚合成的芳环状结构和含氮化合物、糖类组成的复杂多聚体，是性质稳定、新形成的深色高分子化合物。

③ 土壤有机质的转化。土壤有机质在微生物的作用下，向着两个方向转化，即有机质矿质化和有机质腐殖化过程（图1-2-3）。

矿质化过程是指有机质在微生物作用下，分解为简单无机化合物的过程，其最终产物是二氧化碳、水、无机离子等，包括氮、磷、硫及其他元素的离子，同时放出热量。该过程为植物和微生物提供养分和能量，也为土壤腐殖质提供物质来源。土壤有机质的矿化速度用矿化率来表示，是指土壤中一年消耗的有机质占土壤有机质总量的百分数，耕作土壤矿化率一般在2%～5%。

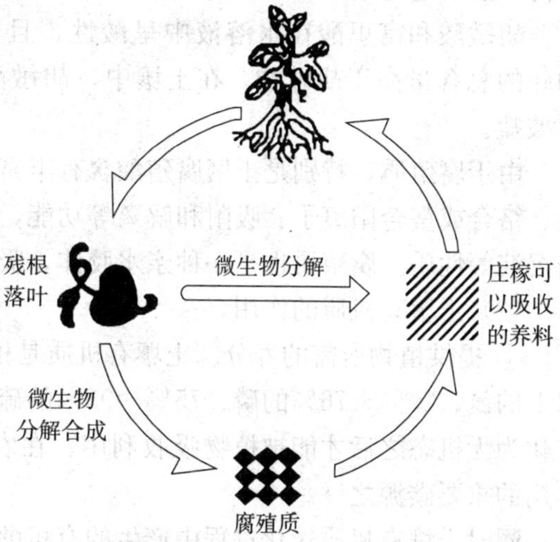

图1-2-3　土壤有机质转化示意

腐殖化过程是指有机质在微生物的作用下，先分解产生简单有机化合物，继而将简单有机化合物作为中间产物，又转化合成为腐殖质的过程。常用腐殖化系数来表示有机质转化成腐殖质的数量，是指在一定周期内单位质量（干重）的新鲜有机物质加入土壤后所形成腐殖质的质量（干重）。

④ 土壤腐殖质。土壤腐殖质并非是一种化合物，而是一类没有固定分子式或固定分子质量的物质的总称。土壤腐殖质通常有胡敏酸（褐腐酸）、富里酸（黄腐酸）和胡敏素（黑腐素）三种。由于胡敏素与土粒结合较紧，一般不易提取出来。胡敏酸和富里酸合称为腐殖酸，占腐殖质的60%左右。通常都以腐殖酸作为腐殖质的代表。

土壤腐殖质主要由碳、氧、氢、氮、磷、硫等元素组成以及与腐殖质形成腐殖酸盐的阳离子。在不同的土壤中，腐殖质各组成分的元素含量相差很大（表1-2-7）。腐殖质的碳∶氮∶磷∶硫大约为100∶10∶1∶1。

表1-2-7　胡敏酸与富里酸的性质

腐殖质	颜色	元素组成	结构	功能团	溶解度	酸碱性
胡敏酸	褐色	C、N含量高	复杂芳化度高	羧基数少分离度小	一价盐溶于水多价盐不溶于水	弱酸性
富里酸	黄色	O、S含量高	简单芳化度低	羧基数多分离度大	一价盐、二价盐、三价盐都溶于水	强酸

胡敏酸和富里酸的平均相对分子质量分别在890～2 550和675～1 450。胡敏酸的分子直

径范围在 0.001～1μm，富里酸分子更小些。

腐殖酸分子中含各种官能团或功能基，如羧基（—COOH）、酚羟基（C_6H_5—OH）、醇羟基（—CH_2—OH）、醚基（—CH_2—O—CH_2—）、酮基（$\overset{O}{\overset{\|}{—C—}}$）、醛基（—CHO）、酯键（$\overset{O}{\overset{\|}{—C}}$—O—O—）、氨基（—$NH_2$）及酰胺（$\overset{O}{\overset{\|}{—C}}$—NH—）等基团。这些基团在不同的酸碱条件下发生解离和吸附，使腐殖质胶体带上电荷，在一般土壤的 pH 范围内，腐殖酸只带负电荷，且带电荷量远高于土壤无机胶体。胡敏酸的负电荷量通常高于富里酸。

胡敏酸和富里酸在水溶液中呈酸性，且富里酸的酸性强于胡敏酸，所以富里酸中氧和硫的总含量高于胡敏酸。在土壤中，胡敏酸和富里酸的酸性基团通常与阳离子形成腐殖酸盐。

由于腐殖质，特别是土壤腐殖酸含有丰富的功能团，使腐殖酸呈现多种活性，如离子交换、络合或螯合阳离子、吸附和解离等功能，极大地影响土壤保肥性、供肥性、离子的溶解与沉淀等性质。腐殖质也是一种亲水胶体，吸水能力强大。

（2）土壤有机质的作用。

① 提供植物所需的养分。土壤有机质是植物所需的多种养分的主要来源。土壤中 80％以上的氮、20％～76％的磷、75％～95％的硫都是以有机态存在的。它们必须通过矿质化，转化为无机态之后才能被植物吸收利用。在农田中，有机质矿质化释放的 CO_2 是植物光合作用的重要碳源之一。

同时土壤有机质转化过程中产生的有机酸、腐殖酸等物质也能促进土壤其他矿质养分的转化，特别是提高溶解度较低的微量营养元素的有效性，改善植物的营养状况。

② 提高土壤的持水性，减少水土流失。由于腐殖质具有巨大的比表面积和亲水基团，吸水量是黏土矿物的 4～6 倍，因此可提高土壤保贮水分能力；另外，土壤有机质的保水性和种植绿肥能防止水分的地表径流，减少水土流失。

③ 提高土壤的保肥性和缓冲性。有机质是一种带负电荷量很高的土壤胶体，通过阳离子交换作用能够明显提高土壤的保肥能力。有机质通过与部分营养离子形成盐、络合物或螯合物，增强土壤的保肥能力。腐殖酸是一种弱酸，它们在土壤中易形成盐，组成相应的缓冲体系，缓冲能力远大于矿物质产生的缓冲能力。

④ 改善土壤物理性质。土壤有机质主要通过调节矿质土粒间的黏结性来作用于土壤结构、耕性等物理性质。有机质分子能够以一定的方式把矿质土粒团聚在一起，其团聚矿质土粒的能力小于黏粒、却大于沙粒。所以，有机质通过促进大小适中、紧实度适合的良好土壤结构的形成，改善土壤孔隙状况，协调土壤通气透水性与保水性之间的矛盾。另外，由于有机质降低了黏粒之间的团聚力，降低了土壤耕作阻力，改善了土壤的耕性。

⑤提高土壤生物和酶的活性，促进养分转化。有机质是土壤微生物的碳源和能源，能够促进微生物的活动。微生物的活性越强，土壤有机质和其他养分的转化速率就越快。同时，通过刺激微生物和动物的活动，可以提高土壤酶的活性，能够改善土壤养分状况。

部分小分子质量的腐殖酸具有一定的生理活性，能够促进种子发芽、增强根系活力，促进植物生长。

⑥土壤有机质对生态环境有重要作用。有机质中的部分官能团将游离于土壤溶液中的重金属离子形成络合物而保留在土壤中，降低其进入地下水产生污染的可能性。部分腐殖酸分子能吸收进入土壤的农药分子，促进其转化分解或减少其进入水源的数量。

土壤有机质是陆地上最大的碳库，所含的有机碳量相当于大气中碳的 2 倍。因此，土壤有机质矿质化速率的快速变化，还可能影响到大气二氧化碳浓度。

任务二　土壤液相组成

任务目标

了解土壤水分类型和土壤水分的有效性；掌握土壤水分的表示方法和能量状况。

土壤液相主要成分是土壤水分与溶解在水分中的各种物质，因此土壤水分并非纯水，而是溶解有一定浓度无机离子和有机分子的稀薄溶液。通常所说的土壤水实际上是指在 105℃下从土壤中驱逐出来的水分。

1. 土壤水分类型　根据水分在土壤中的物理状态、移动性、有效性和对植物的作用，常把土壤水分划分为吸湿水、膜状水、毛管水、重力水等不同类型（图 1-2-4）。

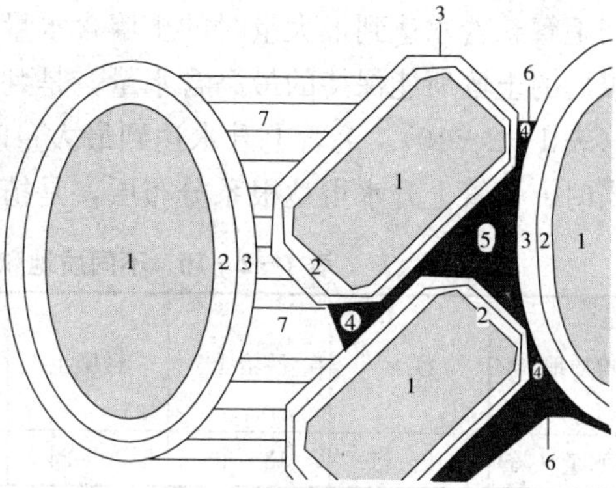

图 1-2-4　土壤水分形态模式示意

1. 土粒　2. 吸湿水　3. 膜状水　4. 毛管水　5. 孔隙中的气态水　6. 毛管弯月面　7. 土壤大孔隙中的重力水

（1）吸湿水。由于固体土粒表面的分子引力和静电引力对空气中水分子的吸附，而被紧密保持在土粒表面的水分称为吸湿水。其厚度只有 2～3 个水分子层，分子排列紧密，不能自由移动，无溶解力，也不能被植物吸收，属于无效水分。

土壤吸湿水的多少，一方面决定于周围的物理条件，主要包括大气湿度与温度。当土壤空气中水汽达到饱和时，土壤吸湿水可达最大值，这时的土壤含水量为最大吸湿水含量，也称为吸湿系数。此时的土壤水分需要加热到 105～110℃时才能烘干。另一方面，取决于土壤质地和有机质含量等。一般土壤质地愈细，有机质含量愈高，土壤吸湿水含量也就愈高，相反则少（表 1-2-8）。

表 1-2-8　土壤质地与吸湿水含量

土壤质地	沙土	轻壤土	中壤土	粉沙质黏壤土
吸湿水范围（%）	0.5～1.5	1.5～3.0	2.5～4.0	6.0～8.0
吸湿系数（%）	1.5～3.0	3.0～5.0	5.0～6.0	8.0～10.0

（2）膜状水。膜状水是指土粒靠吸湿水外层剩余的分子引力从液态水中吸附一层极薄的水膜。膜状水受到的引力比吸湿水小，因而有一部分可被植物吸收利用。但因其移动缓慢，

只有当植物根系接触到时才能被吸收利用。吸湿水和膜状水合称为束缚水。

膜状水达到最大量时的土壤含水量，称为最大分子持水量。通常在膜状水没有被完全消耗之前，植物已呈萎蔫状态；当植物因吸收不到水分而发生萎蔫时的土壤含水量，称为萎蔫系数（或称凋萎系数），它包括全部吸湿水和部分膜状水，是植物可利用的土壤有效水分的下限。土壤质地越黏重，其凋萎系数越大（表1-2-9）。

表1-2-9　不同质地土壤的凋萎系数

土壤质地	粗沙土	细沙土	沙壤土	壤土	黏壤土
凋萎系数（%）	0.9～1.1	2.7～3.6	5.6～6.9	9.0～12.4	13.0～16.6

（3）毛管水。毛管水是指土壤依靠毛管引力的作用，将水分保持在毛管孔隙中的水。毛管水是土壤中最宝贵的水分，也是土壤的主要保水形式。根据毛管水在土壤中存在的位置不同，可分为毛管悬着水和毛管上升水。毛管悬着水是指在地下水位较低的土壤，当降水或灌溉后，水分下移，但不能与地下水相连而"悬挂"在土壤上层毛细管中的水分；毛管上升水是指地下水随毛管引力作用而保持在土壤孔隙中的水分。

当毛管悬着水达到最大量时的土壤含水量，称为田间持水量；它代表在良好的水分条件下灌溉后的土壤所能保持的最高含水量，是判断旱地土壤是否需要灌水和确定灌水量的重要依据（表1-2-10）。毛管上升水达到最大量时的土壤含水量，称为毛管持水量；当地下水位适当时，毛管上升水可达根系分布层，是植物所需水分的重要来源之一。

表1-2-10　不同质地和耕作条件下的田间持水量

土壤质地	沙土	沙壤土	轻壤土	中壤土	重壤土	黏壤土	二合土	
							耕后	紧实
田间持水量（%）	10～14	13～20	20～24	22～26	24～28	28～32	25	21

有机质含量低的沙质土，毛管孔隙少，毛管水很少。在结构不良、过于黏重的土壤中，孔隙细小，所吸附的悬着水几乎都是膜状水。土壤沙黏适当，有机质含量丰富，具有良好团粒结构的土壤，其内部具有发达的毛管孔隙，可以吸收大量水分，毛管水量最大。

当土壤含水量降到田间持水量的70%左右时，毛管水多处断裂呈不连续状态。此时毛管水的运动缓慢，水量又少，难以满足植物的需要，植物表现出缺水症状，此时的土壤含水量，称为毛管断裂含水量。这时应及时灌水，而不能等到土壤含水量降到凋萎系数时才灌水，否则将严重影响植物产量。

（4）重力水。当土壤中的水分超过田间持水量时，不能被毛管引力所保持，而受重力作用的影响，沿着非毛管孔隙（空气孔隙）自上而下渗漏，该水分称重力水。土壤在重力水达到饱和时的含水量，称为全蓄水量（或饱和含水量）。全蓄水量包括了土壤的重力水、毛管水、膜状水和吸湿水。全蓄水量是计算稻田淹灌水量的依据。

2. 土壤含水量　土壤含水量是表征土壤水分状况的一个指标，又称土壤含水率、土壤湿度等。常见的表示方法有以下几种：

（1）质量含水量。质量含水量是指土壤水分质量与烘干土壤质量的比值，通常用百分数来表示，标准单位是g/kg。即：

$$质量含水量=\frac{水分质量（g）}{烘干土质量（g）}\times 100\%$$

（2）容积含水量。容积含水量是指土壤中水的容积占土壤容积的百分数。用以说明土壤水分占孔隙容积的比值，了解土壤水分与空气的比例关系。

$$土壤容积含水量=\frac{水的体积}{土壤体积}\times 100\%=土壤含水量（质量\%）\times 土壤容重$$

（3）相对含水量。相对含水量指土壤实际含水量占该土壤田间持水量的百分数。一般认为，土壤含水量为田间持水量的60%～80%时，最适合旱地植物的生长发育。

$$土壤相对含水量=\frac{土壤实际含水量（质量\%）}{田间持水量（质量\%）}\times 100\%$$

（4）土壤蓄水量（贮水量）。为了便于比较和计算土壤含水量与降水量、灌水量与排水量之间的关系，常将土壤含水量换算为水层厚度（mm），即以土壤蓄水量或贮水量来表示。

$$水层厚度（mm）=土层厚度（mm）\times 土壤含水量（体积\%）$$

如果已知土层厚度为 H（cm），土壤面积为 M（cm^2），土壤容重为 P（g/cm^3），则：

$$水层厚度（mm）=H\times 质量含水量\times P\times 10$$

关于灌水定额的计算公式如下：

$$灌水定额（m^3/m^2）=（田间持水量\%-土壤含水量\%）\times 土壤容重 \times 面积（m^2）\times 湿润深度（m）$$

（5）墒情表示法。我国北方地区，群众习惯把农田土壤的湿度称为墒，把土壤湿度变化的状况称为墒情。根据土壤含水量的变化与土壤颜色及性状的关系，墒情类型分为五级（表1-2-11）。

表1-2-11　土壤墒情类型和性状（轻壤土）

墒情	汪水	黑墒	黄墒	灰墒	干土面
土色	暗黑	黑—黑黄	黄	灰黄	灰—灰白
手感干湿程度	湿润，手捏有水滴出	湿润，手捏成团，落地不散，手有湿印	湿润，手捏成团，落地散碎，手微有湿印和凉爽之感	潮干，半湿润，手捏不成团，手无湿印，而有微温暖的感觉	干，无湿润感，手捏散成面，风吹飞动
含水量（%）	＞23	23～20	20～10	10～8	＜8
相对含水量(%)		100～70	70～45	45～30	＜30
性状和问题	水过多，空气少，氧气不足，不宜播种	水分相对稍多，氧气稍嫌不足，为适宜播种的墒情上限，能保苗	水分、空气都适宜，是播种最好的墒情，能保全苗	水分含量不足，是播种的临界墒情，由于昼夜墒情变化，只有一部分种子出苗	水分含量过低，种子不能出苗
措施	排水，耕作散墒	适时播种，春播稍作散墒	适时播种，注意保墒	抗旱抢种，浇水补墒后再种	先浇后播

在田间验墒时，要既看表层又要看下层。先测量干土层厚度，再取下层土验墒。若干土层在3cm左右，而下层土墒情为黄墒，则可播种，并适宜植物生长；若干土层厚度达6cm以上，且下层土墒情也差，则要及早采取措施，缓解旱情。

3. 土壤水分能量状况　水分在土壤中所受到吸引力的大小通常用两个指标来指示，即土壤水吸力和土水势。

（1）土壤水吸力。土壤水吸力是指单位量水分受到的吸引力的大小，其单位等同于压力单位，即可以用 MPa 等单位表示。水分在土壤中受到的吸引力主要有万有引力、范德华力等。在正式出版物上已不再使用土壤水吸力单位。

（2）土水势。土水势表示水分在一定的土壤中所具有的能量状况，是指将无限少量的纯水在标准状况下可逆等温地移动到土壤过程中，单位数量纯水所需功的大小。也可以用压力单位来表示。水分总是从水势高处向水势低处运动。水势的绝对值与土壤水吸力一样，但符号相反（表 1-2-12）。土壤水吸力和土水势的符号既可以为正号也可以为负号。

表 1-2-12　不同类型水分的水吸力和水势范围

水分类型	水吸力（MPa）	土水势（MPa）
吸湿水	3.14～1 013	−3.1～−1 013
膜状水	0.633～3.14	−3.14～−0.633
毛管水	0～0.663	−0.633～0
永久萎蔫时	1.52	−1.52
田间持水量	0～0.05	−0.05～0

任务三　土壤气相组成

任务目标

了解土壤空气的组成和特点，掌握土壤空气和大气的交换方式及土壤通气性的表示方法。

土壤空气不仅是土壤的基本组成，也是土壤肥力因素之一，其含量和组成对土壤生物呼吸和植物生长有直接影响，而且与生态环境密切相关。

1. 土壤空气

（1）土壤空气来源与含量。土壤空气主要来自于大气，其次是土壤中存在的动物、植物与微生物活动产生的气体，还有部分气体来源于土壤中的化学过程。土壤空气含量受土壤孔隙度和含水量影响，在孔隙度一定情况下，土壤空气含量随含水量增加而减少。一般旱地土壤空气含量在 10%以上。

（2）土壤空气组成。土壤空气与大气组成基本相似，但有些气体有明显差异（表 1-2-13）。与大气相比，土壤空气的组成特点如下：第一，土壤空气中的二氧化碳含量高于大气。第二，土壤空气中的氧气含量低于大气。第三，土壤空气的相对湿度高于大气。第四，土壤空气中的还原性气体含量远高于大气。还原性气体通常在水分饱和的土壤中产生，如浓度过高，可能会对植物生长不利。第五，在不同季节和不同土壤深度土壤空气各成分的浓度变化很大。这主要是由植物根系的活动和土壤空气与大气交换速率的大小决定。如根系活动弱，且交换速率快，则土壤空气与大气成分深度相近；反之，两者的成分相差较大。

表 1-2-13　土壤空气与大气的体积组成

气体类型	氮气	氧气	二氧化碳	其他气体
土壤空气（%）	78.8～80.24	18.00～20.03	0.15～0.65	0.98
大气（%）	78.05	20.94	0.03	0.98

（3）土壤空气与植物生长。土壤空气状况是土壤肥力的重要因素之一，不仅影响植物生长发育，还影响土壤肥力状况。

① 影响种子萌发。对于一般植物种子，土壤空气中的氧气含量大于10%则可满足种子萌发需要；如果小于5%种子萌发将受到抑制。

② 影响根系生长和吸收功能。氧气供应不充足时，根系呼吸作用受到影响，细胞分裂和生长受到抑制，最终导致根系生长缓慢，根短而细，根毛数量少，根系畸形。根系发育不良，其对水分和养分的吸收能力也会减弱。

③ 影响养分有效性。土壤空气状况，一是通过影响微生物的活性而影响有机态养分的释放；二是通过影响土壤养分的氧化还原形态而影响其有效性。

④ 影响土壤环境状况。植物生长的土壤环境状况包括土壤的氧化还原状态和有毒物质含量状况。通气良好时，土壤呈氧化状态，有利于有机质矿化和土壤养分释放；通气不良时，土壤还原性加强，有机质分解不彻底，可能产生还原性有毒气体。

2. 土壤通气性　土壤空气与大气不断进行气体交换的能力称为土壤通气性，如交换速度快，则土壤的通气性好；反之，土壤的通气性差。土壤空气与大气之间的交换方式为：

（1）整体交换。整体交换是指土壤空气在一定的条件下整体或全部移出土壤，或大气以同样的方式进入土壤。这种情况在灌溉、降雨、温度变化、耕作、近地面空气流动等影响下发生，其作用的动力是气体的压力差。

降雨或灌溉时，由于雨水通过通气孔隙进入土层，而将通气孔隙内的土壤空气排出土壤。当水分进入土层的速度较快时，可使少部分空气封闭在土壤孔隙中，暂时不利于水分向下运动。

耕翻或疏松土壤是整体交换的另一种方式，例如，旋耕机破碎土壤时，可以使土壤空气比较彻底地与大气交换，所以耕翻土壤的重要目的之一是更新土壤空气。如土壤中耕能通过整体交换达到更新表层土壤空气的目的。

（2）气体扩散。某种物质从其高浓度处向低浓度处的移动称为扩散。气体扩散是指土壤空气与大气成分沿其浓度降低方向运动的一种过程。根据大气与土壤空气的组成特点，一般情况下土壤空气扩散的方向是：氧气从大气向土壤、二氧化碳从土壤向大气、还原性气体从土壤向大气、水汽从土壤向大气。

扩散是农业土壤空气更新的主要方式。影响扩散的主要因素有各种气体的浓度差、通气孔隙度、扩散的距离及土壤水分含量等。浓度差越大，通气孔隙度越高，扩散的距离越短，水分含量越低，则有利于土壤空气的扩散；反之，则不利于土壤空气的扩散。

3. 土壤通气性调节

（1）改善土壤结构。这是改良土壤通气性的根本措施。一是通过深耕结合施用有机肥料，培育和创造良好的土壤结构和耕层构造，改善通气性；二是通过客土掺沙掺黏，改良过黏过沙的土壤质地。

（2）加强耕作管理。深耕、雨后及时中耕，可消除土壤板结，增加土壤通气性。深耕可以提高土壤总孔隙度和通气孔隙度，改善植物根系的通气条件和生长环境。

（3）灌溉结合排水。排水可以增加土壤空气的含量，灌水可以降低土壤空气的含量、促进土壤空气的更新。在水稻产区，水旱轮作可促进通气孔隙形成，提高土壤氧化还原电位，减少还原性物质的积累。

（4）科学施肥。对通气不良或易淹水土壤，应避免在高温季节大量施用新鲜绿肥和未腐熟有机肥料，以免因这些物质分解耗氧，加重通气不良造成的危害。

阅读材料

土壤水分的运动

土壤水的运动主要指液态水和气态水的运动，其运动方式主要是饱和水（重力水）的渗透运动、毛管水的引力运动、气态水的扩散运动。

1. 饱和水运动 当土壤含水量达到饱和后，所有孔隙全被水分充满时的水分运动，称为饱和水运动。影响饱和水运动的因素是土壤粗孔直径的大小和数量，一般孔径愈大，粗孔数目愈多，饱和导水率就愈高，水就容易通过，所以质地不同，运动速度也不同，即沙土 > 壤土 > 黏土，同时良好结构的土壤比不良结构的土壤的运动速度要大些。无论水田或旱地，适当地渗漏是必要的，它有利于土壤空气的更新，并能使降水或灌溉水迅速渗入土中，避免水分流动所引起的表土冲刷和养分流失。

2. 非饱和水运动 土壤非饱和水运动，包括膜状水移动和毛管水运动。这里只讨论毛管水的运动。水分受毛管引力的作用在毛管孔隙中的移动，称为毛管水运动。运动特点如下：毛管水的运动方向决定于土壤各点毛管引力的大小，毛管愈细，其曲率半径就愈小，毛管力就愈大；反之，毛管愈粗，其曲率半径就愈大，毛管力就愈小。毛管力愈大时，毛管对水分的吸力也愈大，它的动能就愈小，所以毛管水的移动方向总是从毛管力小（毛管对水的吸力小）处向毛管力大（即毛管对水的吸力大）处移动，即从毛管粗的地方向毛管细的地方移动，而细毛管中的水则不会向粗毛管中移动。“锄头底下有水”就在于中耕松土使细毛管变为粗毛管。土壤愈干，毛管力愈大，土壤潮湿，毛管力就小，所以湿土中的水总是向干土层方向移动。

一般讲，毛管孔隙愈细，毛管水的上升高度愈高，但过细过粗的毛管水上升高度都低。细毛管中的水分与管壁的摩擦力大，因而运动速度慢；粗毛管中的水分与管壁的摩擦力小，所以运动速度快。

3. 气态水的运动 气态水的运动主要以扩散方式进行，其运动特点如下：一是由水气压高处向水气压低处运动；二是由暖的土层向冷的土层运动，在冷处凝结为液态水，这也是“夜潮土”产生的主要原因。在干旱期间，土壤水不断地以水汽状态由土表向大气扩散，即土面蒸发。土面蒸发率有以下几个明显的阶段。

（1）大气蒸发力控制阶段。或称蒸发率不变阶段，这一阶段的土壤自然含水量大于田间持水量，水分蒸发完全为自由水的蒸发机制（受温度，风速影响）。这时土壤由于含水较多，向土面的导水率高，足以补偿土面蒸发消散的水量，所以蒸发率不变。一般这个阶段可持续几天，丢失的水量也大，雨后或灌溉水后及时中耕，或进行地面覆盖等，是减少土壤水损失的重要措施。

（2）土壤导水率控制阶段。即蒸发率降低阶段，这一阶段的土壤含水量小于田间持水量，土壤水分的蒸发主要为土壤本身性质和含水量所决定。由于第一阶段土壤含水量不断降低，土壤水向土面的通量低于大气蒸发力，大气只能蒸发掉传导到土面的水分。也就是说，土壤能导来多少水，就蒸发多少，所以这一阶段称为土壤导水率控制阶段。

（3）扩散控制阶段。土面形成干土层后，土壤水向干土层的导水率降至近于零，下面稍湿土层中的水不能达到土面，只能在干土层下气化，再通过干土层中的孔隙扩散到大气中去。由于干土层是不良的热导体，所以湿润土层形成的水汽数量不多，加上这些水汽分子还要通过干土层中曲折的孔隙才能扩散到大气中去，所以这一阶段损失水量很少，实践证明，土表有1～2mm的干土层就能显著降低蒸发率。由此可见，土面蒸发损失的水量主要是在第一阶段，因而保墒重点应放在这一阶段上。

资料收集

1. 阅读《土壤》《中国土壤与肥料》《土壤通报》《土壤学报》《植物营养与肥料学报》等杂志及土壤肥料方面的书籍。

2. 浏览中国肥料信息网、××省（市）土壤肥料信息网、中国科学院南京土壤研究所网站、中国农业科学院土壤肥料研究所网站等。

3. 了解近两年有关土壤方面的新技术、新成果、最新研究进展，写一篇有关土壤基本组成与植物生长方面的综述。

师生互动

将全班分为若干团队，每队5～10人，利用业余时间，进行下列活动：

1. 调查并讨论当地土壤的主要成土矿物、岩石、成土母质有哪些？
2. 调查并讨论当地利用土壤生物改良土壤有哪些经验？
3. 调查并讨论当地提高土壤有机质含量的经验有哪些？
4. 调查并讨论当地土壤水分管理主要有哪些好的经验？
5. 讨论当地如何应用凋萎系数、田间持水量等指标指导植物生产活动？
6. 调查并讨论当地土壤通气性调节主要有哪些好的经验？
7. 讨论当地如何根据土壤通气性状况指导植物生产活动？

考证提示

获得农艺工、种子繁育员、植保员、蔬菜园艺工、花卉园艺工、果树园艺工、林木种苗工、绿化工、草坪建植工、中药材种植员、牧草工等高级资格证书，需具备以下知识和能力：

◆土壤矿物质、成土母质、土壤颗粒等主要类型及其性质。

◆土壤有机质组成、性质、作用及调节措施。

◆土壤生物种类、作用，根际微生物种类与作用。

◆土壤水分类型、有效性、表示方法与调节措施。

◆土壤空气组成特点、土壤通气性及调节。

基础三　合理施肥基础

基础目标

知识目标：认识植物必需营养元素与营养特性，了解必需营养元素一般功能；了解根部营养和根外营养的特点及影响营养效果的因素；认识合理施肥的基本原理，正确理解其内涵；认识合理施肥技术含义，熟悉合理施肥时期、用量和方法。

能力目标：能领会合理施肥理论，树立正确的合理施肥理念；能调查当地农业企业、农业生产基地，了解肥料施用情况，评价不同作物各种施肥方法应用效果。

任务一　植物营养概论

任务目标

了解植物体内的元素组成，熟悉植物必需营养元素的种类、确定标准、分组和一般功能，掌握植物缺乏必需营养元素的症状；熟悉根部营养的吸收部位、养分形态和吸收原理，掌握根外营养的特点和施用要点；了解植物营养的特性。

植物营养是指植物体从外界环境中吸取的其生长发育和生命活动所需要的物质。营养元素是指植物体所需要的化学元素。

1. 植物营养成分

（1）植物体内元素的组成。植物的组成十分复杂，一般新鲜的植物体含有75%～95%的水分和5%～25%的干物质。在干物质中有机物质占其重量的90%～95%，其组成元素主要是碳、氢、氧和氮等；余下的5%～10%为矿物质，也称为灰分，是由很多元素组成，包括磷、钾、钙、镁、硫、铁、锰、锌、铜、钼、硼、氯、硅、钠、钴、铝、镍、钒、硒等。现代分析技术研究表明，在植物体内可检测出70多种矿质元素，几乎自然界里存在的元素在植物体内都能找到。

（2）植物必需营养元素及确定标准。植物体内的各元素含量差异很大，植物对营养元素的吸收，一方面受植物的基因所决定；另一方面受环境条件所制约。这说明，植物体内的营养元素并不全部是植物生长发育所必需的。植物体内已知的几十种元素，可分为植物生长必需的营养元素和非必需的营养元素。

判断某种元素是否为植物生长发育所必需的营养元素，一般必须符合以下三条标准：一是不可缺少。植物的营养生长和生殖生长必须有这种元素，植物完成整个生命周期不可缺少。二是特定的症状。缺少该元素时植物会显示出特殊的、专一的缺素症状，其他营养元素不能代替它的功能，只有补充这种元素后，病症才能减轻或消失。三是直接营养作用。该元素必须对植物起直接的营养作用，而并非由于它改善了植物生活条件所产生的间接作用。

某一营养元素只有符合这三条标准，才能被确定为是植物必需的营养元素。到目前为止，已经确定为植物生长发育所必需的营养元素有16种，即碳、氢、氧、氮、磷、钾、钙、镁、硫、铁、锰、硼、铜、锌、钼、氯。这16种植物必需元素都是用培养试验的方法确定的。

在植物必需的营养元素中，碳、氢、氧三种元素来自空气和水分；氮主要是植物通过根系从土壤中吸收，部分由根际微生物的联合固氮和根瘤菌的共生固氮从土壤空气中吸收；其他灰分元素主要来自土壤（图1-3-1）。由此说明土壤不仅是植物立足的场所，而且还是植物所必需养分的供应者。在土壤的各种营养元素中，氮、磷、钾是植物需要量和收获时带走较多的营养元素，而它们通过残茬和根的形式归还给土壤的含量却不多，常常表现为土壤中有效含量较少，需要通过施肥加以调节，以供植物吸收利用。因此，氮、磷、钾被称为“肥料三要素”。

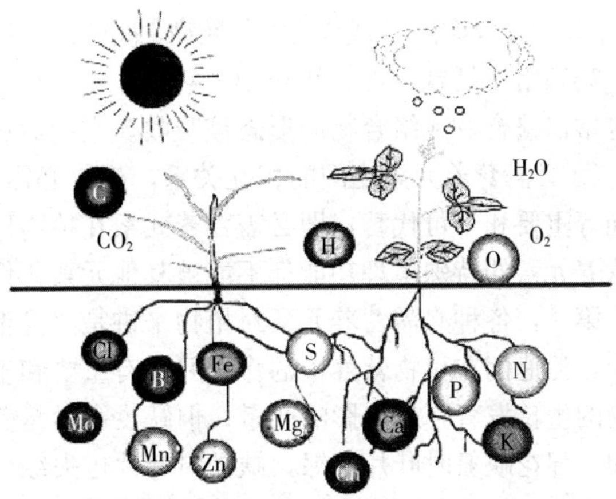

图1-3-1　植物生长必需营养元素及其来源示意

（3）植物必需营养元素的分组。通常根据植物对16种必需营养元素的需要量不同（表1-3-1），可以分为大量营养元素和微量营养元素。大量营养元素一般占植株干物质重量的百分之几十到千分之几，它们是碳、氢、氧、氮、磷、钾、钙、镁、硫等9种；微量营养元素占植株干物质重量的千分之几到十万分之几，它们是铁、硼、锰、铜、锌、钼、氯7种。也有把钙、镁、硫等称为中量营养元素的。

表1-3-1　高等植物必需营养元素在正常生长植株中的平均含量（以干重计）

类别	营养元素	利用形态	含量（%）	类别	营养元素	利用形态	含量（mg/kg）
大量营养元素	碳	CO_2	45	微量营养元素	氯	Cl^-	100
	氧	O_2、H_2O	45		铁	Fe^{3+}、Fe^{2+}	100
	氢	H_2O	6		锰	Mn^{2+}	50
	氮	NO_3^-、NH_4^+	1.5		硼	$H_2BO_3^-$、$B_4O_7^{2-}$	20
	磷	$H_2PO_4^-$、HPO_4^{2-}	0.2		锌	Zn^{2+}	20
	钾	K^+	1.0		铜	Cu^{2+}、Cu^+	6
	钙	Ca^{2+}	0.5		钼	MoO_4^{2-}	0.1
	镁	Mg^{2+}	0.2				
	硫	SO_4^{2-}	0.1				

（4）植物必需营养元素的一般功能及相互关系。

① 植物必需营养元素的一般功能。各种必需营养元素在植物体内有着各自独特的作用，但营养元素之间在生理功能方面也有相似性，依此K. Mengel和E. A. Kirkby（1982）根据元素在植物体内的生物化学作用和生理功能，将植物必需营养元素划分为4组：

第一组包括碳、氢、氧、氮和硫。它们是构成植物体的结构物质、贮藏物质和生活物质等有机物质的主要成分，也是酶促反应过程中的必需元素。

第二组包括磷和硼。它们都以无机离子或酸分子的形态被植物吸收，并可与植物体内的羟基化合物进行酯化反应形成磷酸酯、硼酸酯等，磷酸酯还参与能量转化。

第三组包括钾、钙、镁、锰和氯。它们以离子态从土壤溶液中被植物吸收，在植物细胞中，它们以离子态存在于细胞质和细胞液中，或被吸附在非扩散的有机离子上。可调节细胞渗透压、活化酶，或作为辅酶，或成为酶与底物之间的桥键元素，维持生物膜的稳定性和选择透性。

第四组包括铁、铜、锌和钼。它们主要以配位态存在于植物体内，构成酶的辅基，除钼外也常以螯合物或络合物的形态被吸收。它们通过原子化合价的变化传递电子。

② 必需营养元素之间的相互关系。植物必需营养元素在植物体内的相互关系主要表现为同等重要和不可代替，即必需营养元素在植物体内不论含量多少都是同等重要的，任何一种营养元素的特殊生理功能都不能被其他元素所代替。

第一，各种必需营养元素对植物来讲是同等重要的。虽然植物体内各种营养元素的含量不同，但他们在植物营养中的作用并没有重要和不重要之分。缺少大量营养元素固然会影响植物的生长发育，最终影响产量；但缺少微量营养元素也同样会影响植物生长发育和产量。例如，棉花缺氮时叶片失绿，缺铁时叶片也失绿。氮是叶绿素的主要成分，而铁虽不是叶绿素的成分，但铁对叶绿素的形成是必需的元素。没有氮不能形成叶绿素，没有铁同样不能形成叶绿素。所以说铁和氮对植物营养来说是同等重要的。

第二，植物体内必需营养元素是不可代替的。如氮不能代替磷，磷不能代替钾。由于各种营养元素在植物体内的生理功能有其独特性和专一性，即使有些元素能部分地代替某一必需营养元素的作用，也只是部分或暂时的代替，是不可能完全代替的。

第三，植物必需营养元素之间具有以下相互作用（表 1-3-2）。一是颉颃作用，是指一种营养元素阻碍或抑制另一种元素吸收的生理作用。产生颉颃作用的原因很多。凡离子大小、电荷、配位体结构以及电子排列相类似的元素，其竞争作用大，互相抑制吸收。二是协同作用，是指一种营养元素能促进另一种元素吸收的生理效应，即两种元素结合后的效应超过其单独效应之和，也称为相互效应。显然，协同作用能导致植物体中另外一种元素或多种元素含量的增加，而颉颃作用则使其含量或有效性降低。由于元素间的相互作用，均是以特定的植物、品种以及一定的养分浓度范围为前提的，因此，从植物营养的观点来看，协同作用或者颉颃作用的实际效果，均可能有有利的和不利的两个方面。

表 1-3-2 植物体中必需营养元素与其他元素之间的相互关系

必需营养元素	颉颃元素	协同元素
Ca	B、Cu、Fe、Mn、Zn、Co、Al、Cd、Cr	Cu、Mn、Zn
Mg	Mn、Zn、Cu、Fe、Co、Al、Cr、Ni、F	Al、Zn
P	B、Cu、Fe、Mo、Mn、Zn、Al、As、Cd、Cr、F、Hg、Ni、Pb、Si	Al、B、Cu、Fe、Mo、Mn、Zn
K	B、Mo、Mn、Al、Hg、Cd、Cr、F、Rb	
S	Fe、Mo、Se、As、Pb	F、Fe
N	Cu、B、F	B、Cu、Fe、Mo
Cl	Br、I	B、Cu、Fe、Mo

（5）植物缺乏营养元素的形态特征。植物正常生长发育需要吸收各种必需的营养元素，如果缺乏任何一种营养元素，其生理代谢就会发生障碍，使植物不能正常生长发育，而且

根、茎、叶、花或果实在外形上会表现出一定的症状，通常称为缺素症。一般缺乏大量营养元素与缺乏微量营养元素的外部形态特征有明显的差别。例如，由于氮、磷、钾、镁等营养元素在作物体内具有再度利用的特点，因此，当作物缺乏这些元素时，它们可从下部老叶转移到上部新叶而被再度利用，缺素症往往首先从下部老叶上显现出来；而微量营养元素在作物体内没有再度利用的能力。因此，当缺乏微量营养元素时，缺素症状最易在上部新生组织（如幼芽、幼叶）上表现出来。

为了方便记忆，有人整理出“植物缺素外形症状诊断歌”：

作物营养要平衡，营养失衡把病生，病症发生早诊断，准确判断好矫正。
缺素判断并不难，根茎叶花细观看，简单介绍供参考，结合土测很重要。
缺氮抑制苗生长，老叶先黄新叶薄，根小茎细多木质，花迟果落不正常。
缺磷株小分蘖少，新叶暗绿老叶紫，主根软弱侧根稀，花少果迟种粒小。
缺钾株矮生长慢，老叶尖缘卷枯焦，根系易烂茎纤细，种果畸形不饱满。
缺锌节短株矮小，新叶黄白肉变薄，棉花叶缘上翘起，桃梨小叶或簇叶。
缺硼顶叶皱缩卷，腋芽丛生花蕾落，块根空心根尖死，花而不实最典型。
缺钼株矮幼叶黄，老叶肉厚卷下方，豆类枝稀根瘤少，小麦迟迟不灌浆。
缺锰失绿株变形，幼叶黄白褐斑生，茎弱黄老多木质，花果稀少重量轻。
缺钙未老株先衰，幼叶边黄卷枯黏，根尖细脆腐烂死，茄果烂脐株萎蔫。
缺镁后期植株黄，老叶脉间变褐亡，花色苍白受抑制，根茎生长不正常。
缺硫幼叶先变黄，叶尖焦枯茎基红，根系暗褐白根少，成熟迟缓结实稀。
缺铁失绿先顶端，果树林木最严重，幼叶脉间先黄化，全叶变白难矫正。
缺铜变形株发黄，禾谷叶黄幼尖蔫，根茎不良树冒胶，抽穗困难芒不全。

植物缺乏营养元素的一般形态特征见表1-3-3和表1-3-4。

表1-3-3 植物大量元素的缺素症状

缺素名称	缺素症状			
	植株形态	叶	根茎	生殖器官
氮	生长受到抑制，植株矮小瘦弱。地上部分影响较严重	叶片薄而小，整个叶片呈黄绿色，严重时下部老叶呈黄色，干枯死亡	茎细小、多木质。根瘦，较细小。分蘖少（禾本科）或分枝少（双子叶）	花果穗发育迟缓，不正常地早熟。种子少而小，千粒重低
磷	植株矮小，生长缓慢。地下部严重受影响	叶色暗绿，无光泽或呈紫红色。从下部叶开始表现症状至逐渐死亡脱落	茎细小，多木质。根发育不良，主根瘦长，次生根极少或无	花少、果少，果实迟熟。易出现秃尖、脱荚或落花落蕾，种子小且不饱满
钾	植株较小且较柔弱，易感染病虫害	开始从老叶尖端沿叶缘逐渐变黄，严重时干枯死亡。叶缘似烧焦状，有时出现斑点状褐斑，或叶卷曲显皱纹	茎细小，柔弱，节间短，易倒伏	分蘖多但结穗少，果子瘦小。果肉不饱满。有时果实出现畸形，有棱角。籽粒干瘪，皱缩
钙	植株矮小，组织坚硬。病态先发生于根部和地上幼嫩部分，未老先衰	幼叶卷曲，脆弱，叶缘发黄，逐渐枯死，叶尖有枯化现象	茎、根尖的分生组织受损，根尖生长不好。茎软下垂，根尖细胞易腐烂、死亡。有时根部出现枯斑或裂伤	结实不好或很少结实

（续）

缺素名称	缺素症状			
	植株形态	叶	根茎	生殖器官
镁	病态发生在生长后期。黄化，植株大小没有明显变化	首先从下部老叶开始缺绿，但只有叶肉变黄，而叶脉仍保持绿色，以后叶肉组织逐渐变褐而死亡	变化不大	开花受抑制，花色变淡
硫	植株普遍缺绿，后期生长受抑制	幼叶开始发黄，叶脉先缺绿，严重时老叶变为黄白色，但叶肉仍为绿色	茎细小，很稀疏，侧根少。豆科作物根瘤少	开花结实期延迟。果实减少

表 1-3-4　植物微量元素的缺素症状

缺素名称	缺素症状
硼	顶端停止生长并逐渐死亡，根系不发达，叶色暗绿，叶片肥厚。叶皱缩，植株矮化，茎及叶柄易开裂，花发育不全，果穗不实，花蕾易脱落。块根、浆果心腐或坏死。如油菜“花而不实”，棉花“蕾而不花”，小麦“穗而不实”，大豆“缩果病”，甜菜“心腐病”，芹菜“茎裂病”等
锌	叶小簇生，中下部叶片失绿，主脉两侧出现不规则的棕色斑点，植株矮化，生长缓慢。玉米早期出现“白苗病”，生长后期果穗缺粒秃尖。水稻基部叶片沿主脉出现失绿条纹，继而出现棕色斑点，植株萎缩，造成“矮缩病”。果树顶端叶片呈“莲座”状或簇状，叶片变小，称“小叶病”
钼	生长不良，植株矮小，叶片凋萎或焦枯，叶缘卷曲，叶色褪淡发灰。大豆叶片上出现许多细小的灰褐色斑点，叶片向下卷曲，根瘤发育不良。柑橘呈斑点状失绿，出现“黄斑病”。番茄叶片的边缘向上卷曲，老叶上呈现明显黄斑。甘蓝形成瘦长畸形叶片
锰	症状从新叶开始。叶片脉间失绿，叶脉仍为绿色，叶片上出现褐色或灰色斑点，逐渐连成条状，严重时叶色失绿并坏死。如烟草“花叶病”，燕麦“灰斑病”，甜菜“黄斑病”等
铁	引起“失绿病”，幼叶叶脉间失绿黄化，叶脉仍为绿色。以后完全失绿，有时整个叶片呈黄白色。因铁在体内移动性小，新叶失绿，而老叶仍保持绿色，如果树新梢顶端的叶片变为黄白色。新梢顶叶脱落后，形成“梢枯”现象
铜	多数植物顶端生长停止和顶枯。果树缺铜常产生“顶枯病”，顶部枝条弯曲，顶梢枯死。枝条上形成斑块和瘤状物；树皮变粗出现裂纹，分泌出棕色胶液。在新开垦的土地上种植禾本科作物，常出现“开垦病”，表现为叶片尖端失绿，干枯和叶尖卷曲，分蘖很多但不抽穗或很少，不能形成饱满籽粒

2. 植物吸收养分　植物对养分的吸收有根部营养和根外营养两种方式。根部营养是指植物通过根系从环境中吸收养分的过程。根外营养是指植物通过叶、茎等根外器官吸收养分的过程。

（1）植物的根部营养。

① 植物根系吸收养分的部位。根系是植物吸收养分和水分的重要器官。在植物生长发育过程中，根系不断地从土壤中吸收养分和水分。对于活的植物来说，根尖大致可分为四个区，即根冠区、分生区、伸长区、根毛区。一般说来，根毛区是根尖吸收养分最活跃的区域。

② 植物根系吸收养分的形态。植物根系可吸收离子态和分子态的养分，一般以离子态养分为主，其次为分子态养分（表 1-3-1）。土壤中呈离子态的养分主要有一、二、三价阳离子和阴离子，如 K^+、NH_4^+、Ca^{2+}、Mg^{2+}、Cu^{2+}、NO_3^-、$H_2PO_4^-$、SO_4^{2-}、MoO_4^{2-}、$B_4O_7^{2-}$ 等离子。分子态养分主要是一些小分子有机化合物，如尿素、氨基酸、磷脂、生长素

等。大部分有机态养分需要经过微生物分解转变为离子态养分后，才能被植物吸收利用。

③ 养分向根系迁移的途径。植物根系主要从土壤溶液或土壤颗粒表面吸收获得矿质养分。分散在土壤各个部位的养分到达根系附近或根表的过程称为土壤养分的迁移。其方式有三种，即截获、扩散和质流。

截获是指植物根系在生长与伸长过程中直接与土壤中养分接触而获得养分的方式（图 1－3－2）。一般只占植物吸收总量的 0.2%～10%，远远不能满足植物的生长需要。因而，截获作用不是土壤养分迁移的主要方式。

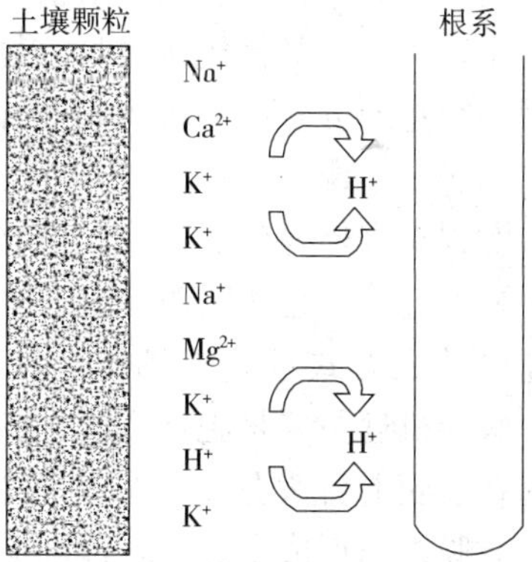

图 1－3－2　土壤截获养分示意

（黄建国．2005. 植物营养学）

扩散是指因植物根系吸收养分，使根系附近和离根系较远处的养分离子存在浓度梯度，而引起的土壤中养分移动的方式。由于植物根系不断地从土壤中吸收养分，使得根际土壤溶液中的养分浓度相对降低，这样在根际土壤和土体之间产生养分浓度差。NO_3^-、Cl^-、K^+、Na^+ 等在土壤中的扩散系数大，容易扩散；$H_2PO_4^-$ 扩散系数小，在土壤中扩散慢。

质流是指由于植物蒸腾作用，植物根系吸水而引起水流中所携带养分由土壤向根部流动的过程。在土壤中容易移动的养分，如 NO_3^-、Cl^-、SO_4^{2-}、Na^+ 等主要通过质流到达根系表面。

扩散和质流是使土体养分迁移至植物根系表面的两种主要方式。但在不同的情况下，这两个因素对养分的迁移所起的作用却不完全相同。一般认为，在长距离时，质流是补充养分的主要形式；在短距离内，扩散作用则更为重要。

④ 根系对无机养分的吸收。土壤养分到达植物根系的表面，只是为根系吸收养分准备了条件。大部分养分进入植物体，要经过一系列复杂的过程。养分种类不同，进入细胞的部位不同，其机制也不同。目前比较一致的看法是植物对离子态养分的吸收方式主要有被动吸收和主动吸收两种。

被动吸收是指养分离子通过扩散等不需要消耗能量的方式，通过细胞膜进入细胞质的过程，又称非代谢吸收。解释被动吸收的机理主要有杜南平衡学说、扩散学说和离子交换学说。这里主要介绍离子交换学说。通过截获、扩散、质流等方式迁移到植物根系表面的无机养分，首先进入根细胞的自由空间。离子的进入没有选择性，在“自由空间”里进行离子交换，进入细胞内。被动吸收分两种情况：一种是根系表面和土壤溶液之间的离子交换（图 1－3－3）；另一种是根系与土壤固体颗粒之间的离子交换，也称接触交换（图 1－3－4）。不论哪一种离子交换形式都有一个共同特点，就是养分由高浓度向

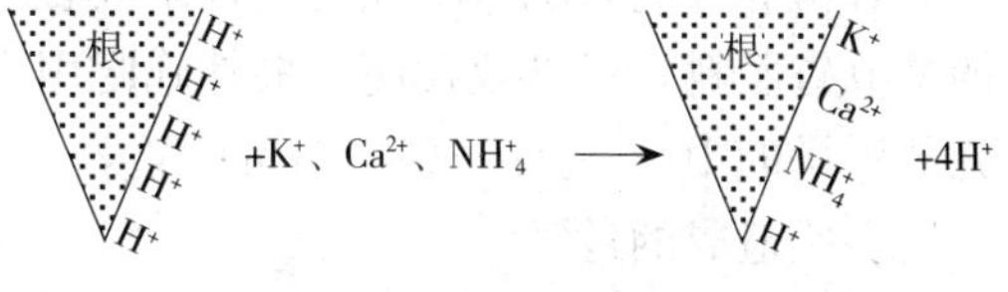

图 1－3－3　植物根系表面与土壤溶液中的离子交换

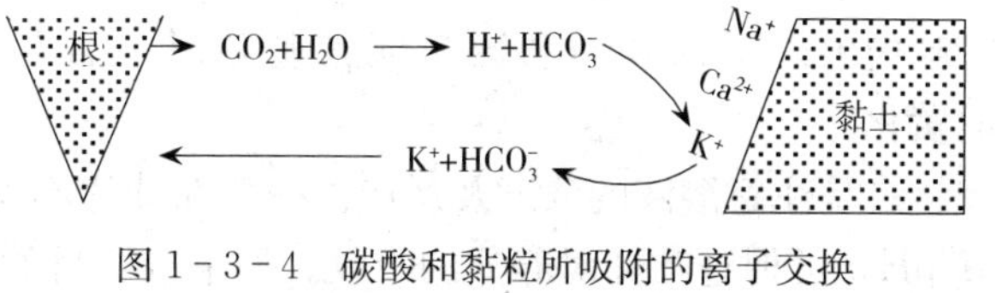

图 1－3－4　碳酸和黏粒所吸附的离子交换

低浓度扩散，其动力都是物理化学的，与植物代谢作用关系较小。同时这种吸收交换反应是可逆的。因此，被动吸收是植物吸收养分的初级阶段。

主动吸收，又称代谢吸收，是一个逆电化学势梯度且消耗能量的有选择性地吸收养分的过程。究竟养分是如何进入植物细胞膜内，很多研究学者提出了不少假说，主要有载体学说、离子泵学说等。

⑤根对有机养分的吸收。植物根系不仅能吸收无机态养分，也能吸收有机态养分。有机养分究竟以什么方式进入根细胞，目前还不十分清楚。解释机理主要是胞饮学说。胞饮作用是指吸收附在质膜上含大分子物质的液体微滴或微粒，通过质膜内陷形成小囊泡，逐渐向细胞内移动的主动转运过程。胞饮现象是一种需要能量的过程，也属于主动吸收（图 1-3-5）。

（胞饮作用）

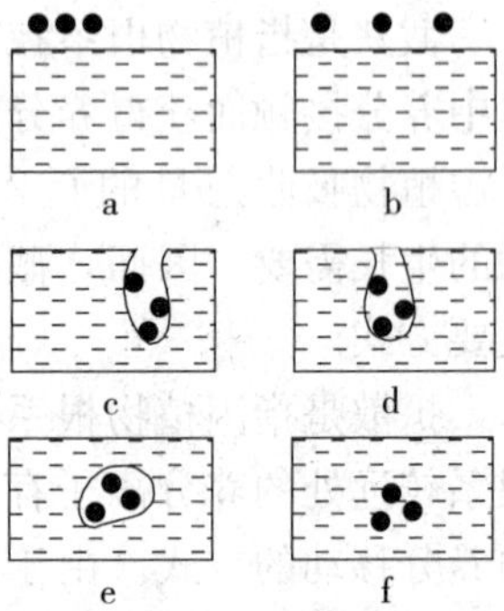

图 1-3-5　胞饮作用示意

（2）植物的根外营养。根外营养是植物营养的一种补充方式，特别是在根部营养受阻的情况下，可及时通过叶、茎等吸收营养进行补救。因此，根外营养是补充根部营养的一种辅助方式。

① 根外营养的特点。根外营养和根部营养比较起来，一般具有以下特点：

一是直接供给养分，防止养分在土壤中的固定。根外营养被植物直接吸收，可防止养分在土壤中被固定。尤其是易被土壤固定的元素，如铜、铁、锌等，叶部喷施效果较好。在寒冷或干旱地区，土壤施肥不能取得良好效果时，采取根外追肥则能及时供给植物养分。

二是吸收速率快，能及时满足植物对养分的需要。叶部对养分的吸收和转化都比根部快，能及时满足植物的需要。有人用 ^{32}P 在棉花上进行试验，直接涂在棉叶上的 ^{32}P，5min 后，根、生长点和嫩叶器官就有相当数量的 ^{32}P，而施入土壤中的 ^{32}P，经 15d 才能到达相同部位。这一措施对消除某种缺素症，及时补救由于自然灾害造成的损失以及解决植物生长后期所需养分等均有重要作用。

三是直接促进植物体内的代谢作用。据试验，根外追肥可增加光合作用和呼吸作用的强度，明显提高酶的活性，直接影响到植物体内一系列重要的生理机能，同时也能改善植物向根部供应有机养分的状况，增强植物根系吸收水分和养分的能力。

四是节省肥料，经济效益高。根外施肥用肥量小，喷施钾、磷等大量元素，其用量仅为土壤施肥用量的 10%左右。喷施微量元素，不仅节省肥料，还可以避免因土壤施肥不匀和施用量过多所造成的危害。

② 提高根外营养施用效果。主要考虑以下因素：

一是注意溶液的组成。喷施的溶液中不同的溶质被叶片吸收的速率是不同的。钾被叶片吸收速率依次为 $KCl > KNO_3 > K_2HPO_4$，而氮被叶片吸收的速率则为尿素>硝酸盐>铵盐。在喷施生理活性物质和微量元素肥料时，加入尿素可提高吸收速率和防止叶片出现暂时黄化。

二是注意溶液的浓度及反应。一般在叶片不受害的情况下，适当提高溶液的浓度和调节其 pH，可促进叶部对养分的吸收。如果主要目的在于供给阳离子，溶液的 pH 应调至微碱性；当主要目的在于供给阴离子时，溶液的 pH 则应调至弱酸性。

三是延长溶液湿润叶片的时间。喷施时间应选在下午或傍晚进行，以防止叶面很快变干。如果同时施用“湿润剂”，可降低溶液的表面张力，增大溶液与叶片的接触面积，增强叶片对养分的吸收。

四是最好在双子叶植物上施用。双子叶植物叶面积大，叶片角质层较薄，溶液中的养分易被吸收；对单子叶植物应适当加大浓度或增加喷施次数，以保证溶液能很好地被吸收利用。喷施溶液时，应叶片正面、背面一起喷。

五是注意养分在叶内的移动性。各种养分在叶细胞内的移动性依次为：氮＞钾＞钠＞磷＞氯＞硫＞锌＞铜＞锰＞铁＞钼；不移动的元素有硼、钙等。在喷施较不易移动的元素时，喷施 2～3 次为宜，同时喷施在新叶上效果好。

（3）影响植物吸收养分的因素。植物吸收养分与外界环境有密切的关系。影响养分吸收的因素主要有：

① 土壤温度。在 0～30℃范围内，随着土温的升高，根系吸收养分加快，吸收的数量也增加；当土温低于 2℃时，植物只有被动吸收；当土温超过 30℃时，养分吸收也显著减少。只有在适当的土温范围内，植物才能正常地、较多地吸收养分。

② 光照。光照充足，光合作用强度大，吸收能量多，养分吸收也就多。反之，光照不足，养分吸收的数量和强度就少。

③ 土壤通气性。土壤通气良好，能促进植物对养分的吸收；反之，土壤排水不良，植物吸收养分能力下降。在农业生产中，施肥结合中耕，目的之一就是促进植物吸收养分，提高肥料利用率。

④ 土壤酸碱性。酸性条件下，植物吸收阴离子多于阳离子；而碱性条件下，吸收阳离子多于阴离子。大多数养分在 pH 6.5～7.0 时其有效性最高或接近最高。

⑤养分浓度。一般说来，土壤中养分含量高，质流中的离子浓度高，土壤与根系间离子浓度梯度大，扩散速率增加，根系对离子接触的机会也多，因而有利于植物对养分的吸收。

3. 植物营养特性

（1）植物营养的共性和个性。植物生长发育必需的 16 种营养元素是所有高等植物生长发育所必需的，属于植物营养的共性。但有些植物或同种植物在不同的生育期，所需要的养分也是有差异的。当把植物栽培在同一种土壤上，常因植物种类不同，他们所吸收的矿物质成分和总量就会有很大的差别。如薯类植物对钾的需求比禾本科植物多；豆科植物需磷较多；叶菜类需氮较多。甚至有些植物还需要特殊的养分，如水稻需要硅，豆科植物固氮时需要钴，这些属于植物营养个性。所以，施肥时必须考虑植物的营养特性。

（2）植物营养的遗传特性。植物对养分的吸收、运输和利用特点都与基因有关，是由植物营养的基因型差异造成的，是可以遗传的，这就是植物营养的遗传特性。

不同植物存在营养基因型差异，因而具有不同的营养特点，表现在不同植物对养分需求的种类、数量和养分代谢方式等存在差异。如生长在石灰性土壤上的大豆品系有些出现失绿症，而另一些无失绿症；芹菜对缺镁和缺硼的敏感性存在着基因型差异。因此，在搞清楚植物营养性状的基础上，可以通过遗传和育种的手段对植物加以改良，将优良的营养基因保留下来，以提高作物产量，这就是研究植物营养遗传特性的目的。

（3）植物营养的连续性与阶段性。植物从种子萌发到种子形成的整个生长周期内，要经历几个不同的生长阶段。在这些阶段中，除种子萌发和植物生长后期根部停止吸收养分的阶段外，其他阶段都要从土壤中吸收养分。植物通过根系从土壤中吸收养分的整个时期，称为植物营养期。在植物营养期的每个阶段中，都在不间断地吸收养分，这就是植物吸收养分的连续性。因此，在生产中施基肥，对保证植物整个营养期养分的持续供应具有重要作用。

在植物营养期中，植物对养分的吸收又有明显的阶段性。这主要表现在植物不同生育期中，对养分的种类、数量和比例有不同的要求（图1－3－6）。在植物营养期中，植物对养分的需求有两个极为关键的时期，一个是植物营养的临界期；另一个是植物营养的最大效率期。

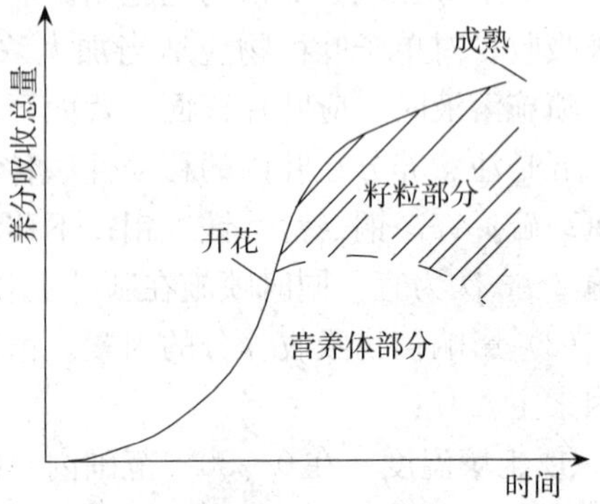

图1－3－6 植物生长发育期间吸收养分的变化规律

① 植物营养的临界期。在植物营养过程中，有一时期对某种养分的要求在绝对数量上不多，但需要十分迫切，此时如缺乏这种养分，植物生长发育和产量都会受到严重影响，即使以后补施该种养分也很难纠正和弥补，这个时期称为植物营养的临界期。植物营养临界期一般出现在植物生长的早期阶段。如水稻磷素营养的临界期在三叶期，棉花在二、三叶期，油菜在五叶期以前；水稻氮素营养的临界期在三叶期和幼穗分化期，棉花在现蕾初期，小麦和玉米一般在分蘖期、幼穗分化期。

② 植物营养最大效率期。在植物生长发育过程中还有一个时期，植物需要养分的绝对数量最多，吸收速率最快，这个时期称为植物营养最大效率期。植物营养最大效率期一般出现在植物生长的旺盛时期，或在营养生长与生殖生长并进时期。如玉米氮肥的最大效率期一般在喇叭口期至抽雄初期，棉花的氮、磷最大效率期在盛花始铃期。为了获得作物的增产效果，应在植物营养最大效率期进行适当追肥，以满足植物生长发育的需要。

任务二 合理施肥基本原理

任务目标

掌握养分归还学说的主要内容，了解其合理性和局限性；掌握最小养分律的主要内容，准确理解最小养分；掌握报酬递减律的主要内容，了解其主要含义；掌握因子综合作用律的主要内容；能运用合理施肥基本原理来指导合理施肥。

合理施肥是综合运用现代农业科技成果，根据植物需肥规律、土壤供肥规律及肥料效应，以有机肥为基础，产前提出各种肥料的适宜用量和比例以及相应的施肥方法的一项综合性科学施肥技术。

20世纪70年代，英国植物营养学家库克首次提出合理施肥的经济学概念，认为最优化的施肥量就是在高产目标下获得最大利润的施肥量。因此，合理施肥应该考虑两条标准：一是产量标准，即通过改进技术措施，减少损失，提高肥料利用率，使单位质量的肥料能够换回更多的农产品；二是经济标准，即在减少肥料投资获得较高产量的同时，努力降低施肥成本，以期获得最大的经济效益。为达到这两个标准，必须先掌握合理施肥的基本原理。

1. 养分归还学说　19 世纪中叶，德国农业化学家李比希根据索秀尔、施普林盖尔等人的研究和他本人的大量化学分析材料总结提出了养分归还学说。其中心内容是：植物从土壤中摄取其生活所必需的矿物质养分，由于不断地栽培作物，势必引起土壤中矿物质养分的消耗，长期不归还这部分养分，会使土壤变得十分贫瘠，甚至寸草不生。轮作倒茬只能减缓土壤中养分的贫竭，但不能彻底地解决问题。为了保持土壤肥力，就必须把植物从土壤中所摄取的养分，以肥料的方式归还给土壤，否则就是掠夺式的农业生产。

养分归还学说总的来说是正确的，应该指出的是，养分虽然要归还，但不像李比希强调的那样，植物带走的所有养分都要以施肥的方式归还给土壤，应该归还哪些元素要根据植物特性和土壤养分的供给水平而定。植物虽然从土壤中带走某些养分，但同时又以残留的根茬将部分养分归还土壤。元素不同，其归还程度不同。各种营养元素的归还程度大体上可以分为高度、中度、低度三个等级（表 1－3－5）。从表 1－3－5 中可以看出，氮、磷、钾等三种元素属于低度归还的营养元素，通常需要以施肥的方式给予补充。豆科植物因有根瘤菌，能够从空气中固定氮素，是个例外。虽然作物地上部分带走的钙、镁、硫、硅等矿质元素数量大于根茬留给土壤的数量，但由于作物和土壤种类不同，也应该区别对待。如在石灰性土壤上，即便种植喜钙的豆科作物，也不必考虑钙的归还问题。但在缺钙的红黄壤上，则需要施用石灰。对铁、锰等元素而言，作物需要量较少，归还比例大，土壤中含量又丰富，这些元素一般不必归还。

表 1－3－5　植物营养元素归还比例

归还程度	归还比例（%）	需要归还的营养元素	补充要求
低度归还	<10	N、P、K	重点补充
中度归还	10～30	Ca、Mg、S 等	依土壤和植物而定
高度归还	>30	Fe、Al、Mn 等	不需要补充

2. 最小养分律　李比希在自己试验的基础上，于 1843 年又提出了最小养分律。中心内容是：植物为了生长发育，需要吸收各种养分，但是决定植物产量的却是土壤中那个相对含量最小的有效养分。植物产量在一定范围内，随着这个最小养分的增减而变化，忽视这个养分限制因素，即使继续增加其他养分，植物产量仍难以提高。

我国农业生产发展的历史充分证明了这一施肥原理的正确性。解放初期我国农田土壤普遍缺氮，而且氮就是当时限制植物产量提高的最小养分，所以那时增施氮肥的增产效果非常明显。到 20 世纪 60 年代末，由于化学氮肥施用数量逐年增加，在作物氮素营养较为充裕的情况下，不少地区出现了氮肥增产效果不显著的现象，此时土壤供磷水平相对不足，磷就成为进一步提高作物产量的最小养分。所以，在施氮肥的基础上增施磷肥，植物产量就大幅度增加。进入 70 年代，随着植物产量和复种指数的提高以及秸秆移出农田，植物对养分种类的需要量也越来越多。南方酸性土壤供钾不足已成为限制植物产量再提高的新的最小养分。进入 80 年代，钾在北方一些低钾土壤、经济植物和高产田上也成为最小养分。80 年代末，微量元素在一些土壤和植物上又成为新的最小养分等。因此，生产上应及时注意最小养分的出现并不失时机地予以补充，才能使植物产量持续不断地提高。

根据最小养分律指导施肥实践要注意以下几点：一是最小养分不是指土壤中绝对含量最

少的养分，而是按植物对养分的需要量来讲，土壤供给能力最低的那种养分。二是最小养分是限制植物生长发育和提高产量的关键，为此在施肥时必须首先补充这种养分。三是最小养分不是固定不变的，而是因作物产量水平和化肥供应数量不同而变化的。当土壤中某种最小养分增加到能够满足植物需要时，这种养分就不再是最小养分，其他元素又会成为新的最小养分（图 1－3－7）。四是如果不针对性补充最小养分，即使其他养分增加再多，也不能提高植物产量，而只能造成肥料的浪费。例如，在极端缺磷的土壤上，单纯增施氮肥并不增产。五是最小养分通常是大量元素，但并不排除微量元素成为最小养分的可能。

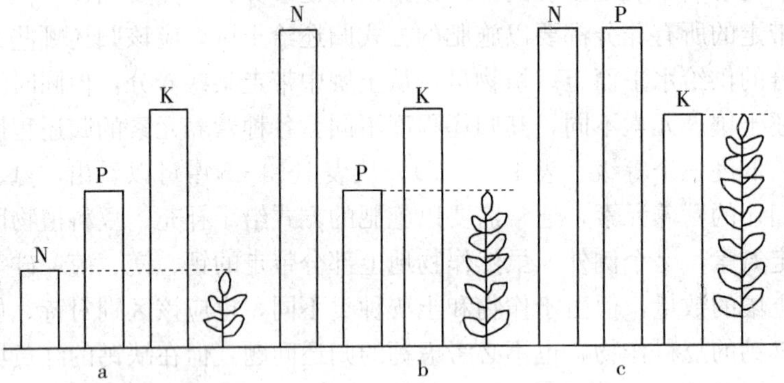

图 1－3－7　最小养分随着条件而变化示意

3. 报酬递减律　报酬递减律是一个经济学上的定律，在 18 世纪后期，由欧洲经济学家杜尔哥和安德森同时提出。由于这个经济学定律反映了在技术条件相对稳定不变的条件下，投入和产出之间客观存在的报酬递减的问题，被广泛地应用于工业、农业等诸多领域。

报酬递减律的一般表述是：从一定土地上所得到的报酬随着向该土地投入的劳动和资本量的增大而有所增加，但随着投入的劳动和资本量的增加，单位投入的报酬增加却在逐渐减少。

20 世纪初德国土壤化学家米采利希等，在前人工作的基础上，深入探讨了施肥量与植物产量之间关系。他以燕麦磷肥沙培试验，研究了施肥量与产量之间的关系，发现随着施肥量的增加，所获得的增产量具递减的趋势，得出了与报酬递减律相吻合的结论。

报酬递减律包含以下几方面含义：第一，这一规律是以各项技术条件相对稳定为前提，反映了某一限制因子与植物增产的关系。在农业生产的一个生产周期内，往往在技术上不会发生普遍的重大变化，总是保持相对稳定的状态，尤其是植物生长发育所必需的生理条件，如光照、温度等在大面积上是人们目前还不能加以控制的因素。如果在生产过程中，某项技术条件有了新的改革或突破，那限制植物产量的因素也就随之发生变化。植物产量将随新的限制因素条件的改善，而有所提高。但在达到一定量后，仍将出现递减的趋势。第二，报酬递减律是说明投入和产出两者的关系。产出的多少，并不总是和投入呈直线正相关的。如果我们不注意研究投入和产出的关系，而一味地盲目大量施肥，就必然会出现“增产不增收”的现象。第三，正因为投入和产出不是呈直线正相关的关系，所以就应该根据植物对肥料的效应曲线来确定获得高产的最佳施肥量。

一般来说，在一定的地力条件下，通过人为因素的努力，产量是能够提高的，但是增产幅度不可能是无限的。换句话说，想通过某一因素增加或改善来换取产量无限制地提高是不可能的，而只能是造成经济上的损失。总之，充分认识报酬递减这一规律，并用它来指导合理施肥，就可避免施肥的盲目性，提高肥料的利用率，从而发挥肥料最大的经济效益。

4. 因子综合作用律　最小养分律是针对养分供给来讲的，但是在植物生长过程中，影响植物生长的因素很多，不仅限于养分。因此，有人把养分条件进一步引申扩大到植物生长所必需的其他条件，从而构成另一个定律，即“因子综合作用律”。其中心内容是：植物产量是光照、水分、养分、温度、品种及耕作栽培措施等因子综合作用的结果，但其中必有一个起主导作用的限制因子，产量在一定程度上受该限制因子的制约。

在因子综合作用律中，各个因子与产量之间的关系可以用木桶原理来表示（图1－3－8）。

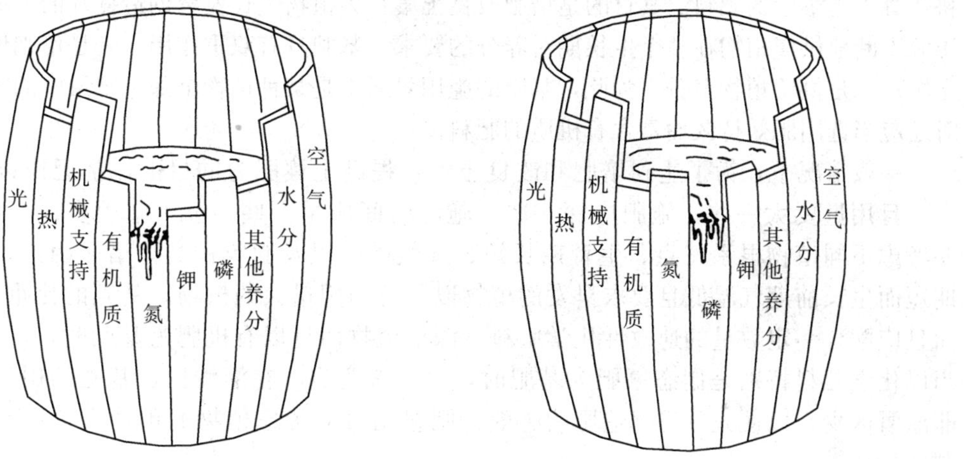

图1－3－8　影响植物产量的限制因子示意

图1－3－8中木桶水平面（代表产量）的高低，取决于组成木桶的各块木板（代表各种环境因素）的长短，只有在各种条件配合协调都能满足需要时，才能获得最高的产量。否则，其中任何一个条件的供应相对不足，都会对作物产量造成严重影响。

这一规律对于分析具体田块存在的问题和增产措施具有重要的指导意义，在施肥方面，它有助于更好地发挥肥料的增产潜力，因为施肥不能只注意养分的种类和数量，还要考虑影响作物生长和肥效发挥的其他因素。例如，施肥与灌溉相结合，可以同时大大提高肥料和灌溉的经济效益。因为作物生长既需要养分也离不开水分，而且水分含量还会影响养分的转化、转移和作物对养分的吸收，另外，增施肥料还能收到以肥调水和以肥节水的良好效果。

任务三　合理施肥技术

任务目标

掌握合理施肥技术的含义；认识合理施肥时期，了解基肥、种肥、追肥的施用原则；理解确定合理施肥量的原则；了解土壤施肥和植株施肥的方法；调查农业生产基地，了解和评价肥料施用的情况。

合理施肥技术是由适宜的施肥量及养分配比、正确的施肥时期、合理的施肥方法等要素组成。合理施肥应该做到：不断提高土壤肥力；改善土壤理化性质；满足植物对各种养分的需求；降低施肥成本；达到产量高、品质好、经济效益高的目的。

1. 合理施肥时期 为了满足植物在各个营养阶段都能得到适宜种类、数量和比例的养分，就要根据不同植物的营养特性和生育期长短来确定不同的施肥时期。一般来说，施肥时期包括基肥、种肥和追肥三个环节。只有三个环节掌握得当，肥料用得好，经济效益才能高。

（1）基肥。基肥常称为底肥，基肥是指在播种或定植前以及多年生植物越冬前结合土壤耕作翻入土壤中的肥料。其目的是培肥改良土壤，为植物生长发育创造良好的土壤条件，且源源不断地供应植物在整个生长期对养分的要求。基肥具有双重作用：一是培肥地力、改良土壤；二是供给植物养分。为此，基肥的施用量通常是某种植物全部施肥量中的大部分，同时还应当选用肥效持久而富含有机质的肥料。

一般情况下，为了达到培肥和改良土壤，提高土壤肥力的目的，基肥应以有机肥为主，且用量要大一些，施肥应深一些，施肥时间应早一些；至于施用多深，用量多大，要考虑不同植物根系特点、生育期长短、气候条件以及肥料种类等诸多因素。一般生长期短而生长前期气温低且要求早发的植物以及总施肥量大的植物，基肥的比重要大一些，而且应配合一定数量的速效性化学肥料。深根植物而且以有机肥为基肥时，一般宜深施。当以化学肥料特别是硝态氮肥为基肥时，以浅施为宜。在灌溉区，基肥的用量一般可较非灌溉区少，以便充分发挥追肥的肥效，肥料用量应考虑植物的预计产量和有机肥与化肥的配比。

（2）种肥。种肥是指播种或定植时施于种子或植物幼株附近，或与种子混播以及与植物幼株混施的肥料。种肥的目的是为植物幼苗生长发育创造良好的营养和环境条件。种肥的作用可以概括为两个方面：一方面供给植物幼苗养分，特别是满足幼苗营养临界期对养分的需要；另一方面用腐熟的有机肥料作种肥，还有改善种子床和苗床物理性状的作用。因此，种肥的施用应在施肥水平较低、基肥不足而且有机肥料腐熟程度较差的情况下效果良好；土壤贫瘠和植物苗期因低温、潮湿而养分转化慢、幼根吸收能力差时，施用种肥一般有较显著的增产效果；在盐碱地上，施用腐熟的有机肥料作种肥还可以起到防盐保苗的作用。因此，种肥一般多选用腐熟的有机肥料或速效性化学肥料以及细菌肥料等。同时，为了避免种子与肥料接近时可能产生的不良作用，应尽量选择对种子或植物根系腐蚀性小或毒害较轻的肥料。凡是浓度过大、过酸、过碱、吸湿性强、溶解时产生高温及含有毒副成分的肥料均不宜作种肥施用。

（3）追肥。追肥是指在植物生长发育期间施用的肥料。追肥的作用是及时补充植物生长发育过程中所需要的养分，以促进植物生长发育，提高植物产量和品质，一般多用速效性化学肥料。腐熟良好的有机肥料也可以用作追肥。对氮肥来说，应尽量将化学性质稳定的氮肥如硫酸铵、硝酸铵、尿素等作追肥。对磷肥来说，一般在基肥中已经施过磷肥的，可以不再追施磷肥，但在田间确有明显缺磷症状时，也可及时追施过磷酸钙或重过磷酸钙补救。对微肥来说，根据不同地区和不同植物在各营养阶段的丰缺来确定是否追肥。不同的植物对追肥的时期、次数、数量要求不一，从生产实践中可以看出，当肥料充足时，应当重视追肥的施用。例如，小麦、水稻的拔节期追肥，棉花的蕾期、花期追肥，玉米的大喇叭口期追肥等，对植物产量的提高都起着决定性的作用。

2. 合理施肥量　施肥量是构成施肥技术的核心要素，确定经济合理施肥量是合理施肥的中心问题。但确定适宜的施肥量，是一个非常复杂的事情，一般应该遵循以下几个原则：

（1）全面考虑与合理施肥有关的因素。考虑作物施肥量时应该深入了解作物、土壤和肥料三者的关系，还应结合考虑环境条件和相应的农业技术条件。各种条件综合水平高，施肥量可以适当大些，否则应适当减少施肥量。只有综合分析才能避免片面性。

（2）施肥量必须满足作物对养分的需要。为了使作物达到一定的产量，必须满足它对养分的需求，即通过施肥来补充作物消耗的养分数量，避免土壤养分亏损，肥力下降，不利于农业生产的可持续性。

（3）施肥量必须保持土壤养分平衡。土壤养分平衡包括土壤中养分总量和有效养分的平衡，也包括各种养分之间的平衡。施肥时，应该考虑适当增加限制作物产量的最小养分的数量，以协调土壤各种养分的关系，保证养分平衡供应。

（4）施肥量应能获得较高的经济效益。在肥料效应符合报酬递减律的情况下，单位面积施肥的经济收益，开始阶段随施肥量的增加而增加，达到最高点后即下降。所以，在肥料充足的情况下，应该以获得单位面积最大利润为原则来确定施肥量。

（5）确定施肥量时应考虑前茬作物所施肥料的后效。试验证明，肥料三要素“氮、磷、钾”中，磷肥后效最长，磷肥的后效与肥料品种有很大关系，如水溶性磷肥和弱酸性磷肥，当季作物收获后，大约还有 2/3 留在土壤中，第二季作物收获后，约有 1/3 留在土壤中，第三季收获后，大约还有 1/6，第四季收获后，残留很少，不再考虑其后效。钾肥的后效，一般在第一季作物收获后，大约有 1/2 留在土壤中。一般认为，无机氮肥没有后效。

估算施肥用量的方法很多，如养分平衡法、肥料效应函数法、土壤养分校正系数法、土壤肥力指标法等。具体方法参见测土配方施肥技术。

3. 合理施肥方法　施肥方法就是将肥料施于土壤和植株的途径与方法，前者称为土壤施肥，后者称为植株施肥。

（1）土壤施肥。在生产实践中，常用的土壤施肥方法主要有：

① 撒施。撒施是施用基肥和追肥的一种方法，即把肥料均匀撒于地表，然后把肥料翻入土中。凡是施肥量大的或密植植物如小麦、水稻、蔬菜等封垄后追肥以及根系分布广的植物都可采用撒施法。

② 条施。也是基肥和追肥的一种方法，即开沟条施肥料后覆土。一般在肥料较少的情况下施用，玉米、棉花及垄栽甘薯多用条施，再如小麦在封行前可用施肥机或耧播入土壤。

③ 穴施。穴施是在播种前把肥料施在播种穴中，而后覆土播种。其特点是施肥集中，用肥量少，增产效果较好，果树、林木多用穴施法。

④ 分层施肥。将肥料按不同比例施入土壤的不同层次内。例如，河南的超高产麦田将作基肥的 70%的氮肥和 80%的磷钾肥撒于地表随耕地而翻入下层，然后把剩余的 30%的氮肥的和 20%的磷钾肥于耙前撒入垡头，通过耙地而进入表层。

⑤环状和放射状施肥。环状施肥常用于果园施肥，是在树冠外围垂直的地面上，挖一环状沟，深、宽各 30～60cm（图 1－3－9），施肥后覆土踏实。来年再施肥时可在第一年施肥沟的外侧再挖沟施肥，以逐年扩大施肥范围。放射状施肥是在距树木一定距离处，以树干为

中心，向树冠外围挖4～8条放射状直沟，沟深、宽各50cm，沟长与树冠相齐，肥料施在沟内（图1-3-10），来年再交错位置挖沟施肥。

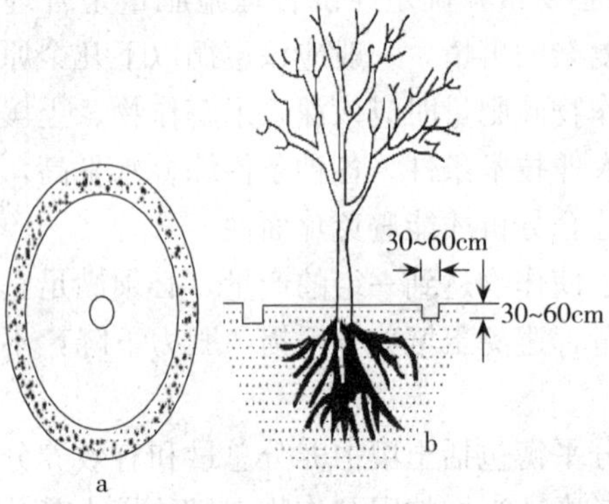

图1-3-9 环状施肥示意

a. 平面图 b. 断面图

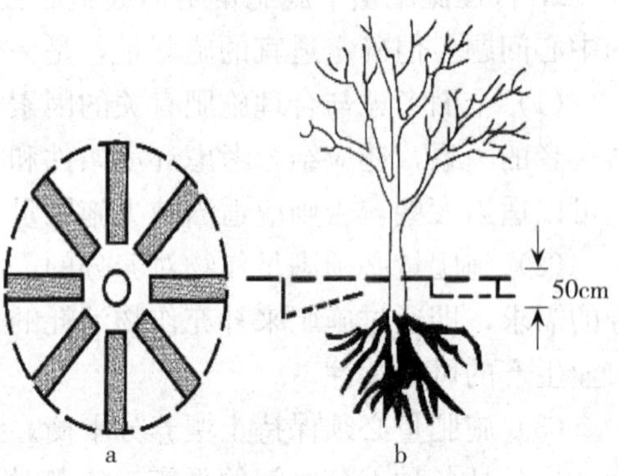

图1-3-10 放射状施肥示意

a. 平面图 b. 断面图

（2）植株施肥。在生产实践中，常用的植株施肥方法主要有：

① 根外追肥。把肥料配成一定浓度的溶液，喷洒在植物体上，以供植物吸收的一种施肥方法。此法省肥、效果好，是一种辅助性追肥措施。

② 注射施肥。注射施肥是在树体、根、茎部打孔，在一定的压力下，将营养液通过树体的导管，输送到植株的各个部位的一种施肥方法。注射施肥又可分为滴注和强力注射。

滴注是将装有营养液的滴注袋垂直悬挂在距地面1.5m左右高的树杈上，排出管道中气体，将滴注针头插入预先打好的钻孔中（钻孔深度一般为主干直径的2/3），利用虹吸原理，将溶液注入树体中（图1-3-11）。强力注射是利用踏板喷雾器等装置加压注射，压强一般为（9.81～14.71）$\times 10^5$Pa，注射结束后注孔用干树枝塞紧，与树皮剪平，并堆土保护注孔（图1-3-11）。

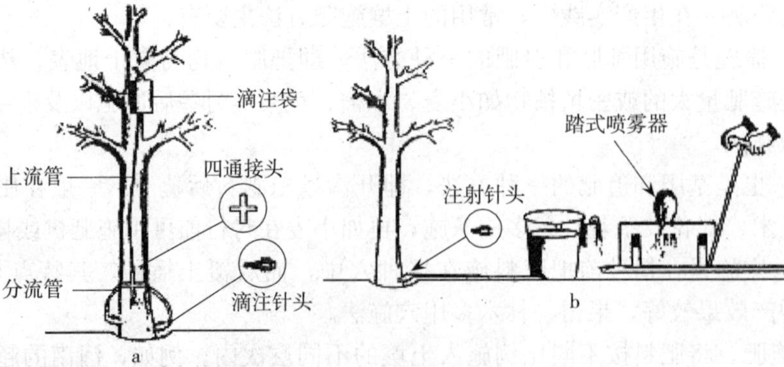

图1-3-11 注射施肥示意

a. 滴注 b. 强力注射

（引自："光泰"牌果树营养注射肥说明书）

③ 打洞填埋法。适合于果树等木本植物施用微量元素肥料，是在果树主干上打洞，将固体肥料填埋于洞中，然后封闭洞口的一种施肥方法。

④ 蘸秧根。对移栽植物如水稻等，将磷肥或微生物菌剂配制成一定浓度的悬浊液，浸蘸秧根，然后定植。

⑤种子施肥。是指肥料与种子混合的一种施肥方法，包括拌种、浸种和盖种肥。拌种是将肥料与种子均匀拌和或把肥料配成一定浓度的溶液与种子均匀拌和后一起播入土壤的一种施肥方法；浸种是用一定浓度的肥料溶液来浸泡种子，待一定时间后，取出稍晾干后播种；盖种肥是开沟播种后，用充分腐熟的有机肥或草木灰盖在种子上面的施肥方法，具有供给幼苗养分、保墒和保温作用。

阅读材料

植物的有益元素与有害元素

1. 植物的有益元素　在植物的非必需营养元素中有一些元素，对特定的植物生长发育有益，或为某些种类植物所必需，或对植物的某个生理过程有特异性作用，因而就称这些元素为“有益元素”或“增益元素”，也有的称之为“准必需元素”。国外有学者认为，植物的“有益元素”多达一二十种。常见的有一定生产实践意义的“有益元素”如下。

钠（Na）：对甜菜、大麻、C_4 植物的生长有促进作用，尤其对棉花纤维的发育有良好作用。

硅（Si）：水稻为嗜硅植物，水稻植株中有硅化细胞等机械组织，有利于植株抗倒、抗病等。水稻施用硅肥常有显著的增产效果。

镍（Ni）：镍是脲酶的组成成分，当缺少镍时，会因尿素的积累而对植物产生毒害作用。

硒（Se）：豆科黄芪属植物紫云英（通常用作牧草或绿肥）为需硒植物。对其施用硒肥，不仅增加产草量，而且能预防牲畜的一些疾病。

钴（Co）：钴在豆科植物共生固氮中起着重要作用，钴还是许多酶的活化剂，在有机物代谢及能量代谢中起着一定作用。

铝（Al）：在南方酸性土壤上生长的茶树为喜铝植物。铝不仅对茶树的生长有良好效应，而且能保持叶片有浓郁的绿色，可能对改善茶叶品质有利。

钒（V）：可促进生物固氮，促进叶绿素合成，促进铁的吸收和利用，提高某些酶的活性等。

上述这些元素之所以被称为“有益元素”，就是因为这些元素对特定植物的生长发育有益或为某些种类的植物或植物的某些生理过程所必需，限于目前的科学技术水平，尚未证明其对所有高等植物的普遍必需性。但“有益元素”的作用在生产实践中越来越显示出良好效应，因而受到农业科研和技术推广部门的重视。如果把“有益元素”与必需元素结合在某些作物的平衡营养、平衡施肥体系中，对于提高肥效和产量甚至改善品质都必然是有利的。

2. 植物的有害元素　必需营养元素施用过量会对植物产生有害作用。常见症状有叶片黄白化、褐斑；茎叶畸形、扭曲；根弯曲、变粗或尖端死亡，出现狮尾、鸡爪等畸形根。其中微量元素与大量元素不同，微量元素最适需要量与中毒水平比较接近，过量会导致植物中毒，甚至引起人、畜的某些疾病发生。如硼过剩，叶缘大多成黄或褐色镶边；饲料植物含钼>10mg/kg，长期饲喂可引起家畜钼毒症。由于元素之间会互相抗衡，有些元素的缺素症是因某一元素的过剩吸收产生的，如磷过多，常以缺铁、锌、镁等失绿症表现；酸性土壤锰过多可引起缺钼。另外，有些元素存在于植物体内，在极低浓度下未能表现出已知的生理功能，却产生了毒害作用，称之为有害元素，如铝、砷、氟、锡、铬、镍、汞、铅等，现举例如下。

（1）铝中毒。植物根系生长减少，根尖和侧根变粗变褐，叶片暗绿，茎秆发紫。常伴随植物组织中高量铁、锰和低浓度钙、镁。

（2）砷中毒。水稻中度中毒时茎叶扭曲，无效分蘖增多，严重时植株地上部发黄，根系发黑、稀疏。甘薯受害叶片出现褐色斑点，叶脉基部和茎部呈褐色，逐渐发黑死亡。苹果则树皮和木质部变色，叶片产生斑点。

（3）氟中毒。在大田生产中，很少出现氟毒害。但在氟氢酸工业污染区，植物暴露在只有几微克/千克氟氢酸的环境下，几个月后就会出现中毒症状。轻微中毒叶缘和叶脉失绿，严重时叶缘坏死。葡萄和果树比其他植物更敏感。

（4）镉中毒。水稻下部叶片和叶鞘变为黄褐色；大豆叶片黄化，叶脉呈棕褐色。镉污染食物危及人类健康，长期食用含镉米（含镉水、含镉水产品）易患骨痛病。

资料收集

1. 阅读《土壤》《中国土壤与肥料》《土壤通报》《土壤学报》《植物营养与肥料学报》等杂志及土壤肥料方面的书籍。

2. 浏览中国肥料信息网、××省（市）土壤肥料信息网、中国科学院南京土壤研究所网站、中国农业科学院土壤肥料研究所网站等。

3. 了解近两年有关合理施肥方面的新技术、新成果、最新研究进展，制作一张“植物缺素症图”卡片或写一篇“当地植物施肥新技术”的综述。

师生互动

将全班分为若干团队，每队5～10人，利用业余时间，进行下列活动：

1. 当地主要有哪些植物进行根外追肥？常用什么肥料？浓度是多少？

2. 根据植物营养临界期和最大效率期，植物施肥时应如何进行？

3. 选择当地主要植物类型，调查并讨论植物有哪些缺素典型症状，能否及时进行判断？

4. 调查并讨论当地运用根外营养原理补充植物养分有哪些典型经验？

5. 选择当地3种主要植物，确定其追肥时期、肥料种类及用量？

6. 当地果树施肥经常采用哪些施肥方法？

7. 到当地村庄访问农户，调查当地基肥、种肥和追肥常用肥料类型与品种。

8. 到当地村庄访问农户，调查当地植物施肥方法。

9. 以养分平衡法为例，说明如何确定合理施肥的用量？

10. 结合当地生产实际，如何提高果树、小麦、蔬菜等作物的根外追肥效果？

考证提示

获得农艺工、种子繁育员、肥料配方师、植保员、蔬菜园艺工、花卉园艺工、果树园艺工、林木种苗工、绿化工、草坪建植工、中药材种植员、牧草工等高级资格证书，需具备以下知识和能力：

◆植物必需营养元素的类型与作用。

◆植物吸收养分的基本原理及应用。

◆合理施肥基本原理的含义及应用。

◆合理施肥的时期、用量、方法。

◆当地合理施肥主要方法总结。

基础四　土壤肥料与农产品安全

基础目标

了解土壤健康、农产品质量安全等知识；熟悉健康农产品与土壤之间的关系；结合当地实际，熟悉重金属、有机污染、放射性污染对农产品质量的影响；了解施用有机肥料、化学肥料对农产品品质安全的影响；掌握健康农产品生产的施肥技术，为推广农产品质量安全提供技术保障。

任务一　土壤健康与农产品质量安全

任务目标

了解土壤健康、农产品质量安全、土壤污染等基础知识，熟悉健康农产品与土壤之间的关系；结合当地实际，熟悉重金属、有机污染、放射性污染对农产品质量的影响。

1. 土壤健康概述　土壤是一个活的机体，如同人体或动物、植物等生命体一样，也存在"健康"影响甚至"疾病"等问题。只有"健康"的土壤，才能支持植物的健康生长和发育，才能生产出健康的植物或农产品。近年来，土壤健康这一概念逐渐被世界各国越来越多的农业企业、农场主、农民和农业科技人员，特别是土壤科技工作者的接受和认可。

（1）土壤健康的含义。土壤健康是一个正在发展中的概念，目前，人们对这一概念有着不同的理解。Doran 和 Zeiss（2000）认为：土壤健康是指最大限度地减少土传植物疾病生物的数量及有关疾病的发生，最大限度地减少、控制土传昆虫或其他害虫的数量和活动范围。D. W. Wolfe 认为：土壤健康是指采用生物方法与物理方法、化学方法相结合的实施土壤管理的综合措施，在最大限度地防止产生对环境有负面效应的前提下，使植物生产达到长期的可持续发展。Peter Trutmann 认为：土壤健康是指土壤作为重要的生命系统行使各种功能的能力，即在生态系统水平和土地利用的边界范围内，维持生产植物性和动物性产品的能力，维持或改善水和大气质量的能力以及促进植物和动物健康的能力。综上所述，作为土壤健康的判断标准，首先是能生产出对人体具有健康效益的动物和植物产品。其次是应该具有改善水和大气质量的能力及具有一定程度的抵抗污染物的能力，包括使污染物降解为低毒甚至无毒的成分或者转化为低毒、无毒的形态的能力。

（2）土壤健康的基本要素。尽管人们对"土壤健康"这一概念有着不同的理解，但土壤具有为植物生长提供介质、调节与储藏水资源以及作为环境缓冲器的服务功能，正是土壤的这三项主要功能，构成土壤健康的基本要素。

① 植物健康生长。对于农业生产来说，健康土壤或者是质量好的土壤，应该既适于耕种，又是肥沃的，并且在通常情况下能够产出高质量的作物。因此，土壤健康首要的条件是：为作物种子发芽和根生长提供适宜的介质，包括不存在过酸或过碱等不适宜的生态化学

条件以及对植物生长有害的其他条件；平衡地供给植物营养；能够获得、接受、贮藏并及时释放供植物利用的水分；能够通过动物、植物残体的降解作用使营养物质得以再循环；对有助于提高植物抵抗各种疾病的微生物群落起到支持作用。

② 水分调控与储藏。雨水或融化的雪水到达地面或进入土壤后有若干归宿：一是渗入土体中，然后在土壤中储藏起来或者被植物吸收利用；二是直接穿透土体进入地下水中；三是作为径流沿着地表或表层土壤进行迁移而进入到溪流或河流。

尽管有时土壤的储水量取决于所获得的降水量，但是，一个健康的土壤或是质量好的土壤，当有足够的降水量时，土壤作为活机体，能够储藏足够的水分，从而最大限度地促进作物的健康生长和发育，最终获得高质量的农产品。与此同时，产生的地表径流最小，带走的土壤沉积物最少，或是渗入到根层以下地下水中的数量也有一定的限制。

③ 环境缓冲器。一个健康的土壤或质量好的土壤，应该能够接纳并保持一定数量的营养物质源源不断地供给植物，而当植物需要这些营养物质时，能够及时从土壤中释放到“指定的”地点供植物利用。

在一定程度上，健康的土壤还能够使有毒有害污染物转化为低毒的形态或者降解为对动物、植物和微生物无毒成分以及对地表水和地下水不会构成污染。但是土壤实施这一功能的能力是有限的，而且在修复人为活动引起的工业污染的损害方面的能力也是有限的。也就是说，土壤作为环境缓冲器的功能是有限的。因此，必须控制大量外来污染物进入土壤。否则，浸染物对土壤机体的危害作用，将导致土壤容易发生各种“疾病”。

（3）土壤健康的意义。健康的土壤，是人体健康的保证，至少到目前为止，我们人类的食物大部分都是从土壤上生产出来的。如果土壤不健康或受到外来污染的影响，土壤也就生产不出健康的农产品。当人类以这些不健康的农产品为食物，将对人体的健康产生不良影响。反之，以健康的土壤生产健康的农产品为食物，将有利于促进人体的健康和长寿。

土壤健康也是健康社会的基础，健康的土壤能够带来较大的社会效益。健康土壤是生态系统尤其是陆地生态系统健康的最重要的组成部分和保证。

2. 农产品质量安全与土壤污染　农产品安全与土壤污染关系密切，土壤是否遭受污染以及污染的程度直接影响到农产品的品质与产量。土壤中常见的污染物有三类：重金属、有机物及放射性物质。

（1）重金属污染。土壤重金属污染问题一直是各界普遍关注的问题，是一个世界性问题。目前我国受镉、砷、铬、铅等重金属污染的耕地面积近 $2\times10^{7}\,hm^{2}$，约占耕地总面积的五分之一，而且有增加的趋势。特别是在城郊工矿区附近和污灌区比较严重，主要是镉、汞、铜、砷、铅、铬、锌等超标。表 1-4-1 是重庆市对蔬菜地 30 个单元重金属综合污染指数监测情况，数据表明土壤受到不同程度重金属污染，污染重金属主要有镉、汞、铅，其中镉超过国家土壤环境质量二级标准的监测单元达 70%。

表 1-4-1　重庆市土壤重金属平均值与背景值比较

单位：mg/kg

项目	Cd	Hg	As	Cu	Pb	Cr	Zn	Ni
菜地土壤	0.285	0.056	6.757	23.044	37.036	52.117	82.274	33.436
土壤背景值	0.141	0.037	6.76	21.96	22.20	48.55	79.47	35.69

土壤中重金属污染途径主要有：含重金属污水的农田灌溉，城市污泥的农业利用，农用化学物质的使用，采矿和冶炼，有机肥料与磷肥的大量施用，大气污染颗粒的沉降等。据国家环保总局的统计表明，被工业“三废”污染的农田有近 7×10^{6} hm^2，因此引起的粮食减产每年在 1×10^{10} kg 以上；我国污灌面积约 3.3×10^{6} hm^2，有 64.8%的面积遭受重金属污染，其中轻度污染 46.7%，中度污染 9.7%，重度污染面积达 8.4%；某些肥料如磷肥、农药如杀菌剂、牲畜粪便等有机肥等大量施用也增加了土壤中镉、铜等含量。

污染土壤中的重金属通过植物根部吸收产生富集，该过程不仅使农产品中重金属含量增加，破坏农产品的营养成分，降低其营养价值，影响其质量与产量，并通过食物链危及人和动物安全。农产品中重金属残留超标主要集中在大中城市的郊区、污灌区和矿区，以城郊蔬菜地中重金属污染问题尤为突出。由于我国大多数城市近郊土壤都受到不同程度污染，许多地方粮食、蔬菜、水果等食物中镉、铬、砷、铅等重金属含量超标或接近临界值。2001 年，赵丽芳等对生长于污染土壤上的蔬菜进行了调查，结果表明，与农产品中重金属最高限量标准相比（表 1-4-2），乐清市土壤污染导致部分蔬菜可食用部分镉、铜等重金属含量严重超标（表 1-4-3）。

表 1-4-2 农产品中重金属最高限量

单位：mg/kg

元素	As	Cd	Cu	Hg	Pb	Zn
大米	≤0.7	≤0.2	≤10	≤0.02	≤0.4	≤50
蔬菜	≤0.5	≤0.05	≤10	≤0.01	≤0.2	≤50

表 1-4-3 浙江乐清市污染菜地上部分蔬菜重金属含量

单位：mg/kg（烘干重）

蔬菜（采样点）	Cu	Cd	Zn	Pb	Ni	Cr
花菜（乐成）	10.6	0.314	38.4	22.8	4.10	0.628
球菜（乐成）	15.6	0.302	30.3	7.0	3.75	0.184
芹菜（柳市）	27.9	1.887	90.2	12.7	8.95	1.475
苋菜（柳市）	22.9	1.069	50.0	30.0	4.83	0.925

（2）有机污染。土壤有机污染已成为全球性环境问题，美国国家环保局列出的前 100 种污染物中有 88 种为有机污染物。常见的主要有：三氯乙烯、二氯甲烷、四氯乙烯、甲苯、1,1-二氯乙烷、肽酸盐、苯、氯仿、多氯联苯、邻苯二甲酸酯、直链型烷基苯磺酸盐、六氯苯、多环芳烃类、塑料残膜等。

土壤有机污染主要由化学农药杀虫剂、杀菌剂、除草剂等施用，煤气焦化厂、石油加工厂等污染产生。土壤中有机污染物不仅毒性强，而且多为“环境激素”，影响人类的生存繁衍。一些有机污染物对人体具有致疾、致癌、致突变作用，危害性极大。

（3）放射性污染。污染土壤中的放射性核素来源很多，如核武器试验、核武器应用、核电站放射性废物正常排泄，异常事故、含放射性核素化肥施用、含放射性核素煤燃烧等。

各种核武器试验及与核武器有关的战争是局部环境放射性增加的重要原因之一。Mahara（1993）研究表明，1945 年日本广岛的原子弹释放出的放射性裂变产物，虽然多数短寿命的核素经过 50 年的衰减后基本衰减完毕，长寿命的核素如 ^{137}Cs、^{90}Sr 仍然存在。

McDiarmind 和 Peterson 等研究表明，1991 年海湾战争、1995 年波黑战争、1999 年南斯拉夫战争中爆炸的贫铀弹药严重污染了当地的大气、水源、土壤，曾被怀疑是“海湾战争综合征”“巴尔干综合征”致病原因的罪魁之一。

核电站排放出的三废物质包括^{85}Kr、^{133}Xe、^{131}I、^{60}Co、^{137}Cs、^{134}Cs、^{3}H 等，放射性物质可能在核电站正常运行过程中排放出来，也可能因核设施发生意外事故而进入环境中，如切尔诺贝利核电站泄漏事故等。多数情况下农用化肥含微量放射性核素，施用后可引起环境放射性增加。燃煤及燃煤发电厂也是环境中放射性核素增加原因之一。

放射性核素一旦进入水体和土壤环境，便可通过各种途径产生污染危害。表现在：一是农产品放射性核素比活度超标，直接危及食物链安全及人类健康；二是影响土壤微生物的生存与种类，从而影响到土壤的肥力和土壤对有毒物质的分解净化能力；三是污染水源和大气。

任务二　农产品质量安全与合理施肥

任务目标

了解施用有机肥料、化学肥料对农产品品质安全的影响；掌握健康农产品生产的施肥技术，为推广农产品质量安全提供技术保障；了解国内外农产品质量安全的相关法律法规以及保障农产品质量安全的措施等。

1. 合理施肥与农产品品质　农产品的品质主要体现在以下三个方面：一是营养品质，如小麦的蛋白质、玉米的氨基酸、西瓜中糖分含量等；二是商业品质，如外观、口感、香味以及耐贮性等；三是加工品质，如小麦的出粉率、湿面筋值等。提高农产品品质的途径有改良品种、培育优质品种、优化种植结构和方式、合理施肥等，其中合理施肥是重要的途径之一。

（1）有机肥料与农产品品质。大量试验表明，施用有机肥料不仅能提高植物品质，而且在改善农副产品与果品外观品质，保持营养风味，提高商品价值方面也有独到的功效。据中国农业科学院土壤肥料研究所试验，每公顷施 15t 优质土粪加 300kg 尿素和单施 300kg 尿素作比较：小麦籽粒中蛋白质含量提高 1%，面筋含量提高 2.3%，籽粒全氮提高 0.19%，全磷提高 0.02%，全钾提高 0.04%。河南省南阳市土壤肥料推广站 1987—1989 年施用有机肥的试验结果表明：每公顷施 15t 厩肥可增产小麦 120～180kg，且籽粒饱满，色泽鲜，而且粗蛋白质、湿面筋、吸水率、湿面团稳定时间等指标都有不同程度的提高。

“七五”期间，由农业部组织的攻关组对 20 余种植物的研究表明，在合理施用化肥的基础上增施有机肥料，能在不同程度上提高所有供试植物产品品质，如使小麦和玉米蛋白质增加 2%～3.5%，面筋增加 1.4%～3.6%，8 种必需氨基酸增加 0.3%～0.48%；大豆脂肪提高 0.56%，亚油酸和油酸分别增加 0.31%和 0.92%；烤烟优级烟率提高 7.3%～9.8%；西瓜糖分增加 0.8～4.2 度，瓜汁中甜味和鲜味氨基酸分别增加 27%和 9.9%；芦笋一级品增加 6%～9%，维生素 B_1 和维生素 C 增加 5%。通过增施有机肥，减少化学氮肥施用，可使叶菜硝酸盐含量降低 33%～35.5%，达到人体健康允许的水平。由此说明，施用有机肥料在改善植物营养品质、商品品质和食味品质等方面均有良好作用。

(2) 氮肥与农产品品质。农产品中与质量有关的含氮化合物有硝酸盐、亚硝酸盐、粗蛋白质、氨基酸、酰胺类和环氮化合物等。氮肥对植物品质的影响主要是通过提高植物中蛋白质含量来实现的。在正常生长的植物所吸收的氮中，大约有75%形成蛋白质，蛋白质是人类及一般动物的主要营养物质。

① 对粮棉油植物品质的影响。增施氮肥不仅能提高小麦蛋白质含量，还能提高面包的烘烤质量，增加透明度、容重、面筋的延伸性、面粉的强度和面包体积。增施氮肥能使糙米产量、蛋白质含量增加，稻米垩白率和直链淀粉含量逐渐降低，胶稠度变短。增加氮素供应常使油菜籽粒中含油量减少。施用氮肥对棉花的品质也有一定影响：当氮肥用量为105～150 kg/hm^2 时，能显著改善皮棉品质；当施氮量增至150～250 kg/hm^2 时，不影响皮棉质量，但高于这个用量时，皮棉质量有下降趋势。

② 对蔬菜品质的影响。人体摄入的硝酸盐73%～92%来自蔬菜和水果。因此，硝酸盐在蔬菜作物中的累积是硝酸盐累积造成污染的突出问题。不同品种蔬菜中硝酸盐含量不相同(表1-4-4)，一般情况下是叶菜类＞白菜类＞根菜类＞豆类＞甘蓝类＞茄果类＞瓜类。影响蔬菜硝酸盐积累的因素很多，如肥料种类和用量、营养状况、气候状况、蔬菜品种及部位等。一般硝酸盐积累随着氮肥的增加而增加。

表1-4-4 蔬菜中硝酸盐含量

单位：mg/kg

名称	范围	平均	名称	范围	平均
白萝卜	300～4 960	2 037	西葫芦	95～1 100	571
球叶莴苣	15～6 610	1 716	白球叶甘蓝	0～2 500	477
四季萝卜	70～5 000	1 447	胡萝卜	0～3 337	306
菠菜	20～4 500	1 436	黄瓜	0～576	183
香芹菜	0～4 757	1 200	马铃薯	0～494	120
芹菜	0～3 721	1 061	番茄	0～177	57
青葱	0～1 435	687	扁球葱	0～522	52

③对水果品质的影响。水果的外在质量通常包括外观、形状、颜色和有无瑕疵等，内在品质则有营养成分、口感等。研究表明，对甜瓜单施氮肥，果实甜度下降，硝酸盐含量增加，但当氮、磷肥配合施用时这些指标都提高。果树缺氮时，使果实变小，果实着色差，成熟期推迟，甜味不足，品质下降，但施氮肥过量时，也影响果实色泽，延迟成熟并使成熟期参差不齐。柑橘施氮处理与无氮处理相比，果实大，含酸低，含糖高，着色也较好，但果皮增厚；施氮过多时，品质明显降低，出现果皮增厚粗糙，果汁率降低，肉质变硬，风味变差。葡萄施氮过多，会出现果实着色差、含糖率低、晚腐病发病率高等问题。

(3) 磷肥与农产品品质。增施磷素供应可以增加植物的粗蛋白含量，特别是增加必需氨基酸的含量。合理供应磷可以使植物的淀粉和糖含量达到正常水平，并增加多种维生素含量。

① 磷对粮食植物品质的影响。试验表明，增施磷肥可以显著增加小麦籽粒中维生素 B_1 的含量，改良小麦面粉烘烤性能，但随着磷肥施用量的增加，小麦籽粒蛋白质含量却降低。随着施磷量的增加，谷子粗蛋白质含量增加，粗脂肪含量降低，支链淀粉及小米胶稠度增加。

② 磷对油料植物品质的影响。油菜缺磷对油菜籽粒的含油量影响很大。试验表明，芥菜型油菜极端缺磷时，含油量从33%降低到23%。磷肥对脂肪酸组成和蛋白质含量的影响较小。在缺磷的情况下施磷肥，可增加脯氨酸、精氨酸等氨基酸的含量。

③ 磷对水果品质的影响。柑橘缺磷时，一般果汁中的酸度增加，且果小，皮厚，品质变差；磷过剩时，果实着色不良，糖、酸、维生素C含量都减少。试验表明，施用磷肥往往能促进花芽分化，减少果汁含酸量，提高糖酸比。对果树来说，磷肥的肥效通过土壤施用很难发挥，应该改用叶面喷洒或根外追肥的方法。但葡萄生长初期施用磷肥，能提高果实含糖量、促进成熟，因此葡萄施磷应以基肥为主。

(4) 钾肥与农产品品质。钾可以活化植物体内的一系列酶系统，改善碳水化合物代谢，并能提高植物的抗逆能力，合理的钾素营养可以增加产品中碳水化合物含量，如增加糖分、淀粉和纤维含量，对改善西瓜、甘蔗、马铃薯、麻类等作物的品质有良好的作用。合理的钾素营养可增加维生素含量，改善水果、蔬菜等品质。

① 钾对粮棉植物品质的影响。长期田间试验表明，施钾不仅增加小麦千粒重，而且改善了面粉的烘烤性状。施钾肥能提高大豆脂肪含量，减少大豆的蛋白质含量，但对大豆籽粒中氨基酸影响较小。适量施钾不仅可使棉铃增大，也可通过增加纤维长度和强度而改善棉花品质。

② 钾对蔬菜、水果品质的影响。施钾不仅能提高西瓜的糖含量，而且还能明显降低西瓜的酸度，大幅度提高糖酸比。增施钾肥对提高番茄产量、改善品质、减轻病害有明显的作用。

施钾能使蔬菜中硝酸盐含量降低。从表1-4-5可以看出，茄子、菠菜、黄瓜、豇豆、大白菜等5种蔬菜施用钾肥后硝酸盐含量平均为929.7 mg/kg，比对照降低32.8 mg/kg，降低率为3.4%，其中硫酸钾的效果更明显。

表1-4-5　钾肥对蔬菜中硝酸盐含量的影响

单位：mg/kg

处理	茄子	菠菜	黄瓜	豇豆	番茄	大白菜	平均值
对照	759.5	2 551	145	364.5	痕量	1 750	962.4
氯化钾	867.7	1 990	145	308.6	198	1 440	824.9
硫酸钾	717.6	1 849	120	308.6	198	1 550	790.5

果树缺钾，果实变小，产量减少，所以钾肥又称为“果肥”。苹果、桃、梨缺钾，则着色不良；柑橘缺钾，则果皮变薄，酸量减少，糖分提高，易腐烂，贮藏性下降。

③ 钾肥对烟草和茶叶品质的影响。增施钾肥能直接改善烤烟的香气质、香气量、燃烧性和引燃持火力，促进烟叶正常落黄成熟，增强烟株的抗病性和抗逆能力，增加烟叶产量、叶片面积、单叶重和改善叶色，并通过影响烟草的生物化学过程而改善烟叶的品质。

茶叶施用钾肥，既能增加茶叶产量，又能改善其质量。在施钾的茶树叶片里，多元酚、酸浸出物、咖啡因的含量增加。

(5) 微量元素肥料与农产品品质。植物体内，特别是绿色营养部分的微量元素含量变化很大。增施不同的微量元素肥料，对农产品品质的影响不同。适度增施铁肥（主要是喷施），可以增加农产品的绿色叶片中的含铁量。适度增施锰肥，可提高农产品中维生素的含量。施用铜肥、锌肥和钼肥，可以相应地增加农产品的含铜量、锌量和钼量。同时，铜肥和钼肥的施用，还可以提高农产品蛋白质的含量和质量。适度增施硼肥，可提高蔗糖产量和含糖量。此外，食物和饲料中的含锰量和含钼量是农产品的一种重要质量标准。

2. 合理施肥与农产品质量安全保障 民以食为天，食以安为先。农产品质量安全，是近年来社会关注的突出问题。提高农产品质量，确保农产品质量安全，不仅是提高我国人民生活质量和增强农产品国际竞争力的需要，也是提高农业效益、增加农民收入的需要。

(1) 制订和完善相应的法律法规。制订和完善农产品质量安全法律法规是保证农产品安全的重要举措。我国为适应经济全球化和入世后对农产品安全的要求，保证国民的心身健康，先后出台了一系列措施以解决农产品安全问题。我国先后制订了《中华人民共和国食品安全法》《中华人民共和国农产品质量安全法》《关于发展无公害农产品绿色食品有机农产品的意见》《国务院关于加强食品等产品安全监督管理的特别规定》等法律法规。《农业部关于加强农产品质量安全管理工作的意见》对问题较为突出的农产品（如蔬菜、茶叶、水产品、畜禽产品等）采取针对性的治理措施。

与此同时，国家采取措施提高农产品质量，建立健全农产品质量标准体系和质量检验检测监督体系，保障农产品质量安全。农产品质量安全标准体系是农业标准体系中涉及农产品安全和质量中强制性的技术规范的有机系统。农产品认证已成为国际贸易中常见的技术壁垒手段，我国自 2001 年始按照国际通行规则和市场化运作方式，基本建立起了我国食品、农产品认证认可体系。我国现行的农产品卫生标准、无公害食品系列标准等相关的强制性国家标准和行业标准都属于农产品质量安全标准。农业标准体系范围包括种植业、畜牧业、渔业等行业所涉及的标准。一般规定农产品质量要求和卫生条件，以保障人的健康、安全的技术规范和要求。国家有关部门加强农产品产地环境、农业投入品、农业生产过程、包装标识和市场准入 5 个环节的管理，建立和健全农产品质量安全保障体系，即农产品质量安全标准、检测检验、质量认证体系，加强执法监督、技术推广、市场信息等工作。国家质量监督检验检疫总局还针对蔬菜、水果、畜禽肉、水产品 4 类农产品推出了 8 项安全标准，每一类农产品都有“安全要求”和“产地环境要求”两大标准；另外还颁布了“无公害茶叶”“无公害蛋与蛋制品”“无公害乳与乳制品”“无公害蜂产品”“无公害食用菌”等 10 项国家标准。

(2) 建立农产品安全生产基地。建立典型的农产品安全生产基地，发挥其示范辐射作用。可将资源条件好、生产条件优越、商品量大、市场前景广的优势农产品集中到优势产区。通过各种措施促进土壤健康质量的改善，建立优质农产品生产基地，加强对生产基地监管，把农业标准化的实施和农业产业化发展结合起来，形成科学合理的农业生产力布局，是提高农产品质量安全的重要途径之一，也是增强农产品国际竞争力的重要举措。

(3) 提倡合理安全施肥。合理安全施肥不但能增加植物产量，而且能改善植物产品的营养品质、食味品质、外观品质，并改善食品卫生；合理安全施肥可以提高土壤营养、改善土壤结构、增进土壤“机体”健康、提高土壤对重金属离子的吸附，减轻重金属对农产品的污染；合理安全施肥可以提高化肥利用率，减少过量施用化肥对土壤环境造成的污染。

① 合理利用有机肥资源。一是合理分配现有有机肥资源，将其重点分配在经济植物上。二是加强有机肥养分再循环，开发利用城市有机肥源，生产商品有机肥料。三是推广秸秆还田技术，缓解有机肥源和钾肥资源不足。四是积极发展绿肥，扩大绿肥种植面积。

② 提高氮肥利用率。一是施用适宜的氮肥用量，减少对环境污染。二是选择合适的施肥时期，减少氮肥损失率。三是氮肥深施减少氮素损失率。四是施用硝化抑制剂和脲酶抑制剂。五是水肥综合调控，提高肥料利用率。六是平衡施肥，协调植物营养。

③ 注意磷肥合理施用。一是以轮作周期为单位施用磷肥，发挥磷肥后效。二是水溶性磷肥与有机肥配合施用，减少磷的固定。三是氮磷肥配合和混合集中施用。四是贫磷土壤应以有效利用磷肥和经济合理施肥为目标，丰磷土壤应以补偿性施磷为主。五是根据不同土壤、不同植物，合理分配磷肥品种。

④ 合理补施微量元素肥料。一是必须控制过量施用。二是施用微肥的同时，要配合其他相应农业措施。三是注意有机肥料与微肥配合施用。四是将微肥施用在敏感植物上。

（4）强化农业产地环境保护。

① 控制污染物质进入农业产地。我国农业产地环境不容乐观。以山西省为例，据环保部门跟踪测试结果表明，在太原、晋中等地土壤中汞、镉、砷、铅的含量呈上升趋势，且超标范围有所扩大；由此引起农产品重金属超标、瓜菜的含糖量下降、苹果的苦痘病和番茄的脐腐病的发病率上升，蔬菜中硝酸盐、亚硝酸盐的含量超标。加强环境保护，创造良好的能充分表现优质品种的生存环境是农产品优质化的基础。要严格控制未经处理的工业“三废”及城市生活垃圾和污水等废弃物进入农田。

② 选用低毒高效农药，注重合理使用农药。要加强宣传、搞好培训、提高农民的质量意识和农药施用技术，大力推广生物农药和生物防治技术，是保护环境、提高农产品品质、实现生产无公害农副产品和绿色食品的重要措施。综合防治病虫草害，实行作物轮作、清洁田园、利用和引进天敌实施生物防治都是较为有效的防治手段。

③ 选用抗逆品种，改进栽培措施。选用能在污染土壤中生长的植物品种，既对污染土壤中的污染物本身起到固化作用，也能开发利用受污染的土壤。在栽培中要尽量不使用催生剂和激素等，确保农产品品质安全。

阅读材料

无公害蔬菜产地环境控制技术

1. 农业自身污染的预防与控制措施　农业自身污染主要是农业生产过程中不正确地施用农药、化肥、生长调节剂，以及农业废弃物，如畜禽粪便等处理、利用不当而造成的污染。这方面的污染，主要是通过实施无公害蔬菜生产技术规程加以预防和控制。

（1）科学管理，合理施用化肥、农药和植物生长调节剂。

（2）利用生态模式合理利用农业废弃物。建立生态型蔬菜基地，实行多业互补，利用生态模式合理处理和利用农业废弃物，促进生态经济良性循环。如大力发展种养结合、种养沼结合、种养沼加等多业结合、多种物质循环模式，不仅可提高生物能的转化率和资源利用率，而且可防止废弃物对环境的污染。

（3）禁止使用对蔬菜产地环境有害的物质。在生产无公害蔬菜的菜田中，应避免污水、固体废弃物进入；严禁使用有害物质含量超标的污水、农用固体废弃物等，禁止使用医院废弃物及含放射性物质的废弃物。

2. 无公害蔬菜栽培的土壤和水源治理 第一，按照环境自然净化规律，以改变人为地对土壤和水源质量的继续污染为突破口，恢复原有的生态平衡。第二，在蔬菜生产基地中，坚持以蔬菜栽培为主，其他作物种植为辅，并结合畜牧养殖和农产品加工等产业，逐步形成一个资源利用合理的社会化物质生产系统。第三，大力推广无公害蔬菜生产的各项技术措施，区分地表水和地下水，可灌水和非可灌水，在对污染水进行集中处理的同时，使用深井水并作适当处理，配合采用节水灌溉技术。

3. 土壤生态环境治理

（1）土壤次生盐渍化治理。一是以水除盐，依靠大水洗盐，或开沟埋设暗管排水，用垂直洗盐的方法进行，并将洗出去的盐水通过管道或排水系统排出后集中处理。二是生物除盐，采用休闲或轮作方式，种植速生吸盐植物（如玉米、苏丹草）。三是采用菜田与水田轮作。四是施用有机肥料。五是进行深耕，使表土和深层土壤适度混合。

（2）土壤中病虫害治理。一是通过土壤休闲，与大田作物进行轮作。二是在越冬前灌水，进行冻垡，或在夏季进行深翻晒垡。三是利用夏季高温施入石灰和未腐熟有机肥；或浇水后覆膜密闭30～45d，杀死病菌虫卵。四是利用蒸汽或药物进行土壤消毒。五是要加强宣传，搞好培训，提高农民的质量意识和农药施用技术，大力推广生物农药和生物防治技术，是保护环境、提高农产品品质、实现生产无公害农副产品和绿色食品的重要措施。六是综合防治病虫草害，实行作物轮作、清洁田园、利用和引进天敌实施生物防治都是较为有效的防治手段。

（3）防治蔬菜肥害发生。一是合理利用有机肥资源：合理分配现有有机肥资源，将其重点分配在经济植物上；加强有机肥养分再循环，开发利用城市有机肥源，生产商品有机肥料；推广秸秆还田技术，缓解有机肥源和钾肥资源不足；积极发展绿肥，扩大绿肥种植面积。二是提高氮肥利用率：施用适宜的氮肥用量，减少对环境污染；选择合适的施肥时期，减少氮肥损失率；氮肥深施减少氮素损失率；施用硝化抑制剂和脲酶抑制剂；水肥综合调控，提高肥料利用率；平衡施肥，协调植物营养。三是注意磷肥合理施用：以轮作周期为单位施用磷肥，发挥磷肥后效作用；水溶性磷肥与有机肥配合施用，减少磷的固定；氮、磷肥配合和混合集中施用；贫磷土壤应以有效利用磷肥和经济合理施肥为目标，丰磷土壤应以补偿性施磷为主；根据不同土壤、不同植物，合理分配磷肥品种。四是合理补施微量元素肥料：必须控制过量施用；施用微肥的同时，要配合其他相应农业措施；注意有机肥料与微肥配合施用；将微肥施用在敏感植物上。

资料收集

1. 阅读《土壤》《中国土壤与肥料》《土壤通报》《土壤学报》《植物营养与肥料学报》等杂志及有关新型肥料、测土配方施肥技术、其他施肥新技术等方面的书籍。

2. 浏览中国肥料信息网、××省（市）土壤肥料信息网、中国科学院南京土壤研究所网站、中国农业科学院土壤肥料研究所网站等。

3. 了解近两年有关土壤健康、合理施肥与农产品品质等方面的新技术、新成果、最新研究进展，写一篇“合理施肥对农产品安全的影响”的综述。

师生互动

将全班分为若干团队，每团队5～10人，利用业余时间，进行下列活动：

1. 土壤健康的含义是什么？怎样减少土壤污染，确保农产品质量安全？

2. 施肥对土壤会产生哪些污染？土壤健康与土壤污染有何联系？

3. 举例说明氮肥施用对蔬菜水果品质有何影响？氮肥、磷肥施用不当对水环境会产生哪些影响？有机肥料施用越多，农产品质量越安全吗？

4. 如何做到合理施肥，确保当地农产品质量安全？

考证提示

获得农艺工、种子繁育员、肥料配方师、植保员、蔬菜园艺工、花卉园艺工、果树园艺工、林木种苗工、绿化工、草坪建植工、中药材种植员、牧草工等高级资格证书，需具备以下知识和能力：

◆土壤污染对农产品质量的影响。

◆施用有机肥料、氮肥、磷肥、钾肥、微量元素肥料等对农产品质量的影响。

◆保障农产品质量安全的技术措施。

模块二

土壤肥力评价与调控

项目一　土壤肥力基础物质测定与调控

项目目标

知识目标： 熟悉土壤水分调控措施；熟悉土壤有机质调控措施；熟悉土壤质地改善措施。

能力目标： 掌握土壤自然含水量、田间持水量的测定；掌握土壤有机质含量的测定；掌握土壤质地的测定。

土壤水分、空气、热量和养分既是土壤的重要肥力因素，又是植物生长发育所必需的条件。任何土壤的形成、性质及植物的生长发育，都与土壤肥力因素密切相关。

土壤肥力评价就是对土壤肥力高低的评判和鉴定。评价土壤肥力的指标包括土壤营养（化学性质）指标、土壤物理性状指标、土壤生物学指标和土壤环境指标等。土壤肥力调控是根据土壤肥力评价情况，结合当地实际情况，采取合理的施肥、耕作、灌溉等措施对土壤肥力进行调控。

任务一　土壤含水量的测定与调控

任务目标

了解土壤自然含水量、田间持水量的测定原理，掌握土壤自然含水量、田间持水量的测定方法；并能根据测定结果进行土壤水分的合理调控。

活动一　土壤自然含水量的测定

1. 活动目标　能够理解烘干法和酒精燃烧法测定土壤含水量的原理，能够熟练准确地测定土壤水分含量，为土壤耕作、播种、土壤墒情分析和合理排灌等提供依据。

2. 活动准备　根据班级人数，按 2 人一组，分为若干组，每组准备以下材料和用具：烘箱、天平（感量 0.01g 和 0.001g）、干燥器、称样皿、铝盒、量筒（10mL）、无水酒精、滴管、小刀、土壤样品等。

3. 相关知识　测定土壤含水量的方法很多，常用的有烘干法和酒精燃烧法。烘干法是目前测定水分的标准方法，其测定结果比较准确，适合于大批量样品的测定，但这种方法需要时间长。酒精燃烧法测定土壤水分快，但精确度较低，只适合田间速测。

烘干法测定水分的原理是：在（105±2）℃下，水分从土壤中全部蒸发，而结构水不被破坏，土壤有机质也不致分解。因此，将土壤样品置于（105±2）℃下烘至恒重，根据烘干前后质量之差，可计算出土壤水分含量的百分数。

酒精燃烧法测定水分的原理是：利用酒精在土壤中燃烧放出的热量，使土壤水分蒸发干燥，通过燃烧前后质量之差，计算土壤含水量的百分数。酒精燃烧在火焰熄灭的前几秒钟，即火焰下降时，土温才迅速上升到180～200℃。然后温度很快降至85～90℃，再缓慢冷却。由于高温阶段时间短，样品中有机质及盐类损失很少，故此法测定的土壤水分含量有一定的参考价值。

4. 操作规程和质量要求

（1）酒精燃烧法。选择种植农作物、蔬菜、果树、花卉、园林树木、草坪、牧草、林木等田间，按表2-1-1的操作步骤进行。

表2-1-1　酒精燃烧法测定土壤含水量的操作规程和质量要求

工作环节	操作规程	质量要求
新鲜样品采集	用小铲子在田间挖取表层土壤1kg左右装入塑料袋中，带回实验室以便测定	最好多点、随机取样，增加土样的代表性
称空重	用感量为0.01g的天平对洗净烘干的铝盒称重，记为铝盒重（W_1），并记下铝盒的盒盖和盒帮的号码	应注意铝盒的盒盖和盒帮相对应，避免出错
加湿土并称重	将塑料袋中的土样倒出约200g，在实验台上用小铲子将土样研碎混合。取10g左右的土样放入已称重的铝盒中，称重，记为铝盒加新鲜土样重（W_2）	应将土样内的石砾、虫壳、根系等物质仔细剔除，以免影响测定结果
酒精燃烧	将铝盒盖开口朝下扣在实验台上，铝盒放在铝盒盖上。用滴管向铝盒内加入工业酒精，直至将全部土样覆盖。用火柴点燃铝盒内酒精，任其燃烧至火焰熄灭，稍冷却；小心用滴管重新加入酒精至全部土样湿润，再点火任其燃烧；重复燃烧三次	酒精燃烧法不适用于含有机质高的土壤样品的测定。燃烧过程中严控温度，注意防止土样损失，以免出现误差
冷却称重	燃烧结束后，待铝盒冷却至不烫手时，将铝盒盖盖在铝盒上，待其冷却至室温，称重，记为铝盒加干土重（W_3）	冷却后应及时称重，避免土样重新吸水
结果计算	平行测定结果用算术平均值表示，保留小数点后一位。 $土壤含水量=\frac{W_2-W_3}{W_3-W_1}\times 100\%$	平行测定结果的允许绝对相差：水分含量＜5%，允许绝对相差≤0.2%；水分含量5%～15%，允许绝对相差≤0.3%；水分含量＞15%，允许绝对相差≤0.7%

（2）烘干法。烘干法适用于新鲜土样和风干土样，这里选用风干土样。根据要求进行下列全部或部分内容（表2-1-2）。

表2-1-2　烘干法测定土壤含水量的操作规程和质量要求

工作环节	操作规程	质量要求
称空重	用感量为0.001g的天平对洗净烘干的铝盒称重，记为铝盒重（W_1），并记下铝盒的盒盖和盒帮的号码	应注意铝盒的盒盖和盒帮相对应，避免出错
加风干土并称重	取10g左右的土样放入已称重的铝盒中，称重，记为铝盒加新鲜土样重（W_2）	应将土样内的石砾、虫壳、根系等物质仔细剔除，以免影响测定结果
烘干	将铝盒放入预先温度升至（105±2）℃的电热烘箱内烘6～8h。稍冷却后，将铝盒盖盖上，并放入干燥器中进一步冷却至室温	燃烧过程中严控温度，注意防止土样损失，以免出现误差
冷却称重	待铝盒冷却至不烫手时，将铝盒盖盖在铝盒上，待其冷却至室温，称重，记为铝盒加干土重（W_3）	冷却后应及时称重，避免土样重新吸水

（续）

工作环节	操作规程	质量要求
结果计算	平行测定结果用算术平均值表示，保留小数点后一位。 $土壤含水量=\frac{W_2-W_3}{W_3-W_1}\times 100\%$	平行测定结果的允许绝对相差：水分含量<5%，允许绝对相差≤0.2%；水分含量5%～15%，允许绝对相差≤0.3%；水分含量>15%，允许绝对相差≤0.7%

5. 常见技术问题处理

（1）数据记录格式参见表2-1-3。

表2-1-3　土壤含水量测定数据记录

样品号	盒盖号	盒帮号	铝盒重（W_1）	盒加新鲜土重（W_2）	盒加干土重（W_3）	含水量（%）	平均值

（2）运用酒精燃烧法测定土壤水分时，一般情况下要经过3～4次燃烧后，土样才可达到恒重。

活动二　土壤田间持水量的测定

1. 活动目标　能够理解烘干法和酒精燃烧法测定土壤田间持水量的原理，能够熟练准确地测定土壤田间持水量，为确定灌水定额，指导农业生产等提供依据。

2. 活动准备　根据班级人数，按2人一组，分为若干组，每组准备以下材料和用具：环刀（100cm³）、滤纸、纱布、橡皮筋、玻璃皿、天平（感量0.01g）、剖面刀、小锤子、烘箱、烧杯、滴管、铁框或木框（面积1m×1m或2m×2m、高20～25cm）、水桶、铝盒、土钻、铁锹等。

3. 相关知识　在地势高、水位深的地方田间持水量是毛管悬着水最大含量，但在地下水位高的低洼地区，它则接近毛管持水量。它的数值反映土壤保水能力的大小。实际测定时常采用实验室法和田间测定法。

其测定原理是：在自然状态下，加水至毛管全部充满。取一定量湿土放入105～110℃烘箱中，烘至恒重。水分占干土重百分数即为土壤田间持水量。

4. 操作规程和质量要求　选择种植农作物、蔬菜、果树、花卉、园林树木、草坪、牧草、林木等田间，进行下列全部内容。

（1）实验室法，见表2-1-4。

表 2-1-4 实验室法测田间持水量的操作规程和质量要求

工作环节	操作规程	质量要求
选点取土	在田间选择挖掘土壤的位置，用小刀修平土壤表面，按要求深度将环刀向下垂直压入土中，直至环刀筒中充满土样为止，然后用剖面刀切开环周围的土样，取出已充满土的环刀，细心削平环刀两端多余的土，并擦净环刀外部	环刀取土时要保持土壤的原样，不能压实土壤，否则引起数值不准确
湿润土样	在环刀底端放大小合适的滤纸 2 张，用纱布包好后用橡皮筋扎好，放在玻璃皿中。玻璃皿中事先放 2～3 层滤纸，将装土环刀放在滤纸上，用滴管不断地滴加水于滤纸上，使滤纸经常保持湿润状态，至水分沿毛管上升而全部充满达到恒重为止	湿润土样时，一定要注意使滤纸经常保持湿润状态
测定土壤含水量	取出装土环刀，去掉纱布和滤纸，取出一部分土壤放入已知重量的铝盒（W_1）内称重（W_2），然后放入 105～110℃烘箱中，烘至恒重，取出称重（W_3）	参照水分测定要求
结果计算	重量田间持水量=（湿土重－烘干土重）/烘干土重×100% $=\dfrac{W_2-W_3}{W_3-W_1}\times 100\%$ 容积田间持水量=重量田间持水量×容积	平行测定结果以算术平均数值表示，保留小数点后一位；允许绝对相差≤1%

（2）田间测定法，见表 2-1-5。

表 2-1-5 田间测定法测田间持水量的操作规程和质量要求

工作环节	操作规程	质量要求
选点取土	在田间选择代表性的地块，其面积可为 1m×1m 或 2m×2m，将地表整平	地点选择要注意代表性，应远离道路、大树、坑、建筑物等
筑埂	在四周筑起内外两层坚实的土埂（或用木棍），土埂高20～25cm，内外埂相距 0.25m（沙质土壤）或 1m（黏土），内外土埂之间为保护带，带中地面应与内埂中测区一样平	筑埂时一定要拍实，防止渗漏或串水
计算灌溉所需水量并灌水	一般按总孔隙度的一倍计算，然后按照需水量进行灌水	为防止水分蒸发，灌水后要用秸秆、塑料布及时覆盖
取样	沙壤土及轻壤土灌水后 1～2 昼夜，重壤土及黏土灌水后3～4 昼夜时，在所需深度用土钻进行取样。于测定区，按正方形对角线打钻，每次打 3 个钻孔，从上至下按土壤发生层分别采土 15～20g	取样时在土埂铺上木板，人站在木板上工作
测定土壤含水量	将所采土壤迅速装入已知重量（W_1）的铝盒中盖紧，带回室内称重（W_2），在电热板上干燥，再放在烘箱中经 105℃烘至恒重（W_3），计算含水量	参照水分测定要求
重复	1～2d 后再次取样，重复测定一次含水量，至土壤含水量的变化小于 1%～1.5%时，此含水量即为田间持水量	重复是为了提高结果的准确性，一定要给予重视
结果计算	重量田间持水量=（湿土重－烘干土重）/烘干土重×100% $=\dfrac{W_2-W_3}{W_3-W_1}\times 100\%$ 容积田间持水量=重量田间持水量×容积	平行测定结果以算术平均数值表示，保留小数点后一位；允许绝对相差≤1%

5. 常见技术问题处理

（1）因尚未测定取样地块的容重、比重，不能计算总孔隙度时，可参考如下数字，黏土及重壤土孔隙度为50%～45%，中壤土及轻壤土为45%～40%，沙壤土为40%～35%。

（2）第一次先灌计划水量的一半，半天后再加入其余的水量，为了防止倒水时冲击表土，可以在倒水外垫一些草，灌完水后，用草覆盖，以防水分蒸发。

（3）数据记录格式参见表2-1-6。

表2-1-6　田间持水量测定结果记录

铝盒号	铝盒质量（g）	湿土加铝盒质量（g）	烘干土加铝盒质量（g）	水质量（g）	烘干土质量（g）	重量田间持水量（%）	容积田间持水量（%）

活动三　土壤水分的调控

1. 活动目标　熟悉当地植物生长的土壤水分状况，掌握适合当地水分的保蓄和调节措施，为当地农业生产提供科学依据。

2. 活动准备　根据班级人数，按4人一组，分为若干组，每组准备好当地“土壤水分调控”预调查的内容和问题。

3. 相关知识　土壤中各种形态的水分，对植物来说并非都能吸收利用，其中能被植物吸收利用的水分称为有效水，不能被植物吸收利用的水分称为无效水。凋萎系数是土壤有效水分的下限，田间持水量是有效水分的上限。田间持水量与凋萎系数之间的差值是土壤有效水的最大含量（表2-1-7）。当土壤含水量低于凋萎系数时，水分受到的土壤吸引力大于植物根系对其的吸引力，植物不能利用这部分水，所以为无效水；而当土壤含水量高于田间持水量时，则土壤通气孔隙中也充满水，但在旱地中，通气孔隙中的水极易通过渗漏的方式进入底层土壤，而不能被分布在表层土壤中的植物根系吸收利用，是多余水。土壤最大有效水含量的高低主要取决于土壤质地和有机质含量，但质地黏于壤土的土壤，其最大有效水含量变化不大。有机质能够促进良好土壤结构的形成，而良好的土壤结构能够改善土壤的孔隙性质，提高土壤的保水能力，增加有效水的最大含量。

表2-1-7　不同类型质地土壤的最大有效水含量

土壤质地	沙土	沙壤土	轻壤土	中壤土	重壤土	黏土
田间持水量（%）	12	18	22	24	26	30
凋萎系数（%）	3	5	6	9	11	15
有效水最大含量（%）	9	13	16	15	15	15

4. 操作规程和质量要求 见表 2-1-8。

表 2-1-8 土壤水分调控的操作规程和质量要求

工作环节	操作规程	质量要求
当地土壤水分状况调查	根据当地植物种植情况和土壤类型，分别测定土壤自然含水量和田间持水量，获得当地土壤水分状况资料	参见土壤自然含水量和田间持水量测定的质量要求
搞好农田基本建设	农田基本建设包括农田、排灌渠系、路网、防护林带等的合理规划和建设。作为水分管理来讲，主要是农田和排灌渠系的建设。田面平整利于降水和灌溉水的入渗，减少地面径流；排灌渠系的配套有利于灌溉和排水	要求田面平整、排灌渠系配套，路网和防护林网规划到位
合理灌溉和排水	灌溉是增加农田水分含量的重要措施。灌溉的方式有漫灌、畦灌、喷灌、滴灌等。农田排水可分为排除地面积水、降低地下水位及排除表层土壤内滞水三类。不同的地区，将根据生产实际情况采用相应的排水方法	灌溉要注意节水灌溉，减少渠系渗漏和蒸发，引进新的节水灌溉技术；同时要按照植物的生理需要进行灌溉，减少水资源浪费，降低生产成本。排水要求能解除渍害
适时耕作保墒	采用耕翻、中耕、镇压等耕作措施，在不同情况下可以起到不同的水分调节效果。合理深耕可以打破犁底层，改善表层土壤的孔隙性质，提高和改善土壤的通气透水及保水性能。中耕松土可以疏松表土，改善土壤孔隙性质，增加土面水分蒸发阻力，减少土壤水分的消耗，特别是降雨或灌溉后及时中耕，可显著减少土面的水分蒸发，提高土壤的抗旱能力。对于质地较粗或疏松的沙土，在含水量较低时对表土进行镇压，由于降低了通气孔隙度，可以起到保墒和提墒的作用	墒是土壤水分的另一种习惯称法，保墒是使土壤维持一定的含水量。通过适当的耕作措施可以达到减少土壤水分损失的目的
适当进行覆盖	覆盖是旱作农业保水保温的良好生产措施。所有覆盖措施都有利于减少土壤水分的蒸发损失，提高表层土壤水分含量。覆盖方式有地膜覆盖、秸秆覆盖、有机肥覆盖、沙田覆盖等	采用何种覆盖方式来进行土壤水分调控，要根据当地土壤类型和气候条件，做到因地制宜，尽量减少生产成本
制定当地土壤水分的调控方案	根据上述调查情况，针对当地植物生长的土壤水分情况，制定合理调控土壤水分的实施方案，并撰写一份调查报告	报告内容要做到：内容简洁、事实确凿、论据充足、建议合理

5. 常见技术问题处理 由于各院校所在地区水利条件、地形条件、气候条件等差异较大，因此，在实际进行调查时，可选择与本地区土壤水分调控有关的措施进行调查。调控方案的制订、调查报告的编写也要结合本地区实际进行。

任务二 土壤有机质含量测定与调控

任务目标

能正确进行土壤样品采集与处理；了解土壤有机质含量的测定原理，掌握土壤有机质含量的测定方法；并能根据测定结果进行土壤有机质的合理调控。

活动一 土壤样品的采集与处理

1. 活动目标 能够熟练准确进行当地各类土壤耕层混合样品的采集，并依据分析目的进行不同样品的制备，为以后正确进行土壤分析奠定基础。

2. 活动准备　根据班级人数，按 2 人一组，分为若干组，每组准备以下材料和用具：取土钻或小铁铲、布袋（塑料袋）、标签、铅笔、钢卷尺、制样板、木棍、镊子、土壤筛（18 目、60 目）、广口瓶、研钵、样品盘等。

3. 相关知识　土壤样品的采集和处理是土壤分析工作中的一个重要环节，直接影响分析结果的准确性和精确性。不正确的采样方法，常常导致分析结果无法应用，误导制定农业生产措施，对农业生产造成极大的负面影响。土壤样品的采集必须遵循随机、多点混合和具有代表性的原则，严格按照要求和目的进行操作。因此通过多点采集，使土样具有代表性；根据农化分析样品的要求，将采集的代表土样磨成一定的细度，以保证分析结果的可比性；四分法以保证样品制备和取舍时的代表性。

4. 操作规程和质量要求　选择种植农作物、蔬菜、果树、花卉、园林树木、草坪、牧草、林木等场所，进行耕层土壤混合样品采集（表 2-1-9）。

表 2-1-9　土壤样品的采集与处理操作规程和质量要求

工作环节	操作规程	质量要求
合理布点	（1）布点方法。为保证样品的代表性，采样前确定采样点时可根据地块面积大小，按照一定的路线进行选取。采样的方向应该与土壤肥力的变化方向一致，采样线路一般分为对角线、棋盘式和蛇形三种（图 2-1-1） （2）采样点确定。保证采样点随机、均匀，避免特殊取样。一般以 5～20 个点为宜 （3）采样时间。采样目的不同，采样时间不同。根据土壤测定需要，应随时采样。供养分普查的土样，可在播种前采集混合样品。供缺素诊断用的样品，要在病株的根部附近采集土样，单独测定，并和正常的土壤对比。为了摸清养分变化和作物生长规律，可按作物生育期定期取样；为了制定施肥计划供施肥诊断用的土样，除在前作物收获后或施基肥、播前采集土样，以了解土壤养分起始供应水平外，还可在作物生长季节定期连续采样，以了解土壤养分的动态变化。若要了解施肥效果，则在作物生长期间，施肥的前后进行采样	（1）一般面积较大，地形起伏不平，肥力不均，采用蛇形布点；面积中等，地形较整齐，肥力有些差异，采用棋盘式布点；面积较小，地形平坦，肥力较均匀，采用对角线法布点 （2）每个采样点的选取是随机的，尽量分布均匀，每点采取土样深度一致，采样量一致 （3）将各点土样均匀混合，提高样品代表性 （4）采样点要避免田埂、路旁、沟边、挖方、填方、堆肥地段及特殊地形部位
正确取土	在选定采样点上，先将 2～3mm 表土杂物刮去，然后用土钻或小铁铲垂直入土 15～20cm。用小铁铲取土，应挖一个一铲宽和 20cm 深的小坑，坑壁一面修光，然后从光面用小铲切下约 1cm 厚的土片（土片厚度上下应一致），然后集中起来，混合均匀。每点的取土深度、质量应尽量一致。如果测定微量元素，应避免用含有所测定的微量元素的工具来采样，以免造成污染	（1）样品具代表性，取土深度、质量一致 （2）采集剖面层次分析标本，分层取样，依次由下而上逐层采取土壤样品
样品混合	将采集的各土点样在盛土盘上集中起来，剔除石砾、虫壳、根系等物质，混合均匀，量多时采用四分法（图 2-1-2），弃去多余的土，直至所需要数量为止，一般每个混合土样的质量以 1kg 为宜	四分法操作时，初选剔杂后土样混合均匀，土层摊开底部平整，薄厚一致
装袋与填写标签	采好后的土样装入布袋中，用铅笔写好标签，标签一式两份，一份系在布袋外，一份放入布袋内。标签注明采样地点、日期、采样深度、土壤名称、编号及采样人等，同时做好采样记录	装袋量以大半袋约 1kg 为宜
风干剔杂	从野外采回的样品要及时放在样品盘上，将土样内的石砾、虫壳、根系等物质仔细剔除，捏碎土块，摊成薄薄一层，置于干净整洁的室内通风处自然风干	土样置阴凉处风干，严禁暴晒，并注意防止酸、碱、气体及灰尘的污染，同时要经常翻动

（续）

工作环节	操作规程	质量要求
磨细过筛	（1）18 目（1mm 筛孔）样品制备。将完全风干的土样平铺在制样板上，用木棍先行碾碎。经初步磨细的土样，用 1mm 筛孔（18 目）的筛子过筛，不能通过筛孔的，则用研钵继续研磨，直到全部通过 1mm 筛孔（18 目）为止，装入具有磨口塞的广口瓶中，称为 1mm 土样或 18 目样 （2）60 目（0.25mm 筛孔）样品制备。剩余的约 1/4 土样，则继续用研钵研磨，至全部通过 0.25mm（60 目）筛，按四分法取出 200g 左右，供有机质、全氮测定用。将土样装瓶，称为 0.25mm 土样或 60 目样	石砾和石块少量可弃去，多量时，必须收集起来称重，称其质量，计算其百分含量，在计算养分含量时考虑进去。过 18 目筛后的土样经充分混匀后，供 pH、速效养分等测定用
装瓶贮存	装样后的广口瓶中，内外各附标签一张，标签上写明土壤样品编号、采样地点、土壤名称、深度、筛孔号、采集人及日期等。制备好的样品要妥善保存，若需长期贮存最好用蜡封好瓶口	在保存期间避免日光、高温、潮湿及酸碱气体的影响或污染，有效期 1 年

5. 常见技术问题处理

（1）样品的代表性。采样时必须按照一定的采样路线进行。采样点的分布尽量做到“均匀”和“随机”。布点的形式以蛇形为好，在地块面积小，地势平坦，肥力均匀的情况下，方可采用对角线或棋盘式采样路线（图 2-1-1）。

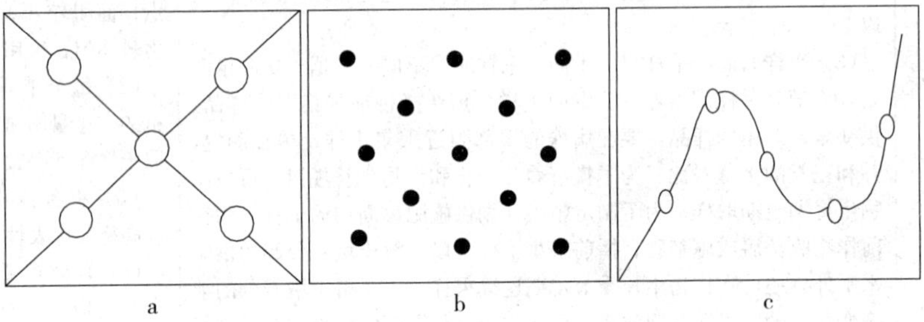

图 2-1-1　采样点分布法

a. 对角线法　b. 棋盘式法　c. 蛇形法

（2）四分法。将各点采集的土样捏碎混匀，铺成四方形或圆形，划分对角线分成四份，然后按对角线去掉两份（占 1/2），或去掉四堆中的一堆（占 1/4）。可反复进行类似的操作，直至数量符合要求。

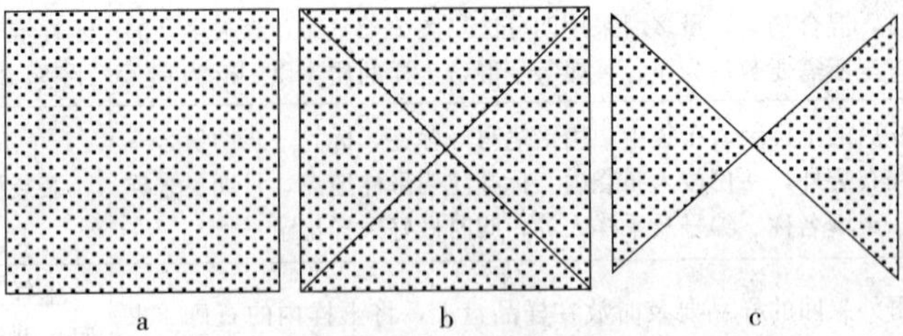

图 2-1-2　四分法取舍样品示意

a. 第 1 步　b. 第 2 步　c. 第 3 步

活动二　土壤有机质含量的测定

1. 活动目标　了解重铬酸钾容量法——外加热法测定土壤有机质含量的原理，能熟练测定所提供样品的土壤有机质含量。

2. 活动准备　将全班按 2 人一组分为若干组，每组准备以下材料和用具：硬质试管（ϕ18mm×180mm）、油浴锅或远红外消解炉、铁丝笼、温度计（300℃）、分析天平或电子天平（感量0.000 1g）、电炉、滴定管（25mL）、弯颈小漏斗、三角瓶（250mL）、量筒（10mL、100mL）、移液管（10mL）。并提前进行下列试剂配制：

（1）0.4mol/L 重铬酸钾—硫酸溶液。称取 40.0g 重铬酸钾溶于 600～800mL 水中，用滤纸过滤到 1L 量筒内，用水洗涤滤纸，并加水至 1L。将此溶液转移至 3L 大烧杯中；另取密度为 1.84g/L 的化学纯浓硫酸 1L，慢慢倒入重铬酸钾溶液内，并不断搅拌。每加约 100mL 浓硫酸后稍停片刻，待冷却后再加另一份浓硫酸，直至全部加完。此溶液可长期保存。

（2）0.2mol/L 硫酸亚铁溶液。称取化学纯硫酸亚铁 55.60g 溶于 600～800mL 蒸馏水中，加化学纯浓硫酸 20mL，搅拌均匀，加水定容至1 000mL，贮于棕色瓶中保存备用。

（3）0.2mol/L 重铬酸钾标准溶液。称取经 130℃ 烘 1.5h 以上的分析纯重铬酸钾 9.807g，先用少量水溶解，然后无损地移入 1L 容量瓶中，加水定容。

（4）硫酸亚铁溶液的标定。准确吸取 3 份0.200 0mol/L 重铬酸钾标准溶液各 20mL 于 250mL 三角瓶中，加入浓硫酸 3～5mL 和邻菲罗啉指示剂 3～5 滴，然后用 0.2mol/L $FeSO_4$ 溶液滴定至棕红色为止，其浓度计算为：

$$c=6\times 0.2000\times 20\div V$$

式中，c 为硫酸亚铁溶液浓度，mol/L；V 为滴定用去硫酸亚铁溶液体积，mL；6 为 6mol 硫酸亚铁与 1mol 重铬酸钾完全反应的摩尔系数比值。

（5）邻菲罗啉指示剂。称取化学纯硫酸亚铁 0.695g 和分析纯邻菲罗啉 1.485g 溶于 100mL 蒸馏水中，贮于棕色滴瓶中备用。

（6）其他试剂。石蜡（固体）或磷酸或植物油 2.5kg；浓硫酸（化学纯，密度 1.84g/L）。

3. 相关知识　土壤有机质含量，一般是通过测定有机碳的含量计算求得，将所测的有机碳含量乘以常数 1.724，即为有机质总量。在加热条件下，用稍过量的标准重铬酸钾—硫酸溶液，氧化土壤有机碳，剩余的重铬酸钾用标准硫酸亚铁滴定，以土样和空白样所消耗标准硫酸亚铁的量差值可以计算出有机碳含量，进一步可计算土壤有机质的含量，其反应式如下：

$$2K_2Cr_2O_7+3C+8H_2SO_4 \rightarrow 2K_2SO_4+2Cr_2(SO_4)_3+3CO_2\uparrow+8H_2O$$

$$K_2Cr_2O_7+6FeSO_4+7H_2SO_4 \rightarrow K_2SO_4+Cr_2(SO_4)_3+3Fe_2(SO_4)_3+7H_2O$$

用 Fe^{2+} 滴定剩余的 $Cr_2O_7^{2-}$ 时，以邻菲罗啉为氧化还原指示剂。在滴定过程中指示剂的变色过程如下：开始时溶液以重铬酸钾的橙色为主，此时在氧化条件下，指示剂的淡蓝色被重铬酸钾的橙色掩盖，滴定时溶液逐渐呈绿色（Cr^{3+}），至接近终点时变为灰绿色。当 Fe^{2+} 溶液过量半滴时，溶液则变成棕红色，表示颜色已达终点。

4. 操作规程和质量要求　选择所提供的土壤分析样品，进行下列全部或部分内容（表 2-1-10）。

表 2-1-10 土壤有机质含量测定操作规程和质量要求

工作环节	操作规程	质量要求
称样	用分析天平准确称取通过 60 目筛的风干土样 0.05～0.5g（精确到0.000 1g），放入干燥的硬质试管底部，记录土样重量	一般有机质含量<20g/kg，称量0.4～0.5g；20～70g/kg，称量 0.2～0.3g；70～100g/kg，称量 0.1g；100～150g/kg，称量 0.05g
加氧化剂	用移液管准确加入重铬酸钾—硫酸溶液 10mL，小心将土样摇散，贴上标签，盖上小漏斗，将试管插入铁丝笼中待加热	此法只能氧化 90%的有机质，所以在计算分析结果时氧化校正系数为 1.1
加热氧化	将铁丝笼放入预先加热至 185～190℃的油浴锅或远红外消解炉中，此时温度控制在 170～180℃，自试管内出现大量气泡开始计时，保持溶液沸腾 5min，取出铁丝笼，待试管稍冷后，用卷纸或废报纸擦净试管外部油液，冷却至室温	加热时会产生二氧化碳气泡，此时不是真正沸腾，只有待真正沸腾时才能开始计算时间
溶液转移	将试管内含物用蒸馏水少量多次洗入 250mL 的三角瓶中，总体积控制在 60～70mL，加入邻菲罗啉指示剂 3～5 滴，摇匀	要用水冲洗试管和小漏斗，转移时要做到无损；最后使溶液的总体积达 50～60mL，酸度为 2～3mol/L
滴定	用标准的硫酸亚铁溶液滴定 250mL 三角瓶的内含物。溶液颜色由橙色（或黄绿）经绿色、灰绿色变到棕红色即为终点	指示剂变色敏锐，临近终点时，要放慢滴定速度
空白实验	必须同时做两个空白试验，取其平均值，空白试验用石英砂或灼烧的土代替土样，其余规程同上	如果试样滴定所用硫酸亚铁溶液的毫升数不到空白实验所消耗的硫酸亚铁溶液毫升数的1/3，则有氧化不完全可能，应减少土样称量重做
结果计算	土壤有机质含量 $=\frac{(V_0-V)\times c_2\times 0.003\times 1.724\times 1.1}{m}\times 10$ 式中，V_0 为滴定空白时消耗的硫酸亚铁溶液体积，mL；V 为滴定样品时消耗的硫酸亚铁溶液体积 mL；c_2 为硫酸亚铁溶液的浓度，mol/L；0.003 为 1/4 碳原子的毫摩尔质量，g；1.724 为由有机碳换算为有机质的系数；1.1 为氧化校正系数；m 为风干土样重	平行测定结果允许相差：有机质含量<10g/kg，允许绝对相差≤0.5g/kg；有机质含量 10～40g/kg，允许绝对相差≤1.0g/kg；有机质含量 40～70g/kg，允许绝对相差≤3.0g/kg；有机质含量>70g/kg，允许绝对相差≤5.0g/kg

5. 常见技术问题处理

（1）可将各次称重结果记录入表 2-1-11 中，便于计算。

表 2-1-11 土壤有机质测定时数据记录

土样号	土样重（g）	初读数（mL）	终读数（mL）	净体积（mL）	有机质含量（g/kg）	平均含量（%）
样品 1						
样品 2						
样品 3						
空白 1						
空白 2						

(2) 测定土壤有机质必须采用风干土样，水稻土及一些长期渍水土壤，由于较多的还原性物质存在，可消耗重铬酸钾，使结果偏高。如样品中含 Cl^- 较多，可加一定量（0.1g）的硫酸银消除部分干扰。消煮时间对分析结果有较大影响，应尽量准确。油浴用锅应根据材质不同定期强制更换，以防止石蜡渗漏引发火灾。消煮好的溶液颜色一般应是橙黄色或黄中稍带绿色，如果以绿色为主，说明重铬酸钾不足，而土样含有机质过高。在滴定时，试样消耗的硫酸亚铁用量小于空白用量的1/3时，有氧化不完全的可能，应弃去重做。在计算结果时，采用的是风干土样的质量，由于水分含量较低，予以忽略。土壤样品处理过程中，应注意剔除植物根、叶等有机残体。

活动三　土壤有机质的调控

1. 活动目标　熟悉当地植物生长的土壤有机质含量状况，掌握适合当地土壤有机质的调节措施，为当地培肥地力提供科学依据。

2. 活动准备　根据班级人数，按4人一组，分为若干组，每组准备好当地“土壤有机质调控”预调查的内容和问题。

3. 相关知识　土壤有机质含量受土壤有机质的矿质化和腐殖化等多种因素的影响，有些因素影响有机质的转化方向，有些因素影响有机质的转化速率。

(1) 土壤通气状况。在通气良好，土壤中氧气含量较高时，有利于矿质化作用，有机质分解迅速，腐殖质难于积累；而在通气不良的土壤中，矿质化慢而有利于腐殖质积累，有时产生还原性的有机酸和无机物质，如甲烷、硫化氢、氢气及磷化氢等。因此，在同一地区土壤性质相近，但灌水方式不同的土壤中，通常是旱田有机质的含量稍低于水田。

(2) 土壤水分。土壤水分主要通过影响土壤的通气状况和温度作用于土壤有机质的转化。土壤含水量越高，则土壤的通气性越差，有利于腐殖化作用；反之，有利于矿质化作用。一般来讲，土壤微生物活动的最适宜的水分含量为田间持水量的60%～80%。

(3) 土壤温度。土壤中的生物与其他生物一样，其生命活动需在一定的温度下进行。一般在0℃左右，微生物开始对有机质有微弱的分解，随着温度升至35℃左右，分解转化达到最大速率，如果温度继续升高，则速率又会下降。

(4) 有机质的碳氮比（C/N）。碳氮比（C/N）是指有机物中碳素总量与氮素总量的比值。土壤微生物每分解吸收1份氮需要5份碳组成其体细胞，另外还需要20份碳作为分解有机质和形成细胞时的能量。也就是说，微生物生命活动过程，需要有机物质的C/N约为25∶1。若被分解有机物的 $C/N<25:1$，则分解时有多余的氮素释放出来，可供作物吸收利用，且分解速率不受影响；反之，如 $C/N>25:1$，则微生物组成体细胞的氮素不足，就会使有机质的分解速率减慢，微生物必然要从土壤中吸收氮素以组成体细胞，这样易发生与作物争氮现象，因此不利于作物的生长。在施用C/N较大的有机肥时，为避免出现这种争氮现象，一般应补充无机氮肥。

一般耕作土壤中有机质的C/N在10左右，因此土壤有机质被矿质化时，将有一定量的氮素被释放出来供作物吸收利用，这也说明了土壤有机质能够提供作物营养所需的氮素。

4. 操作规程和质量要求　见表2-1-12。

表 2-1-12 土壤有机质调控的操作规程和质量要求

工作环节	操作规程	质量要求
当地土壤有机质含量状况调查	根据当地植物种植情况和土壤类型，测定土壤有机质含量，获得当地土壤有机质状况资料	参见土壤有机质含量测定的质量要求
合理施肥	不断施用有机肥能使土壤有机质保持在适当水平上，保持土壤良好的性能，不断供给植物生长所需养分。常用的措施主要有增施有机肥料、秸秆覆盖还田、种植绿肥、归还植物凋落物等。适量施用氮肥也是保持和提高土壤有机质含量的一项措施，主要是通过增加植物生长量而增加进入土壤的植物残体。有机、无机肥料配合施用，不仅能增产，提高肥料利用率，还能使土壤有机质含量水平保持在适当的水平	有机肥施用量要根据种植作物情况和当地土壤有机质含量情况进行确定，同时要考虑农民能接受的生产成本；施用的有机肥原则上要腐熟，以免烧苗。化肥的施用，特别是氮肥的施用要适量适时，避免氮肥过量施用
适宜耕种	适宜免耕、少耕可显著增加土壤微生物生物量、微生物碳与有机碳的比率，提高土壤有机质含量。合理实行绿肥或牧草与植物轮作、旱地改水田也能显著增加土壤有机质含量	免耕、少耕的采用一定要结合当地生产情况。种植绿肥要充分利用时间和空间，不能影响农业生产；适时调整作物轮作、水旱轮作，避免连作
调节土壤水、气、热状况	可通过农田基本建设、合理灌溉排水、适时覆盖、适宜耕作、合理施肥、设施农业等措施调节土壤水分、土壤通气性、土壤热量状况	只有土壤温度、湿度适宜，并有适当的通气条件时，才能使矿质化和腐殖化过程协调，既能供应植物所需养分，又能累积一定数量的腐殖质
营造调节林地	通过疏伐降低林分郁闭度，改善林内光照条件，提高土壤温度，促进土壤有机质分解；调整林分树种组成，纯林改混交林，针叶林引进乔、灌木，适当增加阔叶和豆科树种，加速枯落物的分解转化；对低洼林地开挖排水沟渠、施用石灰降低酸度；耕翻土壤改善通气条件等土壤改良，也有利于土壤有机质分解	维持和提高林地土壤有机质含量，是改善森林气候，提高林业效益的主要措施。一定要因地制宜，封山育林，防治水土流失
制定当地土壤有机质的调控方案	根据上述调查，针对当地植物生长的土壤有机质情况，制定合理调控土壤有机质的实施方案，并撰写一份调查报告	报告内容要做到：内容简洁、事实确凿、论据充足、建议合理

5. 常见技术问题处理 由于各院校所在地区水利条件、地形条件、气候条件等差异较大，因此，在实际进行调查时，可选择与本地区土壤有机质调控有关的措施进行调查，调控方案的制订、调查报告的撰写也要结合本地区实际进行。

任务三 土壤养分测试与调控

任务目标

了解土壤养分来源与形态；能熟练测定土壤碱解氮、速效磷和速效钾含量，并能根据土壤速效养分状况，进行土壤肥力调控。

背景知识

土壤养分的来源与形态

土壤养分是指存在于土壤中植物必需的营养元素，是土壤肥力的物质基础，也是评价土壤肥力水平的重要指标之一。

1. 土壤养分的来源　在植物生长发育所必需的16种营养元素中，除去碳、氢、氧3种元素来自大气中的二氧化碳和水以外，其他的营养元素几乎全部来自于土壤。土壤养分的来源，大体上有以下几个方面：土壤矿物质风化所释放的养分；土壤有机质分解释放的养分；土壤微生物的固氮作用；植物根系对养分的集聚作用；大气降水对土壤加入的养分；施用肥料，包括化学肥料和有机肥料中的养分。

2. 土壤养分的形态　土壤养分由于其存在的形态不同，对植物的有效性差异很大。按其对植物的有效程度，土壤养分一般可分为5种类型。

（1）水溶态养分。水溶态养分是指能溶于水的养分。它们存在于土壤溶液中，极易被植物吸收利用，对植物有效性高。水溶态养分包括大部分无机盐类的离子（如K^+、Ca^{2+}、NO_3^-等）和少部分结构简单、分子量小的有机化合物（如氨基酸、酰胺、尿素、葡萄糖等）。

（2）交换态养分。交换态养分是指吸附于土壤胶体表面的交换性离子，如NH_4^+、K^+、Ca^{2+}、$H_2PO_4^-$等。土壤溶液中的离子与土壤胶体上的离子可以进行交换，并保持动态平衡，二者没有严格的界限，对植物都是有效的。因此，水溶态养分和交换态养分合称速效养分。

（3）缓效态养分。缓效态养分是指某些矿物中较易释放的养分。如黏土矿物晶格中固定的钾、伊利石矿物以及部分黑云母中的钾。这部分养分对当季植物的有效性较差，但可作为速效养分的补给来源，在判断土壤潜在肥力时，其含量具有一定的意义。

（4）难溶态养分。难溶态养分是指存在于土壤原生矿物中且不易分解释放的养分。如氟磷灰石中的磷、正长石中的钾。它们只有在长期的风化过程中释放出来，才可被植物吸收利用。难溶态养分是植物养分的贮备。

（5）有机态养分。有机态养分是指存在于土壤有机质中的养分。它们多数不能被植物吸收利用，需经过分解转化后才能释放出有效养分。但它们的分解释放较矿物态养分容易得多。

土壤中各种形态的养分没有截然的界限。由于土壤条件和环境的变化，土壤中的养分能够发生相互的转化。

活动一　土壤速效养分的测定

1. 活动目标　能熟练测定当地土壤的碱解氮、速效磷和速效钾等速效养分含量，能正确评价土壤养分供应状况，为合理培肥地力提供依据。

2. 活动准备　将全班按2人一组分为若干组，每组准备以下材料和用具：火焰光度计或原子吸收分光光度计，天平，分析天平，分光光度计，振荡机，恒温箱，半微量滴定管（1～2mL 或 5mL），扩散皿滴定台，玻璃棒，容量瓶，三角瓶，比色管，移液管，塑料瓶，无磷滤纸，滤纸。

并提前进行下列试剂地配制：

（1）1.8mol/L 氢氧化钠溶液。称取分析纯氢氧化钠 72g，用水溶解后，冷却定容到 1 000mL（适用于水田土壤）。

（2）2%硼酸溶液。称取 20g 硼酸（H_3BO_3，三级），用热蒸馏水（约 60℃）溶解，冷却后稀释至 1 000mL，用稀酸或稀碱调节 pH 至 4.5。

（3）0.01mol/L 盐酸溶液。取 1∶9 盐酸 8.35mL，用蒸馏水稀释至 1 000mL，然后用标准碱或硼砂标定。

（4）定氮混合指示剂。分别称 0.1g 甲基红和 0.5g 溴甲酚绿指示剂，放入玛瑙研钵中，并用 100mL 95%酒精研磨溶解，此液应用稀酸或稀碱调节 pH 至 4.5。

（5）特制胶水。阿拉伯胶（称取 10g 粉状阿拉伯胶，溶于 15mL 蒸馏水中）10 份，甘油 10 份，饱和碳酸钾 10 份，混合即成。

（6）硫酸亚铁（粉剂）。将分析纯硫酸亚铁磨细，装入棕色瓶中置阴凉干燥处贮存。

（7）无磷活性炭粉。为了除去活性炭中的磷，先用 1∶1 盐酸溶液浸泡 24h，然后移至平板瓷漏斗抽气过滤，用水淋洗到无 Cl^- 为止（4～5 次），再用碳酸氢钠浸提剂浸泡 24h，在平板瓷漏斗抽气过滤，用水洗尽碳酸氢钠并检查到无磷为止，烘干备用。

（8）100g/L 氢氧化钠溶液。称取 10g 氢氧化钠溶于 100mL 水中。

（9）0.5mol/L 碳酸氢钠溶液。称取化学纯碳酸氢钠 42g 溶于 800mL 蒸馏水中，冷却后，用 0.5mol/L 氢氧化钠调节 pH 至 8.5，洗入1 000mL 容量瓶中，用水定容至刻度，贮存于试剂瓶中。

（10）3g/L 酒石酸锑钾溶液。称取 0.3g 酒石酸锑钾溶于水中，稀释至 100mL。

（11）硫酸钼锑贮备液。称取分析纯钼酸铵 10g 溶入 300mL 约 60℃的水中，冷却。另取 181mL 浓硫酸缓缓注入 800mL 水中，搅匀，冷却。然后将稀硫酸溶液徐徐注入钼酸铵溶液中，搅匀，冷却。再加入 100mL 3g/L 酒石酸锑钾溶液，最后用水稀释至 2L，摇匀，贮于棕色瓶中备用。

（12）硫酸钼锑抗显色剂。称取 0.5g 左旋抗坏血酸溶于 100mL 钼锑贮备液中。此试剂有效期 24h，必须用前配制。

（13）100μg/mL 磷标准贮备液。准确称取 105℃烘干 2h 的分析纯磷酸二氢钾 0.439g 用水溶解，加入 5mL 浓硫酸，然后加水定容至 1 000mL。该溶液放入冰箱中可供长期使用。

（14）5μg/mL 磷标准液。吸取 5.00mL 磷标准贮备液于 100mL 容量瓶中，定容。该液用时现配。

（15）1mol/L 乙酸铵溶液。称取 77.08g 乙酸铵溶于近 1L 水中。用稀乙酸或氨水（1∶1）调节至溶液 pH 为 7.0（绿色），用水稀释至 1L。该溶液不宜久放。

（16）100μg/mL 钾标准溶液。准确称取经 110℃烘干 2h 的氯化钾 0.1907g，用水溶解后定容至1 000mL，贮于塑料瓶中。

3. 相关知识

（1）土壤碱解氮测定原理。用 1.8mol/L 氢氧化钠碱解土壤样品，使有效态氮碱解转化为氨气状态，并不断地扩散逸出，由硼酸吸收，再用标准酸滴定，计算出碱解氮的含量。因旱地土壤中硝态氮含量较高，需加硫酸亚铁还原为铵态氮。由于硫酸亚铁本身会中和部分氢氧化钠，故须提高碱的浓度，使加入后的碱浓度保持在 1.2mol/L。因水田土壤中硝态氮极微，故可省去加入硫酸亚铁，而直接用 1.2mol/L 氢氧化钠碱解。

（2）速效磷测定原理。针对土壤质地和性质，采用不同的方法提取土壤中的速效磷，提取液用钼锑抗混合显色剂在常温下进行还原，使黄色的锑磷钼杂多酸还原成为磷钼蓝，通过比色计算得到土壤中的速效磷含量。一般情况下，酸性土采用酸性氟化铵或氢氧化钠—草酸钠提取剂测定。中性和石灰性土壤采用碳酸氢钠提取剂，石灰性土壤可用碳酸盐的碱溶液。

（3）土壤速效钾测定原理。用中性 1mol/L 乙酸铵溶液为浸提剂，NH_4^+ 与土壤胶体表面的 K^+ 进行交换，连同水溶性钾一起进入溶液。浸出液中的钾可直接用火焰光度计或原子吸收分光光度计测定。

4. 操作规程和质量要求　见表 2-1-13。

表 2-1-13　土壤速效养分测定操作规程和质量要求

工作环节	操作规程	质量要求
土壤分析样品的选取	根据土壤速效养分测定的要求，选取通过 1mm 筛风干土样	参见土壤样品制备的质量要求
当地土壤碱解氮含量的测定	（1）称样。称取通过 1mm 筛风干土样 2g 和 1g 硫酸亚铁粉剂，均匀铺在扩散皿（图 2-1-3）外室内，水平地轻轻旋转扩散皿，使样品铺平。同一样品需称两份做平行测定 （2）扩散准备。在扩散皿内室加入 2mL 2%硼酸溶液，并滴加 1 滴定氮混合指示剂，然后在扩散皿的外室边缘涂上特制胶水，盖上皿盖，并使皿盖上的孔与皿壁上的槽对准，而后用注射器迅速加入 10mL 1.8mol/L 氢氧化钠于皿的外室中，立即盖严毛玻璃盖，以防逸失 （3）恒温扩散。水平方向轻轻旋转扩散皿，使溶液与土壤充分混匀，然后小心地用橡皮筋两根交叉成十字形圈紧固定，随后放入 40℃恒温箱中保温 24h （4）滴定。24h 后取出扩散皿去盖，再以 0.01mol/L 盐酸标准溶液用半微量滴定管滴定内室硼酸中所吸收的氨量（由蓝色滴到微红色） （5）空白实验。在样品测定同时进行两个空白实验。除不加土样外，其他步骤同样品测定 （6）结果计算 $$碱解氮含量（mg/kg）=\frac{c（V-V_0）\times 14\times 1000}{m}$$ 式中，c 为标准盐酸溶液的浓度，mol/L；V 为滴定样品时用去盐酸体积，mL；V_0 为滴定空白样品时用去盐酸体积，mL；14 代表 1mol 氮的克数；1 000是换算成每千克样品中氮的 mg 数的系数；m 为烘干样品重，g	（1）样品称量精确到 0.01g；若为水稻土，不需加还原剂 （2）由于胶水碱性很强，在涂胶和恒温扩散时要特别细心，谨防污染室内 （3）扩散时温度不宜超过 40℃。扩散过程中，扩散皿必须盖严，不能漏气 （4）滴定时应用细玻璃棒搅动室内溶液，不宜摇动扩散皿，以免溢出 （5）空白器皿与样品器皿一定要同时保温扩散 （6）平行测定结果以算术平均值表示，保留整数；平行测定结果允许相对相差≤10%

（续）

工作环节	操作规程	质量要求
当地土壤速效磷含量的测定	（1）称样。称取通过1mm筛孔的风干土壤样品2.5g置于250mL三角瓶中 （2）土壤浸提液制备。准确加入碳酸氢钠溶液50mL，再加约1g无磷活性炭，摇匀，用橡皮塞塞紧瓶口，在振荡机上振荡30min，立即用无磷滤纸过滤于150mL三角瓶中，弃去最初滤液 （3）加显色剂。吸取滤液10.00mL于25mL比色管中，缓慢加入显色剂5.00mL，慢慢摇动，排出CO_2后加水定容至刻度，充分摇匀。在室温高于20℃处放置30min （4）标准曲线绘制。分别吸取磷标准液0、0.5、1.0、1.5、2.0、2.5、3.0mL于7支25mL比色管中，加入浸提剂10mL，显色剂5mL，慢慢摇动，排出CO_2后加水定容至刻度。此系列溶液磷的浓度分别为0、0.1、0.2、0.3、0.4、0.5、0.6μg/mL。在室温高于20℃处放置30min，然后同待测液一起进行比色，以溶液质量浓度作横坐标，以吸光度作纵坐标（在方格坐标纸上），绘制标准曲线 （5）比色测定。将显色稳定的溶液，用1cm光径比色皿在波长700nm处比色，测量吸光度 （6）结果计算。从标准曲线查得待测液的浓度后，可按下式计算： $$土壤速效磷（mg/kg）=\rho\times\frac{V_{显}\times V_{提}}{V_{分}\times m}$$ 式中，ρ为标准曲线上查得的磷的浓度，mg/kg；$V_{显}$为在分光光度计上比色的显色液体积，mL；$V_{提}$为土壤浸提所得提取液的体积，mL；m为烘干土壤样品质量，g；$V_{分}$为显色时分取的提取液的体积，mL	（1）样品称量精确到0.01g （2）用碳酸氢钠浸提有效磷时，温度应控制在25℃±1℃；若滤液不清，重新过滤 （3）若有效磷含量较高，应减少浸提液吸取量，并加浸提剂补足至10mL后显色，以保持显色时溶液的酸度。CO_2气泡应完全排出 （4）标准曲线绘制应与样品同时进行，使其和样品显色时间一致 （5）钼锑抗法显色以20～40℃为宜，如室温低于20℃，可放置在30～40℃烘箱中保温30min，取出冷却后比色 （6）平行测定结果以算术平均值表示，保留小数点后一位。平行测定结果允许误差：测定值为＜10、10～20、＞20时，允许差分别为：绝对差值≤0.5、绝对差值≤1.0、相对相差≤5%
当地土壤速效钾含量测定	（1）称样。称取通过1mm筛孔的风干土壤样品5.0g置于250mL三角瓶中 （2）土壤浸提液制备。准确加入乙酸铵溶液50mL，塞紧瓶口，摇匀，在20～25℃，150～180r/min振荡30min，过滤 （3）标准曲线绘制。吸取钾标准液0、3.0、6.0、9.0、12.0、15.0mL于6支50mL容量瓶中，用乙酸铵定容至刻度。此系列溶液钾的浓度分别为0、6、12、18、24、30μg/mL （4）空白实验。在样品测定同时进行两个空白实验。除不加土样外，其他步骤同样品测定 （5）比色测定。以乙酸铵溶液调节仪器零点，滤液直接在火焰光度计上测定或用乙酸铵稀释后在原子吸收分光光度计上测定 （6）结果计算。从标准曲线查得或计算待测液的质量浓度后，按下式计算土壤速效钾含量 $$土壤速效钾（mg/kg）=\frac{\rho\times V_{提}}{m}$$ 式中，ρ为从标准曲线上查得或计算待测液中钾的质量浓度，mg/kg；$V_{提}$为土壤浸提液总体积，mL；m为风干土样质量，g	（1）样品称量精确到0.01g （2）若滤液不清，重新过滤 （3）标准曲线绘制应与样品同时进行。也可通过计算回归方程，代替标准曲线绘制 （4）若样品含量过高需要稀释，应采用乙酸铵浸提剂稀释定容，以消除基体效应 （5）平行测定结果以算术平均值表示，结果取整数。平行测定结果的相对相差≤5%。不同实验室测定结果的相对相差≤8%

（续）

工作环节	操作规程	质量要求
总结当地土壤养分状况评价	根据上述测定结果情况，依据当地土壤养分丰缺指标，评价土壤养分状况与肥力高低，并撰写一份调查报告	报告内容要做到：内容简洁、事实确凿、论据充足、建议合理

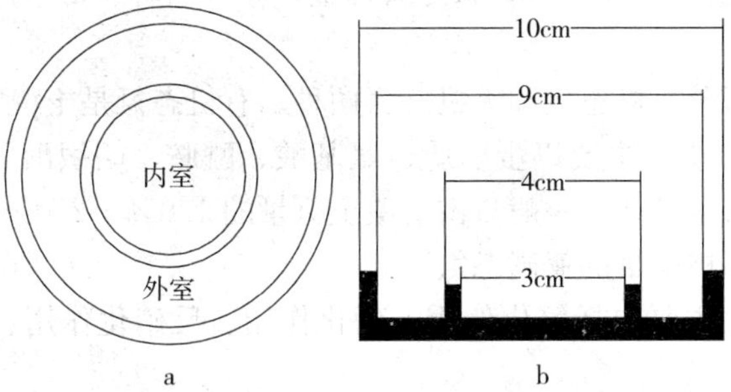

图 2-1-3　扩散皿示意
a. 正面图　b. 断面图

5. 常见技术问题处理

（1）将土壤碱解氮、速效磷、速效钾等测定结果，分别填入表 2-1-14～表 2-1-16 中，方便结果计算。

表 2-1-14　土壤碱解氮测定记录

土样号	土样重（g）	消耗盐酸数量（mL）	空白消耗盐酸数量（mL）	碱解氮含量（mg/kg）

表 2-1-15　土壤速效磷测定记录

标准液浓度	0	0.1	0.2	0.3	0.4	0.5	0.6	待测液 1	待测液 2
吸光度值									

表 2-1-16　土壤速效钾测定记录

标准液浓度	0	6	12	18	24	30	待测液 1	待测液 2
吸光度值								

（2）速效磷和速效钾的结果计算中，也可依据磷、钾标准系列溶液的测定值配置回归方程，依据待测液测定值利用回归方程计算待测液浓度值。

活动二　土壤养分调控

1. 活动目标　根据当地土壤类型和植物种植情况，结合土壤氮素、磷素、钾素、微量元素等养分形态及其转化状况，提出土壤养分调控的方案。

2. 活动准备 全班分为若干个项目小组，查阅有关土壤肥料书籍、杂志、网站，走访当地有经验的农户和专家，总结当地土壤养分调控的经验。

3. 相关知识

（1）土壤氮素形态及其转化。土壤中氮素养分含量受气候条件、植被、地形、土壤、耕作利用方式等因素的影响差别很大。一般来讲，我国农业土壤含氮量在 0.5～2.0g/kg。土壤全氮量高于 1.5g/kg 的为高含量，0.5～1.5g/kg 为中含量，低于 0.5g/kg 为低含量。

土壤中氮素形态可分有机态氮和无机态氮两种。有机态氮是土壤中氮的主要形态，一般占土壤全氮量的 95%以上，主要以蛋白质、氨基酸、酰胺、胡敏酸等形态存在。无机态氮是植物可吸收利用的氮素形态，一般只占土壤全氮量的 1.0%～2.0%，最多不超过 5%，主要是铵态氮、硝态氮和极少量的亚硝态氮。

土壤中的氮素转化主要包括氨化作用、硝化作用、反硝化作用、氨的挥发作用等过程（图 2-1-4）。

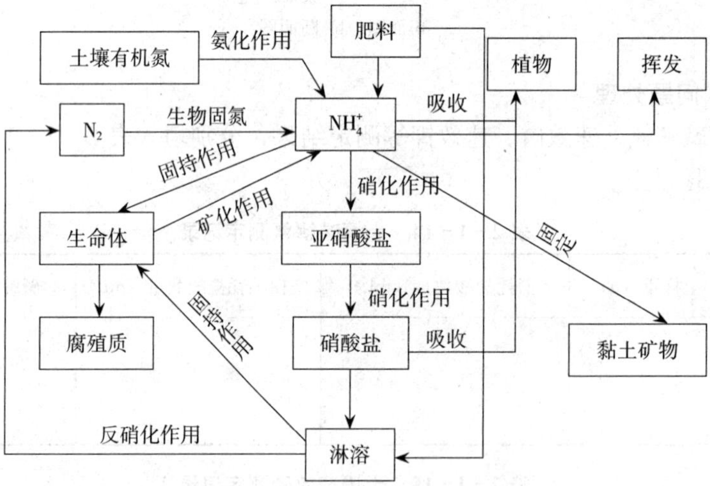

图 2-1-4 土壤中氮素的转化

① 矿化作用。矿化作用是指土壤中的有机氮经过矿化分解成无机氮素的过程。有机氮的矿化过程需要一定温度、水分、空气及各种酶的作用才能进行。矿化作用一般分两步：水解作用和氨化作用。水解作用可表示为：

$$\text{蛋白质}\xrightarrow[\text{蛋白酶}]{+nH_2O}\text{多肽}\xrightarrow[\text{肽酶}]{+nH_2O}\text{二肽}\xrightarrow[\text{肽酶}]{+nH_2O}\text{氨基酸}+\text{其他物质}+\text{能量}$$

氨化作用是指氨基酸在微生物—氨化细菌的作用下进一步分解成铵离子（NH_4^+）或氨气（NH_3）的过程。氨化作用与土壤条件有密切的相关性，在土壤湿润、土壤温度为 30～45℃、中性至微碱性条件下氨化作用进行得较快。

$$\text{氧化脱氨：氨基酸}\xrightarrow{O_2}\text{有机酸}+NH_3+CO_2$$

$$\text{还原脱氨：氨基酸}\xrightarrow{H_2}\text{有机酸}+NH_3$$

$$\text{水解脱氨：氨基酸} \xrightarrow{H_2O} \begin{cases} \text{有机酸} + NH_3 \\ \text{醛} + NH_3 \\ \text{醇} + NH_3 \end{cases}$$

② 硝化作用。土壤中氨或铵离子在微生物作用下转化为硝态氮的过程称为硝化作用。包括两步：第一步氨在亚硝化细菌作用下氧化为亚硝酸，第二步在硝化细菌作用下氧化为硝酸。其反应式为：

$$2NH_3 + 3O_2 \xrightarrow{\text{亚硝化细菌}} 2HNO_2 + 2H_2O$$

$$2HNO_2 + O_2 \xrightarrow{\text{硝化细菌}} 2HNO_3$$

③ 反硝化作用。通过反硝化细菌作用，硝态氮被还原为气态氮的过程称为反硝化作用。当土壤处于通气不良条件下，发生反硝化作用，其反应式为：

$$NO_3^- \longrightarrow NO_2^- \longrightarrow NO \longrightarrow N_2\uparrow$$

④ 生物固氮。生物固氮是指通过一些生物所有的固氮菌将空气（土壤空气）中气态的氮被植物根系所固定而存在于土壤中的过程。

⑤无机氮的固定作用。矿化后释放的无机氮和由肥料施入的 NH_4^+ 或 NO_3^- 可被土壤微生物吸收；也可被黏土矿物晶格固定；或与有机质结合，这些统称无机氮的固定作用。

⑥淋溶作用。土壤中以硝酸或亚硝酸形态存在的氮素在灌溉条件下很容易被淋溶损失，造成污染。湿润和半湿润地区土壤中，氮的淋失量较多；干旱和半干旱地区，淋失极少。

⑦氨的挥发作用。矿化作用产生的 NH_4^+ 或施入土壤中的 NH_4^+ 易分解成 NH_3 而挥发。其过程为：

$$NH_4^+\text{(代换性)} \rightleftharpoons NH_4^+\text{(液相)} \rightleftharpoons NH_3\text{(液相)} \rightleftharpoons NH_3\text{(气相)} \rightleftharpoons NH_3\text{(大气)}$$

（2）土壤磷素形态及其转化。我国土壤全磷量（P_2O_5）一般在 0.3～3.5g/kg，其中 99%以上为迟效磷，作物当季利用的仅有 1%。

土壤中磷素一般以有机磷和无机磷两种形态存在。土壤有机磷主要来源于有机肥料和生物残体，如核蛋白、核酸、磷脂、植素等，占全磷的 10%～50%。土壤无机磷占全磷的 50%～90%，主要以磷酸盐形式存在，根据磷酸盐的溶解性可将无机磷分为水溶性磷（主要是钾、钠、钙磷酸盐，能溶于水）、弱酸溶性磷（主要是磷酸二钙、磷酸二镁，能溶于弱酸）和难溶性磷（主要是磷酸八钙、磷酸十钙及磷酸铁、铝盐等）。

土壤中磷的转化包括有效磷的固定（化学固定、吸附固定、闭蓄态固定和生物固定）和难溶性磷的释放过程，并处于不断地变化过程中（图 2-1-5）。

① 化学固定。由化学作用所引起的土壤中磷酸盐的转化有 2 种类型：中性、石灰性土壤中水溶性磷酸盐和弱酸溶性磷酸盐与土壤中水溶性钙镁盐、吸附性钙镁及碳酸钙镁作用发生化学固定。可用下式表示：

$$\text{磷酸一钙} \xrightarrow{\text{快}} \text{磷酸二钙} \xrightarrow{\text{慢}} \text{磷酸八钙} \xrightarrow{\text{慢}} \text{磷酸十钙}$$

在酸性土壤中水溶性磷和弱酸溶性磷酸盐与土壤溶液中活性铁、铝或代换性铁、铝作用生成难溶性铁、铝沉淀。如磷酸铁铝（$FePO_4 \cdot AlPO_4$）、磷铝石［$Al(OH)_2 \cdot H_2PO_4$］、磷铁矿［$Fe(OH)_2 \cdot H_2PO_4$］等。

② 吸附固定。吸附固定分为非专性吸附和专性吸附。非专性吸附主要发生在酸性土壤

中，由于酸性土壤 H^+ 浓度高，黏粒表面的 OH^- 质子化，经库仑力的作用，与磷酸根离子产生非专性吸附。铁、铝多的土壤易发生磷的专性吸附，磷酸根与氢氧化铁、氢氧化铝，氧化铁、氧化铝的 Fe—OH 或 Al—OH 发生配位基团交换，为化学力作用。

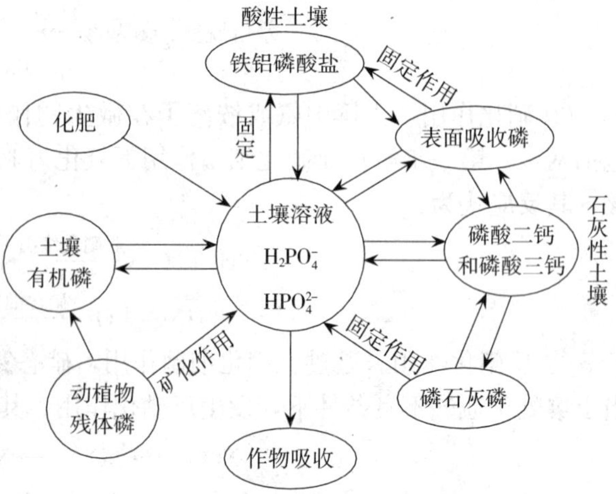

图 2-1-5　磷在土壤中的转化

③ 闭蓄态固定。闭蓄态固定是指磷酸盐被溶度积很小的无定形铁、铝、钙等胶膜所包蔽的过程（或现象）。在砖红壤、红壤、黄棕壤和水稻土中闭蓄态磷是无机磷的主要形式，占无机磷总量的 40%以上，这种形态磷难以被植物利用。

④ 生物固定。当土壤有效磷不足时就会出现微生物与植物争夺磷营养，因而发生磷的生物固定。磷的生物固定是暂时的，当生物分解后磷可被释放出来供植物利用。

⑤无机磷的释放。土壤中难溶性无机磷的释放主要依靠 pH、*Eh* 的变化和螯合作用。在石灰性土壤中，难溶性磷酸钙盐可借助于微生物的呼吸作用和有机肥料分解所产生的二氧化碳和有机酸作用，逐步转化为有效性较高的磷酸盐和磷酸二钙。

$$Ca_3(PO_4)_2 \xrightarrow{+H_2CO_3} Ca_2(HPO_4)_2 \xrightarrow{+H_2CO_3} Ca(H_2PO_4)_2 \xrightarrow{+H_2O} H_3PO_4$$

⑥有机磷的分解。土壤中有机磷在酶的作用下进行水解作用，能逐步释放出有效磷供植物吸收利用。

$$\text{植素} \xrightarrow{\text{水解}} \text{植酸} \xrightarrow{\text{水解}} H_3PO_4$$

$$\text{核蛋白} \xrightarrow{\text{水解}} \text{核酸} + \text{蛋白质}$$

$$\text{核酸} \xrightarrow{\text{核酸酶}} \text{核苷酸} \xrightarrow{\text{核苷酸酶}} \text{核苷} + H_3PO_4$$

$$\text{卵磷脂} \xrightarrow{\text{水解}} \text{磷酸甘油} + \text{胆碱} + \text{脂肪酸}$$

$$\text{磷酸甘油} \xrightarrow[\text{磷酸脂酶}]{\text{水解}} \text{甘油} + H_3PO_4$$

（3）土壤钾素形态及其转化。我国土壤全钾量 5～25g/kg，比氮和磷含量高。土壤中钾的形态有三种：速效性钾、缓效性钾和难溶性矿物钾。速效性钾又称为有效钾，占全钾量的 1%～2%，包括水溶性钾和交换性钾。缓效性钾主要是指存在于黏土矿物和一部分易风化的原生矿物中的钾，一般占全钾的 2%左右，经过转化可被植物吸收利用，是速效性钾的贮备。难溶性矿物钾是存在于难风化的原生矿物中的钾，占土壤全钾量的 90%～98%，植物很难吸收利用。经过长期的风化，才能把钾释放出来。钾在土壤中的转化包括两个过程，即钾的释放和钾的固定。

① 土壤中钾的释放。钾的释放是钾的有效化过程，是指矿物中的钾和有机体中的钾在

微生物和各种酸作用下，逐渐风化并转变为速效钾的过程。例如正长石在各种酸作用下进行水解作用，可将其所含的钾释放出来。

影响土壤中钾释放的因素主要有：土壤灼烧和冰冻能促进土壤中钾的释放；生物作用也可促进钾的释放；酸性条件可以促进矿石溶解，释放钾离子；种植喜钾植物也可促进钾的释放。

② 土壤中钾的固定。土壤中钾的固定是指土壤有效钾转变为缓效钾，甚至矿物态钾的过程。土壤中钾的固定主要是晶格固定。钾离子的大小与2∶1型黏土矿物晶层上孔穴的大小相近，当2∶1型黏土矿物吸水膨胀时，钾离子进入晶层间，当干燥收缩时，钾离子被嵌入晶层内的孔穴中而成为缓效钾（图2-1-6）。土壤中不同形态的钾可以相互转化，并处于动态平衡中（图2-1-7）。

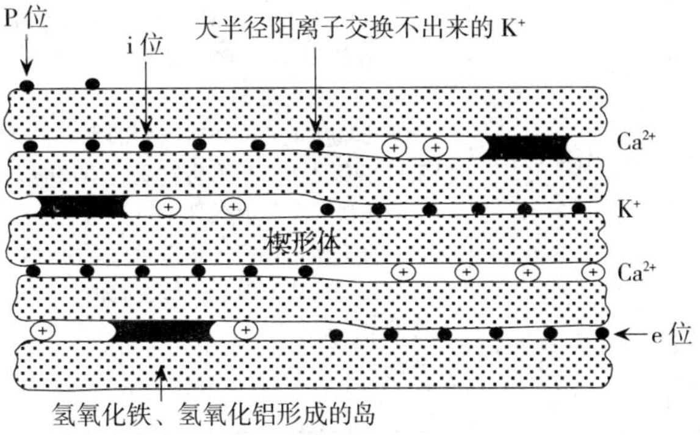

图2-1-6 2∶1型黏土矿物固定钾示意

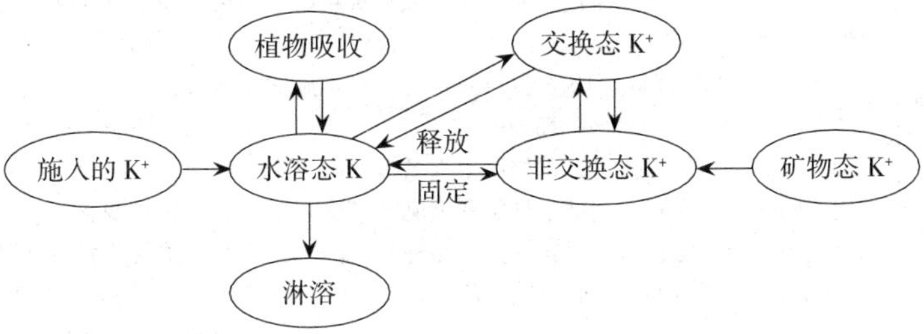

图2-1-7 土壤中各种形态钾之间转化的动态平衡

4. 操作规程和质量要求 见表2-1-17。

表2-1-17 土壤养分调控操作规程和质量要求

工作环节	操作规程	质量要求
当地土壤速效养分状况调查	根据当地土壤类型和植物种植规划，取样测定土壤速效养分，评价土壤养分丰缺状况	参见土壤碱解氮、速效磷、速效钾测定的质量要求（表2-1-13）
加强耕作和合理灌溉，促进养分的转化供应	（1）精耕细作，疏松耕层，以耕保肥 （2）合理灌溉，调节土壤水、气和热，以水促肥 （3）在洪水过多或洼地有积水的情况下，应采取排水措施，减少水分，便于透气增温，促进养分转化	（1）旱地深耕促进微生物的活动，加速土壤矿物质成分的风化释放和有机质的分解，从而使土壤有效养分显著增加。中耕松土可以通气增温也能提高速效养分的数量 （2）保持适宜的土壤水分，提高土壤的供肥能力。追施化肥，要在下雨前或结合灌溉施用

（续）

工作环节	操作规程	质量要求
改善土壤性状，提高养分的有效性	（1）酸性土施用石灰，碱性土施用石膏，调节土壤的酸碱度，改良土壤结构，提高各种养分的有效性 （2）土壤的氧化还原状况主要影响那些具有多种化合价的元素，如 Fe、Mn、Cu。在还原性土壤如水稻土中，随着 *Eh* 的下降，还原态金属离子浓度提高，有时甚至会产生毒害 （3）土壤质地不同，对土壤的水、肥、气、热、扎根条件以及是否产生毒害物质的协调能力也不同，从而影响土壤养分的有效性 （4）有机质可以与一些微量元素络合，或通过微生物活动而转化成有机态。微生物的活动还可改变局部土壤的 pH 和氧化还原状况，也会影响到微量元素的有效性	（1）土壤中各种养分的有效度在不同 pH 条件下差异很大。土壤酸碱性对土壤有机质的分解起重要作用，影响土壤养分元素的释放、固定和迁移等 （2）消除的途径是通过排水晾田以提高 *Eh*，减轻其毒害作用 （3）改良后使土壤质地达到三泥七沙或四泥六沙的壤土质地范围，有利于养分有效性提高 （4）可通过耕作和合理灌溉调节土壤水、气、热状况，提高有机质含量，促进微生物活动，提高各种养分的有效性
合理施肥，满足植物生长需要	（1）有机肥和化肥配施，可以取长补短、增进肥效。实践证明，有机肥和化肥配施比单施有机肥每公顷增产玉米 157～1266kg，增产率 2%～17%；比单施化肥增产 92～505kg，增产率 1%～6%；比不施肥增产 950～1367kg，增产率 13%～19% （2）改进肥料施用技术。首先要根据具体情况灵活应用不同的施肥方式：基肥、种肥和追肥。其次，要综合应用 6 项施肥技术：肥料种类（品种）、施肥量、养分配比、施肥时期、施肥方法和施肥位置	（1）要注意平衡施肥，即氮、磷、钾之间和大量元素与微量元素之间的平衡供应。只有在养分平衡供应的前提下，才能大幅提高养分的利用率，从而增进肥效 （2）施肥量在诸多施肥技术中是个核心问题；养分配比应随土壤养分含量的状况及时调整；要抓住两个关键施肥时期：植物营养临界期和肥料最大效率期；施肥方法不当必然会影响肥效的发挥；施肥位置往往被人们所忽视
实施养分资源综合调控	（1）制定正确的养分资源管理政策和法规 （2）养分资源管理的经济调控：一是通过改变产品和投入养分的价格来调节供求关系或投入产出比以影响投入水平；二是通过税收来调节 （3）养分资源管理的技术推广与农化服务。在我国现行农业生产体制下，农户施肥不合理已成为提高肥料效率的瓶颈，如何引导农民合理施肥是农业可持续发展的核心内容之一	（1）许多国家依据有关政策和法规制定详细的养分管理计划 （2）市场经济中，粮肥比价合理与否是粮食与化肥产销协调与否的基本标志，在确定粮肥比价时，要注意保护和调动农民种粮的积极性 （3）应该进一步健全适应市场和农业产业化生产新形式的农业技术推广体系，以指导和帮助农民进行合理的施肥决策
总结当地土壤养分调控经验	根据上述调控情况，总结当地土壤养分调控经验，并撰写一份调查报告	报告内容要做到：内容简洁、事实确凿、论据充足、建议合理

5. 常见技术问题处理 土壤中微量元素含量通常在百万分之几到十万分之几，其中以铁含量最高，钼含量最低。土壤中微量元素的形态非常复杂，主要可分为水溶态、交换态、固定态、有机结合态、矿物态等（表 2-1-8）。

表 2-1-18　土壤中微量元素的含量、形态与临界值

种类	含量	临界值（有效态）	形态	易缺乏土壤
锌	3～709mg/kg，平均 100mg/kg	石灰性或中性土壤 0.5mg/kg，酸性土壤 1.5mg/kg	矿物态、吸附态、水溶态、有机络合态	pH>6.5 的土壤
硼	0.5～453mg/kg，平均 64mg/kg	0.5mg/kg	矿物态、吸附态、水溶态、有机态	石灰性土壤和碱性土壤
钼	0.1～6mg/kg，平均 1.7mg/kg	0.15mg/kg	矿物态、有机络合态、交换态、水溶态	酸性土壤
锰	42～3 000mg/kg，平均 710mg/kg	100mg/kg	矿物态、水溶态和交换态、易还原态、有机态	中性和碱性土壤
铁	3.8%	2.5mg/kg	矿物态、有机螯合态、交换态、水溶态	中性、石灰性、碱性土壤
铜	3～300mg/kg，平均 22mg/kg	石灰性或中性土壤 0.2mg/kg，酸性土壤 2.0mg/kg	矿物态、有机络合态、交换态和水溶态	中性、石灰性、碱性土壤

土壤中微量元素的有效性主要受土壤 pH、有机质、质地、氧化还原状况等影响。一般来说，酸性土壤中铁、锰、锌、铜、硼等微量元素有效性随土壤 pH 下降而提高；而碱性、石灰性土壤中钼的有效性较高。有机质含量很高的土壤上植物常发生缺铜现象。微量元素被胶体吸附仍具有有效性，若进入晶格内部则失去有效性。土壤氧化还原状况对铁、锰的有效性影响大，氧化条件下，Fe 形成 Fe^{3+}，而 Mn 形成 MnO_2，有效性降低；还原条件下铁、锰的有效性大大提高。

阅读材料

节水农业新技术

节水农业是以节约农业用水为中心的农业，是现代化农业的重要内涵。目前主要技术有：

1. **农业水资源合理开发利用技术措施**　主要有：第一，水资源优化分配技术，是对水资源进行综合评价，提出能充分利用水资源并发挥最大效益的优化分配方案，对水资源进行开发利用。第二，多水源联合利用技术，是利用系统工程理论和模糊数学方法，建立优化调度模型，采用计算机管理，充分发挥水资源优势，实现节水增产并保持灌区水资源的良性平衡。第三，雨水汇集利用技术，是在干旱缺水的丘陵山区，将雨水引入水窖或水窖内贮存，经过净化处理，供农村人畜饮水和农作物灌溉用水。第四，劣质水利用技术，是将城市生活污水、工业废水等劣质水，经过严格净化处理达到灌溉水质标准后，灌溉农作物，以提高水资源的利用率。

2. **节水灌溉工程**　主要有：一是低压管道输水灌溉技术，是指用塑料管或混凝土管道输水代替土渠输水，对农田进行灌溉的一项技术；其水的输送有效利用率可达 95%，可减少渠道占地，加快灌溉进度，有利于控制灌水量。二是渠道防渗技术，通过对渠床土壤或建立不易透水的防护层，如混凝土护面、塑料薄膜防渗和混合材料防渗等工程技术措施，减少输水渗漏损失，与土渠相比，可减少渗漏损失60%～90%。三是喷灌技术，是利用专门的设备将水加压，或利用水的自然落差将有压水通过压力管道送到田间，再经喷头喷射到空中散成细小的水滴，均匀地散落在农田上，达到灌溉目的；与地面灌溉相比，可省水30%～50%，增产10%～30%。四是膜上灌溉技术，是在地膜栽培基础上，把以往的地膜旁侧灌水改为膜上灌水，水沿放苗孔和地膜旁侧渗水对作物进行灌溉；与常规沟灌相比，可省水40%～60%。五是地下灌溉技术，是把灌溉水输入地面以下铺设的透水管道或采取其他工程措施普通抬高地下水位，依靠土壤的毛细管作用浸润根层土壤，供给作物所需水分的灌溉工程技术；与常规沟畦灌相比，可增产10%～30%。六是坐水播种技术，是利用坐水单体播种机，使开沟、浇水、播种、施肥和覆土一次完成。与常规沟灌玉米相比，可节水90%，增产15%～20%。

3. 农艺节水技术措施 农艺节水技术措施主要有耕作保墒技术、覆盖保墒技术、节水作物品种筛选技术、化学制剂保水节水技术等。水肥耦合技术是通过对土壤肥力的测定，建立以肥、水、作物产量为核心的耦合模型和技术，合理施肥，培肥地力，以肥调水，以水促肥，充分发挥水肥协同效应和激励机制，提高抗旱能力和水分利用效率。化学制剂保水节水技术是合理施用保水剂、抗旱剂等物质，减少水分蒸发，增强作物根系贮水利用的一种保水节水技术。

4. 节水管理技术措施 主要包括节水灌溉制度、土壤墒情监测与灌溉预报技术、灌区配水技术、灌区量水技术和现代化灌溉管理技术等。

资料收集

1. 阅读《土壤》《中国土壤与肥料》《土壤通报》《土壤学报》《植物营养与肥料学报》等杂志及土壤肥料方面书籍。

2. 浏览中国肥料信息网、××省（市）土壤肥料信息网、中国科学院南京土壤研究所网站、中国农业科学院土壤肥料研究所网站等。

3. 了解近两年有关土壤水分、有机质和土壤养分方面的新技术、新成果、最新研究进展等资料，写一篇“当地土壤基础物质状况及利用”的综述。

师生互动

将全班分为若干团队，每团队5～10人，利用业余时间，进行下列活动：

1. 选取当地有代表性的土壤，分别测定其自然含水量和田间持水量，判断一下是否适宜播种、耕作，是否需要灌溉或排水。

2. 结合当地土壤类型和种植植物情况，调查和讨论应采取哪些土壤水分保蓄和调节措施。

3. 当地土壤有机质含量范围是多少？测定土壤有机质过程应注意哪些问题？

4. 调查当地施用有机肥、种植绿肥情况，讨论提出如何提高土壤有机质含量的具体措施。

5. 请到农业部门核查一下当地土壤的养分含量，并初步判断一下土壤肥力状况，调查当地如何利用养分含量指导植物生产，你的团队能提出哪些改进意见？

考证提示

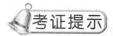

获得农艺工、种子繁育员、肥料配方师、植保员、蔬菜园艺工、花卉园艺工、果树园艺工、林木种苗工、绿化工、草坪建植工、中药材种植员、牧草工等高级资格证书，需具备以下知识和能力：

◆土壤水分的保蓄与调节。

◆土壤自然含水量、田间持水量的测定。

◆土壤样品的采集与制备。

◆土壤有机质含量的测定。

◆土壤有机质的调节与管理。

◆当地土壤碱解氮、速效磷、速效钾等养分含量的测定及对合理施肥的指导。

项目二 土壤物理性状测定及调控

项目目标

知识目标：了解土壤质地基本知识，熟悉不良土壤质地的改良措施；了解土壤密度和容重，熟悉土壤孔隙性的调节；了解土壤结构体，熟悉土壤结构体的改良；了解土壤力学性质，熟悉土壤耕性改良措施。

能力目标：熟悉土壤质地的肥力特性与生产性状，能熟练测定当地土壤质地类型；掌握土壤容重与孔隙度的测定；掌握土壤结构体的判断；能正确判断土壤耕性。

任务一 土壤质地测定与改善

任务目标

了解土壤质地的概念、分类等基本知识，熟悉土壤质地的肥力特性与生产性状，能熟练测定当地土壤质地类型，熟悉不良土壤质地的改良。

背景知识

土壤质地分类

土壤质地分类是根据土壤的粒级组成对土壤颗粒组成状况进行的类别划分，土壤质地分类制主要有国际制、卡庆斯基制、美国制和中国制，国内常用的有国际制和卡庆斯基制。这些分类制基本上将土壤划分为沙质土、壤质土和黏质土三类。

(1) 国际土壤质地分类制。国际制将质地分为4类12级（表2-2-1）。其分类特点是，首先根据黏粒（<0.002mm）含量确定4类：沙土类、壤土类、黏壤土类和黏土类，其界限分别为15%、25%、45%和65%；然后根据沙粒、粉粒和黏粒的含量进一步细分为4类12级。沙粒含量如大于55%，则在四大类别前加个“沙质”前缀，如大于85%，则为沙土类；粉沙粒含量如大于45%，则在质地名称前冠以“粉沙质”前缀。

(2) 卡庆斯基土壤质地分类制。卡庆斯基土壤质地分类制是依据物理性黏粒或物理性沙粒的含量，并参考土壤类型，将土壤质地分成沙土类、壤土类和黏土类；然后再根据各粒级含量的变化进一步细分（表2-2-2）。对我国而言，一般土壤可选用草原土及红黄壤类的分类级别。

表 2-2-1　国际制土壤质地分级制

质地分类		颗粒组成（%）		
类别	质地名称	黏粒	粉沙粒	沙粒
沙土类	沙土和壤质沙土	0～15	0～15	85～100
壤土类	沙质壤土	0～15	0～15	55～85
	壤土	0～15	30～45	40～55
	粉沙质壤土	0～15	45～100	0～55
黏壤土类	沙质黏壤土	15～25	0～30	55～85
	黏壤土	15～25	20～45	30～55
	粉沙质黏壤土	15～25	45～85	0～40
	沙质黏土	25～45	0～20	55～75
	壤质黏土	25～45	0～75	10～55
黏土类	粉沙质黏土	25～45	45～75	0～30
	黏土	45～65	0～35	0～55
	重黏土	65～100	0～35	0～35

表 2-2-2　卡庆斯基制质地分级制

质地分类		物理性黏粒含量（%）			物理性沙粒含量（%）		
类别	名称	灰化土类	草原土类及红黄壤类	碱化及强碱化土类	灰化土类	草原土类及红黄壤类	碱化及强碱化土类
沙土	松沙土	0～5	0～5	0～5	100～95	100～95	100～95
	紧沙土	5～10	5～10	5～10	95～90	95～90	95～90
壤土	沙壤土	10～20	10～20	10～15	90～80	90～80	90～85
	轻壤土	20～30	20～30	15～20	80～70	80～70	85～80
	中壤土	30～40	30～45	20～30	70～60	70～55	80～70
	重壤土	40～50	45～60	30～40	60～50	55～40	70～60
黏土	轻黏土	50～65	60～75	40～50	50～35	40～25	60～50
	中黏土	65～80	75～85	50～65	35～20	25～15	50～35
	重黏土	＞80	＞85	＞65	＜20	＜15	＜35

活动一　土壤质地及改善

1. 活动目标　了解土壤质地的概念、分类知识，熟悉土壤质地的肥力特性与生产性状。

2. 活动准备　查阅有关土壤肥料书籍、杂志、网站，收集土壤质地分类知识，总结土壤质地的肥力特性与生产性状关系。

3. 相关知识　土壤质地是指土壤中各粒级土粒含量（质量）百分率的组合，又称土壤机械组成。土壤质地是土壤的最基本物理性质之一，对土壤各种性状，如土壤通透性、保蓄性、耕性及养分含量有重要影响，是评价土壤肥力和植物适宜性的重要依据。

（1）不同质地土壤的肥力特性。土壤质地对土壤的许多性质和过程均有显著影响，首先是土壤的孔隙状况和表面性质受土壤质地的控制，而这些性质又影响土壤的通气与排水、有机物质的降解速率、土壤溶质的运移、水分渗漏、植物养分供应、根系生长、出苗、耕作质量等。沙质土、壤质土和黏质土在上述各方面都有明显差异（表 2-2-3）。

表 2-2-3　土壤质地对土壤性质和过程的影响

性质	沙质土	壤质土	黏质土
保水性	低	中～高	高
毛管水上升高度	低	高	中
通气性	好	较好	不好
排水速度	快	较慢	慢或很慢
有机质含量	低	中	高
有机质降解速率	快	中	慢
养分含量	低	中等	高
供肥能力	弱	中等	强
污染物淋洗	允许	中等阻力	阻止
防渗能力	差	中等	好或很好
胀缩性	小或无	中等	大
可塑性	无	较低	强或很强
升温性	易升温	中等	较慢
耕性	好	好或较好	较差或恶劣
有毒物质	无	较低	较高

（2）不同质地土壤的生产性状。土壤质地不同，土壤的各种性状也不相同，因此其农业生产性状（如肥力状况、耕作性状、植物反应等）也不相同（表 2-2-4）。

表 2-2-4　不同质地土壤的生产性状

生产性状	沙质土	壤质土	黏质土
通透性	颗粒粗，大孔隙多，通气性好	良好	颗粒细，大孔隙少，通气性不良
保水性	饱和导水率高，排水快，保水性差	良好	饱和导水率低，保水性强，易内涝
肥力状况	养分含量少，分解快	良好	养分多，分解慢，易积累
热状况	热容量小，易升温，昼夜温差大	适中	热容量大，升温慢，昼夜温差小
耕性好坏	耕作阻力小，宜耕期长，耕性好	良好	耕作阻力大，宜耕期短，耕性差
有毒物质	对有毒物质富集弱	中等	对有毒物质富集强
植物生长状况	出苗齐，发小苗，易早衰	良好	出苗难，易缺苗，贪青晚熟

4. 操作规程和质量要求　全班分为若干个项目小组，通过查询有关土壤肥料书籍、杂志、网站等信息，走访当地农业局、当地种植能手，完成表 2-2-5 内容。

5. 常见技术问题处理　不同植物对土壤质地有一定的适应性（表 2-2-6），大部分农作物对质地的适应范围较广，但部分园艺植物，特别是部分花卉对质地的适应范围较窄。

表 2-2-5　土壤质地改善操作规程和质量要求

工作环节	操作规程	质量要求
当地土壤质地状况调查	根据当地植物种植情况和土壤类型，测定土壤质地，获得当地土壤质地状况资料	参见土壤质地测定的质量要求
因地制宜，合理利用	农作物对质地适应范围广，蔬菜适宜壤质土，花卉对质地适应范围较窄，果树对质地适应范围南北方有差异，块茎类、瓜果类植物适宜较粗质地，因此要根据质地情况，适宜选种植物种类	不同植物对土壤质地有一定的适应性。根据质地选种植物，可参考表 2-2-6
增施有机肥，改良土性	施用有机肥后，可以促进沙粒的团聚，而降低黏粒的黏结力，从而使原先松散的无结构的沙质土壤黏结成团聚体，或者使结构紧实和较大的黏质土壤碎裂成大小和松紧度适中的土壤结构，达到改善土壤结构的目的	施用有机肥一定要腐熟后施用，施用量应根据种植的植物和当地土壤肥力高低进行确定
掺沙掺黏，客土调剂	若沙地附近有黏土、胶泥土、河泥等，可采用搬黏掺沙的办法；若黏土附近有沙土、河沙等，可采取搬沙压淤的办法，逐年客土改良	改良后使土壤质地达到三泥七沙或四泥六沙的壤土质地范围
引洪漫淤，引洪漫沙	对于沿江沿河的沙质土壤，采用引洪漫淤方法；对于黏质土壤，采用引洪漫沙方法	在丰水期有目的地将富含黏粒的河水或江水有控制地引入农田，可以达到改良沙质土壤质地的目的；引洪漫沙方法是将畦口开低，每次不超过 10cm，逐年进行，可使大面积黏质土壤得到改良
翻淤压沙，翻沙压淤	在具有“上沙下黏”或“上黏下沙”质地层次的土壤中，可以通过耕翻法，将上下层的沙粒与黏粒充分混合，可以起到改善土壤质地的作用	改良后使土壤质地达到三泥七沙或四泥六沙的壤土质地范围
种树种草，培肥改土	在过沙过黏不良质地土壤上，种植豆科绿肥植物，改良质地	通过增加土壤有机质含量和氮素含量，促进团粒结构形成
因土制宜，加强管理	如对于大面积过沙土壤，营造防护林，种树种草，防风固沙，选择宜种植物。对于大面积过黏土壤，根据水源条件种植水稻或水旱轮作等	可根据种植植物情况，采取平畦宽垅，深播种，播后镇压，早施肥、勤施肥，勤浇水，水肥少量多次等措施
制定当地土壤质地的利用与改善方案	根据上述调查，针对当地植物生长的土壤质地情况，制定合理利用与改善土壤质地的实施方案，并撰写一份调查报告	报告内容要做到：内容简洁、事实确凿、论据充足、建议合理

表 2-2-6　主要植物对质地的适应性

植物种类	土壤质地	植物种类	土壤质地
水稻	黏土、黏壤土	大豆	黏壤土
大麦	黏壤土、壤土	豌豆、蚕豆	黏土、黏壤土
小麦	壤土、黏壤土	油菜	黏壤土
粟	沙壤土	花生	沙壤土
玉米	黏壤土	甘蔗	黏壤土、壤土
黄麻	沙壤土～黏壤土	西瓜	沙壤土

（续）

植物种类	土壤质地	植物种类	土壤质地
棉花	沙壤土、壤土	柑橘	沙壤土～黏壤土
烟草	沙土壤	梨	壤土、黏壤土
甘薯、茄子	沙壤土、壤土	枇杷	黏壤土、黏土
马铃薯	沙壤土、壤土	葡萄	沙壤土、砾质壤土
萝卜	沙壤土	苹果	壤土、黏壤土
莴苣	轻壤土～黏壤土	桃	沙壤土～黏壤土
甘蓝	沙壤土～黏壤土	茶	砾质黏壤土、壤土
白菜	黏壤土、壤土	桑	壤土、黏壤土

黏质土：黏重紧实、通透性差，早春土温不易升高，称为冷性土；早春不利于播种出苗，在起苗时容易断根。沙质土：养分含量低，保肥性差，在炎热季节可导致幼苗灼伤、失水，肥料浓度过高易烧苗。

土壤质地的层次性是指土壤质地在土壤剖面呈现有规律的变化，即上、下土层之间的土壤质地出现差异。产生的原因主要有：成土母质本身的层次性；土壤形成时黏粒的淋溶和淀积；人类耕作活动的影响也能使土壤质地出现差异。土壤质地层次性的类型主要有通体均一型（通体黏、通体壤、通体沙）、上轻下重型（砂盖黏、蒙金土）、上重下轻型（黏盖沙）、中间夹层型（黏夹沙、沙夹黏）。其中以耕层为沙壤土～轻壤土，下层为中壤土～重壤土的土壤质地层次类型为好。

活动二　土壤质地测定

1. 活动目标　能熟练应用简易比重计法和手测法判断当地农田、菜园、果园、绿化地、林地、草地的土壤质地类型，为耕作、播种、灌溉等提供依据。

2. 活动准备　将全班按 2 人一组分为若干组，每组准备以下材料和用具：量筒（1 000mL、100mL）、特制搅拌棒、甲种比重计（鲍氏比重计）、温度计（100℃）、带橡皮头玻棒、烧杯（50mL）、天平（感量 0.01g）、角匙、称样纸、500mL 三角瓶、电热板、滴管、表面皿等。沙土、壤土、黏土等已知质地名称土壤样本和待测土壤样本。并提前进行下列试剂配制：

（1）0.5mol/L 氢氧化钠溶液。称取 20g 化学纯氢氧化钠，加蒸馏水溶解后，定容至 1 000mL，摇匀。

（2）0.25mol/L 草酸钠溶液。称取 33.5g 化学纯草酸钠，加蒸馏水溶解后，定容到 1 000mL，摇匀。

（3）0.5mol/L 六偏磷酸钠溶液。称取化学纯六偏磷酸钠 51g，加蒸馏水溶解后，定容到1 000mL，摇匀。

（4）2%碳酸钠溶液。称取 20g 化学纯碳酸钠溶于1 000mL 的蒸馏水中。

（5）异戊醇。$(CH_3)_2CHCH_2CH_2OH$（化学纯）。

（6）软水的制备。将 200mL 2%碳酸钠溶液加入到15 000mL 自来水中，静置过夜，上清液即为软水。

3. 相关知识　简易比重计测定土壤质地的原理是：土样经物理化学方法分散为单粒后，将其制成一定容积的悬浊液，使分散的土粒在悬浊液中自由沉降。悬浊液中粒径愈大的颗粒、温度越高时，自由沉降的速率越快。根据司笃克斯定律计算在一定温度下，某一粒级土粒下沉所需时间。经过沉降时间后，可用特制的甲种比重计测得土壤悬液中所含小于某一粒级土粒的质量，经换算后可得出该粒级土粒在土壤中的质量百分数，然后查表确定质地名称。

4. 训练规程和质量要求

（1）简易比重计法。选择所提供的土壤分析样品，进行下列全部或部分内容（表2-2-7）。

表2-2-7　简易比重计法测定土壤质地

工作环节	操作规程	质量要求
称样	称取通过1mm筛孔的风干土样50g（沙质土称100g），置于500mL三角瓶，供分散处理用	样品称量精确到0.01g
样品分散	根据土壤pH选择加入相应的分散剂（石灰性土壤加0.5mol/L六偏磷酸钠60mL；中性土壤加0.25mol/L草酸钠20mL，酸性土壤加0.5mol/L氢氧化钠40mL）。再加入100～150mL软水，用带橡皮头的玻棒充分搅拌5min以上，再静置0.5h以上	样品分散，除研磨法外，也可使用煮沸法、振荡法处理。但一定要分散彻底
悬液制备	将分散后的土壤悬浊液用软水无损地洗入1 000mL量筒中至刻度，该量筒作为沉降筒之用	应少量多次无损洗至800～900mL，再定容
测量悬液温度	将温度计插入待测量沉降筒的悬浊液中，记录悬液温度	应注意手持温度计进行测量，防止损坏
自由沉降	用搅拌棒在沉降筒内沿上下方向充分搅拌土壤悬浊液1min以上。搅拌结束后计时，让土粒在沉降筒内自由沉降	约上、下各30次，搅拌棒的多孔片不要提出液面
测悬液比重	根据悬浊液温度查到待测土粒所需的沉降时间（表2-2-8，表2-2-9），提前半分钟小心将甲种比重计放入沉降筒内，如沉降筒内泡沫较多，可加入几滴异戊醇消泡。沉降时间到则读数，并记下读数。然后小心取出比重计，让土粒继续自由沉降，供下一级别粒级测定用	每次读数应以弯月面上缘为准，取出的比重计应放在清水中洗净备用
结果计算	（1）将风干土样重换算成烘干土样重 烘干土重（g）＝风干土重（g）/［水分（%）＋100］×100 ＝风干土重×水分系数 （2）比重计读数的校正 校正值＝分散剂校正值＋温度校正值 校正后读数＝比重计读数－校正值 分散剂校正值＝分散剂毫升数×分散剂摩尔浓度×分散剂相对分子质量 （3）土粒含量 小于某粒径土粒含量＝［校正后读数/烘干土重］×100% 某两粒径范围内土粒含量＝两相邻粒径土粒含量相减值 （4）查表确定质地名称。查卡庆斯基质地分类标准得到所测土样的质地名称	计算正确，查表得到所测土样的质地名称

表 2-2-8 小于某粒径土粒的沉降时间

温度（℃）	<0.05mm			<0.01mm			<0.005mm			<0.001mm		
	时	分	秒	时	分	秒	时	分	秒	时	分	秒
7		1	23		38		2	45		48		
8		1	20		37		2	40		48		
9		1	18		36		2	30		48		
10		1	18		35		2	25		48		
11		1	15		34		2	25		48		
12		1	12		33		2	20		48		
13		1	10		32		2	15		48		
14		1	10		31		2	15		48		
15		1	8		30		2	15		48		
16		1	6		29		2	5		48		
17		1	5		28		2	0		48		
18		1	2		27	30	1	55		48		
19		1	0		27		1	55		48		
20			58		26		1	50		48		
21			56		26		1	50		48		
22			55		25		1	50		48		
23			54		24	30	1	45		48		
24			54		24		1	45		48		
25			53		23	30	1	40		48		
26			51		23		1	35		48		
27			50		22		1	30		48		
28			48		21	30	1	30		48		
29			46		21		1	30		48		
30			45		20		1	28		48		
31			45		19	30	1	25		48		
32			45		19		1	25		48		
33			44		19		1	20		48		
34			44		18	30	1	20		48		
35			42		18		1	20		48		

表 2-2-9 甲种比重计温度校正值

温度（℃）	校正值	温度（℃）	校正值	温度（℃）	校正值
6.0～8.5	−2.2	18.5	−0.4	26.5	+2.2
9.0～9.5	−2.1	19.0	−0.3	27.0	+2.5
10.0～10.5	−2.0	19.5	−0.1	27.5	+2.6
11.0	−1.9	20.0	0	28.0	+2.9
11.5～12.0	−1.8	20.5	+0.15	28.5	+3.1
12.5	−1.7	21.0	+0.3	29.0	+3.3
13.0	−1.6	21.5	+0.45	29.5	+3.5

（续）

温度（℃）	校正值	温度（℃）	校正值	温度（℃）	校正值
13.5	−1.5	22.0	+0.6	30.0	+3.7
14.0～14.5	−1.4	22.5	+0.8	30.5	+3.8
15.0	−1.2	23.0	+0.9	31.0	+4.0
15.5	−1.1	23.5	+1.1	31.5	+4.2
16.0	−1.0	24.0	+1.3	32.0	+4.6
16.5	−0.9	24.5	+1.5	32.5	+4.9
17.0	−0.8	25.0	+1.7	33.0	+5.2
17.5	−0.7	25.5	+1.9	33.5	+5.5
18.0	−0.5	26.0	+2.1	34.0	+5.8

（2）手测法。手测法分成干测法和湿测法两种，无论是何种方法，均为经验方法。选择所提供的土壤分析样品，进行下列全部或部分内容（表2-2-10）。

表2-2-10　手测法测定土壤质地

工作环节	操作规程	质量要求
干测法	取玉米粒大小的干土块，放在拇指与食指间使之破碎，并在手指间摩擦，根据指压时间大小和摩擦时感觉来判断（表2-1-21）	（1）应拣掉土样中的植物根、结核体（如石灰结核）、侵入体等 （2）干测法见表2-1-11 （3）湿测法见表2-1-12
湿测法	取一小块土，放在手中捏碎，加入少许水，以土粒充分浸润为度（水分过多过少均不适宜），根据能否搓成球、条及弯曲时断裂等情况加以判断（表2-1-22）	
结果判断	（1）按照先摸后看，先沙后黏，先干后湿的顺序，对已知质地的土壤进行手摸测定其质地 （2）先摸后看就是首先目测，观察有无土块、土块多少和硬软程度。质地粗的土壤一般无土块，质地越细土块越多越硬。沙质土壤比较粗糙无滑感，黏重的土壤正好相反	加入的水分必须适当，不黏手为最佳，随后按照搓成球状、条状、环形的顺序进行，最后将环压偏成片状，观察指纹是否明显

表2-2-11　土壤质地手测法判断标准（干测法）

质地名称	干燥状态下在手指间挤压或摩擦的感觉	在湿润条件下揉搓塑型时的表现
沙土	几乎由沙粒组成，感觉粗糙，研磨时沙沙作响	不能成球形，用手捏成团，但一解即散，不能成片
沙壤土	沙粒为主，混有少量黏粒，很粗糙，研磨时有响声，干土块用小力即可捏碎	勉强可成厚而极短的片状，能搓成表面不光滑的小球，不能搓成条
轻壤土	干土块稍用力挤压即碎，手捻有粗糙感	片长不超过1cm，片面较平整，可成直径约3mm的土条，但提起后易断裂
中壤土	干土块用较大力才能挤碎，为粗细不一的粉末，沙粒和黏粒的含量大致相同，稍感粗糙	可成较长的薄片，片面平整，但无反光，可以搓成直径约3mm的小土条，弯成2～3cm的圆形时会断裂
重壤土	干土块用大力才能破碎成为粗细不一的粉末，黏粒的含量较多，略有粗糙感	可成较长的薄片，片面光滑，有弱反光，可以搓成直径约2mm的小土条，能弯成2～3cm的圆形，压扁时有裂缝
黏土	干土块很硬，用力不能压碎，细而均一，有滑腻感	可成较长的薄片，片面光滑，有强反光，可以搓成直径约2mm的细条，能弯成2～3cm的圆形，且压扁时无裂缝

表 2-2-12　土壤质地野外手感鉴定分级标准（湿测法）

质地名称		手捏	手刮	手挤
卡庆斯基制	国际制			
沙土	沙土	不管含水量为多少，都不能搓成球	不能成薄片，刮面全部为粗沙粒	不能挤成扁条
壤沙土	沙壤土	能搓成不稳定的土球，但搓不成条	不能成薄片，刮面留下很多细沙粒	不能挤成扁条
轻壤土	壤土	能搓成直径3～5mm粗的小土条，拿起时摇动即断	较难成薄片，刮面粗糙似鱼鳞状	能勉强挤成扁条，但边缘缺裂大，易断
中壤土	黏壤土	小土条弯曲成圆环时有裂痕	能成薄片，刮面稍粗糙，边缘有少量裂痕	能挤成扁条，摇动易断
重壤土	壤质黏土	小土条弯曲成圆环时无裂痕，压扁时产生裂痕	能成薄片，刮面较细腻，边缘有少量裂痕，刮面有弱反光	能挤成扁条，摇动不易断
黏土	黏土	小土条弯曲成圆环时无裂痕，压扁时也无裂痕	能成薄片，刮面细腻平滑，无裂痕，发光亮	能挤成卷曲扁条，摇动不易断

5. 常见技术问题处理

（1）简易比重计法测定质地时，应注意：样品中需去除有机质，有机质多的土样在加分散剂之前，应缓缓加入5%的过氧化铁，使有机质分解。分散应充分，悬浊液搅拌用力及速度应均匀，搅拌器向下达底部，向上至液面3～5cm处，避免将气泡带入悬浊液影响沉降。土壤中含有较多的难溶性盐如碳酸钙、碳酸镁时，先用0.2mol/L盐酸溶液淋洗，至所有碳酸盐全部溶解，并将淋洗损失的质量换算成干土重的百分数即盐酸的洗失量。沉降开始后应保持静置，避免光直接照射，最好能保持沉降环境温度相对稳定。

（2）手测法是以手指对土壤的感觉为主，根据各粒级颗粒具有不同的可塑性和黏结性估测，结合视觉和听觉来确定土壤质地名称，方法简便易行，熟悉后也较为准确，适合于田间土壤质地的鉴别。手测法又有干测法和湿测法，可以相互补充，一般以湿测为主。沙粒粗糙，无黏结性和可塑性；粉粒光滑如粉，黏结性与可塑性微弱；黏粒细腻，表现较强的黏结性和可塑性。不同质地的土壤，各粒级颗粒的含量不同，表现出粗细程度与黏结性和可塑性的差异。

任务二　土壤孔隙度测定与调节

任务目标

了解土壤密度和容重，熟悉土壤孔隙性的调节；了解土壤容重测定原理，掌握土壤容重测定方法，并能计算土壤孔隙度。

背景知识

土壤密度和容重

1. **土壤密度**　土壤密度是指单位体积土粒（不包括粒间孔隙）的烘干土重量，单位是 g/cm^3 或 t/m^3。其大小与土壤矿物质组成、有机质含量有关，因此，土壤的固相组成不同，其密度值不同（表 2-2-13）。

表 2-2-13　土壤中常见矿物和腐殖质的密度

单位：g/cm^3

成分	密度	成分	密度
蒙脱石	2.53～2.74	黑云母	2.80～3.20
正长石	2.54～2.58	白云石	2.80～2.90
高岭石	2.60～2.65	角闪石、辉石	2.90～3.60
石　英	2.60～2.70	褐铁矿	3.60～4.00
斜长石	2.67～2.76	赤铁矿	4.90～5.30
方解石	2.71～2.90	伊利石	2.60～2.90
白云母	2.76～3.10	腐殖质	1.40～1.80

表 2-2-13 中多数矿物的密度在 2.6～2.7g/cm^3，腐殖质的密度为 1.4～1.8g/cm^3。由于土壤有机质含量并不多，所以一般情况下，土壤密度常以 2.65g/cm^3 表示。如果有特殊要求则可以单独测定。

2. **土壤容重**　土壤容重是指在田间自然状态下，单位体积土壤（包括粒间孔隙）的烘干土重量，单位也是 g/cm^3 或 t/m^3。其大小随土壤三相组成的变化而变化，多数土壤容重在 1.0～1.8g/cm^3。沙质土多在 1.4～1.7g/cm^3；黏质土一般在 1.1～1.6g/cm^3；壤质土介于二者之间。土壤密度与土壤容重的区别如图 2-2-1 所示。

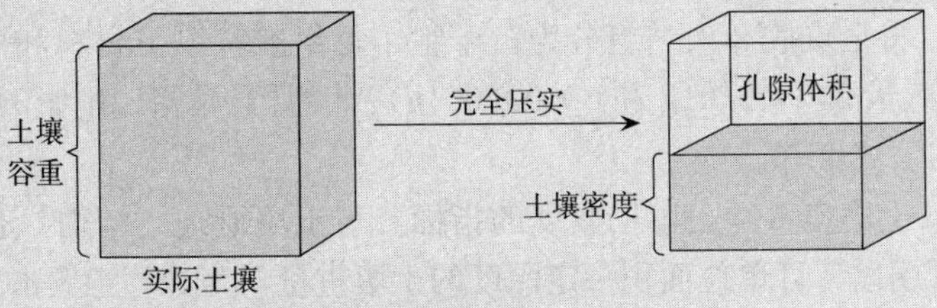

图 2-2-1　土壤密度与容重的区别示意

土壤容重是一个十分重要的基本数据，主要应用在：

（1）计算土壤质量。利用土壤容重可以计算单位面积土壤的质量。如测得土壤容重为 1.20g/cm^3，求 $1hm^2$（$1hm^2=10000m^2$）耕层土壤（深度为 20cm）的质量（m）为多少？

$m=1.20\times10000\times0.2=2400t$

另外，根据以上计算，可知一定面积土壤上填土或挖土的实际土方量，可作为土石方工程设计及预算的依据。

(2) 计算土壤组分储量。根据 $1hm^2$ 耕层土壤质量可计算单位面积土壤中水分、有机质、养分、盐分等重量。例如，上例中测得土壤有机质含量为15g/kg，则求 $1hm^2$ 耕层土壤（深度为20cm）的有机质的储量（m_o）为：

$m_o=2400\times15\div1000=36t$

(3) 计算灌水（或排水）定额。如测得土壤实际含水量为10%，要求灌水后达到20%，则 $1hm^2$ 耕层土壤（深度为20cm）的灌水量（m_w）为：

$m_w=2400\times(20\%-10\%)=240t$

(4) 判断土壤的松紧程度。对于大多数土壤来讲，含有机质多而结构好的耕作层土壤容重宜在1.1～1.3g/cm³，在此范围内，有利于幼苗的出土和根系的生长（表2-2-14）。另外水田土壤的容重（称为浸水容重）宜在0.5～0.6g/cm³，如果大于0.6g/cm³，水田会出现淀浆板结；如小于0.5g/cm³，则易起浆，水层混浊。

表2-2-14 旱地土壤容重、孔隙度和松紧状况的关系

土壤容重（g/cm³）	<1.00	1.0～1.14	1.14～1.26	1.26～1.30	>1.30
孔隙度（%）	>60	60～55	55～52	52～50	<50
松紧状况	极松	疏松	适度	稍紧	紧密

对于质地相同的土壤来说，容重过小则表明土壤处于疏松状态，容重过大则表明土壤处于紧实状态。对于植物生长发育来说，土壤过松过紧都不适宜，过松则通气透水性强，易漏风跑墒；过紧则通气透水性差，阻碍根系延伸。

活动一 土壤孔隙度测定

1. 活动目标 能熟练准确测定当地农田、菜园、果园、绿化地、林地、草地等土壤容重，并能计算土壤孔隙度，判断土壤孔隙状况，为土壤管理提供依据。

2. 活动准备 将全班按2人一组分为若干组，每组准备以下材料和用具：环刀（容积100cm³）、天平（感量500×0.01g和1 000×0.1g）、恒温干燥箱、削土刀、小铁铲、铝盒、酒精、草纸、剪刀、滤纸等。

3. 相关知识 土壤容重是土壤松紧度的指标，与土壤质地、结构、有机质含量和土壤紧实度等有关，可用以计算单位面积一定深度的土壤重量，为计算土壤水分、养分、有机质和盐分含量提供基础数据，而且也是计算土壤孔隙度和空气含量的必要数据。土壤孔隙度与土壤肥力有密切的关系，是土壤的重要物理性质，土壤孔隙度一般不直接测定，而是由土壤密度和容重计算得出。本任务采用重量法原理。先称出已知容积的环刀重，然后带环刀到田间取原状土，立即称重并测定其自然含水量，通过前后差值换算出环刀内的烘干土重，求得容重值，再利用公式计算出土壤孔隙度。

4. 操作规程和质量要求 见表2-2-15。

表 2-2-15　土壤孔隙度测定操作规程和质量要求

工作环节	操作规程	质量要求
称空重	检查每组环刀与上下盖和环刀托是否配套（图 2-2-2），用草纸擦净环刀，加盖称重，记下编号；同时称重干洁的铝盒，编号记录，然后带上环刀、铝盒、削土刀、小铲或铁锹到田间取样	样品称量精确到 0.1g；要注意环刀与上下盖、铝盒与盖要保持对应
选点	测耕作层土壤容重，则在待测田间选择代表性地点，除去地表杂物，用铁锹铲平地表，去掉约 1cm 的最表层土壤，然后取土，重复 3 次。若测土壤剖面不同层次的容重，则需先在田间选择挖掘土壤剖面的位置，然后挖掘土壤剖面，按剖面层次，自下而上分层采样，每层重复 3 次	选择待测田间代表性地点，使取样有代表性
取土	将环刀托放在已知重量的环刀上，套在环刀无刃口一端，将环刀刃口向下垂直压入土中，至环刀筒中充满土样为止。环刀压入时要平稳，用力要一致	要用力均匀使环刀入土；在用小刀削平土面时，应注意防止切割过分或切割不足；多点取土时取土深度应保持一致
称重	用小铁铲或铁锹挖去环刀周围的土壤，在环刀下方切断，取出已装满土的环刀，使环刀两端均留有多余的土壤。用小刀削去环刀两端多余的土壤，使两端的土面恰与刃口平齐，并擦净环刀外面的土，立即称重。	若不能立即称重，带回室内称重，则应立即将环刀两端加盖，以免水分蒸发影响称重
测定土壤含水量	在田间环刀取样的同时，在同层采样处，用铝盒采样（20g 左右），或者直接从称重后的环刀筒中取土（约 20g）测定土壤含水量	酒精燃烧法测定土壤自然含水量
土壤容重计算	按下式计算土壤容重： $$土壤容重（d，g/cm^3）=\frac{(M-G)\times 100}{V(100+W)}$$ 式中，M 为环刀和湿土重，g；G 为环刀重，g；V 为环刀容积，cm^3；W 为土壤含水量，%	此法重复测定不少于 3 次，允许平行绝对误差 $<0.03g/cm^3$，取算术平均值
土壤孔隙度计算	计算方法如下： $$土壤孔隙度（P_1）=\left(1-\frac{土壤容重}{土壤密度}\right)\times 100\%$$ 式中，土壤密度采用密度值 $2.65g/cm^3$ 土壤毛管孔隙度（P_2，%）＝土壤田间持水量×土壤容重 土壤非毛管孔隙度（P_3，%）$=P_1-P_2$	此法重复测定不少于 3 次，允许平行绝对误差 $<0.03g/cm^3$，取算术平均值

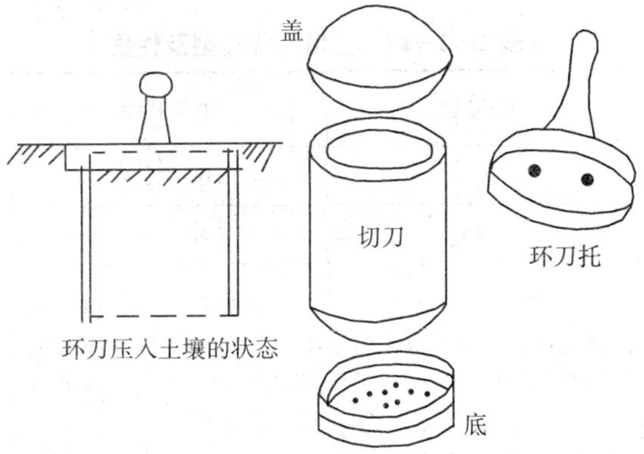

图 2-2-2　环刀示意

5. 常见技术问题处理 可将各次称重结果记录入表2-2-16中，便于计算。

表2-2-16 土壤容重测定记录

土样编号	环刀重 G (g)	(环刀+湿土) 重 M (g)	铝盒重 W_1 (g)	(铝盒+湿土) 重 W_2 (g)	(铝盒+干土) 重 W_3 (g)	含水量 (%)	容重 (g/cm^3)	孔隙度 (%)

活动二 土壤孔隙性调节

1. 活动目标 根据当地土壤孔隙性状况，提出合理利用土壤孔隙度的建议，并制定调节土壤孔隙性的方案。

2. 活动准备 全班分为若干个项目小组，查阅有关土壤肥料书籍、杂志、网站，走访当地有经验的农户和专家，总结当地合理利用与调节土壤孔隙性的经验。

3. 相关知识

(1) 土壤孔隙数量。土壤孔隙数量，常以孔隙度来表示。土壤孔隙度是指自然状况下，单位体积土壤中孔隙体积占土壤总体积的百分数。实际工作中，可根据土壤密度和容重计算得出。

$$土壤孔隙度=\left(1-\frac{土壤容重}{土壤密度}\right)\times100\%$$

土壤孔隙度的变幅一般在30%～60%，多数植物生长适宜的孔隙度为50%～60%。

(2) 土壤孔隙类型。土壤孔隙大小、形状不同，无法按其真实孔径来计算，因此土壤孔隙直径是指与一定的土壤水吸力相当的孔径，称为当量孔径。土壤水吸力与当量孔径之间的关系式如下：

$$d=\frac{3}{s}$$

式中，d 为当量孔径，mm；s 为土壤水所承受的吸力，kPa。

根据土壤孔隙的通透性和持水能力，将其分为3种类型，如表2-2-17所示。

表2-2-17 土壤孔隙类型及性质

孔隙类型	通气孔隙	毛管孔隙	无效孔隙（非活性孔隙）
当量孔径（mm）	>0.02	0.02～0.002	<0.002
土壤水吸力（kPa）	<15	15～150	>150
主要作用	此孔隙起通气透水作用，常被空气占据	此孔隙内的水分受毛管力影响，能够移动，可被植物吸收利用，起到保水蓄水作用	此孔隙内的水分移动困难，不能被植物吸收利用，空气及根系不能进入

4. 操作规程和质量要求 见表2-2-18。

表 2-2-18　土壤孔隙性调节操作规程和质量要求

工作环节	操作规程	质量要求
当地土壤容重与孔隙性状况调查	根据当地植物种植情况和土壤类型，测定土壤容重，计算土壤孔隙度，判断当地土壤孔隙性状况	参见土壤容重与孔隙度测定的质量要求
防止土壤压实	首先应在宜耕的水分条件下进行田间作业；其次应尽量实行农机具联合作业，降低作业成本；第三是尽量采用免耕或少耕，减少农机具压实	土壤压实是指在播种、田间管理和收获等作业过程中，因农机具的碾压和人、畜的践踏而造成的土壤由松变紧的现象
合理轮作和增施有机肥	实行粮肥轮作、水旱轮作，增施有机肥料等措施	达到改善土壤孔隙状况，提高土壤通气透水性能
合理耕作	深耕结合施用有机肥料，再配合中耕、镇压等措施	通过合理耕作，使过紧或过松土壤达到适宜的松紧范围
工程措施	采用工程措施改造或改良铁盘、沙浆、漏沙、黏土等障碍土层	消除障碍层，创造一个深厚疏松的根系发育土层，对果树、园林树木等深根植物尤其重要
制定当地土壤孔隙性调节方案	根据上述调查，针对当地植物生长的土壤容重与孔隙度情况，提出当地土壤孔隙性调节方案，并撰写一份调查报告	报告内容要做到：内容简洁、事实确凿、论据充足、建议合理

5. 常见技术问题处理　生产实践表明，适宜于植物生长发育的耕作层土壤孔隙状况为：总孔隙度为50%～56%，通气孔隙度在10%以上，如能达到15%～20%更好，毛管孔隙度与非毛管孔隙度之比为2∶1为宜，无效孔隙度要求尽量低。而在同一土体内孔隙的垂直分布应为“上虚下实”，“上虚”即要求耕作层土壤疏松一些，有利于通气透水和种子发芽、破土、出苗，“下实”即要求下层土壤稍紧实一些，有利于保水和扎稳根系。当然“上虚”与“下实”是相对而言的，“下实”不是坚实，而是应能保持一定数量的较大孔隙，这样不仅有利于下层土壤通气状况，而且有利于增强土壤微生物转化能力，更重要的是促进植物根系深扎，扩大植物营养范围。此外在潮湿多雨地区，土体下部有适量的大孔隙可增强排水性能。

任务三　土壤结构观察与改良

任务目标

了解土壤结构体主要类型及其特点，熟悉土壤结构的改良；能正确判断土壤结构体。

背景知识

土 壤 结 构 体

土壤结构包含两个含义：一是土壤结构体，二是土壤结构性。土壤结构体是指土壤颗粒（单粒）团聚形成的具有不同形状和大小的土团和土块。土壤结构性是指土壤结构体的类型、数量、稳定性以及土壤的孔隙状况。二者既有区别，又有联系。不同类型的结构体组合起来所赋予土壤的综合性状就是土壤结构性；结构体着眼于局部和个体，而结构性强调总体特征，尤其是土壤的孔隙状况。

按照结构体的大小、形状和发育程度可分为6类。图2-2-3为常见土壤结构类型。

图2-2-3 土壤结构的主要类型

1. 块状结构 2. 柱状结构 3. 棱柱状结构 4. 团粒结构
5. 微团粒结构 6. 核状结构 7. 片状结构

1. **团粒结构** 团粒结构是指外形近似球形、疏松多孔、由有机质胶结团聚形成的，直径在0.25～10mm的土壤结构体，俗称“蚂蚁蛋”“米糁子”等，常出现在有机质含量较高、质地适中的土壤中，其土壤肥力高，是农业生产中最理想的结构体，如蚯蚓粪。另外近似球形且颗粒直径小于0.25mm的称微团粒结构，它一方面对提高水稻土的土壤肥力有重要作用，另一方面也是形成团粒结构的基础。

2. **块状结构** 结构体呈不规则的块体，长、宽、高大致相近，边面不明显，结构体内部较紧实，俗称“坷垃”。在有机质含量较低或黏重的土壤中，土壤过干、过湿耕作时，在表层易形成块状结构；另外，由于受到土体的压力，在心土层、底土层中也会出现。

3. **核状结构** 外形与块状结构体相似，体积较小，但棱角、边、面比较明显，内部紧实坚硬，泡水不散，俗称“蒜瓣土”，多出现在黏土而缺乏有机质的心土层和底土层中。

4. **柱状结构** 结构体呈立柱状，纵轴大于横轴，比较紧实，孔隙少，俗称“立土”。多出现在水田土壤、典型碱土、黄土母质的下层。

5. **棱柱状结构** 外形与柱状结构体很相似，但棱角、边、面比较明显，结构体表面覆盖有胶膜物质。多出现在质地黏重而水分又经常变化的下层土壤中。由于土壤的湿胀干缩作用，在土壤过干时易出现土体垂直开裂，漏水漏肥；过湿时易出现土粒膨胀黏闭，通气不良。

6. **片状结构** 结构体形状扁平，成层排列，呈片状或板状，俗称“卧土”。如果地表在遇雨或灌溉后出现结皮、结壳的“板结”现象，那么播种后种子难以萌发、破土、出苗。如果受农机具压力或沉积作用，在耕作层下出现的犁底层也为片状结构，其存在有利于托水托肥，但出现部位不能过浅、过厚，也不能过于紧实黏重，否则土壤通气透水性差，不利于植物的生长发育。

活动一　土壤结构体的观察

1. 活动目标　根据当地土壤情况，能正确判断各类土壤结构体，并提出改良不良结构体的建议。

2. 活动准备　全班分为若干个项目小组，查阅有关土壤肥料书籍、杂志、网站，走访当地有经验的农户和专家，总结当地不良结构体有哪些特征。

3. 相关知识

（1）团粒结构与土壤肥力。团粒结构是良好的土壤结构体，其特点是多孔性与水稳性。具体表现在土壤孔隙度大小适中，持水孔隙与通气孔隙并存，并有适当的数量和比例，使土壤中的固相、液相和气相处于相互协调状态，因此，团粒结构多是土壤肥沃的标志之一。

① 创造了土壤良好的孔隙性。团粒与团粒之间有适量的通气孔隙，团粒内部有大量的毛管孔隙，这种孔隙状况为土壤水、肥、气、热的协调，创造了良好的条件（图2-2-4）。

② 水、气协调，土温稳定。团粒结构间的通气孔隙可通气透水，在降水或灌溉时，有利于水分进入土层，减少地表径流；团粒内部的毛管孔隙具有保存水分的能力，起到小水库作用，因此水、气协调。并且由于水、气协调，由水、气产生的土壤热性质适中，因此，土温稳定。

③ 保肥供肥性能良好。团粒与团粒之间有适量的通气孔隙，水少气多，好氧微生物活跃，有利于有机质矿质化作用，养分释放快；团粒内部有大量的毛管孔隙，水多气少，厌氧微生物活跃，有利于腐殖质的积累，养分可以得到贮存。

④ 土质疏松，耕性良好。具有团粒结构的土壤，结构体大小适宜，松紧度适中，孔隙性能好，其土壤的水、肥、气、热协调，通气透水、保水保肥，供水供肥等性能强，耕作阻力小，耕作效果好，有利于植物根系的扩展、延伸。

（2）其他结构与土壤肥力

① 块状、核状结构与土壤肥力。块状结构体间孔隙过大，大孔隙数量远多于小孔隙，不利于蓄水保水，易透风跑墒，出苗难；出苗后易出现“吊根”现象，影响水肥吸收；耕层下部的暗土块因其内部紧实，还会影响扎根，使根系发育不良。故有“麦子不怕草，就怕坷垃咬”之说。

核状结构具有较强的水稳性和力稳性，但因其内部紧实，小孔隙多，大小孔隙不协调，土性不好。

② 片状结构与土壤肥力。片状结构多在土壤表层形成板结，不仅影响耕作与播种质量，而且影响土壤与大气的气体交换，阻碍水分运动。犁底层的片状结构不利于植物根系下扎，限制养分吸收。

③ 柱状、棱柱状结构与土壤肥力。这两种结构体内部甚为坚硬，孔隙小而多，通气不良，根系难以深入。干旱时结构体间收缩，形成较大的垂直裂缝，成为水肥下渗通道，造成跑水跑肥。

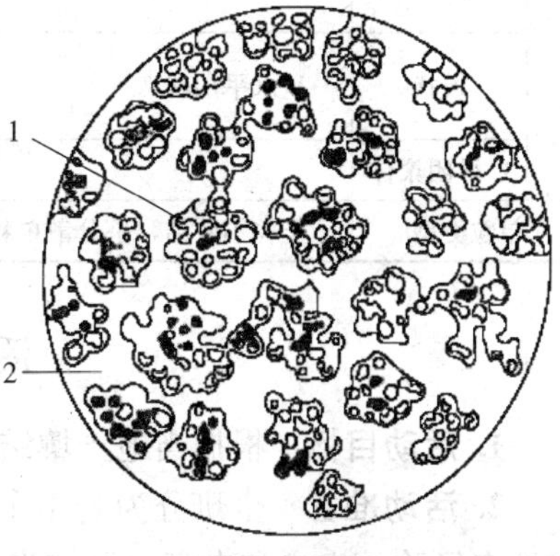

图2-2-4　团粒结构与土壤孔隙状况
1. 毛管孔隙　2. 非毛管孔隙

4. 操作规程和质量要求　见表2-2-19。

表 2-2-19　土壤结构体观察操作规程和质量要求

工作环节	操作规程	质量要求
土壤结构体收集	通过土壤耕作、挖掘土壤剖面等措施收集当地不同类型结构体样本	要求收集的土壤结构体具有典型特征，样本完好，便于观察
观察土壤结构体样本	根据老师提供的土壤结构体样本，可将土壤加水湿润，用手测法来鉴别，记录所观察样本的特点，正确判断土壤结构体	具体标准参见表 2-2-20
判断当地土壤结构状况	根据上述观察情况，总结当地土壤结构状况，并撰写一份调查报告	报告内容要做到：内容简洁、事实确凿、论据充足、建议合理

5. 常见技术问题处理　不同结构体在土壤中出现的部位不同，如团粒结构一般出现在有机质含量较高、质地适中的土壤耕层中；块状结构常出现在表层土壤或心土层及底土层中；核状结构多出现在黏土而缺乏有机质的心土层和底土层中；柱状结构多出现在水田土壤、典型碱土、黄土母质的下层；棱柱状结构多出现在质地黏重而水分又经常变化的下层土壤中；片状结构多出现在地表或犁底层中。因此，在收集样本时，可根据这些位置，进行选取。

表 2-2-20　常见土壤结构类型手测法判别标准

<table>
<tr><th colspan="2">结构类型</th><th colspan="2">结构形状</th><th>直径（厚度）（cm）</th><th>结构名称</th></tr>
<tr><td rowspan="9">团聚体类型</td><td rowspan="4">立方体状</td><td>裂面和棱角不明显</td><td>形状不规则，表面不平整</td><td>＞100
50～100
5～50</td><td>大块状
块状
碎块状</td></tr>
<tr><td rowspan="2">裂面和棱角明显</td><td>形状较规则，表面较平整，棱角尖锐</td><td>＞5</td><td>核状</td></tr>
<tr><td>近圆形，表面粗糙或平滑</td><td>＜5</td><td>粒状</td></tr>
<tr><td colspan="2">形状近浑圆，表面平滑，大小均匀</td><td>1～10</td><td>团粒状</td></tr>
<tr><td rowspan="3">柱状</td><td>裂面和棱角不明显</td><td>表面不平滑，棱角浑圆，形状不规则</td><td>30～50
＞50</td><td>拟柱状
大拟柱状</td></tr>
<tr><td rowspan="2">裂面和棱角明显</td><td>形状规则，侧面光滑，顶底面平行</td><td>30～50
＞50</td><td>柱状
大柱状</td></tr>
<tr><td>形状规则，表面平滑，棱角尖锐</td><td>30～50
＞50</td><td>棱柱状
大棱柱状</td></tr>
<tr><td>板状</td><td colspan="2">呈水平层状</td><td>＞5
＜5</td><td>板状
片状</td></tr>
<tr><td>微团聚体</td><td colspan="2"></td><td>＜0.25</td><td>微团聚体</td></tr>
<tr><td colspan="2">单粒类型</td><td colspan="2">土粒不胶结，呈分散单粒状</td><td></td><td>单粒</td></tr>
</table>

活动二　土壤结构改良

1. 活动目标　根据当地土壤结构体存在类型，提出不良结构体的改良方案。

2. 活动准备　全班分为若干个项目小组，查阅有关土壤肥料书籍、杂志、网站，走访当地有经验的农户和专家，总结当地改良不良结构体，培育团粒结构的经验。

3. 相关知识　土壤结构的形成大体有两个阶段：一是土粒的黏结和团聚过程，即单个土粒聚集在一起形成复粒，复粒进一步聚合成为土块、土团或微团粒体。二是结构的成形阶段，即在外力的作用下土块、土团等成为相应的结构体。无论哪个阶段，都包括了物理、化学和生物过程。

（1）土粒的团聚过程。单个土粒或复粒通过一定的机制相互吸引聚集在一起形成更大的土粒团聚体，进而形成土壤结构。这些作用机制包括：一是胶体的凝聚作用，分散在土壤悬液中的胶体颗粒在电解质的作用下相互凝聚，形成粒径约 0.05mm 的复粒。二是胶结作用，土壤颗粒或微团聚体由于其间的胶结物性质的改变（胶体凝聚），使它们互相团聚在一起。土壤中的胶结物质主要有黏土矿物、含水氧化物胶体和有机胶体，它们在土粒团聚时起到黏结剂的作用。三是外力的作用，例如农机具的挤压、作物根系及真菌菌丝的缠绕、土壤动物的搅拌和混合等都将使土粒或微团粒聚集成更大的团聚体。

（2）土壤结构体的成形过程。土粒本身团聚或外力作用下聚集成的土壤团聚体经外力的切割、挤压成形等会产生相应类型的土壤结构体。这些外力有：一是干湿交替作用，在土壤水分含量发生变化时，团聚体内部孔隙由于水分和空气含量发生变化而受到挤压，使土块沿裂隙破碎。二是冻融交替作用，液态水结成冰时，其体积增大约 9%，使土块的孔隙内产生胀压，土体破碎，导致大土块变成松散细碎的结构体。三是生物的作用，主要指根系在土块中穿插、挤压，导致土块破碎，另外像蚯蚓等挖掘动物翻动土壤也可使大土块变成小的土壤结构体。四是土壤耕作的作用，农业生产中耕翻土壤的主要目的是破碎大的土块，犁、耙、锄等步骤都能达到这种要求，破除表土结皮，使大土块成为小的土壤结构体。

4. 操作规程和质量要求　见表 2-2-21。

表 2-2-21　土壤结构改良操作规程和质量要求

工作环节	操作规程	质量要求
土壤结构体状况调查	通过土壤耕作、挖掘土壤剖面等措施调查当地土壤不良结构体状况	说明当地土壤中团粒结构存在情况，主要有哪些不良结构体
增施有机肥料	有机质是良好的土壤胶结剂，是团粒结构形成不可缺少的物质，我国土壤由于有机质含量低，缺少水稳性团粒结构，因此需增施优质有机肥来增加土壤有机质含量，促进土壤团粒结构的形成	施用有机肥一定要腐熟后施用，施用量应根据种植的植物和当地土壤肥力高低进行确定
调节土壤酸碱度	对酸性土壤施用石灰，碱性土壤施用石膏，在调节土壤酸碱度的同时，增加了钙离子，促进良好结构的形成	施用石灰或石膏时，要根据土壤酸碱性和种植植物类型确定合理用量，并尽量与土壤充分混合
合理耕作	适时深耕、镇压、中耕等，有利于破除土壤板结，破碎块状与核状结构	合理耕作要注意结合土壤墒情和植物生长情况适时进行，达到疏松土壤，加厚耕作层，增加非水稳性团粒结构体
合理轮作	一是用地植物和养地植物轮作；二是每隔 3～4 年更换一次植物品种或植物类型	适时采取粮食植物与绿肥或牧草植物轮作，避免长期连作，达到土壤养分平衡，减轻植物病害
合理灌溉、晒垡、冻垡	有条件地区采用沟灌、喷灌或地下灌溉；在休闲季节采用晒垡或冻垡	一是避免大水漫灌；二是灌后要及时疏松表土，防止板结
施用土壤结构改良剂	一般用量一般只占耕层土重 0.01%～0.1%，以喷施或干粉撒施，然后耙耱均匀即可，创造的团粒结构能保持 2～3 年	使用时要求土壤含水量在田间持水量的 70%～90%时效果最好
总结当地土壤结构改良经验	根据上述观察情况，总结当地土壤结构状况，并撰写一份调查报告	报告内容要做到：内容简洁、事实确凿、论据充足、建议合理

5. 常见技术问题处理 土壤结构改良剂基本有两种类型：一是从植物遗体、泥炭、褐煤或腐殖质中提取的腐殖酸，制成天然土壤结构改良剂，施入土壤中成为团聚土粒的胶结剂。其缺点是成本高、用量大，难以在生产上广泛应用。二是人工合成的结构改良剂，常用的为水解聚丙烯腈钠盐和乙酸乙烯酯等，具有较强的黏结力，能使分散的土粒形成稳定的团粒，形成的团粒具有较高的水稳性、力稳性和生物稳定性，同时能创造适宜的团粒孔隙。

任务四 土壤耕性观察与改良

任务目标

了解土壤力学性质及其特点，熟悉土壤耕性；能正确判断土壤耕性，并能根据土壤耕性状况，进行土壤耕性改良。

背景知识

土壤力学性质

土壤力学性质是指土壤颗粒之间以及土壤与外物之间的相互作用，又称土壤物理机械性，包括土壤的黏结性、黏着性、塑性、胀缩性和耕作阻力等，在农业生产上主要影响土壤耕性。

1. 土壤黏结性 土壤黏结性是指土壤颗粒之间由于黏结力作用而相互黏结在一起的性能。土壤黏结力主要有分子力、氢键、静电力和水膜的表面张力。

土壤质地、土壤水分、土壤有机质等是影响土壤黏结性的主要因素。质地越黏重，土壤黏结性就越强；反之则相反。土壤黏结性与土壤含水量的关系如图2-2-5所示。土壤有机质可以提高沙质土的黏结性，降低黏质土的黏结性。土壤的黏结性越强，耕作阻力越大，耕作质量越差。

2. 土壤黏着性 土壤的黏着性是指在一定含水量范围内，土壤黏附于外物上的性能。是由于土壤与外物之间存在黏结力或附着力。土壤黏着性与土壤黏结性的影响因素相同。

质地越黏重，土壤黏着性就越强。土壤有机质可降低黏质土的黏着性。干燥的土壤无黏着性，当土壤含水量增加到一定程度时（此时含水量为黏着点），土粒具有黏附外物的能力，随着含水量的增加黏着性增强，达到最高时后又逐渐降低，可见土壤含水量过高或过低都会降低黏着性（图2-2-6）。土壤黏着性越强，则土壤越易附着于农具上，耕作阻力越大，耕作质量越差。

3. 土壤塑性 土壤塑性是指在一定含水量范围内可以被塑造成任意形状，并且在干燥或者外力解除后仍能保持所获得形状的能力。干燥的土壤不具有塑性。土壤出现塑性时的含水量为下塑限或塑限，塑性消失时的含水量为上塑限或流限，二者之差为塑性指数。

土壤塑性受土壤质地、有机质含量、交换性阳离子组成、含盐量等影响。土壤质地愈黏重，塑限、流限和塑性指数均愈大。有机质可提高塑限、流限值，但不改变塑性指数。塑性强的土壤耕性往往不好。

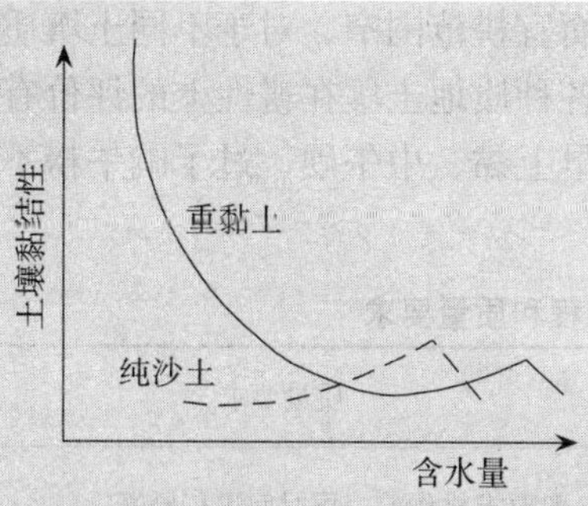

图 2-2-5　土壤黏结性与土壤含水量

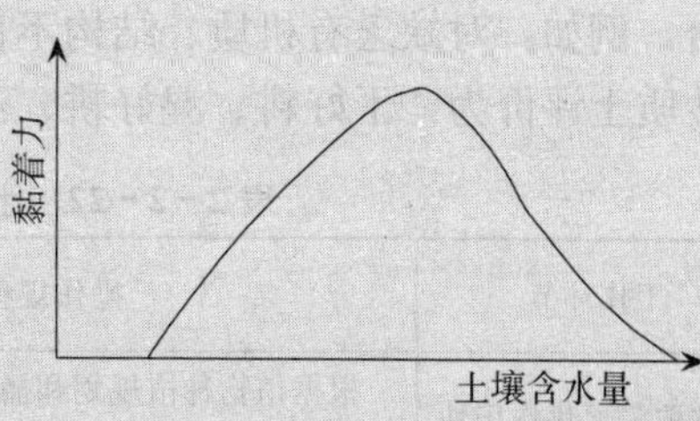

图 2-2-6　土壤黏着性与土壤含水量

4. 土壤胀缩性　土壤胀缩性是指土壤含水量发生变化而引起的或者在含有水分情况下因温度变化而发生的土壤体积变化。影响胀缩性的主要因素是土壤质地、黏土矿物类型、有机质含量、交换性阳离子种类以及土壤结构等。一般具有胀缩性的土壤均是黏重而贫瘠的土壤。

土壤胀缩性对农业生产影响很大，胀缩性大的土壤，湿时黏闭泥泞，土壤透水困难，通气性较差。土壤干旱时，体积收缩，土表发生龟裂，造成漏风跑墒，扯断植物根系。

活动一　土壤耕性的观察与判断

1. 活动目标　根据当地土壤类型和植物种植情况，能正确判断土壤耕性好坏。

2. 活动准备　全班分为若干个项目小组，查阅有关土壤肥料书籍、杂志、网站，走访当地有经验的农户和专家，总结当地土壤耕性判断的经验。

3. 相关知识　土壤耕性是指土壤在耕作时和耕作以后所表现出来的一系列性质。土壤耕性好坏，可从耕作难易、耕作质量和宜耕期长短等指标来评价。

（1）耕作难易。即耕作阻力的大小。耕作阻力越大，越不易耕作。凡是耕作时省工省劲易耕的土壤，群众称之为“土轻”“口松”“绵软”；耕作时费工费劲难耕的土壤，群众称之为“土重”“口紧”“僵硬”等。一般沙质土和结构良好的壤质土易耕作，耕作阻力小；而缺乏有机质、结构不良的黏质土其黏结性、黏着性强，耕作阻力大，耕作起来困难。

（2）耕作质量。是指土壤耕作后所表现出来的土壤状况。凡是耕后土垡松散容易耙碎，不成土块，土壤疏松，孔隙状况良好，有利于种子发芽、出土及幼苗生长的称之耕作质量好，反之，耕作质量差。一般土壤黏结性和可塑性强，且含水量在塑性范围内的，土壤耕作质量差，反之，则好。

（3）宜耕期长短。宜耕期是指适宜耕作的土壤含水量范围。一般来说适耕期长的土壤耕性好，耕性不良的土壤适耕期短，适耕期应选择在土壤含水量低于可塑下限或高于可塑上限，前者称为干耕，后者称为湿耕。

4. 操作规程和质量要求　见表 2-2-22。

5. 常见技术问题处理　土壤水分含量影响到土壤力学性质，从而影响土壤耕性（表 2-2-23）。土壤质地与耕性的关系也很密切，黏重的土壤其黏结性、黏着性和可塑性都比较强，干时表现极强黏结性，水分稍多时又表现黏着性和可塑性，因而宜耕范围窄。对于不同土壤质地的适耕期来讲，沙土较长、壤土次之、黏土最短。农民对各种质地土壤在耕性上的评价有许多谚语，例如：对缺乏有机质、结构不良的黏土形容为“早上黏、中午硬、过了晌午耪不动”；对沙质土评价为“干好耕、湿好耕、不干不湿更好耕”。

表 2-2-22 土壤耕性判断的操作规程和质量要求

工作环节	操作规程	质量要求
选取需要耕作田块	根据植物种植规划和播种或移栽时间，提前选取地块	一般要求耕作前一周时间进行判断
耕作阻力判断	选取即将耕翻的地块，进行试犁，并判断耕作难易程度	主要根据土壤质地、土壤墒情进行综合判断，要求易耕作、阻力小
耕作质量评判	根据试犁后土垡松散情况、土块大小进行综合判断	耕后土垡松散容易耙碎、不成土块、土壤疏松，孔隙状况良好
宜耕期长短判断	一是眼看，观察雨后和灌溉后地表干湿状况；二是犁试，观察“犁花”；三是手感，扒开二指表土，取一把土能握紧成团，且在1m高处松手，观察落地情况	地表呈“喜鹊斑”，即外白里湿，黑白相间，出现“鸡爪裂纹”或“麻丝裂纹”，半干半湿状态是土壤的宜耕状态。用犁试耕后，土垡能被抛散而不黏附农具，出现“犁花”时，为宜耕状态。落地后散碎成小土块的，表示土壤处于宜耕状态，应及时耕作
综合评判当地土壤耕性好坏	根据上述观察情况，评判土壤耕性好坏，并撰写一份调查报告	报告内容要做到：内容简洁、事实确凿、论据充足、建议合理

表 2-2-23 土壤湿度与耕性的关系

土壤湿度	干燥	湿润	潮湿	泞湿	多水	极多水
土壤状况	坚硬	酥软	可塑	黏韧	浓浆	稀浆
土壤特征	固态，黏结性强，无黏着性和塑性	酥松，黏结性弱，无黏着性和塑性，易散碎	有塑性，黏结性和黏着性极弱	有塑性和黏着性，黏结性极弱	塑性消失，但有黏着性，黏结性极弱	易流动，塑性、黏结性、黏着性消失
耕作阻力	大	小	大	大	大	小
耕作质量	成硬土块不散碎	易散碎，成小土块	不散碎，成大土块	不散碎，成大土块，易黏农具	泥泞状的浓泥浆	成稀泥浆
宜耕性	不宜	宜旱地耕作	不宜	不宜	不宜	宜水田耕作

活动二 土壤耕性改良

1. 活动目标 根据当地土壤类型和植物种植情况，结合土壤耕性判断情况，提出土壤耕性改良的方案。

2. 活动准备 全班分为若干个项目小组，查阅有关土壤肥料书籍、杂志、网站，走访当地有经验的农户和专家，总结当地土壤耕性改良的经验。

3. 相关知识 根据土壤耕作中的耕翻强度的不同，土壤耕翻方式可分成常规耕作、少耕及免耕三种方式。

（1）常规耕翻。常规耕翻又可分成干耕和湿耕。干耕的过程一般包括：当土壤含水量在接近塑性下限湿润时用铧犁将土壤耕翻，经一段时间晾晒后用旋耕机将土块打碎，播种前进一步用旋耕机粉碎土块。湿耕是当田块表面有水层或土壤水分饱和时，用铧犁将土壤耕翻，再用旋耕机将土块打碎；或直接用旋耕机将土壤耕翻和打碎，再将田块整平就能用于播种或栽插。

常规耕翻的优点是：土壤空气得到完全更新，可将一些有害或有毒的还原性物质及前茬作物的根系分泌物氧化分解；促进大块状结构的破坏，减少土壤板实，有利于养分的转化和积累，改善土壤的通透性和保蓄性；掩埋杂草，清除根茬，为后茬作物生长创造了良好的土壤条件。

常规耕翻的缺点是：频繁的耕翻容易造成水土流失，团粒结构破坏，大型农机具压实土壤，使犁底层变厚，土壤有机质消耗加快，土壤肥力下降。同时，增加了农业生产成本。

（2）少耕和免耕。少耕是指对土壤的耕翻次数或强度比常规耕翻要少的土壤耕翻方式；免耕是指基本上不对土壤进行耕翻，而直接播种作物的一种土壤利用方式。少耕和免耕合称为少免耕，也称为保护性耕作，是近年来国内外发展较快的一种土壤耕作方式。

少免耕的主要优点有：改善了表土的结构，促进了水分的下渗，减少了水土流失，降低了由于表土蒸发导致的水分消耗量，减少了能源使用量，在冬季可使表土温度下降速率减慢，而在夏季土温上升速率减慢，表土有机质含量提高。但少免耕也有其不足之处，最大的缺点是杂草不易控制，特别是一些禾本科杂草，另外作物的病害也较常规土壤耕翻严重。但总体上讲，少免耕是未来土壤耕作的一个发展方向，特别在降低农业生产成本，提高我国农业生产效率，减少水土流失等方面，少免耕具有其他耕作方式不可替代的优点。

4. 操作规程和质量要求　见表 2-2-24。

表 2-2-24　土壤耕性改良的操作规程和质量要求

工作环节	操作规程	质量要求
综合评判当地土壤耕性好坏	根据当地土壤耕性的观察、判断，评判土壤耕性好坏	参见土壤耕性观察与判断的质量要求（表 2-2-10）
掌握耕作时土壤适宜含水量	通过眼看、犁试和手感等 3 种方法判断土壤含水量是否保持在宜耕期范围内	参见宜耕性的判断（表 2-2-11）
增施有机肥料	增施有机肥料可提高土壤有机质含量，降低黏质土壤的黏结性、黏着性，增强沙质土的黏结性、黏着性	施用有机肥一定要腐熟后施用，施用量应根据种植的植物和当地土壤肥力高低进行确定
改良土壤质地	黏土掺沙，可减弱黏重土壤的黏结性、黏着性、可塑性和起浆性；沙土掺黏，可增加土壤的黏结性，并减弱土壤的淀浆板结性	改良后使土壤质地达到三泥七沙或四泥六沙的壤土质地范围
创造良好的土壤结构性	通过增施有机肥料、调节土壤酸碱度、合理耕作、合理轮作、合理灌溉、晒垡冻垡、施用土壤结构改良剂等措施，培育团粒结构	参见土壤结构改良的质量要求（表 2-2-9）
总结当地土壤耕性改良经验	根据上述观察情况，总结当地土壤耕性改良状况，并撰写一份调查报告	报告内容要做到：内容简洁、事实确凿、论据充足、建议合理

5. 常见技术问题处理　改善土壤耕性可以从掌握耕作时土壤适宜含水量，改良土壤质地、结构，提高土壤有机质含量等方面着手，因此要结合当地土壤质地、土壤墒情等情况，因地制宜改善土壤耕性。

阅读材料

新型土壤结构改良剂——液体生态地膜

近年，固体塑料薄膜以其特有的作用，在农业生产中被广泛应用。但由于塑料薄膜分解周期长，降解困难，给后续农业生产带来极大的不便，并破坏和污染了土壤生态环境。而浙江省农业科学院研制成功的液体生态地膜，既能固结表土，又能改良土壤结构。

1. 主要性能 该地膜常温下为无色液体，无毒，喷施地表后发生固结，形成固化膜，具有很好的固土效果，而且可根据需要控制降解时间，降解后无任何有害残留物，不会污染环境，因此又被称为液体生态地膜。其主要特点如下：

（1）该产品成膜后能固结土壤、沙粒。在降水时，该膜在40s内软化而扩大微孔，能100%透过水分，但不溶于水；在干燥或日照条件下，能在33s内半硬化而缩小微孔，使膜下的地表水汽透过率控制在10%以下。在干旱和半干旱地区应用能使降水量与蒸发量之间保持较合理的比例，从而有利于作物的生长。

（2）由于该产品的主要成分类似医用药片的包膜材料，只有碳、氢、氧3种元素，成膜后无色无味，降解后不会造成视觉污染和生态污染，可控制降解期限1～5年，对作物、人、畜均无毒，安全性可达到医用级。

（3）由于该产品内有醚键结构，成膜后能强烈吸附、黏着土粒，使土粒形成理想的团聚体结构，同时有增温保墒功能，能促进作物早发、增产。

（4）该产品常温下为无色浓缩液，用一定量冷水稀释后使浓度达到3%左右，用手动、机动喷雾器或飞机喷洒均可，整个操作过程简单；并且因其产品是浓缩液，可大大节约运输费用。

（5）该产品成膜后，不影响透气呼吸功能，土壤中的种子、幼苗能照常生长，并能自行破膜，节约用工。

（6）应用面广，除可供农田常规应用外，还可用在坡地、滩涂、沙漠和风口等固体塑料地膜不宜使用的地方。

（7）使用成本较低，一般每公顷用45～90kg，每公顷成本900～1 800元。

2. 使用方法 液体生态地膜属非燃性物质，运输安全方便，在施用现场可根据不同的用途用冷水配制成不同的浓度。用手动或机动喷雾器喷施于地表，能与土壤颗粒表面接触0.5h后发生固结，在土壤表面形成一层很薄的固化膜。干固后固结强度大，不易被破坏。

3. 使用效果 该液体生态地膜用于农业生产、固沙造林、植树种草、保持水土、盐碱地治理改良、道路护坡、促进作物早发和减轻作物季节性干旱等均有较好的效果。在我国北方主要用于防风固沙和减少土壤水分蒸发，对提高绿化植树成活率和抑制地表扬沙、防止沙尘暴的发生有显著效果。在我国南方地区主要用于提高土温、减少土壤水分蒸发、防止水土流失和抑制土壤返盐等，可用于早春作物育苗、减轻夏季作物季节性干旱、防止土壤养分流失和抑制海涂地返盐等。试验表明，使用该地膜后能增加土温4%～10%，降低土壤水分蒸发率30%，减少水土流失10倍以上。该地膜使用后作物幼苗可直接破膜而出，无需人工破膜。因此，这个新型液体生态地膜具有极大的推广价值和广泛的应用前景。

资料收集

1. 阅读《土壤》《中国土壤与肥料》《土壤通报》《土壤学报》《植物营养与肥料学报》等杂志以及土壤肥力、土壤性质方面的书籍。

2. 浏览中国肥料信息网、××省（市）土壤肥料信息网、中国科学院南京土壤研究所网站、中国农业科学院土壤肥料研究所网站等。

3. 了解近两年有关土壤物理性质等方面的新技术、新成果、最新研究进展等资料，写一篇“土壤物理性质与土壤肥力”的综述。

师生互动

将全班分为若干团队，每团队5～10人，利用业余时间，进行下列活动：

1. 选取当地有代表性的土壤，分别用实验室法和手测法确定其土壤质地名称，讨论二者有何差异。

2. 调查当地农田、菜田、果园、绿化地都有哪些质地类型，适种植物有哪些，有无不良质地。如何进行合理改良？

3. 调查当地土壤质地情况，完成表2-2-25中内容。并根据当地种植的主要植物，判断其适宜的土壤质地类型是什么，有无不良质地。如何进行合理改良？

表2-2-25　三种不同土壤质地的特点和农业生产特性

性质与生产特性	沙土	黏土	壤土
通气透水性			
保水保肥性			
养分含量			
供肥性能			
土温变化			
植物生长特性			
适宜作物（3种）			

4. 调查当地土壤，比较4类土壤结构体的特性、发生条件，填入表2-2-26中。当地农户有哪些创造团粒结构的好经验？

表2-2-26　土壤结构体特性及发生条件

结构类型	特性	俗称	发生条件
团粒结构			
块状结构			
柱状结构			
片状结构			

5. 调查当地农田、菜田、果园、绿化地等适种植物的土壤孔隙度和容重。当地主要植物生长适宜的土壤孔隙指标是多少？其孔隙度和容重是否较为适宜？如何进行合理改良？

6. 描述一下当地土壤的质地、孔性、结构等，并探讨其改善或调控有哪些措施？

7. 某土壤密度为 2.65g/cm^3，容重为 1.45g/cm^3，若现在土壤自然含水量为 25%，问此时土壤的空气含量是否适合于一般作物的生长需要？为什么？假设土壤耕层厚度为 16cm，则 1hm^2 土壤耕层的贮水量是多少？

8. 调查当地农田、菜园、果园、绿化地土壤的力学性质如何。当地主要土壤的耕性如何，农户有哪些改善土壤耕性的好经验？

考证提示

获得农艺工、种子繁育员、肥料配方师、植保员、蔬菜园艺工、花卉园艺工、果树园艺工、林木种苗工、绿化工、草坪建植工、中药材种植员、牧草工等高级资格证书，需具备以下知识和能力：

◆土壤质地的测定。

◆土壤质地的利用与改良。

◆土壤自然含水量、田间持水量的测定，土壤水分的保蓄与调节。

◆土壤有机质的测定，土壤有机质的管理。

◆土壤容重及孔隙度及其对植物生长的影响。

◆土壤结构体的特点，团粒结构的特点与培育。

◆土壤耕性好坏的判断，适耕期的选择及土壤耕性的改良。

项目三　土壤化学性状测定及调控

项目目标

知识目标： 了解土壤热性质，熟悉土壤温度的调控；了解土壤胶体，熟悉土壤吸收性能调节；了解土壤酸碱指标，熟悉土壤酸碱性调节。

能力目标： 掌握土壤温度的测定；掌握土壤阳离子交换量的测定；掌握土壤酸碱性的测定。

任务一　土壤热状况观察与调控

任务目标

了解土壤热性质及其特点，熟悉土壤温度变化规律；能熟练测定土壤温度，并能根据土壤状况，进行土壤温度调控。

背景知识

土 壤 热 性 质

土壤温度的高低，主要取决于土壤接受的热量和损失的热量数量，而土壤热量损失数量的大小主要受热容量、导热率和导温率等土壤热性质的影响。

1. 土壤热容量　土壤热容量是指单位质量或容积土壤，温度每升高1℃或降低1℃时所吸收或释放的热量。如以质量计算土壤数量则为质量热容量，单位是J/(g·℃)，常用Cm表示；如以体积计算土壤数量则为容积热容量，单位是J/(cm^3·℃)，常用Cv表示。两者的关系如下：

容积热容量＝质量热容量×土壤容重

不同土壤组成成分的热容量相差很大（表2-3-1），水的热容量最大，而土壤空气热容量最小。影响土壤热容量大小的主要因素是土壤水分含量，即水分含量高，则土壤热容量大，反之，热容量小。

土壤热容量主要影响土壤温度的变化速率。热容量大，则土温变化慢；热容量小，则土温易随环境温度的变化而变化。所以，含水量低的土壤，则土温随气温的变化而变幅大，反之则变幅小。

2. 土壤导热率　土壤导热率指土层厚度1cm，两端温度相差1℃时，单位时间内通过单位面积土壤断面的热量，单位是J/（cm^2·s·℃），常用λ表示。土壤不同组分的导热率相差很大（表2-3-2），空气的导热率最小，矿物质的导热率最大，水的导热率介于两者之间。

表2-3-1　不同土壤组成分的热容量

土壤成分	土壤空气	土壤水分	沙粒和黏粒	土壤有机质
质量热容量［J/(g·℃)］	1.004 8	4.186 8	0.75～0.96	2.01
容积热容量［J/(cm³·℃)］	0.001 3	4.186 8	2.05～2.43	2.51

表2-3-2　土壤成分的导热率和导温率

土壤组成分	导热率［J/(cm²·s·℃)］	导温率（cm²/s）
土壤空气	0.000 21～0.000 25	0.161 5～0.192 3
土壤水分	0.005 4～0.005 9	0.001 3～0.001 4
矿质土粒	0.016 7～0.020 9	0.008 7～0.010 8
土壤有机质	0.008 4～0.012 6	0.003 3～0.005 0

土壤导热率主要取决于土壤水分与土壤空气的相对含量。水分含量高，空气含量低，则土壤导热率高，反之，导热率低。导热率越高的土壤，其温度越易随环境温度变化而变化，反之，土壤温度相对稳定。

3. 土壤导温率　土壤导温率，也称为导热系数或热扩散率，是指标准状况下，在单位厚度（1cm）土层中温差为1℃时，单位时间（1s）经单位断面面积（$1cm^2$）进入的热量使单位体积（$1cm^3$）土壤发生的温度变化值，单位是cm^2/s。不同土壤成分的导温率相差很大（表2-2-14）。土壤热容量和导热率是影响其导温率的两个因素，可以用下式表示它们三者之间的关系：

$$\text{土壤导温率}=\frac{\text{土壤导热率}}{\text{土壤容积热量}}$$

土壤导温率越高，则土温越易随环境温度的变化而变化；反之，土温变化慢。所以，含水量高的土壤，土温变化慢，即在早春时土温不易提高，而在气温下降时，土温下降速率较慢，有一定的保温作用。

活动一　土壤温度的测定

1. 活动目标　能够熟练掌握土壤温度的测定及有关仪器的使用方法，并对观测数据进行整理和科学分析。

2. 活动准备　根据班级人数，按2人一组，分为若干组，每组准备以下材料和用具：地面温度表、地面最高温度表、地面最低温度表、曲管地温表、计时表、铁锹、记录纸和笔。

3. 相关知识

（1）测温物质。温度的测定是根据物体热胀冷缩的特性实现的。水银和酒精都具有明显的热胀冷缩的特性，两者比较起来，水银还具有比热小、导热快、沸点高、内聚力大、与玻璃不发生浸润作用等优点。所以，水银温度表的灵敏度和精度都较高，但由于水银的凝固点高，测定低温时便受到限制。而酒精的凝固点低，用来测定低温较好，但酒精具有膨胀系数不稳定、容易蒸发、沸点低，与液面起浸润作用，所以在一般情况下，都使用水银温度表，只有在测低温时，才使用酒精温度表。

（2）温度表的构造。普通温度表由感应部分、毛细管玻璃、装在感应部分和毛细管玻璃中的测温物质、指示温度值的刻度盘和玻璃外套组成。

（3）测温仪器。一套地温表包含 1 支地面温度表、1 支地面最高温度表、1 支地面最低温度表和 4 支不同的曲管地温表。

地面温度表用于观测地面温度，是一套管式玻璃水银温度表，温度刻度范围较大，约为 −20～80℃，每度间有一短格，表示半度。

地面最高温度表是用来测定一段时间内的最高温度。它是一套管式玻璃水银温度表。外形和刻度与地面温度表相似。它的构造特点是在水银球内有一玻璃针，深入毛细管，使球部和毛细管之间形成一窄道（图 2-3-1）。

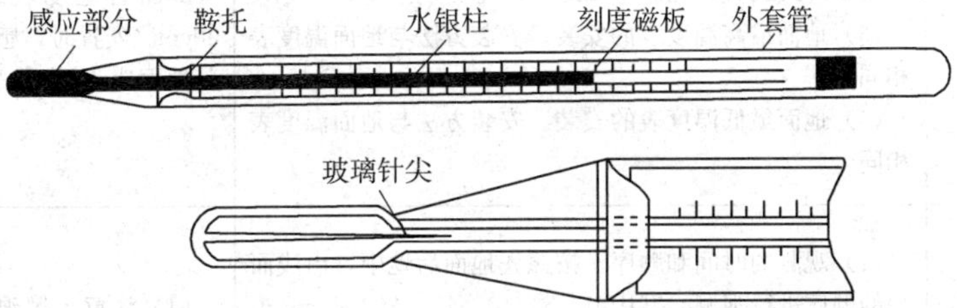

图 2-3-1　最高温度表

地面最低温度表是用来测定一段时间内的最低温度。它是一套管式酒精温度表。它的构造特点是毛细管较粗，在透明的酒精柱中有一蓝色哑铃形游标（图 2-3-2）。

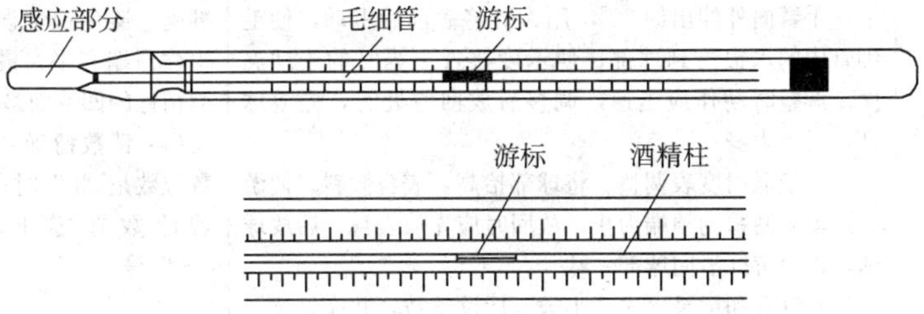

图 2-3-2　最低温度表

曲管地温表是观测土壤耕作层温度用的，共 4 支（图 2-3-3）。分别用于测定土深 5cm、10cm、15cm、20cm 的温度。属于套管式水银温度表，每半度有一短格，球部与表身弯曲成 135°夹角，玻璃套管下部用石棉和灰填充以防止套管内空气对流。

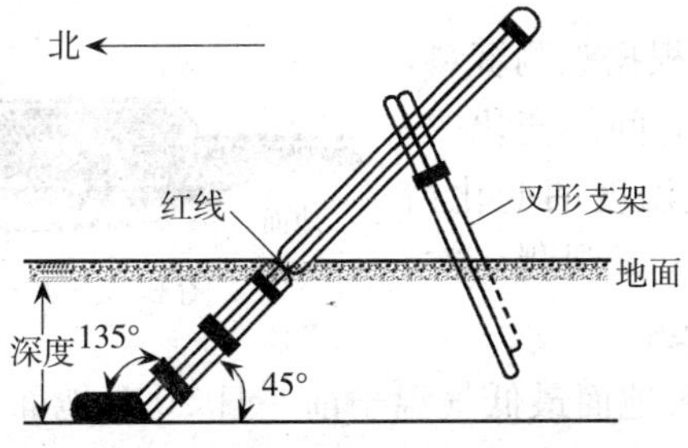

图 2-3-3　曲管地温表示意

4. 操作规程和质量要求 见表 2-3-3。

表 2-3-3 土壤温度测定的操作规程和质量要求

工作环节	操作规程	质量要求
土壤温度表的安装	(1) 地面温度表的安装。在观测前 30min，将温度表感应部分和表身的一半水平地埋入土中；另一半露出地面，以便观测（图 2-3-4） (2) 曲管温度表的安装。安装前选挖一条与东西方向成 30°角、宽 25～40cm、长 40cm 的直角三角形沟，北壁垂直，东西壁向斜边倾斜。在斜边上垂直量出要测土壤温度的深度即可安装曲管温度表。安装时，从东至西依次安好 5、10、15、20cm 曲管地温表（图 2-3-3），按一条直线放置，相距 10cm (3) 地面最高温度表的安装。安装方法与地面温度表相同 (4) 地面最低温度表的安装。安装方法与地面温度表相同	(1) 曲管温度表应安置在观测场内南部地面上，面积为 2m×4m (2) 地表要疏松、平整、无草，与观测场整个地面相平 (3) 曲管温度表的安置按 5、10、15、20cm 顺序排列，表间相隔 10cm。5cm 曲管温度表距 3 支地面温度表 20cm。安置时，感应部分向北，表身与地面成 45°夹角
土壤温度的观测	(1) 观测的时间和顺序。按照先地面后地中，由浅而深的顺序进行观测。其中 0、5、10、15、20、40cm 土壤温度表于每天北京时间 2 时、8 时、14 时、20 时观测 4 次或 8 时、14 时、20 时观测 3 次。最高、最低温度表只在 8 时、20 时各观测 1 次。夏季最低温度可在 8 时观测 (2) 最高温度表调整。用手握住表身中部，球部向下，手臂向外伸出约 30°，用大臂将表前后甩动，使毛细管内的水银落到球部，使示度接近于当时的干球温度。调整时动作应迅速，调整后放回原处时，先放球部，后放表身 (3) 最低温度表调整。将球部抬高，表身倾斜，使游标滑动到酒精的顶端为止，放回时应先放表身，后放球部，以免游标滑向球部一端 (4) 读数和记录。先读小数，后读整数，并应复读	(1) 注意土壤温度的观测顺序，应该是地面温度→最高温度→最低温度→曲管土壤温度 (2) 最高温度表和最低温度表的调整和放置应注意顺序 (3) 各种温度表读数时，要迅速、准确、避免视觉误差，视线必须和水银柱顶端齐平，最低温度表视线应与酒精柱的凹液面最低处齐平 (4) 读数精确到小数点后一位，小数位数是“0”时，不得将“0”省略。若计数在零下，数值前应加上“－”号
仪器和观测地段的维护	(1) 各种土壤温度表及其观测地段应经常检查，保持干净和完好状态，发现异常应立即纠正 (2) 在可能降雹之前，为防止损坏地面和曲管温度表，应罩上防雹网罩，雹停以后立即去掉	当冬季地面温度降到－36.0℃时，停止观测地面和最高温度表，并将温度表取回

5. 常见技术问题处理 根据观测资料，画出定时观测的土壤温度和时间的变化图。从该变化图中可以了解土壤温度的变化情况和求出日平均温度值。若一天观测 4 次，可用下式求出日平均土壤温度：

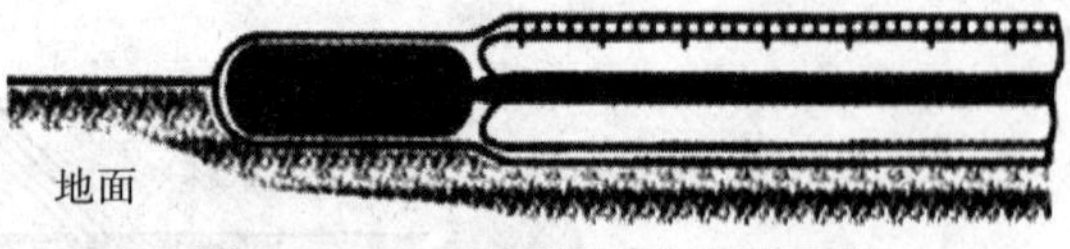

图 2-3-4 地面温度表安装示意

日平均地面温度＝[（当日地面最低气温＋前一日 20 时地面温度）/2＋8 时、14 时、20 时地面温度之和]÷4

活动二　土壤温度调控

1. 活动目标　根据当地土壤类型和植物种植情况，结合土壤热量状况，提出土壤温度调控的方案。

2. 活动准备　全班分为若干个项目小组，查阅有关土壤肥料书籍、杂志、网站，走访当地有经验的农户和专家，总结当地土壤温度调控的经验。

3. 相关知识　土壤温度是植物生长的重要环境因素，其变化情况对植物的生长影响较大。土壤温度在太阳辐射、自身组成及特性、近地气层等因素影响下有其特有的变化规律。

（1）土壤温度的日变化。一昼夜内土壤温度的连续变化称为土壤温度的日变化。土表白天接受太阳辐射增热，夜间放射长波辐射冷却，因而引起温度昼夜变化。在正常条件下，一日内土壤表面最高温度出现在 13 时左右，最低温度出现在日出之前。

土壤温度日变化的幅度随着土壤深度增加而逐渐减小，到达一定深度（80～100cm）变为零。最高、最低温度出现的时间，随深度增加而延后，约每增深 10cm，延后2.5～3.5h（图 2-3-5）。

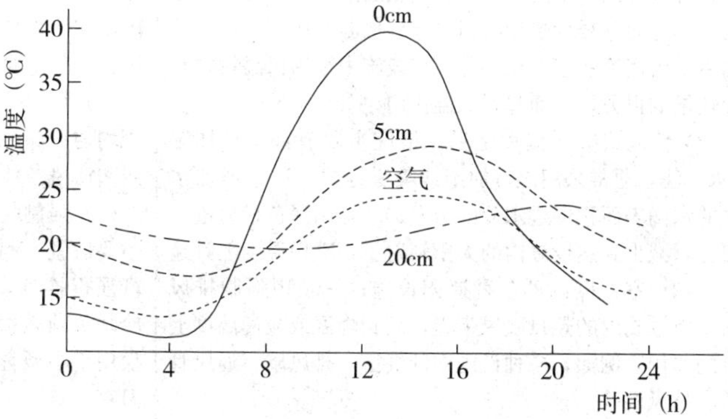

图 2-3-5　土壤浅层温度的变化

（2）土壤温度的年变化。一年内土壤温度随月份地连续变化，称之为土壤温度的年变化。在中、高纬度地区，土壤表面温度年变化的特点是最高温度在 7 月或 8 月，最低温度在 1 月或 2 月。

土壤温度年变化的幅度随深度的增加而减小，直至一定的深度时为零。这个深度的土层称之为年温度不变层或常温层，低纬度地区为 5～10m，中纬度地区为 15～20m，高纬地区为 20m 左右。

4. 操作规程和质量要求　见表 2-3-4。

5. 常见技术问题处理　设施农业保护地中最高温度与最低温度出现的时间与露地相近，即最低温度出现在日出前，最高温度出现在午后。由于设施农业容积小，与外界空气热量交换微弱，所以增温快，最高温度比露地高得多。夜间虽有覆盖物设施，室内气温下降缓慢，但由于土壤、作物贮存的热量继续向地面外以长波形式辐射，并可通过设施的覆盖物向设施外散热，因此，最低温度仅比露地高 2～4℃，在调控时应注意这些因素。

表 2-3-4　土壤温度调控的操作规程和质量要求

工作环节	操作规程	质量要求
测定当地土壤温度	根据当地土壤类型和植物种植情况，选点测定不同地块土壤温度	参见土壤温度测定的质量要求（表 2-3-3）
露地土壤温度的调控	（1）灌溉排水。早春的白天可通过排水加快土温的提高；而在傍晚通过灌水，可减慢晚上土温的下降幅度。冬季冻前灌水，减慢土温的下降速率 （2）增施有机肥料。越冬作物增施有机肥料，对土壤可以起到保温的作用 （3）耕作。中耕有利于早春表土增温；镇压可起到稳定土温作用；垄作有利于增加土温；冬、春季使用风障可延缓土温下降 （4）覆盖。利用秸秆、地膜或增温剂等覆盖地面，可减少热量损失，提高土温	（1）要注意灌水时期和灌水量；排水要提早进行 （2）有机肥一般颜色较深，可以增加土壤的吸热量；另外有机肥在转化分解时可以释放一定的热量，补充土层中的热量损失，延缓土温下降速率 （3）中耕、镇压、垄作等要依据种植植物情况适时进行 （4）夏季如果采用深色材料（如遮阳网），选择距离地面一定高度且四周没有密闭式的覆盖，可以起延缓土温上升的效果
设施环境土壤温度的调控	（1）保温或增温。措施主要有：一是人工给土壤补充热量，如制热空调的使用、土壤中埋设电炉丝、通过管道将各种方式产生的热量补充到土面上部的环境中等方法；二是通过减少热量的损失起到保温的作用，如各种温室、大棚等；三是在部分栽培设施中采用保温材料减少热量的损失，从而起到保温作用 （2）降温或减缓温度上升。措施主要有：一是加湿（水）法，通常采用湿帘加湿或喷雾办法，通过增加水分的水滴表面积促进水分的蒸发；二是用深色材料进行覆盖，减少到达设施内的太阳辐射量，减慢温度上升速度，如温室大棚内的各种遮阳设施；三是用强制排风法，将设施内的热量随风带走，起到降温或减慢温度上升的作用，例如，各种设施内的气窗、排风扇、通风管道、鼓风机等	（1）通过空调、电炉丝等设施人工加热，一定要注意用电安全，防止土壤温度过快升温不利于植物生长。利用温室、大棚加温，要注意其设施建造符合质量要求 （2）加湿（水）法降温要注意喷雾要均匀；深色覆盖降温要注意植物光照和通风条件 （3）强制排风法降温要注意风速大小要适宜。利用换气扇等人工方法进行强行换气，在强烈的阳光照射下，冷却负荷较大，不够经济，所以目前仅用于小型育苗温室及栽培高价作物温室
总结当地土壤温度调控经验	根据上述调控情况，总结当地土壤温度调控经验，并撰写一份调查报告	报告内容要做到：内容简洁、事实确凿、论据充足、建议合理

任务二　土壤吸收性能评估与调节

任务目标

了解土壤胶体及其特点，熟悉土壤吸收性能类型及特点；能熟练测定土壤水溶性盐总量，进行土壤吸收性能调节。

背景知识

土 壤 胶 体

1. 土壤胶体构造　胶体是指直径在 1～100nm 的物质颗粒，而土壤胶体是指 1～1 000nm

（长、宽、高三个方向上至少有一个方向在此范围内）的土壤颗粒。土壤胶体分散系统是由胶体微粒（分散相）和微粒间溶液（分散介质）两大部分构成，构造上从内到外可分为微粒核、决定电位离子层、补偿离子层三部分（图2-3-6）。

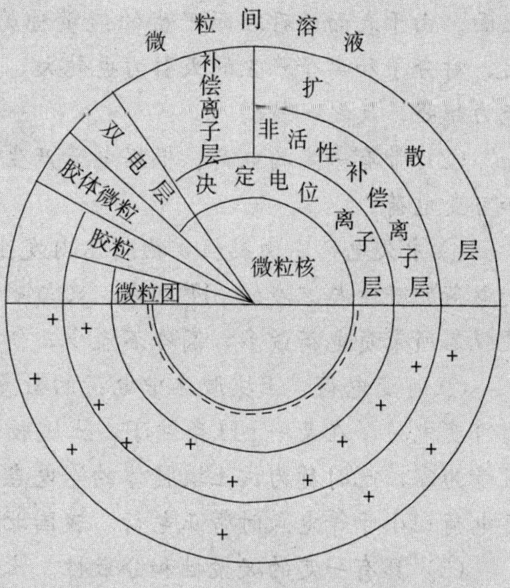

图2-3-6　土壤胶体结构示意

（1）微粒核（胶核）。是土壤胶体微粒的核心部分，由黏粒矿物或腐殖质等物质组成。根据微粒核的物质种类可以对土壤胶体分类。

（2）决定电位离子层。在微粒核表面由于分子的解离而产生带有某种电荷的离子，该离子层称为决定电位离子层。所带的电荷性质决定了土壤胶粒的类型，如果该层带负电荷，则土壤胶粒显负电，反之则相反。一般来讲，决定电位离子层以负电荷为主。

（3）补偿离子层。由于决定电位离子层的存在，必然要吸附分散介质中与其电荷相反的离子以达到平衡，该相反的离子层称为补偿离子层。如果决定电位离子层带有负电荷，则该层带有正电荷，反之则相反。根据吸引力的大小和活动力的强弱又分为两部分：①非活性补偿离子层，紧靠决定电位离子层的补偿离子，由于相互吸引力大，因此不能自由移动。②扩散层，非活性补偿离子层的外层，这部分离子与决定电位离子层相距较远，相互间吸引力小，所吸附的离子运动性较强，可以与土壤溶液中的阴、阳离子发生交换作用。由上可见，土壤胶核不显电性，土壤胶粒带负电或正电荷，整个胶体呈电中性。

2. 土壤胶体种类　根据微粒核的组成物质不同，可以将土壤胶体分为三大类：

（1）无机胶体。微粒核的物质是无机物质，主要包括成分复杂的各种次生铝硅酸盐黏粒矿物和成分简单的氧化物及含水氧化物。前者是无机胶体的主要部分，包括高岭石类、蒙脱石类及伊利石（水化云母）类；后者包括土壤中硅、铁、铝氧化物及其含水氧化物胶体等。

（2）有机胶体。微粒核的物质是有机质，主要成分是土壤腐殖质，其活性比无机胶体强，但数量不如无机胶体多。

（3）有机—无机复合胶体。微粒核的组成物质是土壤矿物质和有机质的结合体。一般来讲，土壤中的无机胶体和有机胶体很少单独存在，大多通过多价离子或功能团相互结合成有机—无机复合胶体。这些复合胶体是形成良好结构的重要物质基础，土壤肥力越高，复合胶体所占的比例越高。

3. 土壤胶体特性　土壤胶体是土壤固相中最活跃的部分，对土壤理化性质和肥力状况起着巨大影响，这是因为土壤胶体具有以下3个主要特性：

（1）有巨大的比表面和表面能。对于次生层状铝硅酸盐矿物来讲，不但具有较大的外表面，而且内表面也很大。但黏粒矿物类型不同，内外表面积不一样，比表面的大小顺序为：蒙脱石＞伊利石＞高岭石。另外腐殖质胶体是疏松网状结构，具有较大的外表面和内表面。由于表面的存在而产生的能量称为表面能。土壤胶体的比表面越大，表面能就越大，对分子和离子产生的吸引力也越大，吸附能力越强。因此质地越黏重的土壤，其保肥能力越强，反之，越弱。

（2）带有一定的电荷。根据电荷产生机制不同，可将土壤胶体产生电荷分为永久电荷和可变电荷。

① 永久电荷。由黏粒矿物晶体内发生同晶代换作用所产生的电荷称为永久电荷。永久电荷的产生与溶液的 pH 无关，只与矿物类型有关。对于次生层状铝硅酸盐矿物来讲，蒙脱石所带负电荷最多，高岭石最少，伊利石介于二者之间。

② 可变电荷。土壤胶体中电荷的数量和性质随溶液 pH 变化而变化，这部分电荷称为可变电荷。在某一 pH 条件下，土壤胶体产生的正电荷数量等于负电荷数量，其净电荷数量为零，此时称为该土壤胶体的等电点 pH。当土壤溶液的 pH 大于等电点时，胶体带负电荷；小于等电点时带正电荷。我国北方大多数土壤的 pH 均高于等电点，故带负电。

（3）具有一定的凝聚性和分散性。土壤胶体有两种存在状态，一是胶体微粒分散在介质中形成胶体溶液，称为溶胶；另外一种是胶体微粒相互团聚在一起而呈絮状沉淀，称为凝胶。胶体的两种存在状态在一定条件下可以进行转化。

生产上采取耕翻晒垡、烤田、冻垡等措施，就是提高土壤溶液中的电解质浓度，促使土壤胶体的凝聚和团粒结构的形成。当土壤胶体处于凝胶状态时，有助于团粒结构的形成；而当土壤胶体处于溶胶状态时不利于良好结构的形成，通气透水性能受到影响。

活动一 土壤水溶性盐总量测定

1. 活动目标 根据当地土壤类型和植物种植情况，掌握土壤水溶性盐总量的测定方法，并根据结果判断土壤盐渍状况和盐分动态。

2. 活动准备 全班分为若干个项目小组，每组 2 人，每组准备以下材料和用具：电动振荡机、真空泵、天平（感量 0.01g）、巴氏滤管或布氏漏斗、1 000mL 广口塑料瓶、1 000mL量筒、500mL 容量瓶、250mL 三角瓶，电导仪、电导电极、0～60℃温度计、100mL 小烧杯，100mL 瓷蒸发皿、分析天平、电烘箱、水浴锅等。

并提前进行下列试剂配制：

（1）0.02mol/L 氯化钾标准液：称取经 105℃烘 6h 的氯化钾（优级纯）1.4911g 溶于少量无二氧化碳的水，转入1 000mL 容量瓶中，定容。

（2）150g/L 过氧化氢溶液。

3. 相关知识

（1）土壤水溶性盐分待测液的制备。土壤样品按一定水土比例混合，经过一定时间振荡后，将土壤中水溶性盐提取到溶液中，便成为土壤水溶性盐分待测液（图 2-3-7）。

（2）电导法测定土壤水溶性盐的原理。土壤水溶性盐是强电解质，其水溶液具有导电作用。以测定电解质溶液的电导为基础的分析方法，称为电导分析法。在一定浓度范围内，溶液的含盐量与电导率呈正相关。因此，土壤浸出液的电导率的数值能反映土壤含盐量的高低，但不能反映混合盐的组成。如果土壤溶液中几种盐类彼此间的比值比较固定时，则用电导率值测定总盐分浓度的高低是相当准确的。土壤浸出液的电导率可用电导仪测定，并可直

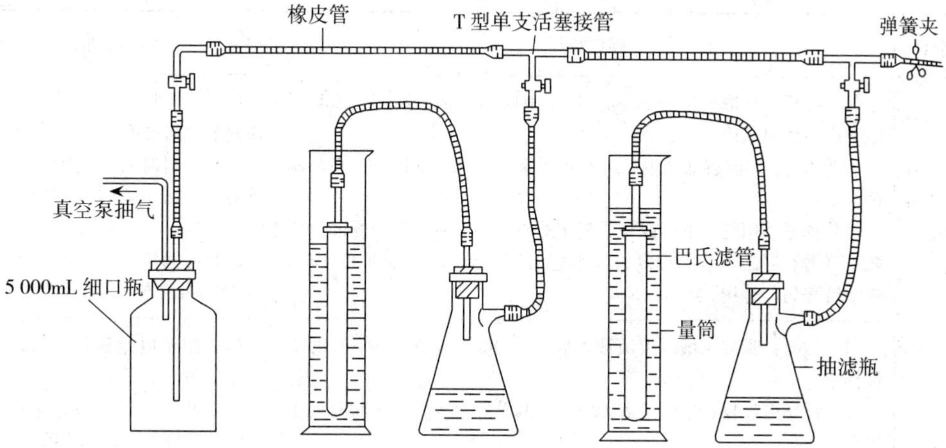

图 2-3-7　土壤水溶性盐抽气过滤装置

接用电导率的数值来表示土壤含盐量的高低。

将连接电源的两个电极插入土壤浸出液（电解质溶液）中，构成一个电导池。正负两种离子在电场作用下发生移动，并在电极上发生电化学反应而传递电子，因此电解质溶液具有导电作用。根据欧姆定律，当温度一定时，电阻与电极间的距离（L）成正比，与电极的截面积（A）成反比。

$$R=\rho L/A$$

式中，R 为电阻；ρ 为电阻率。当 $L=1\text{cm}$，$A=1\text{cm}^2$，则 $R=\rho$，此时测得的电阻称为电阻率（ρ）。

溶液的电导是电阻的倒数，溶液的电导率（EC）则是电阻率的倒数。

$$EC = 1/\rho$$

电导率的单位常用 S/m（西门子/米）。土壤溶液的电导率一般小于 1S/m，因此常用 dS/m（分西门子/米）表示。

两电极片间的距离和电极片的截面积难以精确测量，一般可用标准 KCl 溶液（其电导率在一定温度下是已知的）求出电极常数。

$$EC_{KCl}/S_{KCl}=K$$

式中，K 为电极常数；EC_{KCl}为标准 KCl 溶液（0.02mol/L）的电导率，dS/m，18℃时 EC_{KCl}为 2.397dS/m，25℃时为 2.765dS/m；S_{KCl}为同一电极在相同条件下实际测得的电导度值。那么，待测液测得的电导度乘以电极常数就是待测液的电导率。

$$EC=KS$$

大多数电导仪有电极常数调节装置，可以直接读出待测液的电导率，无需再考虑用电极常数进行结果计算。

（3）质量法测定土壤水溶性盐的原理。吸取一定量的土壤浸出液放在瓷蒸发皿中，在水浴上蒸干，用过氧化氢氧化有机质，然后在 105～110℃烘箱中烘干，称重，得烘干残渣质量，即为水溶性盐总量。

4. 操作规程和质量要求　见表 2-3-5。

表 2-3-5 土壤水溶性盐总量测定的操作规程和质量要求

工作环节	操作规程	质量要求
土壤水溶性盐分待测液的制备	（1）称样：称取通过 1mm 筛的风干土样 50.0g，放入 500mL 干净的广口塑料瓶中 （2）振荡：准确加入无二氧化碳蒸馏水 250mL，加塞，振荡 3min （3）抽滤：用巴氏滤管或布氏漏斗抽滤，滤液承接于干燥的三角瓶中（若有混浊，必须重复过滤直至清亮为止），至全部滤完后，将滤液摇匀，待用	（1）浸提时水土比例为 5∶1，振荡提取时间准确掌握在 3min （2）浸提时必须使用除去二氧化碳的水，减少碳酸盐和硫酸钙的溶解量 （3）待测液不可在室温下放置超过 1h，可放在 4℃条件下备用
电导法测定土壤水溶性盐总量	（1）取样：吸取土壤浸出液或水样 30～40mL，放在 50mL 的小烧杯中 （2）调整电导仪：按照仪器说明书，调整好电导仪，使仪器处于工作状态 （3）测液温：如果测一批样品时，应每隔 10min 测一次液温。在 10min 内所测样品可用前后两次液温的平均温度，或者在 25℃恒温水浴中测定 （4）电导电极常数测定：取标准氯化钾溶液 30mL 于小烧杯中，用该电极测其电导度（S_{KCl}）。同时测液温，按表 2-3-6，查得该温度下氯化钾标准液的电导率，计算电导电极常数（K） （5）待测液电导度测定：将电极用待测液淋洗 1～2 次（如待测液少或不易取出时可用水冲洗，用滤纸吸干），再将电极插入待测液中，使铂片全部浸没在液面下，并尽量插在液体的中心部位。按电导仪说明书调节电导仪，测定待测液的电导度（S），记下读数。每个样品应重读 2～3 次，以防偶尔出现的误差 （6）取出电极：一个样品测定后及时用蒸馏水冲洗电极，如果电极上附着有水滴，可用滤纸吸干，以备测下一样品继续使用	（1）用于电导测量的溶液，应当清晰透明 （2）测定电极常数，应选择与样品溶液浓度相近的标准液 （3）测定高浓度样品时，可选择铂黑电极；测定低浓度样品时，可选择光亮铂电极 （4）若土壤水溶性盐总量很高，可将浸提液稀释后再测定，然后按稀释倍数换算 （5）每个样品插入电极后，测量时间应相对一致 （6）如果土壤只用电导仪测定总盐量，可称取 4g 风干土放在 25mm×200mm 的大试管中，加水 20mL，盖紧皮塞，振荡 3min，静置澄清后，不必过滤，直接测定
质量法测定土壤水溶性盐总量	（1）取样：吸收土壤浸出液或水样 20～50mL（根据盐分多少取样，一般应使盐分质量在 0.02～0.2g） （2）蒸发：将样品放在 100mL 已知烘干质量的瓷蒸发皿，在水浴上蒸干，不必取下蒸发皿，用滴管沿皿周围加过氧化氢溶液，使残渣湿润，继续蒸干，如此反复用过氧化氢溶液处理，使有机质完全氧化为止，此时干残渣全为白色 （3）称重：蒸干后将残渣和蒸发皿放在 105～110℃烘箱中烘干 1～2h，取出冷却，用分析天平称重，记下质量。将蒸发皿和残渣再次烘干 0.5h，取出放在干燥器中冷却。前后两次重量之差不得大于 1mg	（1）吸取待测液的数量，应以盐分的多少而定，如果含盐量＞5.0g/kg，则吸取 25mL；含盐量＜5.0g/kg，则吸取 50mL 或 100mL。保持盐分量在 0.02～0.2g （2）加过氧化氢去除有机质时，使残渣湿润即可，这样可以避免由于过氧化氢分解时泡沫过多，使盐分溅失，因而必须少量多次地反复处理，直至残渣完全变白为止。但溶液中有铁存在而出现黄色氧化铁时，不可误认为是有机质的颜色 （3）由于盐分（特别是镁盐）在空气中容易吸水，故应在相同的时间和条件下冷却称重
结果计算	（1）电导法结果计算： 土壤浸出液的电导率 EC_{25}＝电导度（S_t）×温度校正系数（f_t）×电极常数（K） （2）质量法结果计算： 土壤水溶性盐总量（g/kg）＝$m_1/m_2\times1000$ 式中，m_1 为烘干残渣质量，g；m_2 为烘干土样质量，g	（1）一般电导仪的电极常数值已在仪器上补偿，故只要乘以温度校正系数即可，不需要再乘电极常数 （2）温度校正系数（f_t）可查表 2-3-7。粗略校正时，可按每增高 1℃，电导度约增加 2%计算

表 2-3-6　0.02mol/L 氯化钾标准液在不同温度下的电导率

t (℃)	电导度 (dS/m)	t (℃)	电导度 (dS/m)	t (℃)	电导度 (dS/m)	t (℃)	电导度 (dS/m)
11	2.043	16	2.294	21	2.553	26	2.819
12	2.093	17	2.345	22	2.606	27	2.873
13	2.142	18	2.397	23	2.659	28	2.927
14	2.193	19	2.449	24	2.712	29	2.981
15	2.243	20	2.501	25	2.765	30	3.036

表 2-3-7　电导或电阻温度校正系数

t (℃)	f_t	t (℃)	f_t	t (℃)	f_t	t (℃)	f_t
3.0	1.709	20.0	1.112	25.0	1.000	30.0	0.907
4.0	1.660	20.2	1.107	25.2	0.996	30.2	0.904
5.0	1.613	20.4	1.102	25.4	0.992	30.4	0.901
6.0	1.569	20.6	1.097	25.6	0.988	30.6	0.897
7.0	1.528	20.8	1.092	25.8	0.983	30.8	0.894
8.0	1.488	21.0	1.087	26.0	0.979	31.0	0.890
9.0	1.448	21.2	1.082	26.2	0.975	31.2	0.887
10.0	1.411	21.4	1.078	26.4	0.971	31.4	0.884
11.0	1.375	21.6	1.073	26.6	0.967	31.6	0.880
12.0	1.341	21.8	1.068	26.8	0.964	31.8	0.877
13.0	1.309	22.0	1.064	27.0	0.960	32.0	0.873
14.0	1.277	22.2	1.060	27.2	0.956	32.2	0.870
15.0	1.247	22.4	1.055	27.4	0.953	32.4	0.867
16.0	1.218	22.6	1.051	27.6	0.950	32.6	0.864
17.0	1.189	22.8	1.047	27.8	0.947	32.8	0.861
18.0	1.163	23.0	1.043	28.0	0.943	33.0	0.858
18.2	1.157	23.2	1.038	28.2	0.940	34.0	0.843
18.4	1.152	23.4	1.034	28.4	0.936	35.0	0.829
18.6	1.147	23.6	1.029	28.6	0.932	36.0	0.815
18.8	1.142	23.8	1.025	28.8	0.929	37.0	0.801
19.0	1.136	24.0	1.020	29.0	0.925	38.0	0.788
19.2	1.131	24.2	1.016	29.2	0.921	39.0	0.775
19.4	1.127	24.4	1.012	29.4	0.918	40.0	0.763
19.6	1.122	24.6	1.008	29.6	0.914		
19.8	1.117	24.8	1.004	29.8	0.911		

5. 常见技术问题处理　在盐分类型比较单一的地区，可将土壤中盐分提取后，烘干，作为标准物质配成标准系列溶液，测定电导率后，求出回归方程或绘制标准曲线，进行计算。

活动二　土壤吸收性能调节

1. 活动目标　根据当地土壤类型和植物种植情况，结合胶体状况，提出土壤吸收性能调节的方案。

2. 活动准备　全班分为若干个项目小组，查阅有关土壤肥料书籍、杂志、网站，走访当地有经验的农户和专家，总结当地土壤吸收性调节的经验。

3. 相关知识

(1) 土壤吸收性能。土壤吸收性能是指土壤能吸收和保持土壤溶液中的分子、离子、悬浮颗粒、气体（二氧化碳、氧气）以及微生物的能力。土壤吸收性能是土壤的重要性质之一，能保存施入土壤中的肥料，并持续地供应植物需要；同时影响土壤的酸碱度、缓冲能力以及土壤的结构性、耕性、水热状况。根据土壤对不同形态的物质吸收、保持方式的不同，可分为5种类型：

① 机械吸收。机械吸收是指土壤对进入土体的固体颗粒的机械阻留作用。土壤是个多孔体系，可将不溶于水的一些物质阻留在一定的土层中，起到保肥作用。这些物质中所含的养分在一定条件下可以转化为植物吸收利用的养分。

② 物理吸收。物理吸收是指土壤对分子态物质的吸附保持作用。土壤利用分子引力吸附一些分子态物质，如有机肥中的分子态物质（尿酸、氨基酸、醇类、生物碱）、铵态氮肥中的氨气分子及大气中的二氧化碳分子等。物理吸收保蓄的养分能被植物吸收利用。

③ 化学吸收。化学吸收是指易溶性盐在土壤中转变为难溶性盐而保存在土壤中的过程，也称之为化学固定。如把过磷酸钙肥料施入石灰性土壤中，有一部分磷酸一钙会与土壤中的钙离子发生反应，生成难溶性的磷酸三钙、磷酸八钙等物质，不能被植物吸收利用。

④ 离子交换吸收。离子交换吸收作用是指土壤溶液中的阳离子或阴离子与土壤胶粒表面扩散层中的阳离子或阴离子进行交换后而保存在土壤中的作用，又称物理化学吸收作用。这种吸收作用是土壤胶体所特有的性质，由于土壤胶粒主要带有负电荷，因此绝大部分土壤发生的是阳离子交换吸收作用。离子交换吸收作用是土壤保肥供肥最重要的方式。

⑤生物吸收。生物吸收是指土壤中的微生物、植物根系以及一些小动物可将土壤中的速效养分吸收保留在体内的过程。生物吸收的养分可以通过其残体重新回到土壤中，且经土壤微生物的作用，转化为植物可吸收利用的养分。因此这部分养分是缓效性的。

（2）土壤阳离子交换作用。阳离子交换作用是指土壤溶液中的阳离子与土壤胶粒表面扩散层中的阳离子进行交换后而保存在土壤中的作用。由于土壤胶粒主要带有负电荷，因此绝大部分土壤发生的是阳离子交换吸收作用。土壤中常见的交换性阳离子有 Fe^{3+}、Al^{3+}、H^+、Ca^{2+}、Mg^{2+}、NH_4^+、K^+、Na^+ 等。例如，土壤胶体原来吸附着 Ca^{2+}、Na^+，当施入钾肥后，K^+ 进入土壤胶粒的扩散层，称为吸附过程；同时扩散层中 Ca^{2+}、Na^+ 进入土壤溶液，称为解吸过程，反应式如下：

$$\boxed{\begin{array}{c}土壤\\胶粒\end{array}} \begin{array}{c}—Ca^{2+}\\ \\—Na^+\end{array} +3K^+ \rightleftharpoons \boxed{\begin{array}{c}土壤\\胶粒\end{array}} \begin{array}{c}—K^+\\—K^+\ +Ca^{2+}+Na^+\\—K^+\end{array}$$

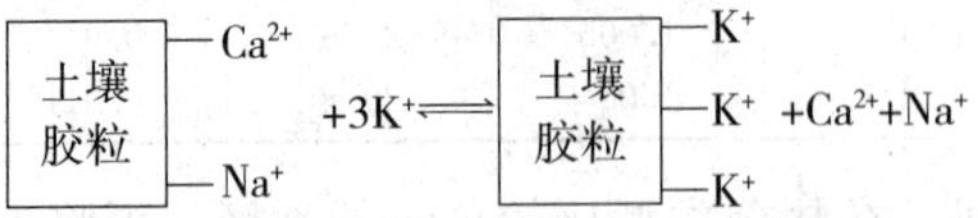

阳离子交换作用的特点：①可逆反应。也就是吸附过程和解吸过程同时进行，一般能迅速达到动态平衡，但是当溶液的浓度和组成发生改变时，则会打破这种平衡，继续发生吸附和解吸过程，建立新的平衡。例如，上例中土壤溶液又增加了 Fe^{3+}，则 Fe^{3+} 会进入土壤胶粒的扩散层中，而土壤胶粒扩散层中的其他离子被代换下来。②等电荷交换。即以相等单价电荷摩尔数进行交换，例如，1mol K^+ 可以交换 1mol 的 NH_4^+ 或 Na^+，1mol 的 Ca^{2+} 可以交换 2mol 的 NH_4^+ 或 Na^+。③反应迅速。离子交换的速度迅速，在土壤水分能使补偿离子充分水化的情况下，一般需要几秒钟即可完成；若水分短缺到不能使补偿离子充分水化的程度则交换较慢。④受质量作用定律支配。价数较低交换力弱的离子在土壤溶液中的浓度较高时，也可交换出价数高交换力强的离子。

各种阳离子交换能力的大小顺序为：$Fe^{3+}>Al^{3+}>H^{+}>Ca^{2+}>Mg^{2+}>NH_4^{+}>K^{+}>Na^{+}$，这个顺序与阳离子对胶体的凝聚力顺序是一致的。

阳离子交换量是指在中性条件下，每千克烘干土所吸附的全部交换性阳离子的厘摩尔数，单位为cmol(+)/kg。阳离子交换量的大小反映了土壤保肥能力的大小，阳离子交换量越大，则土壤的保肥性越强；反之，则相反。一般认为，阳离子交换量大于20cmol(+)/kg，土壤保肥能力强；10～20cmol(+)/kg，保肥能力中等；小于10cmol(+)/kg，保肥能力弱。

（3）土壤阴离子交换作用。阴离子交换作用是指土壤中带正电荷胶体所吸收的阴离子与土壤溶液中的阴离子相互交换的作用。在极少数富含高岭石、铁铝氧化物及其含水氧化物的土壤中，其土壤pH接近或小于等电点，产生了带正电荷的土壤胶体，发生阴离子交换作用。

根据被土壤吸收的难易程度可分为3类：①易被土壤吸收的阴离子，如磷酸根离子（$H_2PO_4^{-}$、HPO_4^{2-}、PO_4^{3-}）、硅酸根离子（$HSiO_3^{-}$、SiO_3^{2-}）及某些有机酸的阴离子。但是这类离子也常与阳离子起化学反应，产生难溶性化合物。②很少被吸收甚至不能被吸收的阴离子，如Cl^{-}、NO_3^{-}、NO_2^{-}等。由于它们不能和溶液中的阳离子形成难溶性盐类，而且不易被土壤负电胶体吸收，所以极易随水流失。③介于上述二者之间的阴离子，如SO_4^{2-}、CO_3^{2-}、HCO_3^{-}以及某些有机酸的阴离子。由于土壤吸收SO_4^{2-}、CO_3^{2-}的能力较弱，在土壤含有大量Ca^{2+}，且气候比较干旱的条件下，它们能起化学反应，形成难溶性的$CaSO_4$或$CaCO_3$。

4. 操作规程和质量要求　见表2-3-8。

表2-3-8　土壤吸收性能调节操作规程和质量要求

工作环节	操作规程	质量要求
改良土壤质地	通过增施有机肥料、黏土掺沙或沙土掺黏，来改良土壤质地，增加土壤的吸收性能	改良后使土壤质地达到三泥七沙或四泥六沙的壤土质地范围
增施有机肥料	增施有机肥、秸秆还田、种植绿肥等，提高土壤有机质含量，改善土壤保肥性能和供肥性能	施用有机肥一定要腐熟后施用，施用量应根据种植的植物和当地土壤肥力高低进行确定
合理施用化肥	在施用有机肥料基础上，合理施用化肥，可以起到“以无机（化肥）促有机（增加有机胶体）”作用，改善土壤供肥性能	化肥施用量一定要适量，防止过多施用，造成土壤污染和植物徒长
合理耕作	适当的翻耕和中耕可改善土壤通气性和蓄水能力，促进微生物活动，加速有机质及养分转化，增加有效养分	中耕、镇压、垄作等要依据种植植物情况适时进行
合理灌排	施肥结合灌水，可充分发挥肥效；及时排除多余水分，以透气增温，促进养分转化	要注意灌水时期和灌水量；排水要提早进行
调节交换性阳离子组成	酸性土壤通过施用石灰或草木灰，碱性土壤施用石膏，均可增加钙离子浓度，增加离子交换性能	施用石灰或石膏时，要根据土壤酸碱性和种植植物类型确定合理用量，并尽量与土壤充分混合
总结当地土壤吸收性能调控经验	根据上述调控情况，总结当地土壤吸收性能调控经验，并撰写一份调查报告	报告内容要做到：内容简洁、事实确凿、论据充足、建议合理

5. 常见技术问题处理 植物可直接从土壤溶液中或土壤胶粒表面将可溶性离子或交换态离子吸收到根系表面。而溶液中养分离子或胶粒表面养分离子的有效性与这些养分的溶解、释放、固定、迁移及其相对含量等因素有关。

（1）交换性阳离子的饱和度。土壤吸附的某种交换性阳离子的量占土壤阳离子交换量的百分数，称为该离子的饱和度。某种离子的饱和度越高，该离子的有效性越高；反之则低（表 2-3-9）。因增加一种离子而使该离子的饱和度升高所产生的效应称为交换性阳离子的饱和度效应。生产上采用集中施肥可提高施肥点附近的养分离子的饱和度，从而提高施肥的效果。

表 2-3-9 交换性阳离子的饱和度与有效性的关系

土壤	阳离子交换量［cmol(+)/kg］	交换性 Ca^{2+}［cmol(+)/kg］	交换性 Ca^{2+} 饱和度（%）	Ca^{2+} 的有效性
甲	10	4	40.0	高
乙	40	5	12.5	低

（2）陪伴离子的效应。土壤胶粒表面同时存在多种离子，对某种离子来讲，其他种类的离子均是陪伴离子。如果陪伴离子的交换能力强，则该离子在相同浓度下，吸收到胶粒表面的比例则高，而被陪伴的离子则在土壤溶液中的比例升高，被陪伴离子的有效性相应升高；反之，则此种养分离子较多地被吸附到胶粒表面，而溶液中的量较少，其有效性则低。这种因陪伴离子的不同而产生的效应称为陪伴离子效应（表 2-3-10）。

表 2-3-10 陪伴离子对交换性钙有效性的作用

土壤	交换性阳离子组成	盆中幼苗干重（g）	幼苗吸钙量（mg）
甲	40%Ca+60%H	2.80	11.15
乙	40%Ca+60%Mg	2.79	7.83
丙	40%Ca+60%Na	2.34	4.36

任务三 土壤酸碱性测定与调节

任务目标

了解土壤酸碱指标的表示方法，熟悉土壤酸碱的成因；能熟练测定土壤酸碱性，并能根据土壤酸碱性，进行土壤酸碱性调节；理解土壤缓冲性。

背景知识

土壤酸碱指标

土壤酸性或碱性通常用土壤溶液的 pH 来表示。土壤的 pH 表示土壤溶液中 H^+ 浓度的负对数值，$pH=-\log(H^+)$。我国土壤的 pH 一般在 4～9，多数土壤的 pH 在 4.5～8.5，极少有低于 4 或高于 10 的。“南酸北碱”就概括了我国土壤酸碱性的地区性差异。

1. 土壤酸性指标　土壤中H^+的存在有两种形式：一是存在于土壤溶液中；二是吸收在胶粒表面。因此，土壤酸度可分为两种基本类型：

（1）活性酸度。活性酸是由土壤溶液中H^+浓度直接反映出来的酸度，又称有效酸度，通常用 pH 表示。表 2-3-11 土壤的酸碱度分级是指活性酸度。

表 2-3-11　土壤的酸碱度分级

土壤 pH	<4.5	4.5～5.5	5.5～6.5	6.5～7.5	7.5～8.5	8.5～9.5	>9.5
酸碱度级别	极强酸性	强酸性	酸性	中性	碱性	强碱性	极强碱性

（2）潜性酸度。潜性酸度是指致酸离子（H^+、Al^{3+}）被交换到土壤溶液后引起的土壤酸度，通常用每 1kg 烘干土中H^+、Al^{3+}的厘摩尔数表示，单位为 cmol(+)/kg。

根据测定潜性酸度时所用浸提液的不同，将潜性酸度又分为交换性酸度和水解性酸度。用过量的中性盐溶液浸提土壤而使胶粒表面吸附的H^+、Al^{3+}进入土壤溶液后所表现的酸度称为交换性酸度；而用弱酸强碱的盐类溶液浸提土壤而使胶粒吸附的H^+、Al^{3+}进入土壤溶液所产生的酸度称为水解性酸度。二者常被用作改良酸性土壤时计算石灰施用量的参考依据。

2. 土壤碱性指标　土壤碱性除用 pH 表示外，还可用总碱度和碱化度两个指标表示。我国北方多数土壤 pH 为 7.5～8.5，而含有碳酸钠、碳酸氢钠的土壤，pH 常在 8.5 以上。

总碱度是指土壤溶液中碳酸根和重碳酸根离子的总浓度，常用中和滴定法测定，单位为 cmol(+)/L。

通常把土壤中交换性钠离子的数量占交换性阳离子数量的百分比，称为土壤碱化度。一般碱化度在 5%～10%时为轻度碱化土壤；10%～15%时为中度碱化土壤；15%～20%时为强度碱化土壤；大于 20%时为碱土。

活动一　土壤酸碱性（pH）测定

1. 活动目标　能用电位法测定农田、菜园、果园、绿化地、林地、草地等土壤 pH，能熟练应用混合指示剂法快速判断农田、菜园、果园、绿化地、林地、草地等土壤 pH，为合理利用土壤提供依据。

2. 活动准备　将全班按 2 人一组分为若干组，每组准备以下材料和用具：酸度计（附甘汞电极、玻璃电极或复合电极）、高型烧杯（50mL）、量筒（25mL）、天平（感量 0.1g）、洗瓶、磁力搅拌器、白瓷比色板、玛瑙研钵等。

并提前进行下列试剂的配制：

（1）pH 4.01 标准缓冲液。称取经 105℃烘干 2～3h 苯二甲酸氢钾（$C_8H_5KO_4$，分析纯）10.21g，用蒸馏水溶解稀释定容至1 000mL，即为 pH 4.01、浓度 0.05mol/L 的苯二甲酸氢钾溶液。

（2）pH 6.87 标准缓冲液。称取经 120℃烘干的磷酸二氢钾（KH_2PO_4，分析纯）3.39g 和无水磷酸氢二钠（Na_2HPO_4，分析纯）3.53g，溶于蒸馏水中，定容至1 000mL。

（3）pH 9.18 标准缓冲液。称硼砂（$Na_2B_4O_7$，分析纯）3.80g，溶于无二氧化碳的蒸馏水中，定容至1 000mL，此溶液的 pH 容易变化，应注意保存。

（4）1mol/L 氯化钾溶液。称取化学纯氯化钾（KCl）74.6g，溶于 400mL 蒸馏水中，用 10%氢氧化钾和盐酸调节 pH 至 5.5～6.0，然后稀释至1 000mL。

（5）pH 4～8 混合指示剂。分别称取溴甲酚绿、溴甲酚紫及甲酚红各 0.25g，于玛瑙研钵中加 15mL 0.1mol/L 的氢氧化钠及 5mL 蒸馏水，共同研匀，再加蒸馏水稀释至1 000mL，此指示剂的 pH 变色范围如表 2-3-12 所示。

表 2-3-12　pH 4～8 混合指示剂显色情况

pH	4.0	4.5	5.0	5.5	6.0	6.5	7.0	8.0
颜色	黄色	绿黄色	黄绿色	草绿色	灰绿色	灰蓝色	蓝紫色	紫色

（6）pH 4～11 混合指示剂。称取 0.2g 甲基红、0.4g 溴百里酚蓝、0.8g 酚酞，在玛瑙钵中混合研匀，溶于 400mL 95%的酒精中，加蒸馏水 580mL，再用 0.1mol/L 氢氧化钠调至 pH 7（草绿色），用 pH 计或标准 pH 溶液校正，最后定容至1 000mL，其变色范围如表 2-3-13所示。

表 2-3-13　pH 4～11 混合指示剂显色情况

pH	4.0	5.0	6.0	7.0	8.0	9.0	10.0	11.0
颜色	红色	橙黄色	稍带绿	草绿色	绿色	暗蓝色	紫蓝色	紫色

3. 相关知识

（1）电位法测定原理。用水或中性盐溶液提取土壤中水溶性氢离子或交换性氢离子、铝离子，再用指示电极（玻璃电极）和另一参比电极（甘汞电极）测定该浸出液的电位差。由于参比电极的电位是固定的，因而电位差的大小取决于试液中的氢离子活度。在酸度计上可直接读出 pH。

（2）混合指示剂法测定原理。利用指示剂在不同 pH 溶液中，可显示不同颜色的特性，根据其显示颜色与标准酸碱比色卡进行比色，即可确定土壤溶液的 pH。

4. 训练规程和质量要求　选择当地土壤，进行下列全部或部分内容。

（1）电位法。见表 2-3-14。

表 2-3-14　电位法测定土壤酸碱性

工作环节	操作规程	质量要求
仪器校准	（1）将待测液与标准缓冲液调到同一温度，并将温度补偿器调到该温度值 （2）用标准缓冲液校正仪器时，先将电极插入与所测试样 pH 相差不超过 2 个 pH 单位的标准缓冲液，启动读数开关，调节定位器使读数刚好为标准液的 pH，反复几次至读数稳定 （3）取出电极洗净，用滤纸条吸干水分，再插入第二个标准缓冲液中，进行校正	（1）长时间存放的电极用前应在水中浸泡 24h，使之活化后才能正常反应 （2）暂时不用可浸泡在水中，长期不用应干燥保存。两标准之间允许偏差 0.1 个 pH 单位，如超过则应检查仪器电极或标准缓冲液是否有问题 （3）仪器校准无误后，方可用于样品测定

（续）

工作环节	操作规程	质量要求
土壤水浸液 pH 测定	（1）称取通过 1mm 筛孔的风干土样 25.0g 于 50mL 烧杯中，用量筒加入无 CO_2 蒸馏水 25mL，在磁力搅拌器上（或用玻棒）剧烈搅拌 1～2min，使土体充分分散，放置 30min 后进行测定 （2）将电极插入待测液中，轻轻摇动烧杯以除去电极上水膜，使其快速平衡，静置片刻，按下读数开关，待读数稳定时记下 pH （3）放开读数开关，取出电极，用水洗涤，用滤纸条吸干水分，再进行第二个样品测定	（1）放置 30min 时应避免空气中 NH_3 或挥发性酸等的影响 （2）每测 5～6 个样品后需用标准缓冲液检查定位 （3）电极位置应在上部清液中，尽量避免与泥浆接触。操作过程中避免酸碱蒸汽侵入 （4）待测批量样品时，最好按土壤类型等将 pH 相差大的样品分开测定 （5）标准缓冲液在室温下可保存 1～2月，在 4℃冰箱中可延长期限。发现混浊、沉淀不能再使用
土壤氯化钾浸液 pH 测定	当土壤 pH<7 时，应测定土壤氯化钾浸液 pH。测定方法除用 1mol/L 氯化钾溶液代替无 CO_2 蒸馏水以外，其他步骤与水浸液 pH 测定相同	

（2）混合指示剂法。见表 2－3－15。

表 2－3－15　混合指示剂法测定土壤酸碱性

工作环节	操作规程	质量要求
试样制备	取黄豆大小待测土壤样品，置于清洁白瓷比色板穴中，加指示剂 3～5 滴，以能全部湿润样品而稍有剩余为宜，水平振动 1min，静置片刻	为了方便而准确，事先配制不同 pH 的标准缓冲液，每隔半个或 1 个 pH 单位为一级，取各级标准缓冲液 3～4 滴于白瓷比色板穴中，加混合指示剂 2 滴，混匀后，即可出现标准色阶，用颜料配制成比色卡片备用
pH 测定	待稍澄清后，倾斜瓷板，将溶液色度与标准比色卡比色，确定 pH	

5. 常见技术问题处理

（1）为了方便计算，结果记录可填入表 2－3－16。

表 2－3－16　土壤 pH 记录

土样编号	风干土重（g）	浸提液用量（mL）	土壤 pH

（2）此法测定应不少于 3 次重复，平行测定结果允许绝对相差：中性、酸性土壤≤0.1 个 pH 单位；碱性土壤≤0.2 个 pH 单位。

活动二　土壤酸碱性调节

1. 活动目标　根据当地土壤类型和植物种植情况，结合土壤酸碱状况，提出土壤酸碱性调节的方案。

2. 活动准备 全班分为若干个项目小组，查阅有关土壤肥料书籍、杂志、网站，走访当地有经验的农户和专家，总结当地土壤酸碱性调节的经验。

3. 相关知识 土壤酸碱性与土壤肥力及植物生长有密切关系：一是影响植物的生长发育。不同植物对土壤酸碱性都有一定的适应范围，如茶树适合在酸性土壤上生长，棉花、苜蓿则耐碱性较强，但一般植物在弱酸、弱碱和中性土壤上（pH6.0～8.0）都能正常生长，主要植物最适宜的 pH 范围（表 2－3－17）。

表 2－3－17 主要植物最适宜的 pH 范围

名称	pH	名称	pH	名称	pH
水稻	6.0～7.0	烟草	5.0～6.0	栗	5.0～6.0
小麦	6.0～7.0	豌豆	6.0～8.0	茶	5.0～5.5
大麦	6.0～7.0	甘蓝	6.0～7.0	桑	6.0～8.0
棉花	6.0～7.0	胡萝卜	5.3～6.0	槐	6.0～7.0
大豆	6.0～7.0	番茄	6.0～7.0	松	5.0～6.0
玉米	6.0～7.0	西瓜	6.0～7.0	刺槐	6.0～8.0
马铃薯	4.8～5.4	南瓜	6.0～8.0	白杨	6.0～8.0
甘薯	5.0～6.0	黄瓜	6.0～8.0	栎	6.0～8.0
向日葵	6.0～8.0	杏	6.0～8.0	柽柳	6.0～8.0
甜菜	6.0～8.0	苹果	6.0～8.0	桦	5.0～6.0
花生	5.0～6.0	桃	6.0～8.0	泡桐	6.0～8.0
甘蔗	6.0～7.0	梨	6.0～8.0	油桐	6.0～8.0
苕子	6.0～7.0	核桃	6.0～8.0	榆	6.0～8.0
紫花苜蓿	7.0～8.0	柑橘	5.0～7.0		

二是影响土壤肥力。土壤中氮、磷、钾、钙、镁等养分有效性受土壤酸碱性变化的影响很大。微生物对土壤酸碱性也有一定的适应范围。土壤酸碱性对土壤理化性质也有影响。土壤酸碱度与土壤肥力的关系见表 2－3－18。

4. 操作规程和质量要求 见表 2－3－19。

5. 常见技术问题处理 土壤缓冲性是指土壤抵抗由外来物质引起的酸碱性剧烈变化的能力。土壤的这种性能可使土壤的酸碱度经常保持在一定范围内，避免因施肥、根系呼吸、微生物活动、有机质分解等引起土壤酸碱性的显著变化。

（1）土壤缓冲性的机理。一是交换性阳离子的缓冲作用。当酸碱物质进入土壤后，可与土壤中交换性阳离子进行交换，生成水和中性盐。二是弱酸及其盐类的缓冲作用。土壤中大量存在的碳酸、磷酸、硅酸、腐殖酸及其盐类，它们构成了一个良好的缓冲体系，可以起到缓冲酸或碱的作用。三是两性物质的缓冲作用。土壤中的蛋白质、氨基酸、胡敏酸等都是两性物质，既能中和酸又能中和碱，因此具有一定的缓冲作用。

（2）影响土壤缓冲性的因素。主要有：一是土壤质地。土壤质地越黏重，土壤的缓冲性能越强；相反质地越沙，缓冲性能越弱。二是土壤有机质。由于有机胶体的比表面和所带的负电量远远大于无机胶体，且部分有机质是两性物质，因此土壤有机质含量高的土壤，其缓冲性能越强；反之，越弱。三是土壤胶体种类。有机胶体的缓冲性能大于无机胶体，而在无机胶体中，缓冲性能的大小顺序为：蒙脱石＞伊利石＞高岭石＞铁铝氧化物及其含水氧化物。

表 2-3-18　土壤酸碱度与土壤肥力的关系

<table>
<tr><td colspan="2">土壤酸碱度</td><td>极强酸性</td><td>强酸性</td><td>酸性</td><td>中性</td><td>碱性</td><td>强碱性</td><td>极强碱性</td></tr>
<tr><td colspan="2">pH</td><td colspan="7">3.0　4.0　4.5　5.0　5.5　6.0　6.5　7.0　7.5　8.0　8.5　9.0　9.5</td></tr>
<tr><td colspan="2">主要分布区域或土壤</td><td>华南沿海的泛酸田</td><td colspan="2">华南黄壤、红壤</td><td>长江中下游水稻土</td><td>西北和北方石灰性土壤</td><td colspan="2">含碳酸钙的碱土</td></tr>
<tr><td rowspan="9">肥力状况</td><td>土壤物理性质</td><td colspan="4">越酸钙、镁离子越少，氢离子增多，土壤结构易破坏，不利于土壤中水分和空气的调节</td><td colspan="3">盐碱土中由于钠离子的作用，土粒分散，湿时泥泞不透水，干时坚硬</td></tr>
<tr><td>微生物</td><td colspan="3">越酸有益细菌活动越弱，而真菌的活动越强</td><td colspan="2">适宜于有益细菌的生长</td><td colspan="2">越碱，有益细菌活动越弱</td></tr>
<tr><td>氮素</td><td colspan="3">硝态氮的有效性降低</td><td colspan="2">氨化作用、硝化作用、固氮作用最为适宜，氮的有效性高</td><td colspan="2">越碱，氮的有效性越低</td></tr>
<tr><td>磷素</td><td colspan="3">越酸磷越易被固定，磷的有效性降低</td><td>磷的有效性最高</td><td colspan="2">磷的有效性降低</td><td>磷的有效性增加</td></tr>
<tr><td>钾、钙、镁</td><td colspan="3">越酸有效性含量越低</td><td colspan="2">有效含量随 pH 增加而增加</td><td colspan="2">钙、镁的有效性降低</td></tr>
<tr><td>铁</td><td colspan="3">越酸铁越多，植物易受害</td><td colspan="4">越碱有效性越低</td></tr>
<tr><td>硼、锰、铜、锌</td><td colspan="3">越酸有效性越高</td><td colspan="4">越碱有效性越低（但 pH8.5 以上，硼的有效性最高）</td></tr>
<tr><td>钼</td><td colspan="3">越酸有效性越低</td><td colspan="4">越碱有效性越高</td></tr>
<tr><td>有毒物质</td><td colspan="3">越酸铝离子、有机酸等有毒物质越多</td><td colspan="4">盐土中过多的可溶性盐类以及碱土中的碳酸钠对植物有毒害</td></tr>
<tr><td colspan="2">指示植物</td><td colspan="3">酸性土：铁芒箕、杜鹃花、石松等</td><td colspan="4">钙质土：蜈蚣草、铁线蕨、南天竹等
盐土：干花豆、盐蒿、扁竹叶、柽柳等
碱土：剪刀股、碱蓬、牛毛草等</td></tr>
<tr><td colspan="2">化肥施用</td><td colspan="3">宜施用碱性肥料</td><td colspan="4">宜施用酸性肥料</td></tr>
</table>

表 2-3-19　土壤酸碱性调节的操作规程和质量要求

工作环节	操作规程	质量要求
土壤酸碱性测定	根据当地土壤类型和种植情况，选取样点，分别测定土壤 pH	参见土壤酸碱性测定的质量要求
酸性土壤改良	（1）施用的石灰，大多数是生石灰，施入土壤中发生中和反应和阳离子交换反应。生石灰碱性很强，因此不能和植物种子或幼苗的根系接触，否则易灼烧致死 （2）在沿海地区可以用含钙质的贝壳灰改良；我国四川、浙江等地也有钙质紫色页岩粉改良酸性土的经验。另外，草木灰既是钾肥又是碱性肥料，可用来改良酸性土 （3）目前我国多用熟石灰作为酸性土壤的化学改良剂，其用量有两种计算方法。一是按土壤交换性酸度或水解性酸度来计算；二是按土壤盐基饱和度来计算，方法见中量元素肥料合理施用	（1）石灰使用量经验做法是：土壤 pH 4～5，石灰用量为 750～2 250kg/hm²；pH 5～6，石灰用量为 375～750kg/hm² （2）旱地可结合犁田整地时施用石灰，也可采用局部条施或穴施。石灰不能与氮、磷、钾、微肥等一起混合施用，一般先施石灰，几天后再施其他肥料。石灰肥料有后效，一般隔 3～5 年施用一次

（续）

工作环节	操作规程	质量要求
碱性土壤的改良	（1）石膏作为碱土改良剂施用时其用量计算见中量元素肥料合理施用 （2）生产上用石膏、黑矾、硫黄粉、明矾、腐殖酸肥料等来改良碱性土，一方面中和了碱性，另一方面增加了多价离子，促进土壤胶粒的凝聚和良好结构的形成。另外，在碱性或微碱性土壤上栽培喜酸性的花卉，可加入硫黄粉、硫酸亚铁来降低土壤碱性，使土壤酸化	重碱地施用石膏应采取全层施用法；花碱地，其碱斑面积在15%以下，可将石膏直接施在碱斑上。灰碱地宜在春、秋季平整土地后，耕作时将石膏均匀施在犁垡上，通过耙地，使之与土混匀，再行播种
总结当地土壤酸碱性调节经验	根据上述调控情况，总结当地土壤酸碱性调节经验，并撰写一份调查报告	报告内容要做到：内容简洁、事实确凿、论据充足、建议合理

土壤缓冲性能在生产上有重要作用。由于土壤具有缓冲性能，使土壤 pH 在自然条件下不会因外界条件改变而剧烈变化，土壤 pH 保持相对稳定，有利于维持一个适宜植物生活的环境。生产上采用增施有机肥料及在沙土中掺入塘泥等办法，来提高土壤的缓冲能力。

阅读材料

土壤改良剂的利用

世界各国为了保护农田和扩大耕地面积，提高农作物产量，研制和开发了各种土壤保湿剂、松土剂、固沙剂、增肥剂、消毒剂和降酸碱剂等改良剂。比利时在土壤改良剂的研究和应用方面处于领先地位，应用较多的为聚丙烯酰胺、聚乙烯醇和沥青乳剂等，应用范围除农作物外，主要用于海港固沙、菜地和观赏植物。

1. 改善土壤物理化学特性 施用土壤改良剂可以促使分散的土壤颗粒团聚，形成团粒，增加土壤中水稳性团粒的含量和稳定性，显著提高团聚体的质量，降低土壤容重，增大土壤总孔隙度，改善通气透水性，提高土壤利用价值。

（1）改善土壤结构。大量研究表明，施加了土壤改良剂后土壤变得疏松，土壤的孔隙增多，容重下降。有研究表明，使用 3 种改良剂聚丙烯酸、脲醛树脂和聚乙烯醇后，土壤容重均有下降。

（2）改善土壤蓄水能力，提高水分利用率。研究表明，沥青乳剂和聚丙烯酰胺均能减少土面水分蒸发，保蓄水分，提高水分利用效率。如在山西省雁北地区的沙壤、轻壤等土壤上喷施土壤改良剂后，水分利用率提高 32.3%，耗水系数降低 24.6%，同时也提高了饱和导水率，特别是对壤质土的饱和导水率有更为明显的提高。

（3）改善土壤保肥能力，提高养分利用率。土壤改良剂通过创建水稳性团粒和对肥料元素的吸附、活化作用，减少了肥料进入土壤液相，抑制肥料元素的流失，使土壤肥力得以保持，供给作物吸收利用，从而有利于提高肥料的利用率。有研究结果表明：施土壤改良剂后，增加了草坪床土壤的有机质和全氮含量。

（4）调节土壤温度。中国农业科学院土壤肥料研究所 1992 年在北京潮褐土冬小麦地试验，地表配施 0.1%聚丙烯酰胺，观测小麦越冬期至次年小麦封垅前后地表温度变化，发现聚丙烯酰胺处理对地表5cm土层温度影响最大，地表最高温度、最低温度和平均温度较对照均有提高。

（5）降低土壤侵蚀。用3种聚合物类改良剂（聚丙烯酸、聚乙烯醇、脲醛树脂）进行坡地试验研究表明：可明显推迟产流时间，减少径流系数，土壤侵蚀量减少58%以上。对于聚丙烯酸、脲醛树脂聚合物而言，随浓度增大，产流时间越来越长，径流系数与侵蚀量呈明显递减趋势。

（6）调节土壤盐分。土壤经改良剂处理，在地表形成一层薄膜或碎块隔离层，使土壤水分蒸发强度减弱以及浅层土壤结构得到改善，使盐分上升的趋势减弱而向下淋洗的效果增强。某些土壤改良剂还可对碱化土壤起到中和作用。

2. 改善土壤生物化学特性　关于土壤改良剂对植烟土壤微生物影响的研究表明：土壤改良剂可在短时间内迅速增加烟田土壤微生物的数量。有试验表明用土壤改良剂处理过的土壤，土壤微生物（细菌、真菌、放线菌、磷细菌、钾细菌、纤维素分解菌）数量、土壤酶（过氧化氢酶、脲酶、磷酸酶和纤维素酶）的活性及烤烟产量均比对照有不同程度提高。

3. 促进植株生长，增加作物产量　土壤改良剂通过改良土壤结构，增加孔隙度，为作物生长创造一个良好的水气条件，从而可提高作物出苗率、改善作物的生长状况、增加作物产量。有人在土壤改良剂（聚丙烯酰胺）对玉米的影响中发现，聚丙烯酰胺覆盖率80%及60%试验地的高秆（高于1.60m）和中秆（1.0～1.6m）分别比对照多13%和2%，鲜物质质量分别比对照提高了31%和24%。

资料收集

1. 阅读《土壤》《中国土壤与肥料》《土壤通报》《土壤学报》《植物营养与肥料学报》等杂志以及土壤肥力、土壤性质方面的书籍。

2. 浏览中国肥料信息网、××省（市）土壤肥料信息网、中国科学院南京土壤研究所网站、中国农业科学院土壤肥料研究所网站等。

3. 了解近两年有关土壤化学性质等方面的新技术、新成果、最新研究进展等资料，写一篇“土壤化学性质与土壤肥力”的综述。

师生互动

将全班分为若干团队，每团队5～10人，利用业余时间，进行下列活动：

1. 调查当地农户采取哪些措施提高、保持和降低土壤温度。

2. 调查当地土壤的吸收性能如何，土壤的保肥与供肥方式主要是什么，当地常采取哪些措施来改善土壤的保肥与供肥。

3. 用混合指示剂法测当地土壤pH，并判断其与种植植物有何关系。调查当地如何改良过酸或过碱土壤，你的团队能提出哪些改进意见？

考证提示

获得农艺工、种子繁育员、肥料配方师、植保员、蔬菜园艺工、花卉园艺工、果树园艺工、林木种苗工、绿化工、草坪建植工、中药材种植员、牧草工等高级资格证书，需具备以下知识和能力：

◆土壤热性质及其土壤温度的调节，土壤温度的测定。

◆土壤胶体与吸收性能关系，如何调节土壤保肥与供肥性能？土壤水溶性盐总量的测定。

◆土壤酸碱性对植物生长与土壤肥力的影响，过酸过碱土壤的改良。

◆当地土壤 pH 测定及应用。

模块三

土壤资源与管理

项目一　土壤资源与质量

项目目标

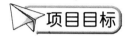

知识目标： 了解土壤形成与发育；了解土壤质量及其影响因素；熟悉我国主要土壤资源状况。

能力目标： 掌握当地主要土壤的利用改良方式；熟悉当地土壤退化类型及其防治；能正确进行土壤剖面的设置、挖掘和观察记载，并能较准确地鉴别土壤生产性状，找出限制生产的障碍因素，为合理的改良利用土壤提供依据。

任务一　土壤形成与发育

任务目标

了解土壤形成与发育；熟悉我国主要土壤资源状况；能正确进行土壤剖面的设置、挖掘和观察记载。

活动一　土壤形成与发育

1. 活动目标　了解土壤形成因素与成土过程，熟悉我国现行土壤分类系统和我国土壤分布规律，认识当地主要土壤的分布与特征。

2. 活动准备　查阅有关土壤肥料书籍、杂志、网站，收集土壤形成、分类等知识，总结当地土壤资源的特点与改良利用。

3. 相关知识

（1）土壤形成因素。自然土壤是在母质、气候、生物、地形和时间等五大成土因素的综合作用下逐渐发育形成的；而在人类活动起主导作用的情况下，自然土壤的发生发展过程便进入了一个新的、更高级的阶段，即开始了农业土壤的发生发展过程（表 3－1－1）。各种成土因素相互作用、相互影响，导致土壤的发生条件趋向多样性和复杂性，使某些土壤产生了一些分异性，形成各种各样的土壤类型。

表 3－1－1　成土因素对土壤形成的影响

成土因素	对土壤形成的影响
母质	母质的化学组成对土壤的形成、性状和肥力有明显影响；土壤母质的机械组成决定了土壤质地；母质的层次性可长期保存于土壤剖面构造中
气候	气候决定着土壤的水、热条件；气候影响土壤有机质的积累与分解；气候直接参与母质的风化过程和土壤淋溶过程

（续）

成土因素	对土壤形成的影响
地形	地形重新对土壤水分、热量进行再分配；地形可以对母质进行再分配；地形影响土壤的形成和分布
生物	主要表现在有机质积累和腐殖质形成方面，具体表现为：植物对养分的富集和选择吸收；生物固氮作用；微生物和土壤动物分解转化有机质的作用
时间	土壤的形成和发展随时间的推移而不断深化；土壤形成的母质、气候、生物和地形等因素的作用程度和强度都随时间的延长而不断加深
人类活动	人类活动对土壤形成、演化的影响远远超过自然成土因素；人类活动可定向培育土壤，使土壤肥力特性发生巨大变化；人类活动对土壤影响具有两重性：利用合理有利于肥力提高，不合理利用导致土壤资源破坏和肥力下降

（2）土壤形成过程。土壤的形成是在母质基础上产生和发展土壤肥力的过程，也就是在母质上使植物生长发育所需要的养分、水分、空气、热量不断积累和协调的过程。这一过程实质是植物营养物质的地质大循环和生物小循环矛盾统一的过程（图 3－1－1）。

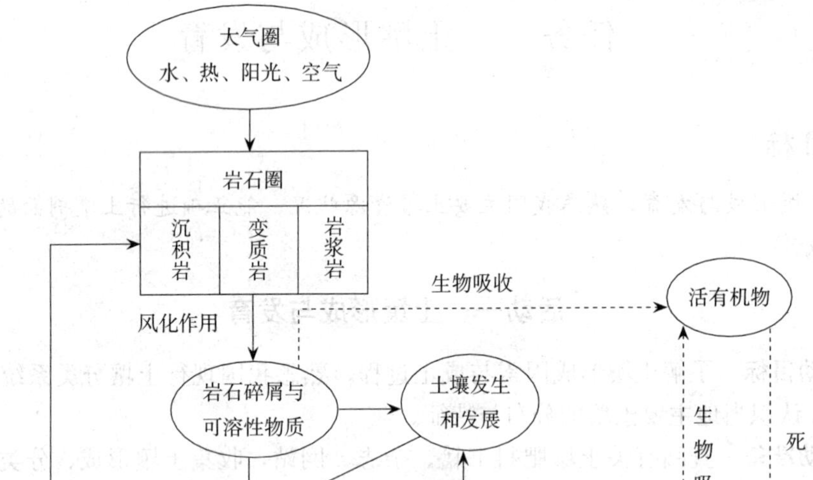

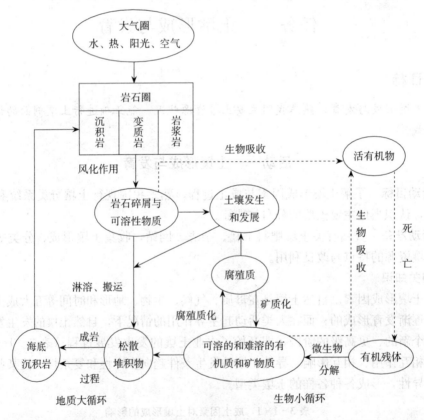

图 3－1－1　地质大循环与生物小循环示意

由于成土条件的复杂性，使土壤发育形成中物质与能量的迁移、转化、累积、交换各不相同，从而产生了各种各样的成土过程，如黏化过程、熟化过程、钙化过程、富铁铝化过程、潜育化过程、潴育化过程、盐碱化过程、白浆化过程、腐殖质积累过程等。

（3）我国现行土壤分类系统。现行的中国土壤分类系统分土纲、亚纲、土类、亚类、土属、土种和亚种7级。前4级为高级分类，后3级为基层分类。现行的中国土壤分类系统（修订方案，1995）是中国土壤分类系统中的高级分类，它将我国土壤分为14个土纲141个土类。尽管该系统是在中国土壤分类系统（首次方案，1992）的基础上提出的，但目前比较习惯且实用的仍为首次方案（表3-1-2）。

表3-1-2　中国土壤系统分类（首次方案，1992）

土纲	土　类
铁铝土	1. 砖红壤　2. 赤红壤　3. 红壤　4. 黄壤
淋溶土	5. 黄棕土　6. 黄褐土　7. 棕壤　8. 暗棕壤　9. 白浆土　10. 棕色针叶林土　11. 漂灰土　12. 灰化土
半淋溶土	13. 燥红土　14. 褐土　15. 灰褐土　16. 黑土　17. 灰色森林土
钙成土	18. 黑钙土　19. 栗钙土　20. 栗褐土　21. 黑垆土
干旱土	22. 棕钙土　23. 灰钙土
漠土	24. 灰漠土　25. 灰棕漠土　26. 棕漠土
初育土	27. 黄棉土　28. 红黏土　29. 新积土　30. 龟裂土　31. 风沙土　32. 石灰土　33. 火山灰土　34. 紫色土　35. 磷质石灰土　36. 石质土　37. 粗骨土
半水成土	38. 草甸土　39. 砂姜黑土　40. 山地草甸土　41. 林灌草甸土　42. 潮土
水成土	43. 沼泽土　44. 泥炭土
盐碱土	45. 盐土　46. 漠境盐土　47. 滨海盐土　48. 酸性硫酸盐土　49. 寒原盐土　50. 碱土
人为土	51. 水稻土　52. 灌淤土　53. 灌漠土
高山土	54. 高山草甸土　55. 亚高山草甸土　56. 高山草甸土　57. 亚高山草原土　58. 山地灌丛草原土　59. 干寒高山漠土　60. 亚高山漠土　61. 寒冻高山荒漠土

（4）我国土壤分布规律。土壤是各种成土因素综合作用下的产物，在不同的水、气、热条件下，形成不同的类型。土壤分布于不同的地理位置，与当地的生物气候条件相适应，表现为广域的水平分布规律和垂直分布规律。与地方性的母质、地形、水文、地质和成土时间相适应，表现为中域或微域分布规律。受人为的影响，土壤熟化向人们需要方面转化或产生土壤恶化，例如水稻土和城市土壤。

土壤分布的水平地带性是指在水平方向上，土壤分布因生物气候带的变化而变化的规律。我国的土壤水平带是由东部湿润区的海洋型和内陆干旱区的大陆型两个水平带构成。我国东部湿润区土壤水平分布规律是由北向南依次分布着：暗棕壤（黑龙江和吉林的大、小兴安岭和长白山地区）—黑土和黑钙土（东北松嫩平原和三江平原）—棕壤（辽东半岛等）—黄棕壤（苏、皖、鄂、湘等省）—黄壤和红壤（长江以南）—赤红壤和砖红壤（南岭以南，包括台湾省）；它的分布规律与纬度带基本一致，又称纬度地带性。我国暖温带和温带地域辽阔，由东向西依次分布着：黑钙土—栗钙土—棕钙土—灰钙土—荒漠土；另自东北的大兴安岭西麓，向西南至黄土高原，则形成一个过渡性地带，顺序分布着：黑土—黑钙土—栗钙土—褐土—黑垆土；它的分布规律与经度带基本一致，又称经度地带性。

随着山体海拔高度的增加，生物、气候条件随之发生变化，形成类似于赤道向极地演变的自然生物带和垂直气候带，土壤类型随之发生有规律的更替，山体越高，这种规律性变化越明显。这种土壤类型随着海拔高度的增加，有规律的呈带状分布的规律性，称之为土壤的垂直地带性。例如，在暖温带湿润地区，土壤垂直带谱组成是棕壤—山地棕壤—山地暗棕壤（辽宁千山山脉）。在半湿润地区，为垆土—山地褐土—山地淋溶褐土—山地棕壤—山地暗棕壤—山地草甸土（秦岭北坡，图3-1-2）。

在地带性土壤分布规律的基础上，在中小地形上，由于受非地带性因素（如母质、水文、地质地形、耕作等）制约，其土壤类型有别于地带性土壤类型，同一土类可镶嵌分布在不同土壤带之中，这就是土壤的非地带性分布规律，也称为区域性分布。在中域地形上常见的土壤组合有：①枝形土壤组合。在低山丘陵地区，由于沟谷的发展，水系多呈树枝状伸展，自丘顶到谷底沿水系形成的土壤组合。如在华北平原，从山麓到滨海依次分布着褐土—潮褐土—潮土—滨海盐土等土类。②扇形土壤组合。由于在山间盆地山麓洪积、冲积扇十分发达，由许多扇形地自山麓向盆地中心伸展而形成的扇形地区分布的土壤组合。③盆形土壤组合。在湖泊四周，随地形向中心倾斜，水分状况也相应变化，依湖泊为中心向外扩展，依次出现沼泽土—草甸土—地带性土壤的系列组合。在微域地形上，由于微地形、母质或人为改造地形的结果可形成土壤复区分布。如南方水稻土也是一种在长期水耕熟化条件下形成的区域性分布的土类。

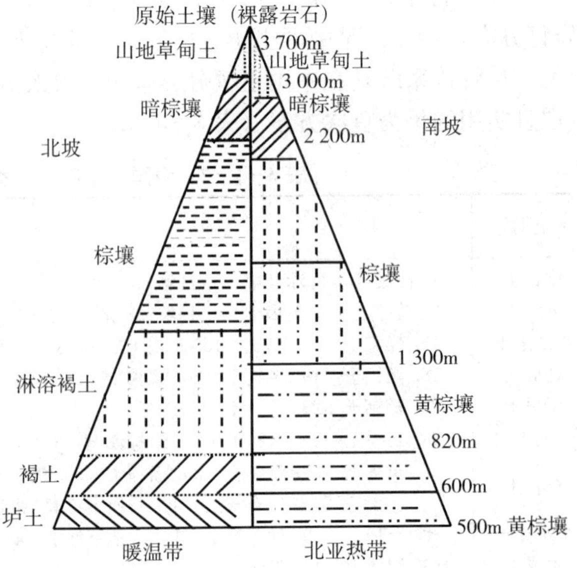

图 3-1-2 秦岭南北坡土壤垂直带谱比较

4. 操作规程和质量要求 全班分为若干个项目小组，通过查询有关土壤肥料书籍、杂志、网站等信息，走访当地农业局、当地种植能手，参考“我国主要土壤的分布与特征”（表3-1-3），以“当地土壤资源的分布与特点”为内容，最后每项目组撰写一份总结报告。

5. 常见技术问题处理 我国土壤资源极其丰富，其特征存在显著差异。我国一些重要土壤类型的分布与特征如表 3-1-3 所示。

表 3-1-3 我国主要土壤的分布与特征

土类	分布	主要性质和利用
砖红壤	热带雨林、季雨林	遭强烈风化脱硅作用，氧化硅大量迁出，氧化铝相对富集（脱硅富铝化），游离铁占全铁的 80%，黏粒硅铝率＜1.6，风化淋溶系数＜0.05，盐基饱和度＜15%，黏粒矿物以高岭石、赤铁矿与三水铝矿为主，pH4.5～5.5，具有深厚的红色风化壳。生长橡胶等多种热带植物
赤红壤	南亚热带季雨林	脱硅富铝风化程度仅次于砖红壤，比红壤强，游离铁度介于二者之间，黏粒硅铝率 1.7～2.0，风化淋溶系数 0.05～0.15，盐基饱和度 15%～25%，pH4.5～5.5，生长龙眼、荔枝等
红壤	中亚热带常绿阔叶林	中度脱硅富铝风化，黏粒中游离铁占全铁的 50%～60%，深厚红色土层。底层可见深厚红、黄、白相间的网纹红色黏土。黏土矿物以高岭石、赤铁矿为主，黏粒硅铝率 1.8～2.4，风化淋溶系数＜0.2，盐基饱和度＜35%，pH4.5～5.5，生长柑橘、油桐、油茶、茶等
黄壤	亚热带湿润条件，多见于 700～1 200m 的山区	富含水合氧化物（针铁矿），呈黄色，中度富铝风化，有时含三水铝石，土壤有机质累积较高，可达 100g/kg，pH4.5～5.5。多为林地

（续）

土类	分布	主要性质和利用
黄棕壤	北亚热带暖湿落叶阔叶林	弱度富铝风化，黏化特征明显，呈黄棕色黏土。B层黏聚现象明显，硅铝率2.5左右，铁的游离度2.5左右，铁的游离度较红壤低，交换性酸B层大于A层，pH5.5～6.0。多由沙页岩及花岗岩风化物发育而成
黄褐土	北亚热带丘陵岗地	土体中游离碳酸钙不存在，土色灰黄棕，在底部可散见圆形石灰结核。黏化淀积明显，B层黏聚，有时呈黏盘。黏粒硅铝率3.0左右，pH表层6.0～6.8，底层7.5，盐基饱和度由表层向底层逐渐趋向饱和。由较细粒的黄土状母质发育而成
棕壤	湿润暖温带落叶阔叶林，但大部分已垦殖旱作	处于硅铝风化阶段，具有黏化特征的棕色土壤，土体见黏粒淀积，盐基充分淋失，pH6～7，见少量游离铁。多有干鲜果类生长，山地多森林覆盖
暗棕壤	温带湿润地区针阔叶混交林	有明显有机质富集和弱酸性淋溶，A层有机质含量可达200g/kg，弱酸性淋溶，铁铝轻微下移。B层呈棕色，结构面见铁锰胶膜，呈弱酸性反应，盐基饱和度70%～80%。土壤冻结期长
褐土	暖温带半湿润区	具有黏化与钙质淋溶淀积的土壤，盐基饱和，处于硅铝风化阶段，有明显黏淀层与假菌丝状钙积层。B层呈棕褐色，pH7～7.5，盐基饱和度达80%以上，有时过饱和
灰褐土	温带干旱、半干旱山地，云冷杉下	腐殖质累积与积钙作用明显的土壤。枯枝落叶层有机质可达100g/kg，下见暗色腐殖层，有弱黏淀特征，钙积层在40～60cm以下出现，铁、铝氧化物无移动，pH7～8
黑土	温带半湿润草甸草原	具深厚均腐殖质层的无石灰性黑色土壤，均腐殖质层厚30～60cm，有机质含量30～60g/kg。底层具轻度滞水还原淋溶特征，见硅粉，盐基饱和度在80%以上，pH6.5～7.0
草甸土	地下水位较浅	潜水参与土壤形成过程，具有明显腐殖质累积，地下水升降与浸润作用，形成具有锈色斑纹的土壤。具有A—C构型
砂姜黑土	成土母质为河湖沉积物	经脱沼与长期耕作形成，仍显残余沼泽草甸特征。底土中见砂姜聚积，上层见砂姜，底层可见砂姜瘤与砂姜盘，质地黏重
潮土	近代河流冲积平原或低平阶地	地下水位浅，潜水参与成土过程，底土氧化还原作用交替，形成锈色斑纹。长期耕作，表层有机质含量10～15g/kg
沼泽土	地势低洼，长期地表积水	有机质累积明显及还原作用强烈，形成潜育层，地表有机质累积明显，甚至见泥炭或腐泥层
草甸盐土	半湿润至半干旱地区	高矿化地下水经毛细管作用上升至地表，盐分累积大于6g/kg时，属盐土范畴。易溶盐组成中所含的氯化物与硫酸盐比例有差异
滨海盐土	沿海一带，母质为滨海沉积物	土体含有氯化物为主的可溶盐。滨海盐土的盐分组成与海水基本一致，氯盐占绝对优势，次为硫酸盐和重碳酸盐，盐分中以钠、钾离子为主，钙、镁次之。土壤含盐量20～50g/kg，地下水矿化度10～30g/L，土壤积盐强度随距海由近至远，从南到北而逐渐增强。土壤pH7.5～8.5，长江以北的土壤富含游离碳酸钙
碱土	干旱地区	土壤交换性钠离子达20%以上，pH9～10。土壤黏粒下移累积，物理性状劣，坚实板结。表层质地轻，见蜂窝状孔隙
水稻土	长期季节性淹灌脱水，水下耕翻，氧化还原交替	原来成土母质或母土的特性有重大改变。由于干湿交替，形成糊状淹育层，较坚实板结的犁底层（AP）、渗育层（P）、潴育层（W）与潜育层（G）多种发生层

（续）

土类	分布	主要性质和利用
灌淤土	长期引用高泥沙含量灌溉水淤灌	在落淤后，即行耕翻，逐渐加厚土层达50cm以上，从根本上改变了原来土壤的层次，包括表土及其他土层，均作为埋藏层，因而形成土体深厚，色泽、质地均一，土壤水分物理性状良好的土壤类型
黄绵土	由黄土母质直接耕翻形成	由于土壤侵蚀严重，表层耕层长期遭侵蚀，只得加深耕作黄土母质层，因而母质特性明显，无明显发育，为A—C型土。由于风成黄土富含细粉粒，质地、结构均一，疏松绵软，富含石灰，磷钾储量较丰，但有效性差。土壤有机质缺乏，含量约5g/kg
风沙土	半干旱、干旱漠境地区及滨海地区，风沙移动堆积	由于成土时间短暂，无剖面发育，反映了沙流动堆积与固定的不同阶段
紫色土	热带亚热带紫红色岩层直接风化	A—C构型，理化性质与母岩直接相关，土层浅薄，剖面层次发育不明显。母质富含矿质养分，且风化迅速，为良好的肥沃土壤

活动二 土壤剖面观测与肥力性状调查

1. 活动目标 能正确进行土壤剖面的设置、挖掘和观察记载，并能较准确地鉴别土壤生产性状，找出限制生产的障碍因素，为合理的改良利用土壤提供依据。

2. 活动准备 将全班按4人一组分为若干组，每组准备以下材料和用具：铁锹、土铲、锄头、剖面刀、放大镜、铅笔、钢卷尺、小刀、橡皮、白瓷比色板、土壤剖面记载表、10%盐酸、酸碱混合指示剂、赤血盐等。

3. 相关知识 从地表向下所挖出的垂直切面称为土壤剖面。土壤剖面一般是由平行于地表、外部形态各异的层次组成，这些层次称为土壤发生层或土层。土壤剖面形态是土壤内部性质的外在表现，是土壤发生、发育的结果。不同类型的土壤具有不同的剖面特征。

（1）自然土壤剖面。自然土壤剖面一般可分为4个基本层次：腐殖质层、淋溶层、淀积层和母质层。每一层次又可细分若干层，如图3-1-3所示。

由于自然条件和发育时间、程度的不同，土壤剖面构型差异很大，有的可能不具有以上所有的土层，其组合情况也可能各不相同。如发育处在初期阶段的土壤类型，剖面中只有A—C层，或A—AC—C层；受侵蚀地区表土冲失，产生B—BC—C层的剖面；只有发育时间很长，成土过程亦很稳定的土壤才有可能出现完整的A—B—C式的剖面。

（2）耕作土壤的剖面。旱地土壤剖面一般也分为4层：即耕作层（表土层）、犁底层（亚表土层）、心土层及底土层（图3-1-4、表3-1-4）。

表3-1-4 旱地土壤剖面构造

层次	代号	特 征
耕作层	A	又称表土层或熟化层，厚15～20cm，受人类耕作生产活动影响最深，有机质含量高，颜色深，疏松多孔，理化与生物学性状好
犁底层	P	厚约10cm，受农机具影响常呈片状或层状结构，通气透水不良，有机质含量显著下降，颜色较浅
心土层	B	厚度为20～30cm，土体较紧实，有不同物质淀积，通透性差，根系少量分布，有机质含量极低
底土层	G	一般在地表50～60cm以下，受外界因素影响很小，但受降雨、灌排水和水流影响仍很大

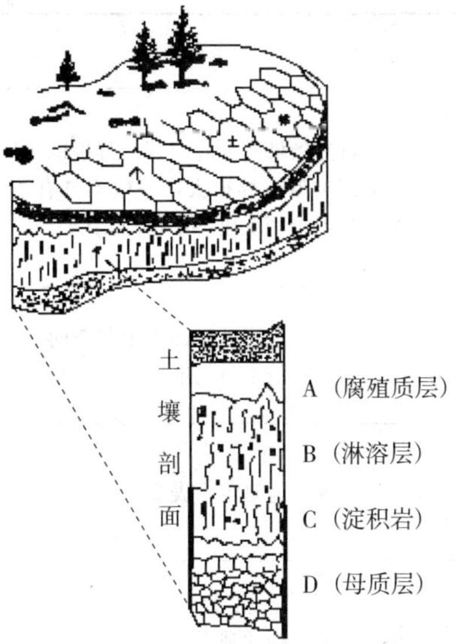

图 3-1-3　自然土壤剖面示意

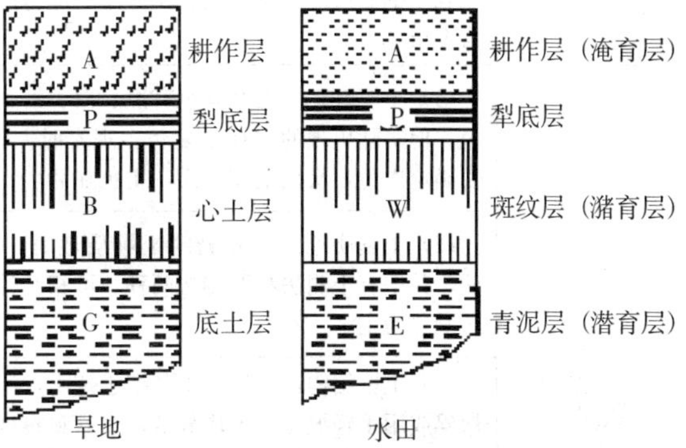

图 3-1-4　农业土壤剖面示意

一般水田土壤可分为：耕作层（淹育层），代号 A；犁底层，代号 P；斑纹层（潴育层），代号 W；青泥层（潜育层），代号 G 等土层（表 3-1-5）。

表 3-1-5　水田土壤剖面构造

层次	代号	特　征
渗育层	A	水稻土的耕作层，长期在水耕熟化和旱耕熟化交替进行条件下，有机质积累增加，颜色变深，在根孔和土壤裂隙中有棕黄色或棕红色锈斑
犁底层	P	受农机具影响常呈片状或层状结构，可起到托水托肥作用
潴育层	W	干湿交替、淋溶淀积作用活跃，土体呈棱柱状结构，裂隙间有大量锈纹锈斑淀积
潜育层	G	长期处于饱和还原条件，铁、铝氧化物还原，土层呈蓝灰色或黑灰色，土体分散成糊状

4. 操作规程和质量要求　选择当地主要土壤，进行下列全部或部分内容（表 3-1-6）。

表 3-1-6　土壤剖面观测操作规程和质量要求

工作环节	操作规程	质量要求
土壤剖面设置	剖面位置的选择一定要有代表性。对某类土壤来说，只有在地形、母质、植被等成土因素一致的地段上设置剖面点，才能准确地反映出土壤的各种性状	避免选择路旁、田边、沟渠边及新垦搬运过的地块
土壤剖面挖掘	选好剖面点后，先划出剖面的挖掘轮廓，然后挖土。主剖面的规格一般长为 1.5m、宽 0.8m、深 1.0m。深度不足 1.0m 时，挖至母岩、砾石层或地下水位为止。将观察面分成两半，一半用土壤剖面刀自上而下地整理成毛面；另一半削成光面，以便观察时相互进行比较	观察面要垂直向阳，观察面的对面要挖成阶梯状。所挖出表土和底土分别堆放在土坑的两侧，以便回填时先填底土，再填表土，尽可能恢复原状

（续）

工作环节	操作规程	质量要求
剖面层次划分	自然土壤剖面按发生层次划分：枯枝落叶层、腐殖质层、淋溶层、淀积层、底土层等层次。耕作土壤剖面层次划分：耕作层、犁底层、心土层、底土层或母岩层。水稻土剖面层次：耕作层、犁底层、潴育层、潜育层或青泥层	由于自然条件和发育时间、程度的不同，土壤剖面构型差异很大，一般不具有所有层次，其组合情况也各不相同
剖面形态观察记载	（1）土壤颜色：土壤颜色有黑、白、红、黄4种基本色，但实际出现的往往是复色。观察时，先确定主色，后确定次色，次色记在前面，主色在后	确定土壤颜色时，旱田以干状态时为准，水田以观察时的土色为准
	（2）土壤质地：野外测定土壤质地时，一般用手测法，其中有干测法和湿测法两种，可相互补充，一般以湿测法为主	参见土壤质地测定（表2-1-7）
	（3）土壤结构：用挖土工具把土挖出，让其自然落地散碎或用手轻捏，使土块分散，然后观察被分散开的个体形态的大小、硬度、内外颜色及有无胶膜、锈纹、锈斑等，最后确定结构类型	参见土壤结构的观察（表2-2-7）
	（4）松紧度：野外鉴定土壤松紧的方法可根据小刀插入土体的难易和阻力大小来判断。有条件的可用土壤紧实度仪测定	松：小刀易入土，基本无阻力；散：稍加力，小刀即可插入土体；紧：用力较大，小刀才能插入土体；紧实：用力很大，小刀才能插入土体；坚实：十分费力，小刀也难以插入土体
	（5）土壤干湿度：按各土层的自然含水状态分级	干：土壤呈干土块，手试无凉感，嘴吹时有尘土扬起；润：手试有凉感，嘴吹无尘土扬起；潮：有潮湿感，手握成土团，落地即散，放在纸上能使纸变湿；湿：放在手上使手湿润，握成土团后无水流出
	（6）新生体：新生体是在土壤形成过程中产生的物质，如铁锰结核、石灰结核等	反映土壤形成过程中物质的转化情况
	（7）侵入体：是外界侵入土壤中的物体，如瓦片，砖渣、炭屑等	其存在，与土壤形成过程无关
	（8）根系：反映植物根系分布状况	多量：$1cm^2$有10条根以上的；中量：$1cm^2$有5～10条根；少量：$1cm^2$有2条根左右；无根：见不到根痕
	（9）石灰性反应：用10%稀盐酸，直接滴在土壤上，观察气泡产生情况，判断其石灰含量	无石灰质：无气泡、无声音；少石灰质：徐徐产生小气泡，可听到响声，含量小于1%；中量石灰质：明显产生大气泡和响声，但很快消失，含量为1%～5%；多石灰质：发生剧烈沸腾现象，产生大气泡，响声大，历时较久，含量小于5%
	（10）亚铁反应：用赤血盐直接滴加测定。土壤酸碱度：土壤酸碱度的测定用混合指示剂法	土壤酸碱度标准见土壤酸碱度测定（表2-2-27）

5. 常见技术问题处理 将上述观察结果记录于土壤剖面观察记载表（表3-1-7）。根据各土层的特征特性，生产利用现状或自然植被种类、覆盖度等，对所调查土壤的生产性能客观地进行评价，找出限制生产的障碍因素，并提出改良利用的主要途径与措施。

表 3-1-7　土壤剖面观察记载

剖面野外编号______　室内编号______　地点：______县______乡______村　调查时间：______年______月______日

土壤名称：当地名称____________　最后定名____________　代表面积____________

（一）土壤剖面环境

1. 地形____________________　2. 海拔____________　3. 成土母质____________　4. 自然植被____________

5. 农业利用方式____________　6. 灌溉方式________　7. 排水条件____________　8. 地下水位____________

9. 地下水水质______________　10. 侵蚀情况________

（二）土壤生产性能

1. 耕作制度__________

2. 产量水平

（1）__________

（2）__________

3. 施肥水平

（1）__________

（2）__________

（3）__________

4. 植物生长表现：

5. 耕作性能：

6. 障碍因素：

7. 肥力等级：

（三）土壤剖面示意图

（四）土壤剖面描述

剖面图	层次代号	深度（cm）	质地	新生体			紧实度	植物根系	侵入体	孔隙度
				类别	形态	数量				

剖面图	层次代号	深度（cm）	亚铁反应	石灰反应	pH	全氮（%）	碱解氮（mg/kg）	速效磷（mg/kg）	速效钾（mg/kg）	有机质（g/kg）

任务二　土壤质量与退化

任务目标

了解土壤质量有关知识；熟悉土壤退化基本知识；能结合当地生产情况，合理进行土壤退化防治。

背景知识

土 壤 质 量

面对人口、资源、环境、粮食的尖锐矛盾，农业的可持续发展正在受到越来越广泛的重视。而土壤质量不仅关系到粮食安全，而且影响到生态环境的持续发展，土壤质量的问题已日益成为世界范围内共同关注的重大课题。

1. 土壤质量与土壤健康质量 土壤质量是指土壤在生态系统中保持生物的生产力，维持环境质量，促进动物、植物及人类健康的能力，包括土壤肥力质量、土壤环境质量和土壤健康质量。土壤肥力质量是指土壤提供植物养分和生产生物物质的能力；土壤环境质量是指土壤容纳、吸收和降解各种环境污染物的能力；土壤健康质量是指土壤影响或促进人类和动物、植物健康的能力。土壤质量的定义超越了土壤肥力以及土壤环境质量的概念。

广义的土壤健康质量通常是指土壤作为活机体行使土壤生态系统各种功能的能力综合，可以通过物理属性、化学属性和生物学属性给予适当描述。与土壤健康质量有关的物理属性主要有：土壤质地（粒状结构最为理想）、土体构型、可耕性、渗透性或导水率、孔隙度、单位体积质量、根系深度、土壤颜色、土壤含水量、土壤温度、田间持水量等；化学属性主要有：土壤有机质含量、营养物质含量、盐度、离子交换性能、pH、氧化还原电位、碳酸钙、石膏、氧化物物质和还原物物质等；生物学属性主要有：土壤微生物量、潜在可矿化氮、土壤呼吸量、呼吸量/生物量等。

2. 影响土壤质量的因素 影响土壤质量的因素很多，包括土壤特性、社会经济、生态系统等综合因素，其中人为因素最为重要。

（1）土壤耕作。合理的土壤耕作可改善土壤水、肥、气、热状况，实现增产增收；不合理的土壤耕作会加速土壤退化，导致土壤质量下降。如坡耕地采取坡改梯可有效防止水土流失。

（2）灌溉。不合理灌溉将会造成水资源浪费、土壤盐渍化、重金属污染。

（3）施肥。化肥的不合理施用会造成农产品质量下降、地下水污染、水体富营养化、温室气体释放等。

（4）农药。不合理的施用农药，在杀死有害生物的同时，也易杀死土壤有益微生物，还会造成土壤残留，降低土壤生产力和农产品质量。

（5）地膜。农业生产上使用的地膜基本上不可降解，其覆盖面广、厚度过薄、易破碎、残留量大，在土壤中不易腐烂，污染范围大。

活动一 土壤退化及其防治

1. 活动目标 了解土壤退化概念，熟悉土壤退化类型及危害，掌握当地土壤退化类型及其防治。

2. 活动准备 根据班级人数，按 4 人一组，分为若干组，小组共同调研，制定各类土壤退化防治方案，共同研讨，并进行小组评价。

3. 相关知识 土壤退化是指土壤数量减少和质量降低，数量减少表现为表土丧失，或整个土体毁坏，或土地被非农业占用；质量降低表现在土壤物理、化学、生物学方面的质量下降。中国科学院南京土壤研究所借鉴国外的分类，根据我国的实情，将土壤退化分为土壤侵蚀、土壤沙化、土壤盐化、土壤污染等（表 3-1-8）。

表 3-1-8　土壤退化分类

一级	二　级
土壤侵蚀	水蚀，冻融侵蚀，重力侵蚀
土壤沙化	悬移风蚀，推移风蚀
土壤盐化	盐渍化和次生盐渍化，碱化
土壤污染	无机物污染，农药污染，有机废物污染，化学废料污染，污泥、矿渣和粉煤灰污染，放射性物质污染，寄生虫、病原菌和病毒污染
土壤性质恶化	土壤板结，土壤潜育化和次生潜育化，土壤酸化，土壤养分亏缺
耕地非农业占用	

我国土壤侵蚀严重，水蚀、风蚀面积占国土面积 1/3，流失土壤每年达 5×10^5 t，占世界总流失量的 1/5；沙漠戈壁面积 1.1×10^6 km^2，沙漠化土壤面积已达 3.283×10^5 km^2；盐碱荒地 2×10^7 km^2，盐碱耕地 7×10^6 km^2；环境恶化，工业“三废”、化肥、农药、生物调节剂、地膜等严重污染土壤；由于有机肥投入减少，肥料结构不合理造成土壤肥力下降。

土壤退化发生广、强度大、类型多、发展快、影响深远，因此应积极采取措施，进行有效防治（表 3-1-9）。

表 3-1-9　各种土壤退化的含义及其危害

类型	含　义	危　害
土壤侵蚀	指土壤及其母质在水力、风力、冻融、重力等外力作用下，被破坏、剥蚀、搬运和沉积的全过程	土壤质量退化；生态环境恶化；引起江河湖库淤积
土壤沙化	指因风蚀作用，致使土壤细颗粒物质丧失，或外来沙粒覆盖原有土壤表层，造成土壤质地变粗的过程	严重影响农牧业生产；使大气环境恶化；危害河流、交通；威胁人类生存
土壤盐渍化	指易溶性盐在土壤表层积累的现象或过程	引起植物生理干旱；降低土壤养分有效性；恶化土壤理化性质；影响植物吸收养分
土壤潜育化	指土壤处于受积滞水分的长期浸渍，土体内氧化还原电位过低，并出现青泥层、腐泥层、泥炭层或灰色斑纹层的过程	还原物质较多；土性冷；养分有效性低；结构不良
土壤污染	指人类活动所产生的污染物，通过不同途径进入土壤，其数量和速度超过了土壤的容纳能力和净化速度的现象	导致严重经济损失；致使农产品污染超标、品质不断下降；造成大气环境次生污染；引发水体富营养化并成为水体污染的祸患；危害农业生态安全

4. 操作规程和质量要求　见表 3-1-10。

表 3-1-10　土壤退化防治操作规程和质量要求

工作环节	操作规程	质量要求
土壤侵蚀的预防与治理	（1）调查当地土壤侵蚀现状和危害 （2）总结当地土壤侵蚀预防与治理经验，制定治理方案 ①水利工程措施：坡面治理、沟道治理和小型水利工程 ②生物措施：种草种树、绿化荒山、农林牧综合经营 ③耕作措施：一是改变地面微小地形，如横坡耕作、沟垄种植、水平犁沟、筑埂作垄、等高种植、丰产沟等；二是增加地面覆盖，如间作套种、草田轮作、草田带状间作、宽行密植、利用秸秆杂草等进行生物覆盖、免耕或少耕等，三是增加土壤入渗，如增施有机肥、深耕改土、纳雨蓄墒、并配合耙耱、浅耕等	土壤肥力明显提高；森林覆盖率显著提高；生态环境明显改善
土壤沙化的预防与治理	（1）调查当地土壤沙化现状和危害 （2）总结当地土壤沙化预防与治理经验，制定治理方案 ①营造防沙林带：建立封沙育草带、前沿阻沙带、草障植物带、灌溉造林带、固沙防火带 ②实施生态工程：建立农林草生态复合经营模式 ③合理开发水资源：调控河流上、中、下游流量，挖蓄水池、打机井、多管井、开挖“马槽井”等 ④控制农垦：控制载畜量，控制农垦 ⑤采取综合治沙：活沙障、机械固沙、化学固沙等技术	大气环境明显改善；小气候环境明显改善；人类生存条件有所好转
土壤盐渍化的预防与治理	（1）调查当地土壤盐渍化现状和危害 （2）总结当地土壤盐渍化预防与治理经验，制定治理方案 ①水利工程措施：排水、灌溉洗盐、放淤压盐 ②农业改良措施：种植水稻、耕作改良与增施有机肥料 ③生物措施：植树造林、种植绿肥牧草 ④化学改良措施：施用石膏、磷石膏、硫酸亚铁、沥青等	土壤肥力明显提高；物理性状得到显著改善；作物生长良好，产量显著提高
土壤潜育化的预防与治理	（1）调查当地土壤沙化现状和危害 （2）总结当地土壤沙化预防与治理经验，制定治理方案 ①排水除渍：开挖截洪沟、环田沟、十字形或非字性沟，排除山洪水、冷泉水、铁锈水、渍水和矿毒水 ②合理轮作：改单作为水旱轮作，粮肥轮作 ③合理耕作：冬季耕作层犁翻晒白，且早耕早晒，晒白晒透 ④合理施肥：宜施磷、钾、硅肥 ⑤多种经营：采取稻田—养殖（鱼、鸭）或种植藕、荸荠等	土壤肥力明显提高；物理性状得到显著改善；作物生长良好，产量显著提高
土壤污染的预防与治理	（1）调查当地土壤沙化现状和危害 （2）总结当地土壤沙化预防与治理经验，制定治理方案 ①减少污染源：加强对土壤污染的调查和监测、控制和消除工业“三废”、控制化学农药使用、合理施用化肥 ②综合治理：一是采取客土、换土、隔离法、清洗法、热处理等工程措施；二是采取生物吸收、生物降解、生物修复等生物措施；三是加入沉淀剂、抑制剂、消除剂、颉颃剂、修复剂等改良剂；四是增施有机肥料、控制土壤水分、选择合适形态化肥、种植抗污染品种、改变耕作制度、改种木本植物和工业用植物；五是完善法制，发展清洁生产	土壤肥力明显提高；物理性状得到显著改善；作物生长良好，产量显著提高；土壤中污染物质逐渐消除；农产品中无有害物质残留

5. 常见技术问题处理　造成土壤退化的因素很多，包括土壤特性、社会经济、生态系统等综合因素，其中人为因素最为重要。不合理的土壤耕作会加速土壤退化，导致土壤质量下降；如坡耕地采取坡改梯可有效防止水土流失。不合理灌溉将会造成水资源浪费、土壤盐

渍化、重金属污染。化肥的不合理施用会造成农产品质量下降、地下水污染、水体富营养化、温室气体释放等。不合理的施用农药，在杀死有害生物时，也易杀死土壤有益微生物，同时造成土壤残留，降低土壤生产力和农产品质量。农业生产上使用的地膜基本上不可降解，其覆盖面广、厚度过薄、易破碎、残留量大，在土壤中不易腐烂，污染范围大。

阅读材料

土壤重金属污染的植物修复技术

重金属是对生态环境危害极大的一类污染物，目前治理重金属污染方法很多，各有利弊。生物修复由于能够治理大面积污染而成为一种新的可靠的环保技术，植物具有生物量大且易于后处理的优势，因此利用植物修复技术解决土壤重金属污染问题成为生物修复技术中一个研究热点。

1. **植物修复技术机理**　美国生物学教授 Ilya Raskin 将通过利用植物吸收、聚集、降解、固定环境中的污染物，从而减少或减轻污染物毒性的技术称为植物修复技术。植物对土壤重金属的修复多为原位生物修复，其机理主要有植物吸收和植物固定作用。

植物吸收是目前研究最多、最有发展前景的一种利用植物吸收去除环境中重金属的方法，它利用能耐受并能积累金属的植物吸收环境中金属离子，并将它们输送并贮存在植物地上部分。植物生长过程中需从土壤中吸收矿质营养，土壤中重金属有些为生命必需元素，有些为毒害元素或过量后造成毒害。植物在吸收必需元素的同时也吸收积累一定量的非必需元素。植物对重金属的积累和耐性有种内和种间的差异，科学家们已经发现许多植物具有自然吸收聚集土壤中重金属的能力。如纸皮桦可富集 10mg/kg DW 的汞，遏蓝菜能积累1 000mg/kg DW 的镉而不中毒。另外，向植物根系通直流电能提高金属的活动性，增加金属和植物接触的机会。Jianwei W. Huang 等以石墨为电极，向植物根系的生长介质中通入 0.2～0.5mA 的电流，结果使蒿属根系中的铅、铁、铜、钙、铝的浓度增加了1 倍。

植物固定是利用植物及一些添加物使环境中的金属流动性降低，生物可利用性下降，使金属对生物的毒性降低。植株生长中的一部分光合产物被分泌到根际中，分泌物中主要成分是黏胶、高分子和低分子化合物，如其中黏胶包裹在根尖表面，是重金属向根系迁移的“过滤器”，重金属可取代黏胶中钙、镁离子作为连接糖醛酸链的“桥”，也可与支链上的醛酸分子基团缔合。铅、铜等在黏胶中的迁移因络合能力大而受阻，镉等络合能力小的离子则易向根表移动。分泌物还作为微生物的能源，产生植物—微生物根际效应，根际微生物可改变土壤溶液 pH 而大大改变重金属的吸附特性，可产生硫化氢，与重金属形成难溶硫化物。微生物产生的各种有机物可络合和固定重金属，其细胞壁或黏液层也可吸收或固定重金属。许多植物在吸收重金属后，根系会形成大量的植物螯合素，借助巯基把重金属结合起来，使重金属处于非活性状态，毒性下降。

2. **植物修复技术的方法**　根据所需修复土壤的物理、化学和生物特点，污染程度，污染物理化性质，所要求达到的净化指标和期限以及植物对重金属的吸收积累能力、生长量等来选择所需植物品种，再根据不同种类植物的生长特性，在立体布局和生产季节上进行搭配，构建一稳定的土壤净化生态系统，收获后的植物经干燥、灰化处理，回收重金属，从而达到永远去除重金属污染的目的。选择超积累植物是植物修复技术的关键，根据美国能源部规定，能用于植物修复的植物应具有以下几个特性：一是即使在污染物浓度较低时也有较高的积累率；二是能在体内富集高浓度的污染物；三是能同时吸收积累几种重金属；四是生长快，生物量大；五是具有抗虫、抗病能力。Kumar 等发现芥菜（*Brassica juncea* L.）培养在含高浓度可溶性铅的培养液中，可使茎中铅含量达到 1.5%，同时吸收并积累铬、镉、镍、锌、铜等，美国一家植物修复公司已用芥菜进行野外修复试验。我国野生植物资源丰富，生长在天然污染环境中的野生超积累植物不计其数，开发利用这些野生植物资源对植物修复技术意义重大。周启星等在张士污灌区生物样品中发现野生苋为富镉植物，在第 2、3 闸区植株平均含镉达 19.82mg/kg DW 和 15.61mg/kg DW，植株未受到伤害。

木本植物具有高大的基干、茂密的枝叶及发达的根系，不与食物链相连，同时对土壤镉、汞等有较强的吸收累积作用，技能训练表明，速生树种杨柳类植物内积累的镉与汞的质量分数分别达 34.93mg/kg DW 和 47.19mg/kg DW，是对照植株的 10 倍以上，生长未见异常，生物量无明显下降，供试树种运转到干部的镉量为总镉的 9.2%～53.9%，吸入重金属的植物可作为工业用材及建筑用材，达到消减稀释重金属的目的。

苎麻是较强的吸镉耐镉植物。其根部吸镉率 0.59%，三季茎叶吸镉合计 0.86%，籽实仅 0.002%，地上部分 0.86%，分别比水稻、大豆高出 2.44 倍和 4.06 倍。苎麻韧皮部是很好的纺织原料，我国南方一些镉污染区也是苎麻生产基地，水田改旱田后，通过 5 年改良，土壤镉降低率达 27.6%。

3. 经济有效的“绿色”治理技术 土壤中的重金属具有长期性、非移动性特点，不能被微生物所降解。利用植物修复技术净化重金属污染土壤，成本低廉，技术及设备要求不高，技术费用仅是其他治理技术的 1/3～1/10，且不破坏植物生存所需的土壤环境，污染物去除彻底，不会产生二次污染，且易于后处理。如用客土法处理 $1hm^2$ 厚 20cm 的镉污染表土需清理出 150t 污染土壤，而用植物修复技术，焚烧富含镉的植物仅剩 25～30t，将灰进一步处理后提炼可再利用。

植物修复技术的不足之处是修复比较缓慢，使污染土壤恢复到背景值需几年、几十年甚至上百年。因此，目前研究的关键是筛选出超量积累植物和改善植物吸收性能的方法，利用植物基因工程技术，构建出高效去除环境中污染物的植物。

资料收集

1. 阅读《土壤》《中国土壤与肥料》《土壤通报》《土壤学报》《植物营养与肥料学报》等杂志及土壤资源等方面的书籍。

2. 浏览中国肥料信息网、××省（市）土壤肥料信息网、中国科学院南京土壤研究所网站、中国农业科学院土壤肥料研究所网站等。

3. 了解近两年有关土壤资源、土壤退化等方面的新技术、新成果、最新研究进展，写一篇“当地土壤质量退化预防与治理”的综述。

师生互动

将全班分为若干团队，每队 5～10 人，利用业余时间，进行下列活动：

1. 根据当地实际情况，以县或乡或村为区域，调查影响土壤质量的主要因素。

2. 根据当地实际情况，以县或乡或村为区域，调查存在哪些土壤退化类型，有何防治典型经验。

3. 根据当地实际情况，以县或乡或村为区域，调查其所分布的土壤类型，了解其特征、利用改良经验，写出课外活动小结。

考证提示

获得农艺工、种子繁育员、肥料配方师、植保员、蔬菜园艺工、花卉园艺工、果树园艺工、林木种苗工、绿化工、草坪建植工、中药材种植员、牧草工等高级资格证书，需具备以下知识和能力：

◆当地主要土壤的特点、利用与改良。

◆当地土壤退化的主要类型特点与防治。

◆土壤剖面的挖掘与观察。

项目二　土壤资源利用与管理

项目目标

知识目标：了解我国土壤资源利用现状；熟悉旱地土壤、水田土壤、草原土壤、森林土壤、城市土壤的特点。

能力目标：掌握旱地土壤、水田土壤、草原土壤、森林土壤、城市土壤的利用与管理。

任务一　农业土壤利用与管理

任务目标

了解我国土壤资源特点与存在问题；掌握旱地土壤、水田土壤、等农业土壤的利用与管理。

背景知识

我国土壤资源利用现状

土壤资源是指具有农、林、牧生产性能的土壤类型的总称，是人类生产和生活最基本、最广泛、最重要的自然资源。土壤资源具有一定的生产力。不同种类和性质的土壤，对农、林、牧具有不同的适应性。

1. 我国土壤资源的特点

（1）土壤资源丰富、类型多样。我国的土壤资源极为丰富，类型多样，有14个土纲141个土类。不但具有世界上主要的森林土壤，而且具有肥沃的黑土、黑钙土以及其他草原土壤，同时还具有世界上特有的青藏高原土壤，因此对发展农、林、牧生产具有广泛的应用价值。

（2）山地面积多，平原面积少。我国是一个多山的国家，平原面积少，平原盆地只占国土面积的26%，丘陵占10%，山地占64%，而且许多海拔在2 000m以上。寒漠、冰川有$2\times10^4 km^2$；沙漠、戈壁约$1.1\times10^6 km^2$；石质山面积约$4.3\times10^5 km^2$。所以我国土地面积中有20%在开发利用上是有困难的，但从另一个角度来看，广阔的丘陵、山地，复杂而多变的山地气候，也为我国发展多种国林、药材等经济林木以及开发牧场提供了场所。

（3）耕地面积少、分布不平衡。据统计，全国耕地面积约$1\times10^6 km^2$，只占全国总土地面积的10.41%，只占世界同类耕地的7%。同时在分布上又很不平衡，大部分分布在温带、暖温带和亚热带的湿润、半湿润地区。总的来说，我国人均耕地不仅少，而且分布过于集中。

2. 我国土壤资源存在的问题

（1）耕地逐年减少，人地矛盾突出。耕地面积减少是一个世界性的问题。我国人地矛盾更突出，从20世纪50年代初期至80年代不到30年期间，人均占有耕地少了677m²。生存空间越来越小，严重危害中华民族的生存和发展。

（2）土壤侵蚀严重，危害巨大。由于植被破坏，利用不当，土壤侵蚀现象越来越严重。我国20世纪50年代初，水土流失面积为1.16×10^6km²，目前扩大到1.9×10^6km²，增长了64%，占国土面积约20%。水土流失涉及全国1 000个县。

（3）土壤资源退化，肥力下降。由于土壤侵蚀和耕植利用不合理，使土壤退化，生产力下降。由于人类在最近50年内对土壤的影响，现在的腐殖质损失量比农业文明以来平均腐殖质损失量高约24.3倍。

（4）土壤盐碱化、沙化加剧。我国盐碱土主要在黄淮平原、东北西部、河套地区、西北内陆干旱半干旱地区以及滨海地带，估计总面积2×10^5km²以上。我国是世界上沙漠化最严重的国家之一，北方地区沙漠、戈壁、沙漠化地区的面积已经达到1.49×10^6km²，占国土面积的15.5%，其中沙漠化土地面积为3.34×10^5km²，涉及212个旗县，断续约5 500km长。

（5）土壤污染日益严重，农田生态破坏。工业废弃物以及农药化肥的大量使用，加上管理不善，进入土壤的有机物质逐年增多，达到危害植物正常生长发育的程度，并通过食物链的传递，从而影响到人类的健康。

活动一　旱地土壤的利用与管理

1. 活动目标　了解旱地农田、果园、菜园等土壤利用形式的特点，熟悉旱地农田、果园、菜园等土壤的利用与管理。

2. 活动准备　根据班级人数，按4人一组，分为若干组，小组共同调研，制定旱地农田、果园、菜园等土壤培肥改良计划或方案，共同研讨，并进行小组评价。

3. 相关知识　农业土壤包括农田土壤和园艺土壤。农田土壤是在自然土壤基础上，通过人类开垦耕种，加入人工肥力演变而成的，分为旱地土壤和水田土壤；园艺土壤是栽培果树、蔬菜等园艺植物的农田土壤。各类旱地土壤特征如表3-2-1所示。

表3-2-1　各类旱地土壤资源的利用方式与特征

利用形式	土壤特征
旱地高产田	适宜的土壤环境：山区梯田化，平原园田化、方田化。协调的土体构型：上虚下实的剖面构型，耕作层深厚、疏松、质地较轻。适量协调的土壤养分。良好的物理性状，有益微生物数量多、活性大、无污染
旱地中低产田	干旱灌溉型：降雨量不足或季节分配不合理，缺少必要调蓄工程，或土壤保蓄能力差 盐碱耕地型：土壤中可溶性盐含量超标，影响植物生长 坡地梯改型：具有流、旱、瘦、粗、薄、酸等特点 渍涝排水型：地势低洼，排水不畅，常年或季节性渍涝 沙化耕地型：主要障碍因素为风蚀沙化 障碍层次型：如土体过薄，剖面上有夹沙层、砾石层、铁磐层、砂姜层、白浆层等障碍层次

（续）

利用形式	土壤特征
果园土壤	南方果园：土壤类型多，有机质含量低，质地黏重，耕性不良，养分含量较低，土壤酸性 北方果园：土层深厚，质地适中，灌排条件好，肥力较高，无盐碱化
菜园土壤	熟化层深厚；有机质含量高，养分含量丰富；土壤物理性状良好；保肥供肥能力强
设施土壤	土壤温度高；土壤水分相对稳定、散失少；土壤养分转化快、淋失少；土壤溶液浓度易偏高；土壤微生态环境恶化；营养离子平衡失调；易产生气体危害和因土壤消毒造成毒害

4. 操作规程与质量要求 见表3-2-2。

表3-2-2 旱地土壤管理操作规程和质量要求

工作环节	操作规程	质量要求
旱地高产田的培肥与管理	（1）当地高产土壤环境现状评估。调查当地高产土壤的类型，培肥管理中存在的问题及经验 （2）总结当地高产田培肥管理经验，制定其培肥与管理措施 ①增施有机肥料，科学施肥：以有机肥为主、化肥为辅、有机无机相配合 ②合理灌排：适时适量地按需供水、均匀灌水、节约用水 ③合理轮作，用养结合：合理搭配耗地植物、自养植物、养地植物 ④深耕改土，加速土壤熟化：深耕结合施用有机肥料，并与耙耱、施肥、灌溉等耕作管理措施相结合 ⑤防止土壤侵蚀，保护土壤资源	
旱地中低产田的培肥管理	（1）当地中低产土壤环境现状评估。调查当地中低产土壤的类型，培肥管理中存在的问题及改良利用典型经验 （2）总结当地中低产田培肥管理经验，制定其培肥与管理措施 ①干旱灌溉型的要通过发展灌溉加以改造耕地，并做到合理灌溉 ②盐碱耕地型的可建设排水工程，干沟、支沟、斗沟、农沟配套成网；井灌井排，深浅井合理分布，咸水、淡水综合利用；平整土地，防止地表积盐；进行淤灌；旱田改水田；耕作培肥 ③坡地梯改型可通过植树造林、种植绿肥牧草、坡面工程措施（等高沟埂、梯田、治沟保坡、沟坡兼治等）、推广有机旱作种植技术、发展灌溉农业等措施 ④渍涝排水型要建设骨干排水工程（干沟、支沟）进行排水；田间建设沟渠（斗沟、农沟）配套成网 ⑤沙化耕地型可通过：营建防护林网；种植牧草绿肥；平整土地，全部格田化；发展灌溉；土壤培肥，秸秆还田，增施有机肥，补施磷钾肥等 ⑥障碍层次型可采取：在坡地采用等高种植；采用深松、深翻加深耕层，混合上下土层，消除障碍层；增施有机肥，秸秆还田，平衡施肥，培肥土壤	（1）山区梯田化，平原园田化、方田化 （2）具有上虚下实的较厚耕层；水田有适度发育的犁底层 （3）土壤养分丰富，有机质含量适中，全氮、速效磷、速效钾含量较高 （4）具有良好土壤孔隙和结构，团粒结构多，水热状况良好 （5）有益微生物丰富，土壤不存在污染、退化等
果园土壤的培肥管理	（1）当地果园土壤环境现状评估。调查当地果园土壤的类型，培肥管理中存在的问题及改良利用典型经验 （2）总结当地果园土壤培肥管理经验，制定其培肥与管理措施 ①加强果园土、肥、水管理：山丘果园修筑梯田，平地果园挖排水沟；增施有机肥，平衡施用氮、磷、钾及微量元素肥料 ②适度深翻，熟化土壤：深耕结合增施有机肥料；中耕除草与培土 ③增加地面覆盖：地膜覆盖和春、秋季覆草有效配合；果园种植绿肥 ④黄河故道等沙荒地，要设置防风林网，种植绿肥增加覆盖，培土填淤	

（续）

工作环节	操作规程	质量要求
菜园土壤的培肥管理	（1）当地菜园土壤环境现状评估。调查当地菜园土壤的类型，培肥管理中存在的问题及改良利用典型经验 （2）总结当地菜园土壤培肥管理经验，制定其培肥与管理措施 ①改善灌排条件，防止旱涝危害：采用渗灌、滴灌、雾灌等节水灌溉技术，高畦深沟种植 ②深耕改土：施用有机肥基础上，2～3年深翻一次 ③合理轮作：改单一品种连作为多种蔬菜轮作 ④增施有机肥，减少化肥施用：二者比例以5：5为宜	
设施土壤的培肥管理	（1）当地设施土壤环境现状评估。调查当地设施土壤的类型，培肥管理中存在的问题及改良利用典型经验 （2）总结当地设施土壤培肥管理经验，制定其培肥与管理措施 ①施足有机底肥 ②整地起垄：提早进行灌溉、翻耕、耙地、镇压，最好进行秋季深翻 ③适时覆膜，提高地温 ④膜下适量浇水 ⑤控制化肥追施量：适当控制氮肥用量，增施磷、钾肥 ⑥多年设施栽培连茬种植前最好进行土壤消毒	

5. 常见技术问题处理　根据各院校所在地的土壤资源情况，重点选择当地具有代表性的土壤，通过农户调查、专家访谈、查阅资料等方式，调查土壤利用与管理过程中存在的问题，当地土壤存在哪些障碍因素或低产因素。这些存在的问题及因素是制定培肥管理方案的关键所在。

活动二　水田土壤的利用与管理

1. 活动目标　了解水田土壤利用形式的特点，熟悉水田土壤的利用与管理。

2. 活动准备　根据班级人数，按4人一组，分为若干组，小组共同调研，制定水田土壤培肥改良计划或方案，共同研讨，并进行小组评价。

3. 相关知识　水田土壤是在一定的自然环境及人们种植水稻或水生植物后，采用各种栽培措施的影响下形成的。由于长期灌溉和干湿交替，形成了不同于旱地的土壤性状。水田土壤在种稻灌水期间，耕作层被水分所饱和，呈还原状态；在排水晾田、秋冬干田季节，耕作层呈氧化状态。这种周期性的干湿交替过程，形成了水田土壤特有的物理、化学和生物性状。

（1）具有特殊的土壤剖面构型。典型的水田土壤剖面层次，通常可分为耕作层、犁底层、潴育层、潜育层等。一般来说，耕作层较厚（15～20cm）；犁底层较软而不烂；潴育层具有锈纹、锈斑，地下水位不高；潜育层位于70～80cm处。

（2）水热状况比较稳定。水田淹水期，水层增大了土壤热容量，水热动态稳定。

（3）氧化还原电位较低，物质的化学变化较大。一般水田土壤多处于还原状态，淹水时间愈长，还原物质愈多，氧化还原电位较低，可降到100mV以下，而在晾田和排水落干收获期则可达300mV以上。

（4）厌氧微生物为主，有机质积累多。淹水减少了土壤中氧气质量分数，厌氧微生物占据优势，导致有机质分解速度缓慢，使有机质较快积累起来。

4. 操作规程与质量要求 见表3-2-3。

表3-2-3 水田土壤培肥管理的操作规程与质量要求

<table>
<tr><th>工作环节</th><th>操作规程</th><th>质量要求</th></tr>
<tr><td>一般水稻土的培肥管理</td><td>(1) 搞好农田基本建设，这是保证水稻土的水层管理和培肥的先决条件
(2) 增施有机肥料，合理使用化肥。水稻的植株营养主要来自土壤，所以增施有机肥，包括种植绿肥在内，是培肥水稻土的基础措施。合理使用化肥，除全面考虑养分种类以外，在氮肥的施用方法上也应考虑反硝化作用，应当以铵类化肥进行深施为宜
(3) 水旱轮作与合理灌排。这是改善水稻土的温度、Eh 以及养分有效释放的首要土壤管理措施。合理灌排可以调节土温，一般称：“深水护苗，浅水发棵”。北方水稻土地区，春季风多风大，温度不稳定，刮北风时，气温土温下降，因水热容量大，灌深水可以防止温度下降以护苗；刮南风时，温度上升，宜灌浅水，温度上升高，利于稻苗生长，特别是插秧返青以后，宜保持浅水促进稻苗生长。水稻分蘖盛期或末期要排水烤田，可以改善土壤通气状况，提高地温，土壤发生增温效应和干土效应，使土壤铵态氮增加，这样在烤田后再灌溉时，速效氮增加，水稻生长旺盛。对北方水稻土特别是低洼黏土地烤田，效果更显著</td><td rowspan="2">(1) 良好的土体构型：耕作层 20cm 以上；有良好发育的犁底层，厚 5～7cm，以利托水托肥；心土层应垂直节理明显，利于水分下渗和处于氧化状态。地下水位以在80以下为宜，以保证土体的水分浸润和通气状况
(2) 适量的有机质和较高的土壤养分含量。一般土壤有机质以 20～50g/kg 为宜。肥沃水稻土必须有较高的养分贮量和供应强度
(3) 适当的渗漏量和适宜的地下日渗漏量。在北方水稻土宜为 10mm/d，利于氧气随渗漏水进入土壤中。适宜的地下水位是保证适宜渗漏量和适宜通气状况的重要条件</td></tr>
<tr><td>低产水稻土的培肥管理</td><td>水稻土的低产特性主要有冷、黏、沙、盐碱、毒和酸等
(1) 冷：低洼地区地下水位高的水稻土如潜育水稻土、冷浸田在秋季水稻收割后，土壤水分长期饱和甚至积水，这样于次年春季插秧后，土温低，影响水稻苗期生长，不发苗，造成低产。改良方法是开沟排水，增加排水沟密度和沟深，改善排水条件，降低地下水位
(2) 黏和沙：质地过黏和过沙对水分渗漏不利，前者过小，后者过大，均能对水稻生育产生不良影响，也不利于耕作管理。具有这两类特性的水稻土，耕耙后很快澄清，地表板而硬，插秧除草都困难。改良方法是客土，前者掺入沙土，后者掺入黏质土，如黄土性土壤或黑土等
(3) 盐碱、毒害：盐碱和工业废水的影响，主要是在排水的基础上，加大灌溉量以对盐碱、毒害进行冲洗
(4) 酸度改良：主要是对一些土壤酸度过大的水稻土应当适量施用石灰</td></tr>
</table>

5. 常见技术问题处理 我国南北方由于气候差异较大，水田土壤的特性差异也较大。因此，要注意土壤耕作方法。

(1) 南方水田土壤耕作。在南方多熟制地区，水田除栽培水稻以外，还与各种旱作物形成各种各样的水旱复种，与之相应的土壤耕作也呈多样化，基本上由秋耕、冬耕、春耕、夏耕和插秧后的土壤耕作等几个环节组成。

① 秋耕和冬耕。前作水稻生长发育中期要晒好田，成熟前开沟排水。水稻收获后，要视不同熟制水稻的熟期差异，掌握在土壤的宜耕期内及时耕翻整地。

② 春耕。早稻田，前茬如为冬闲田，在秋、冬耕晒垡的基础上，春耕前施基肥、灌水浅耕、粗耙、再犁一次、耙一次沤田。插秧前再浅耕、耙一次，用蒲滚式溜耙平，即插秧。前茬若为冬作物，则收获后施基肥、灌水浅耕、耙沤。插秧前再犁、耙、拖平。如冬作物是板田播种的，土壤较紧实，应适当增加水耕水耙次数。前茬若为绿肥，要掌握好绿肥的翻耕压青时期。紫云英宜在盛花期，苕子宜在初花期，肥田萝卜宜在结荚期。一般耕翻2次，相隔7～10d。

在灌溉条件较差的高旱地或山区种植双季稻安全期不足的情况下，常种植早玉米晚稻一年两熟或再加一季冬作物成三熟制。早玉米的前茬多为冬闲田。在冬耕晒垡的基础上，掌握在雨后及时粗耙、播前浅耕、细耙、起畦、开行播种。

③ 夏耕。中晚稻田，前茬若为冬闲田或冬作物田，插植中稻或单季晚稻，时间较宽松，可先干耕晒垡，使土壤疏松，然后施基肥、灌水耙沤。插秧前再犁、耙、拖平。前茬如为早稻收获后种晚稻，由于时间紧，早稻收后立即灌浅水，进行一犁二耙一耖，拖平插秧；也可不耕翻，仅用旋耕机旋几遍，或用齿耙、滚耙浅耕灭茬后插秧。如前茬是垄畦栽水稻，则采取免耕或少耕插晚稻。如春玉米收获后种晚稻，春玉米熟期早，且多间作豆类作绿肥，收获玉米苞后留茎秆，让绿肥再长一段时间，即插秧前半个月左右，将玉米秆连绿肥砍成小段，翻埋、灌水耙沤。7～10d 后再犁、耙、拖平、插秧。

在早、中稻收获后复种秋季旱作物如甘薯、花生等，如播花生为抢季节，常采用板田播种，水稻收获后，趁土壤湿润及时在稻茬的一边点播花生，盖上基肥，并用稻草覆盖，不进行任何耕作。

（2）北方水田土壤耕作。我国北方的水稻田，多分布在地势低洼、地下水位高而灌溉条件好的低洼地。一年以种一季水稻为主，且多年连作。水稻田的土壤多黏重过湿，土壤耕作的主要作用是创造一个深厚、松软、平整的耕作层，减少乃至消灭病虫和杂草，以便播种、扦插和灌溉。土壤耕作的方法主要以耕翻法为主。秋季耕翻晒垡，不耙耱，经过冬季冻融，使土垡散碎，次年春干耙 2 次或旋耕 1 次，诱发杂草，然后水耙 1～2 次，将土块耙碎。水耙方向应与干耙方向交叉进行，防止漏耙。最后用刮板整平地面，并保持水层，插秧前再纵横耙 3～5 遍。

东北地区多集中在春季耕翻。经过冬天冻融交替，墒情转好，土壤结构疏松，趁土壤未全部解冻下塌前耕地，阻力小且省工，并可提早晒垡。此时气温上升，日照强，土垡易晒透。晒垡后，灌水沤田，粗耙 1 次，诱发杂草，然后再水耕。为了减轻翻上还原层的有毒物质的影响，春耕多浅翻。

华北的水田多实行稻麦两熟，年内水旱轮换。其土壤耕作也有特点，从收稻到种麦间隔时间短，稻田土壤黏重，稻茬密布于表层，耕地时不易破碎，并且土壤含水量多，地温较低。为了提高耕地和播种质量，稻田应适时停水，以便使耕地土壤墒情适宜，此外，采用旋耕将稻茬和土块打碎，后耙捞整平。稻田的土壤耕作是在麦收后用旋耕机耕地，疏松耕层，打碎麦茬，按稻田的要求做成畦，粗平地面，泡水 1～2h，随后水耙 2 遍，将土耙平成泥糊状，防止漏水，再用刮板整平田面，以备插秧。

任务二　非农业土壤的利用与管理

任务目标

了解草原土壤、森林土壤、城市土壤的基本特点；掌握草原土壤、森林土壤、城市土壤等非农业土壤的利用与管理。

活动一　草原土壤利用与管理

1. 活动目标　了解旱地草原土壤利用形式的特点，熟悉草原土壤的利用与管理。

2. 活动准备 根据班级人数，按4人一组，分为若干组，小组共同调研，制定草原土壤培肥改良计划或方案，共同研讨，并进行小组评价。

3. 相关知识 草原土壤是在天然草类覆盖下发育而成的土壤。草原土壤现大多为天然放牧的基地。我国草原土壤多分布在温带、暖温带的半干旱、半湿润和干旱气候区。草原土壤具有以下特征：

（1）资源丰富，类型多样。我国草原土壤总面积$4\times10^8hm^2$，约占国土面积的45.5%，主要分布在内蒙古、青藏高原、东北和西北部分地区，面积较大的有西藏、内蒙古、新疆、青海、四川、甘肃、云南、广西、黑龙江9省（自治区），面积达$3.32\times10^8hm^2$，占全国草原土壤的83%。我国草原土壤类型众多，主要有黑土、黑钙土、栗钙土、棕钙土、灰钙土、草甸土、山地草甸土、草毡土、黑垆土等。

（2）水热条件不协调，肥力特性较差。我国草原土壤1/2面积分布在北方温带草原区，1/3分布在青藏高原高寒区。水热条件从东到西、从南到北差异很大。北方温带地区的降水量从东南部的500～700mm降低到西北部的50mm以下；从≥10℃积温来看，西北地区热量资源高于东部地区，只有分布面积很小的亚热带和热带草原土壤水热条件同步。所以，华北、西北地区广阔的草原土壤受淋溶作用弱，土壤水分以蒸发为主，盐基物质较多，有明显的碳酸钙或石膏成分的累积，土壤pH呈碱性。

（3）肥力水平相差较大，且不稳定。草原土壤腐殖质含量较低，腐殖质厚度除黑土外，大部分较薄，土壤养分含量较低；质地较粗，结构性较差，易引起风蚀沙化。肥力水平从东到西、从南到北逐渐降低，草地生产力水平也表现出同样趋势。年际间降水量变化较大，季节降水量也不均匀，造成土壤生产力水平不稳定。

4. 操作规程与质量要求 草原土壤类型较多，我国最典型的草原土壤主要是黑钙土、栗钙土和黑垆土等，其土壤管理措施见表3-2-4。

表3-2-4 草原土壤管理操作规程和质量要求

工作环节	操作规程	质量要求
加强草原土壤资源利用方向的管理	草原土壤资源利用的方向必须坚持以牧为主，长期保持天然草地生态功能的稳定，对滥开垦草原土壤发展种植业和其他各类破坏草原的经营活动应加强管理，坚持退耕还草还牧	草原土壤最适宜发展天然畜牧业，不适宜开展发展种植业
合理利用，加强保护	（1）必须加强以草定畜、以草配畜、增产增畜、草畜平衡为基础的草地畜牧业管理 （2）严禁滥垦、滥牧。在草地经营中应加强对随意开垦农用、矿产开发、过度采集根用药材、砍伐防护林、居住地建设、公路建设等的管理，实行草原土壤资源开发与保护草地补偿恢复制度等	草地与畜群在适度放牧条件下，能使草畜两旺，保持草地的良性循环和发展
科学放牧，建设人工草地	（1）推行划区轮牧和季节性放牧，并且加强放牧时间与放牧次数的管理，推行季节性休牧和家庭饲养相结合的管理办法 （2）适当发展人工草地，充分发挥草地生产潜力，提升草地畜牧业发展水平，保证牲畜秋、冬季饲料供应。人工草地首先选择在退化草地上，并且推广留高茬刈割，有利于保护土壤，抑制风蚀沙化	依据天然草场植被生长的特点，必须实行科学的放牧制度

5. 常见技术问题处理 我国草原生态环境问题比较突出，应引起高度重视，主要表现在：

（1）草原退化问题。北方和青藏高原草地90%已经或正在退化，其中中度程度以上的

退化草地已达 $1.3\times10^{8}hm^{2}$，严重退化草地 $5.65\times10^{7}hm^{2}$；南方草地退化面积约为 $1.4\times10^{7}hm^{2}$，占南方草地总面积的 30%，其中重度退化草地 $2.8\times10^{6}hm^{2}$。

（2）草原沙化问题。沙化草原主要发生在半湿润、半干旱地区的草原，在开垦活动频繁的农牧交错区最为严重。20 世纪 50～80 年代草原沙化共增加了 $6.4\times10^{6}hm^{2}$，平均年增长率 1.49%，其中 80%的土地荒漠化发生于天然草原。此外，由于内陆河上游截留水源、用水不当等原因使河流下游两岸的草地大面积消失，如新疆 40 多年来 $3.4\times10^{6}hm^{2}$ 的草地沦为沙地。

（3）草原盐渍化问题。干旱、半干旱区地势较低、地下水位较高的低地草甸和低地盐化草甸，地表层土壤盐分含量增加，使不耐盐碱的草地植被消退，草地植被变稀疏，草地生产力降低，草地可食性牧草减少。目前，我国草地盐渍化面积已达 $9.3\times10^{6}hm^{2}$ 以上，大面积发生于东北地区西部松嫩草原、内蒙古西部、新疆、甘肃、青海干旱荒漠区绿洲边缘草地等。

（4）草原生物多样性问题。由于人类在草原上开展经济活动，草原上的众多动物、植物资源遭到破坏，尤其是近几十年来，随着人为干扰程度的增强，加剧了生物资源的破坏速度，引起大批生物资源的丧失。1991 年中国科学院植物研究所编写的《第二批中国稀有濒危植物名录》共收录了 627 种、10 个变种，这些稀有濒危种大都分布在草原地带。

活动二　森林土壤利用与管理

1. 活动目标　了解旱地森林土壤利用形式的特点，熟悉森林土壤的利用与管理。

2. 活动准备　根据班级人数，按 4 人一组，分为若干组，小组共同调研，制定森林土壤培肥改良计划或方案，共同研讨，并进行小组评价。

3. 相关知识　森林土壤是指森林覆盖下发育而成的土壤。在我国主要分布在东北、西南广大地区，主要沿大兴安岭—六盘山—青藏高原东部边缘一线，其他地区主要分布在高山阴坡，面积较小。我国森林土壤面积 $1.34\times10^{4}hm^{2}$。森林土壤特征为：

（1）气候湿润，水分条件较好。森林土壤分布区降水量较多，蒸发量小于降水量，气候较湿润，土壤中水分含量较多，水分条件好。

（2）表层有机营养丰富，物质循环较快。森林土壤表层存在较多的森林凋落物，生物富集作用较强，土壤与凋落物之间营养物质循环较快，土壤表层腐殖质形成较多，土壤有机营养较丰富，尤其是土壤氮素较丰富，而钾、钠、钙、镁含量较少，土壤养分表现出钾、钙不足。

（3）土壤反应趋向酸性，盐基饱和度较低。森林土壤处于湿润气候区，土壤水分运动为淋溶型，土壤所受淋溶作用较强，土壤中盐基离子淋失较多，凋落物分解所形成的有机酸较多，土壤盐基饱和度较低，土壤胶体吸附较多的铝离子和氢离子，从而使土壤显酸性。

（4）生物资源丰富，生态环境良好。森林与森林土壤是许多珍稀动物赖以生存生活的基础，良好的土壤环境条件维持着森林的良好生长，保护着地下水、地表水和各类生物资源，保护着良好的森林生态环境，以保证动物生存、生活所需的环境条件。

4. 操作规程与质量要求　森林土壤类型较多，自北向南依次分布为寒温带的灰化土，温带的暗棕壤和灰色森林土，暖温带的棕壤和褐土，亚热带的黄棕壤、红壤和黄壤，热带的砖红壤。森林土壤管理措施见表 3-2-5。

表 3-2-5 森林土壤管理的操作规程和质量要求

工作环节	操作规程	质量要求
加强森林土壤资源保护	森林资源是保护生态环境最有效的天然屏障，是生物多样性的重要组成部分。我国森林覆盖率为 17.9%，保护好森林土壤资源是保护我国天然林的主要任务。我国现存森林土壤应严禁开垦从事农业、牧业利用，对火灾后的迹地应及时进行人工补植或保护自然恢复	宜林土地区应加强封山育林管理，非更新采伐期严禁采伐
加强森林地面凋落物保护	森林土壤物质的循环主要依赖凋落物的分解归还土壤，所以保存凋落物是维持土壤肥力的主要措施，加强对林地土壤表层凋落物的管理，严禁大量收集用做燃料和供牲畜食用，否则会导致土壤物质循环链中断，引起土壤肥力下降	在林区通过适当发展人工薪炭林，解决燃料问题，是保护凋落物的有效途径
加强森林抚育管理	森林生长周期长，林冠郁闭度大，地面凋落物较多，各树种混杂后成熟期不一致。加强疏伐、整枝，促进营养物质良性循环，淘汰劣质树种，保留优势树种，保护林下植被，可以促进森林良好生长发育，对提高土壤肥力、防止水土流失是非常重要的	有条件的林区可以发展多种经营，但要保护生态不受破坏

5. 常见技术问题处理 森林土壤以林业生产为主。对天然林地实行采育兼顾，有利于保护森林资源和土壤资源；对采伐后的迹地用火烧采伐剩余物，有利于清林改土；对一些沼泽化林地则应以排水作为改良中心。实行针、阔叶树种混交是保持和提高森林土壤肥力的一项有效措施，其中尤以与固氮树种混交的效果最为突出。此外，在热带季雨林地区发展的多层次、多种类人工群落，也是利用森林土壤的一项成功措施，如海南岛的胶（橡胶树）一茶（云南大叶茶）人工群落，云南的樟（树）、茶（树）间作以及湖南、江西等地的梨（树）、茶（树）间作等都获得了经济效益，而且增强了对土壤的保护作用。

活动三 城市土壤利用与管理

1. 活动目标 了解城市土壤利用形式的特点，熟悉城市土壤的利用与管理。

2. 活动准备 根据班级人数，按 4 人一组，分为若干组，小组共同调研，制定城市土壤培肥改良计划或方案，共同研讨，并进行小组评价。

3. 相关知识 城市土壤是自然土壤被城市占据，在人类强烈活动影响下形成的。随着我国城市化进程不断加快，城市迅速扩大，重视城市土壤资源的特征与管理是一项重要的任务。城市土壤具有以下特征：

（1）人为影响大，肥力性状差。自然土壤或耕作土壤经城市占用并受人类活动的影响，土壤性状会发生明显的变化。城市土壤微生物数量较少，植被类型明显减少；土壤生物量大幅度降低，土壤生物多样性下降；土壤物质流和能量流循环失衡，土壤物质运行受到阻隔；土壤腐殖质逐渐减少；土壤团粒结构被破坏，土壤结构趋向块状和片状，渣砾增多；土壤紧实度增加，土壤容重明显变大，孔隙状况不良，总孔隙度小，土壤持水能力降低；土壤酸性或碱性加剧，营养元素含量下降。

（2）土壤污染严重。城市化伴随工业发展，城市人口密度和数量增大，各种化学用品不断增加，生活垃圾、工程废料和生活废水及工业污染物排放等都是污染土壤的因素。

（3）净化功能明显降低，有害成分增加。城市土壤由于腐殖质呈明显的下降趋势，土壤生物活性明显降低，土壤黏土矿物更新过程放缓，所以土壤降解、转化污染物的能力大大降低，土壤过滤器和净化器的功能明显减弱。各类污染物易进入地下水或通过生物链进入动、植物体内，造成城市地下水体污染和城市植物有害成分增加。

4. 操作规程与质量要求 见表3-2-6。

表3-2-6 城市土壤利用与管理的操作规程和质量要求

工作环节	操作规程	质量要求
合理利用城市土壤	根据土壤类型选择适宜植物栽培。绿化用地在绿化施工前，要进行园林绿化设计，在运用植物造景进行植物配置时，力求做到适地适树。在施工过程中发现土壤条件不适宜设计上安排的树种，要及时改换其他树种栽植	紧实土壤或带宽小于2m，要选择适应性强的树种栽植；渣砾多的土壤要栽植喜气耐肥树种；水位高潮湿土壤上要栽植喜湿树种；盐碱地要选用耐盐碱的树种；楼北的地方要选种耐阴树种
适时改良城市土壤	（1）改土。如果遇到松散土壤或极紧土壤不适宜树木栽植，要进行改土。改土是将土坑按规格要求挖好后，遇有渣砾要去掉，坑内施基肥换好土栽植，栽植第二年后要在树坑外围环状改土。在可能情况下，改土后经2～3年再在树的周围以同样方法扩大改土面积 （2）改土复壮。对已栽植多年的树木因土壤渣砾多或土壤紧实而造成长势弱的植株要进行改土复壮。改土方法基本同上，但要将环状改土分2～3年完成，每年可改土一部分，减少树根损伤 （3）改善土壤环境。石灰渣土在植树前要将坑内的土全部换成好土。盐渍化土要采取挖沟排盐、灌水洗盐等措施降低土壤含盐量。水湿土壤要在绿化前挖沟排水或垫土抬高地面 （4）生物改良土壤。如种植白三叶既可以绿化又可以通过固氮改良土壤	改土规格是在树坑外围挖成宽0.8m左右，深0.8m左右的环状沟。沟挖完后，视土壤情况确定土壤处理方法。多渣土壤要筛除渣砾，换上好土掺入草炭、有机肥、锯末等保水保肥物质；紧实土壤可掺些树木屑、枝叶、沙砾等松土物质
因地制宜土壤培肥	（1）增加土壤养分。要将每年修剪的枝叶收集粉碎以备改土之用。贫瘠土壤或营养面积不足的绿地，要施足基肥并及时追肥。城市建筑占用肥力高土壤时，可将表土储备起来用作绿化地改土换土之用 （2）改善土壤通气状况。紧实土壤进行松土并掺混一些能增加土壤透气性的物质。条件允许情况下人行道铺装改成透气铺装 （3）调节土壤水分。根据土壤墒情做到适时浇水。保水性差的土壤可改土增加土壤保水性。扩大城市地表水面积，减少铺装，提高土壤含水量 （4）加强土壤管理。禁止在绿地挖土、堆放杂物。禁止建筑垃圾埋入绿地。防止有害物质污染土壤。禁止人为践踏土壤	（1）肥料要选用专用肥或多元素无机肥与有机肥混施效果最佳。施肥时间、深度、范围和施肥量等的确定以有利于植物根系吸收为益 （2）保水差的土壤浇水要少量多次；板结土壤应在根区松土筑埂浇水

5. 常见技术问题处理

（1）城市规划中要规划出足够的城市绿地、城市公园、居住小区绿地，街道绿化造林要形成网络。城市建设要树立绿色城市的理念，重视保护植物残落物，尽量避免焚烧，促使土壤与残落物进行物质循环。

（2）城市垃圾回收并进行无害化处理是控制有害物质进入土壤的最有效手段之一。目前，我国城市垃圾回收和无害化处理设施建设相对滞后，加剧了处理场周围土壤的污染强度，对周边地下水存在潜在污染危害。

（3）要树立城市生态地面硬化观。城市地面硬化要向生态硬化的方向发展，如制造各种网孔状的生态方砖，使水分通过网孔归还土壤，植被也能自然生长，再通过人工修剪保持美观。也可以在方砖孔内人工种植草坪，使硬化、绿化和水分循环形成三位一体格局。

阅读材料

土壤生物工程边坡生态修复新技术

土壤生物工程的生态修复作用与效果，已经越来越为人们所认识。现代土壤生物工程要求运用生态学的原理，对实际的植物和土壤系统作出周密的考察和设计，利用植物对土壤结构的强化，对表层土壤颗粒运动的限制以及对边坡生态系统的改善等作用，不仅能够稳定边坡和控制水土流失，还能确保边坡植被水平和垂直结构合理，生态系统演替有序和景观优美。同传统的工程技术相比，土壤生物工程的技术、生态、经济和美学优势是显而易见的。当然，土壤生物工程不能完全替代传统的工程技术，在工程实际中通常是两者联合使用、相互完善。

1. 土壤生物工程的原理 与其他工程不同，土壤生物工程采用有生命力植物的根、茎（枝）或整体作为结构的主体元素，把它们按一定的方式、方向和排列插扦、种植或掩埋在边坡的不同位置；在植物群落生长和建群过程中加固和稳定边坡，控制水土流失和实现生态修复。

众多研究表明：植物能降低土壤孔隙的压力，吸收土壤水分；同时植物根系能提高土壤的抗剪切力，增强土体的黏附力，从而使土壤结构趋于坚固和稳定。边坡植物可以截留降雨，延滞径流，调节土壤湿度，减少风力对土壤表面的影响；还可以通过拦截、蒸发蒸腾和存储等方式来促进土壤水循环，促进土壤发育和表层活土的形成，调节近地面温度和湿度以促进植物生长，提供并改善多种生境，恢复边坡的生态功能和生物多样性。

2. 土壤生物工程的基本技术 土壤生物工程要求使用大量的可以迅速生长新根的木本植物，最常用的木本灌木和乔木是：柳、杨类、山茱萸类或其他本土植物。除了要求迅速生根之外，用于河道坡岸的植物，特别是在水位线附近的植物还必须有良好的耐水性能。土壤生物工程的种植技术比较简单，主要有3种形式：

（1）单枝扦插：直接扦插能够成活并生长根系的乔灌木枝干（如柳枝条等）。其工程特点为工作量小，成本低，有广泛的适应性，经常与捆栽和层栽联合使用。

（2）捆栽：也称柴笼，将枝条捆扎成一束，通常按等高线水平浅埋入岸坡高水位以上的位置。其工程特点为施工简单，造型容易，多用于坡度较缓的边坡水土流失控制。柴笼生长成型后具有很好的景观效果。

（3）层栽：也称灌丛垫，植物枝条的结构是交互成层或成排形状，枝条组成篱笆状，既可按水平或垂直方向布置，也可按不同的角度插栽。通常与其他结构例如土工布、石笼、堆石等配合使用，其施工技术较为复杂。生长成型后，具有较强的抗侵蚀、抗冲蚀和稳固岸坡的功能，而且景观效果很好。

上述3种基本的种植技术和方法，从点、线、面结合起来，可以构筑各种不同类型的边坡、不同形状的坡面和不同景观效果的生态坡岸。

3. 在河道生态坡岸上的应用 上海市环境科学研究院和华东师范大学河口海岸国家重点实验室对土壤生物工程技术和方法进行了系统的研究和开发，并于2004年年初在上海市浦东新区机场镇使用土壤生物工程技术构筑了生态河道的生态坡岸。示范工程表明，土壤生物工程对河道坡岸的生态系统有明显的修复和改善作用：

(1) 植物根系对坡岸的稳定作用。土壤的抗剪切力或黏结力与土壤中根系的生物量成正比。经过 9 个月的生长，坡岸土壤中植物根系新增生物量达每立方米 0.12～0.34kg（干重），大大增强了河道坡岸的稳定性。而没有采用土壤生物工程的坡岸，虽然经过疏浚和整治，但坡岸长期裸露，植被得不到恢复，造成严重的坡岸侵蚀，先前的疏浚和整治功亏一篑。

(2) 对河道坡岸栖息地的改善。随着先锋物种杞柳群落的逐渐形成，灌丛垫下草本植物的生境得到改善，草本物种数量逐渐增加，由建设初期的 3 种增加到 13 种。坡岸的植物生态系统得到了恢复。

(3) 减少了底栖动物对坡岸的破坏。底栖动物如无齿相手蟹等喜好在坡岸潮间带打洞筑巢，坡岸在潮汐的影响下很容易侵蚀剥落。采用柴笼技术的生态坡岸既保留了底栖动物的栖息地，同时也显著减少了它们对坡岸的破坏作用。在没有柴笼保护的坡岸，坡岸潮间带的无齿相手蟹洞穴每平方米高达 20 个；而在种植柴笼的坡岸，坡岸潮间带的洞穴每平方米仅为 2～3 个，有效地保护了潮间带坡岸。

(4) 明显改善了人居生活环境和质量。土壤生物工程对人类与其他生物的生活环境和质量有明显的改善作用。经过土壤生物工程和其他生物技术（如水生植物全/半系列技术）改造过的坡岸，仅几个月的时间，先锋物种杞柳和垂柳群落、结缕草群落、挺水植物茭草和菖蒲群落等都已在坡岸长成，为其他物种（包括动物和植物）的生长创造了良好生境，而且美学效果极佳。更重要的是，用土壤生物工程建设的边坡，将随着植物群落的成长和成熟，植物根系网络的生长和扩张，边坡生态系统的完善和有序，越来越坚固和稳定；它对水土流失和土壤侵蚀的控制，对整个河道生态系统（包括陆生和水生生态系统）的影响，乃至对河流水质的改善，越来越明显和突出。

还值得一提的是，采样土壤生物工程建设的河道坡岸造价很低，仅为石砌驳岸的 1/10；上海浦东新区机场镇生态坡岸自 2004 年春建成之后，除了例行的巡视之外，尚未需要其他管理费用。

资料收集

1. 阅读《土壤》《中国土壤与肥料》《土壤通报》《土壤学报》《植物营养与肥料学报》等杂志及有关土壤资源利用与管理等方面的书籍。

2. 浏览中国肥料信息网、××省（市）土壤肥料信息网、中国科学院南京土壤研究所网站、中国农业科学院土壤肥力研究所网站等。

3. 了解近两年有关各种土壤资源利用方式等方面的新技术、新成果、最新研究进展等资料，制作“当地不同土壤利用方式的问题与管理”的卡片。

师生互动

将全班分为若干团队，每队 5～10 人，利用业余时间，进行下列活动：

1. 调查当地农业或草原或森林或城市土壤存在哪些主要问题。

2. 调查当地农业或草原或森林或城市土壤有何典型管理经验。

考证提示

获得农艺工、种子繁育员、肥料配方师、植保员、蔬菜园艺工、花卉园艺工、果树园艺工、林木种苗工、绿化工、草坪建植工、中药材种植员、牧草工等高级资格证书，需具备以下知识和能力：

◆当地主要农田土壤、果园土壤、菜园土壤、设施土壤、水田土壤等农业土壤的利用与管理。

◆当地草原土壤或森林土壤或城市土壤等非农用土壤的利用与管理。

模块四

肥料的合理施用

项目一　化学肥料的合理施用

项目目标

知识目标： 了解氮、磷、钾及中微量元素的营养功能及相关肥料、复合肥料的种类；掌握各种化学肥料的特点；了解各种肥料的损失途径及提高肥料利用率的方法。

能力目标： 熟练掌握各种化学肥料的具体施用方法；初步识别各种真假化学肥料。

化学肥料简称化肥，是用化学和（或）物理方法人工制成的含有一种或几种农作物生长所需营养元素的肥料。化学肥料按其所含元素的多少分为单质肥料（如氮肥：尿素、硫酸铵、碳酸氢铵等；磷肥：过磷酸钙、磷矿粉、钙镁磷肥等；钾肥：氯化钾、硫酸钾等）、复合肥料（如磷酸二氢钾、硝酸钾、磷酸铵等）和微量元素肥料（如硫酸亚铁、硼酸、硫酸锌、硫酸锰、钼酸铵等）。化学肥料具有以下特点：成分单一、养分含量高、肥效快、体积小且运输方便等特点。

任务一　大量元素肥料的合理施用

任务目标

了解大量元素的营养功能，了解氮、磷、钾肥料分类等基本知识，熟悉常见氮肥、磷肥、钾肥的性质及施入土壤的转化特点，了解氮肥的损失途径、磷肥的固定模式，掌握各种肥料的施用要点。

背景知识

大量元素营养功能

氮、磷、钾是植物必需的三大营养元素，氮在植物生长过程中占有重要地位，它是植物蛋白质的主要成分；磷对人、动物、植物都是必需的营养元素，在农业上的重要性并不亚于氮；钾不是植物体内有机化合物的组分，但它几乎直接或间接地参与植物生命的每一个过程。

1. 植物氮素的营养功能　氮是植物体内许多重要有机化合物的成分：氮是植物蛋白质的主要成分；氮素是叶绿素的组成成分，叶绿素 a 和叶绿素 b 都是含氮化合物；氮是植物体许多酶的组成成分，影响植物体内的各种代谢过程；氮还是一些维生素（如维生素 B_1、维生素 B_2、维生素 B_3）和生物碱（如烟碱、茶碱）的组成成分。

2. **植物磷素的营养功能** 磷在植物体内的含量仅次于氮和钾，以多种方式参与植物的生命活动。磷是植物体内许多重要有机化合物的组成成分，如核酸、植素、磷酸酯、多种酶及能量代谢物等都含有磷。磷能增强植物的抗逆性和适应外界环境条件的能力，如可提高作物抗旱、抗寒、抗病和抗倒伏的能力。

3. **植物钾素的营养功能** 钾在植物体内以离子状态存在。钾能够激活多种酶的活性，目前已知有60多种酶需要有钾的参与才能充分活化；能够增强植物对各种不良环境（如干旱、低温、盐碱、病害和倒伏）的抗性；能够促进蛋白质的合成，提高产品中蛋白质的含量；能够减少包括硝酸盐在内的游离态含氮化合物的数量，提高光合效率；有利于提高产品中糖分和维生素的含量，使其风味独特；能使果实着色好，减少畸形果比例；可延长烟草的燃烧时间以及增强棉花纤维的长度、强度和细度等。因此，人们将钾元素称为品质元素。

活动一 氮肥的合理施用

1. 活动目标 熟悉常见氮肥的性质和施用要点；掌握当地合理施用氮肥，提高氮肥利用率的技术。

2. 活动准备 准备尿素、碳酸氢铵、氯化铵、硫酸铵、硝酸铵、硝酸钙等氮肥样品少许，并通过网站、图书馆等查阅相关书籍、期刊，收集相关氮肥合理施用资料或图片。

3. 相关知识

（1）氮肥的种类及性质概述。氮肥按氮素化合物的形态可分为铵态氮肥、硝态氮肥和酰胺态氮肥等类型。各种类型氮肥的性质、在土壤中的转化和施用既有共同之处，也各有其特点（表4-1-1）。

表4-1-1 主要氮肥类型及其特点

类型	主要品种	主要特点
铵态氮肥	碳酸氢铵、硫酸铵、氯化铵、氨水、液氨等	易溶于水，为速效氮肥；施入土壤后，肥料中NH_4^+被吸附在土壤胶体上成为交换态养分，部分进入黏土矿物晶层固定；在通气良好的土壤中，铵态氮可进行硝化作用转变为硝态氮，便于植物吸收，但也易引起氮素的损失；在碱性环境中，易引起氨的挥发损失
硝态氮肥	硝酸钠、硝酸钙、硝酸铵等	易溶于水，溶解度大，为速效性氮肥；植物一般主动吸收NO_3^-，过量吸收对植物基本无害；吸湿性强，易吸湿结块；受热易分解，易燃易爆，贮运中应注意安全；NO_3^-不易被土壤胶体吸附，易随水流失，水田不宜使用；通过反硝化作用，硝酸盐还原成气体状态（NO、N_2O、N_2）挥发损失
酰胺态氮肥	尿素	易溶于水，吸湿性较强；施于土壤之后以分子态存在，与土壤胶体形成氢键吸附后，移动缓慢，淋溶损失少；经脲酶的水解作用产生铵盐；肥效比铵态氮和硝态氮迟缓；容易吸收，适宜叶面追肥；对钙、镁、钾等的吸收无明显影响

（2）常见氮肥——碳酸氢铵。碳酸氢铵又称重碳酸铵，简称碳铵。分子式为NH_4HCO_3，含氮16.5%～17.5%，氮素形态是NH_4^+。碳酸氢铵为白色或微灰色，呈粒状、板状或柱状结晶，易溶于水，化学碱性，pH为8.20～8.40，容易吸湿结块、挥发，有强烈的刺激性臭味。

合理施用碳酸氢铵的原则是：不离土不离水，用水与土将碳酸氢铵和空气“隔开”，以减少氨的挥发；先肥土后肥苗，增加土壤对铵离子的吸附。碳酸氢铵适于作基肥，也可作追肥，但要深施。常用的有以下几种方式：

旱地作基肥每公顷用碳酸氢铵450～750kg。作小麦和玉米作基肥时，可结合耕翻进行，将碳酸氢铵随撒随翻，耙细盖严。旱地作追肥每公顷用碳酸氢铵300～600kg，一般采用沟施与穴施。如小麦等条播植物，可在行间开7cm左右深沟，撒肥随即覆土；中耕植物如玉米、棉花等，在株旁7～9cm处，开7～10cm深的沟，随后撒肥覆土。

稻田作基肥每公顷用碳酸氢铵450～600kg。在施肥前先犁翻土地，碳酸氢铵撒在毛糙湿润土面上，再将之翻入土层，立即灌水，耕细耙平即可；水耕时，在田面灌一层水，施肥后耕翻耙平后插秧。作面肥时，在犁田后灌浅水，每公顷用碳酸氢铵150～300kg，撒施后再耙一次，拖板拉平随即插秧。稻田作追肥，施肥前先把稻田中的水排掉，每公顷用碳酸氢铵450～600kg，撒施后，结合中耕除草进行耕田，使其均匀分布在7～10cm的土层里。

（3）常见氮肥——尿素。尿素分子式为$CO(NH_2)_2$，含氮45%～46%。尿素是一种化学合成的有机酰胺态氮肥，广泛存在于自然界中。尿素为白色或浅黄色结晶体，无味无臭，稍有清凉感；易溶于水，水溶液呈中性反应；吸湿性强，在温度超过20℃、相对湿度超过80%时，吸湿性随之增大。由于尿素在造粒中加入石蜡等疏水物质，因此肥料级尿素吸湿性明显下降。

尿素在造粒中温度过高就会产生缩二脲，甚至三聚氰酸等产物，对植物有抑制作用。当缩二脲含量超过1%时不能作种肥、苗肥和叶面肥。

尿素是生理中性肥料，在土壤中不残留任何有害物质，长期施用无不良影响。其主要农化性质是施用入土后，在脲酶作用下，不断水解转变为碳酸铵或碳酸氢铵，才能被植物吸收利用。

$$CO(NH_2)_2+2H_2O \xrightarrow{\text{脲酶}} (NH_4)_2CO_3 \longrightarrow 2NH_3+CO_2+H_2O$$

上述过程在冬季（10℃左右）约需7d，而在夏季（30℃左右）仅2～3d，因此尿素作追肥时应提前4～8d施用。

合理施用尿素的基本原则是：适量、适时和深施覆土。因为尿素在转化前是分子态的，不宜被土壤吸持，应防止随水流失；转化后形成氨易挥发损失。尿素适于作基肥和追肥，也可作种肥。

尿素作基肥可以在翻耕前撒施，也可和有机肥掺混均匀后进行条施或沟施。北方在小麦上施用基肥一般每公顷为225～300kg，与磷酸二铵共同施用。水田一般在灌水前5～7d撒施，然后翻耕入土后再灌溉，每公顷用量为225～300kg。蔬菜上应用可以与有机肥同时下地，也可以作面肥先施再做畦，起垄时将尿素施入土中。果树秋季施肥采用穴施的方法，每棵成年树施用3～4kg。尿素作基肥深施比表施效果好。

尿素作种肥，需与种子分开，用量也不宜多。粮食作物每公顷用尿素75kg左右，须先和干细土混匀，施在种子下方2～3cm处。如果土壤墒情不好，天气过于干旱，尿素最好不要作种肥。

尿素作追肥每公顷用尿素150～225kg。旱作植物可采用沟施或穴施，施肥深度7～10cm，施后覆土。小麦用尿素作追肥也可撒施，随即灌水。水田追肥可采用“以水带氮”深施法，即施肥前先排水，在土壤水分呈不饱和状态下，将尿素撒施于土表后随即灌水，尿素随水而进入耕层中。尿素作追肥应提前4～8d。

尿素最适宜作根外追肥，其原因是：尿素为中性有机物，电离度小，不易烧伤茎叶；尿素分子体积小，易透过细胞膜；尿素具有吸湿性，容易被叶片吸收，吸收量高；尿素进入细胞后，参与物质代谢，肥效快。几种植物叶面肥施用尿素的适宜浓度见表4-1-2。

表4-1-2 尿素叶面施用的适宜浓度

作 物	浓度（%）	作物	浓度（%）
稻、麦、禾本科牧草	1.5～2.0	西瓜、茄子、甘薯、花生	0.4～0.8
黄瓜	1.0～1.5	桑、茶、苹果、梨	0.5
白菜、萝卜、菠菜、甘蓝	1.0	番茄、柿子、花卉	0.2～0.3

（4）其他氮肥。其他氮肥的性质和施用要点见表4-1-3。

表4-1-3 常见氮肥的性质和施用要点

肥料名称	化学成分	N（%）	酸碱性	主要性质	施用要点
硫酸铵	$(NH_4)_2SO_4$	20～21	弱酸性	白色结晶，因含有杂质有时呈淡灰、淡绿或淡棕色，吸湿性弱，热反应稳定，是生理酸性肥料，易溶于水	宜作种肥、基肥和追肥；在酸性土壤中长期施用，应配施石灰和钙镁磷肥，以防土壤酸化。水田不宜长期大量施用，以防H_2S中毒；适于各种植物尤其是油菜、马铃薯、葱、蒜等喜硫植物
氯化铵	NH_4Cl	24～25	弱酸性	白色或淡黄色结晶，吸湿性小，热反应稳定，生理酸性肥料，易溶于水	一般作基肥或追肥，不宜作种肥。忌氯植物如烟草、葡萄、柑橘、茶叶、马铃薯等和盐碱地不宜施用
液氨	NH_3	82	碱性	液体，副成分少，需贮存于特殊耐压容器中	可作基肥和追肥；水田施用可随水注入稀释，然后多次犁耙；旱地宜采用注入方式，但不能接触植物根系
硝酸铵	NH_4NO_3	34～35	弱酸性	白色或浅黄色结晶，易结块，易溶于水，易燃烧和爆炸，生理中性肥料。施后土壤中无残留	贮存时要防燃烧、爆炸、防潮，适于作追肥，不宜作种肥和基肥。在水田中施用效果差，不宜与未腐熟的有机肥混合施用
硝酸钙	$Ca(NO_3)_2$	13～15	中性	钙质肥料，吸湿性强，是生理碱性肥料	适用于各类土壤和植物，宜作追肥，不宜作种肥，不宜在水田中施用，贮存时要注意防潮

4. 操作规程和质量要求 见表4-1-4。

表4-1-4 氮肥的合理施用技术操作规程和质量要求

工作环节	操作规程	质量要求
当地土壤碱解氮含量测定	根据当地土壤类型和植物种植规划，通过采集耕层土样，分析土壤碱解氮含量，评价土壤氮素养分状况，为确定氮肥施用量提供依据	参考土壤样品采集、土壤碱解氮含量测定等质量要求
当地常见氮肥种类的性质与施用要点认识	根据当地生产中常用的氮肥品种，抽取样品，熟悉它们的性质和施用要点	能准确认识当地常见氮肥品种，并熟悉其含量、化学成分、主要性质和施用要点

（续）

工作环节	操作规程	质量要求
根据气候条件合理分配和施用氮肥	（1）氮肥分配上，北方以分配硝态氮肥适宜；南方则应分配铵态氮肥 （2）施用时，硝态氮肥尽可能施在旱作土壤上，铵态氮肥施于水田	北方干旱少雨，南方气候湿润，因此北方易挥发损失，而南方易淋溶和反硝化损失
根据植物特性确定施肥量和施肥时期	（1）根据植物种类施用。豆科植物一般只需在生长初期施用一些氮肥；淀粉和糖料植物一般在生长初期需要充足供应氮素；蔬菜则需多次补充氮肥，使得氮素供给均匀 （2）根据品种特性施用。同一植物的不同品种需氮量也不同，如杂交稻及矮秆水稻品种需氮量较常规稻、籼稻和高秆水稻品种多 （3）根据植物对肥料特殊要求施用。马铃薯最好施用硫酸铵；麻类植物喜硝态氮；甜菜以硝酸钠最好；番茄在苗期以铵态氮较好，结果期以硝态氮较好	（1）叶菜类如大白菜、甘蓝等以叶为收获物的植物需氮较多；禾谷类植物需氮次之；豆科植物能共生固氮 （2）同一品种植物不同生长期需氮量也不同，一般在生长盛期需氮量多
根据土壤特性施用不同的氮肥品种和控制施肥量	（1）根据土壤质地施用。沙土、沙壤土氮肥应少量多次；轻壤土、中壤土可适当地多施一些氮肥；黏土可减少施肥次数 （2）根据土壤酸碱性施用。碱性土壤施用铵态氮肥应深施覆土；酸性土壤宜选择生理碱性肥料或碱性肥料，如施用生理酸性肥料应结合有机肥料或石灰	沙土、沙壤土保肥性能差，氨的挥发比较严重；轻壤土、中壤土有一定的保肥性能；黏土的保肥、供肥性能强
根据氮肥特性合理分配与施用	（1）各种铵态氮肥如氨水、碳酸氢铵、硫酸铵、氯化铵，可作基肥深施覆土；硝态氮肥如硝酸铵宜作旱田追肥；尿素适宜于一切植物和土壤。尿素、碳酸氢铵、氨水、硝酸铵等不宜作种肥，而硫酸铵等可作种肥 （2）硫酸铵可分配施用到缺硫土壤和需硫植物上，如大豆、菜豆、花生、烟草等；氯化铵忌施在烟草、茶、西瓜、甜菜、葡萄等植物上，但可施在纤维类植物上，如麻类植物；尿素适宜作根外追肥 （3）铵态氮肥要深施。氮肥深施的深度以植物根系集中分布范围为宜，如水稻以10cm为宜	氮肥深施能增强土壤对NH_4^+的吸附作用，可以减少氨的直接挥发，随水流失以及反硝化脱氮损失，提高氮肥利用率和增产途径。氮肥深施还具有前缓、中稳、后长的供肥特点，其肥效60～80d，能保证植物后期对养分的需要。深施有利于促进根系发育，增强植物对养分的吸收能力
氮肥与有机肥料、磷肥、钾肥配合施用	（1）氮肥与有机肥、磷肥、钾肥配合施用，既可满足植物对养分的全面需要，又能培肥土壤，使之供肥平稳，提高氮肥利用率 （2）应注意微量元素肥料的适当补充	我国土壤普遍缺氮，长期大量的氮肥投入，而磷钾肥的施用相应不足，植物养分供应不均匀
加强水肥综合管理，提高氮肥利用率	（1）水田实施“无水层混施法”（施用基肥）和“以水带氮法”（施用追肥）等水稻节氮水肥综合管理技术 （2）旱作撒施氮肥随即灌水，也有利于降低氮素损失，提高氮肥利用率。如河南省在小麦返青时，撒施尿素或碳酸氢铵，随即灌水	（1）水稻节氮水肥综合管理技术，较习惯施用法可提高氮肥利用率12%，增产11% （2）撒施氮肥随即灌水的氮素损失降低7%，其增产效果接近于深施
施用长效肥料、脲酶抑制剂和硝化抑制剂	（1）推广缓释氮肥、长效氮肥。如脲甲醛、丁烯叉二脲、异丁叉二脲、草酰胺、硫衣尿素、涂层尿素、长效碳酸氢铵等 （2）施用脲酶抑制剂、硝化抑制剂	（1）施用长效氮肥，有利于植物的缓慢吸收，减少氮素损失和生物固定，降低施用成本 （2）施用脲酶抑制剂，可抑制尿素的水解，减少氨的挥发损失。硝化抑制剂的作用是抑制硝化细菌，防止铵态氮向硝态氮转化

5. 常见技术问题处理 氮肥利用率是指植物当季对氮肥中氮素养分吸收的数量占施氮量的百分数。氮肥利用率是衡量氮肥施用是否合理的一项重要指标，在田间情况下，水田氮肥利用率为20%～50%，旱地为40%～60%，不同植物对不同氮肥的利用率不同。氮肥利用率低是国内外普遍存在的问题。氮肥损失的途径主要是氨的挥发、硝态氮的流失和反硝化作用等途径，因此氮肥的合理施用主要是减少氮肥损失，提高氮肥利用率。

活动二 磷肥的合理施用

1. 活动目标 熟悉常见磷肥的性质和施用要点；掌握当地合理施用磷肥，提高磷肥利用率的技术。

2. 活动准备 准备过磷酸钙、重过磷酸钙、钙镁磷肥、钢渣磷肥、脱氟磷肥、偏磷酸钙、沉淀磷肥、磷矿粉、骨粉等磷肥样品少许。并通过网站、图书馆查阅相关书籍、期刊等，收集相关磷肥合理施用的资料或图片。

3. 相关知识 按所含磷酸盐溶解度不同磷肥可分为3种类型：①水溶性磷肥，主要有过磷酸钙和重过磷酸钙等，所含的磷容易被植物吸收利用，肥效快，是速效性磷肥。②枸溶性磷肥，主要有钙镁磷肥、钢渣磷肥、脱氟磷肥、沉淀磷肥和偏磷酸钙等。其肥效较水溶性磷肥要慢。③难溶性磷肥，主要有磷矿粉、骨粉和磷质海鸟粪等。肥效迟缓而长，为迟效性磷肥。

（1）过磷酸钙。过磷酸钙又称普通过磷酸钙、过磷酸石灰，简称普钙。其产量约占全国磷肥总产量的70%，是磷肥工业的主要基石。

过磷酸钙主要成分为磷酸一钙和硫酸钙的复合物［$Ca(H_2PO_4)_2 \cdot H_2O + CaSO_4$］，其中磷酸一钙约占其重量的50%，硫酸钙约占40%，此外过磷酸钙还含有5%左右的游离酸，2%～4%的硫酸铁、硫酸铝。其有效磷（P_2O_5）含量为14%～20%。

过磷酸钙为深灰色、灰白色或淡黄色等粉状物，或制成粒径为2～4mm的颗粒。其水溶液呈酸性反应，具有腐蚀性，易吸湿结块。由于硫酸铁、铝盐存在，吸湿后，磷酸一钙会逐渐退化成难溶性磷酸铁、铝，从而失去有效性，这种现象称之为过磷酸钙的退化作用，因此在贮运过程中要注意防潮。

过磷酸钙施入土壤后，能很快地进行化学、物理和生物的转化。首先水分从土壤周围向施肥点和肥粒内汇集，使磷酸一钙溶解。磷酸一钙的溶解过程是一种异成分溶解反应。反应式为：

$$Ca(H_2PO_4)_2 \cdot H_2O + H_2O \rightleftharpoons CaHPO_4 \cdot 2H_2O + H_3PO_4$$

这样在施肥点周围形成磷酸一钙、磷酸和二水磷酸二钙的饱和溶液，这时磷的浓度可达40mol/L，比土壤溶液原有的浓度高数百倍，形成较大浓度梯度差。磷酸根离子向周围土壤扩散，而$CaHPO_4 \cdot 2H_2O$则留在施肥点内（图4-1-1）。

磷酸一钙水解产生的H_3PO_4以及肥料本身的游离酸，使肥料颗粒周围的pH小于1.5，破坏黏土矿物结构，溶解土壤中的铁、铝、钙、镁等成分，又与扩散出来的磷作用形成相应的磷酸盐沉淀，这就是所谓的异成分溶解。这种作用是水溶性磷肥当季植物利用率低的原因。

在石灰性土壤中，过磷酸钙的转化过程为：磷酸一钙→二水磷酸二钙→无水磷酸二钙→磷酸八钙→磷酸十钙。磷酸化合物每转化一步，磷的水溶性就降低一些，有效性也随之降低。

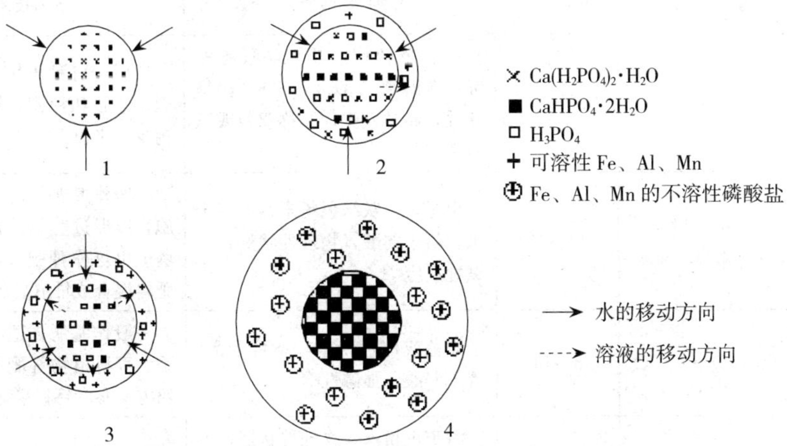

图 4－1－1　过磷酸钙在土壤中的转化

在酸性土壤中，过磷酸钙的转化过程为：磷酸一钙→磷酸铁、磷酸铝→闭蓄态的磷酸铁、磷酸铝。转化的总趋势是磷的有效性逐渐降低。

根据上述分析，过磷酸钙施入土壤后，磷易被土壤化学固定，所以磷在土壤中移动性很小。在农业生产上，提高过磷酸钙施用效果的原则就是尽量减少肥料与土壤颗粒的接触，以避免磷的化学固定；尽量增加肥料与植物根系的接触面积，将磷肥施于植物根系密集分布的区域。

过磷酸钙可以作基肥、种肥和追肥，具体施用方法为：

① 集中施用。过磷酸钙不管作基肥、种肥和追肥，均应集中施用和深施。旱地以条施、穴施、沟施的效果为好，水稻采用塞秧根和蘸秧根的方法。

② 分层施用。在集中施用和深施原则下，可采用分层施用，即 2/3 磷肥作基肥深施，其余 1/3 在种植时作面肥或种肥施于表层土壤中。

③ 与有机肥料混合施用。混合施用可减少过磷酸钙与土壤的接触，同时有机肥料在分解过程中产生的有机酸能与铁、铝、钙等络合，对水溶性磷有保护作用；有机肥料还能促进土壤微生物活动，释放二氧化碳，有利于土壤中难溶性磷酸盐的释放。

④ 酸性土壤配施石灰。施用石灰可调节土壤 pH 到 6.5 左右，减少土壤磷素固定，改善植物生长环境，提高肥效。

⑤制成颗粒肥料。颗粒磷肥表面积小，与土壤接触也小，因而可以减少土壤对磷的吸附和固定，也便于机械施肥，颗粒直径以 3～5mm 为宜。对密植植物、根系发达植物而言，粉状过磷酸钙效果较好。

⑥根外追肥。根外追肥可减少土壤对磷的吸附固定，也能提高经济效果。水稻、大麦、小麦施用浓度为 1%～2%；棉花、油菜、果蔬施用浓度为 0.5%～1%。方法是将过磷酸钙与水充分搅拌并放置过夜，取上层清液喷施。

（2）其他磷肥。几种常见磷肥的特点及施用要点见表 4－1－5。

表 4-1-5 常用磷肥的性质及施用特点

肥料名称	主要成分	P_2O_5（%）	主要性质	施用技术要点
重过磷酸钙	$Ca(H_2PO_4)_2$	36～42	深灰色颗粒或粉状，吸湿性强；含游离磷酸4%～8%，呈酸性，腐蚀性强；又称双料或三料磷肥	适用于各种土壤和植物，宜作基肥、追肥和种肥，施用量比过磷酸钙少一半以上
钙镁磷肥	$\alpha-Ca_3(PO_4)_2$、CaO、MgO、SiO_2	14～18	黑绿色、灰绿色粉末，不溶于水，溶于弱酸，物理性状好，呈碱性反应	一般作基肥，与生理酸性肥料混施，以促进肥料的溶解；在酸性土壤上也可作种肥或蘸秧根；与有机肥料混合或堆沤后施用可提高肥效
钢渣磷肥	$Ca_4P_2O_5 \cdot CaSiO_3$	8～14	黑色或棕色粉末，不溶于水，溶于弱酸，强碱性	一般作基肥；适于酸性土壤，水稻、豆科植物等肥效较好；其他施用方法参考钙镁磷肥
脱氟磷肥	$\alpha-Ca_3(PO_4)_2$	14～18	深灰色粉末，物理性状好；不溶于水，溶于弱酸，碱性	施用方法参考钙镁磷肥
沉淀磷肥	$CaHPO_4 \cdot 2H_2O$	30～40	白色粉末，物理性状好；不溶于水，溶于弱酸，碱性	施用方法参考钙镁磷肥
偏磷酸钙	$Ca_3(PO_4)_2$	60～70	微黄色晶体，玻璃状，施于土壤后经水化可转变为正磷酸盐	施用方法参考钙镁磷肥，但用量要减少
磷矿粉	$Ca_3(PO_4)_2$ 或 $Ca_5(PO_4)_8 \cdot F$	>14	褐灰色粉末，其中1%～5%为弱酸溶性磷，大部分是难溶性磷	宜于作基肥，一般为每公顷750～1500kg，施在缺磷的酸性土壤上，可与硫铵、氯化铵等生理酸性肥料混施
骨粉	$Ca_3(PO_4)_2$	22～23	灰白色粉末，含有3%～5%的氮素，不溶于水	酸性土壤上作基肥；与有机肥料混合或堆沤后施用可提高肥效

4. 操作规程和质量要求 见表4-1-6。

表 4-1-6 磷肥的合理施用技术操作规程和质量要求

工作环节	操作规程	质量要求
当地土壤速效磷含量测定	根据当地土壤类型和植物种植规划，通过采集耕层土样，分析土壤速效磷含量，评价土壤磷素养分状况，为确定磷肥施用量提供依据	参考土壤样品采集、土壤速效磷含量测定等质量要求
当地常见磷肥种类的性质与施用要点认识	根据当地生产中常用的磷肥品种，抽取样品，熟悉它们的性质和施用要点	能准确认识当地常见磷肥品种，并熟悉其含量、化学成分、主要性质和施用要点
根据植物特性和轮作制度合理施用磷肥	（1）根据植物种类。油菜、荞麦、肥田萝卜、番茄、豆科植物等施用量大些，可用弱酸溶性磷肥；马铃薯、甘薯等应施水溶性磷肥最好 （2）根据植物吸磷特性。磷肥要早施，一般作底肥深施于土壤，而后期可通过叶面喷施进行补充 （3）根据轮作方式。水旱轮作如油—稻、麦—稻轮作中，应本着“旱重水轻”原则分配和施用磷肥。旱地轮作中应本着越冬植物重施、多施；越夏植物早施、巧施原则分配和施用磷肥	（1）不同植物对磷的敏感程度为：豆科和绿肥植物>糖料植物>小麦>棉花>杂粮（玉米、高粱、谷子）>早稻>晚稻 （2）磷肥具有后效，在轮作周期中，不需要每季植物都施用磷肥，而应当重点施在最能发挥磷肥效果的茬口上

（续）

工作环节	操作规程	质量要求
根据土壤条件合理分配与施用	（1）土壤供磷水平。缺磷土壤要优先施用、足量施用，中度缺磷土壤要适量施用、看苗施用；含磷丰富土壤要少量施用、巧施磷肥 （2）土壤有机质含量。有机质含量高的（>25g/kg）土壤，适当少施磷肥，有机质含量低的土壤，适当多施 （3）土壤酸碱性。酸性土壤可施用碱性磷肥和枸溶性磷肥，石灰性土壤优先施用酸性磷肥和水溶性磷肥	（1）土壤pH在5.5以下土壤有效磷含量低，pH在6.0～7.5含量高，pH>7.5时有效磷含量又低 （2）边远山区多分配和施用高浓度磷肥，城镇附近多分配和施用低浓度磷肥
根据磷肥特性合理分配与施用	（1）普钙、重钙等为水溶性、酸性速效磷肥，适用于大多数植物和土壤，但在石灰性土壤上更适宜，可作基肥、种肥和追肥集中施用 （2）钙镁磷肥、脱氟磷肥、钢渣磷肥、偏磷酸钙等呈碱性，作基肥最好施在酸性土壤上 （3）磷矿粉和骨粉最好作基肥施在酸性土壤上	由于磷在土壤中移动性小，宜将磷肥施在活动根层的土壤中；为了满足植物不同生育期对磷的需要，最好采用分层施用和全层施用
与其他肥料配合施用	（1）与氮肥、钾肥配合施用；在酸性土壤和缺乏微量元素的土壤上，还需要增施石灰和微量元素肥料 （2）磷肥与有机肥料混合或堆沤施用，可减少土壤对磷的固定作用，促进弱酸溶性磷肥溶解，防止氮素损失，起到“以磷保氮”作用	只有在协调氮、钾平衡营养基础上，合理配施磷肥，才能有明显的增产效果。如小麦氮、磷、钾配比为1∶0.4∶0.6，甘蓝为1∶0.3∶0.3，大麦为3∶1∶1
合理施用方法	（1）采用条施、穴施、沟施、塞秧根、蘸秧根等集中施用方法 （2）分层施用、根外追肥也是经济有效施用磷肥的方法之一 （3）制成颗粒磷肥。颗粒直径以3～5mm为宜，易于机械化施肥。但密植植物、根系发达植物还是粉状过磷酸钙好	（1）磷肥应深施于根系密集分布的土层中 （2）分层施用：2/3磷肥作基肥深施，其余1/3在种植时作面肥或种肥施于表层土壤中

5. 常见技术问题处理 我国磷肥的当季利用率在10%～25%，利用率低的原因：一是磷的固定作用；二是磷在土壤中移动性很小。因此，如何采取合理施用技术，提高磷肥利用率，是当前农业生产中的一个重要问题。

活动三 钾肥的合理施用

1. 活动目标 熟悉常见钾肥的性质和施用要点；掌握当地合理施用钾肥，提高钾肥施用效果技术。

2. 活动准备 准备硫酸钾、氯化钾、草木灰等常见钾肥样品少许。并通过网站、图书馆查阅相关书籍、期刊等，收集相关钾肥合理施用资料或图片。

3. 相关知识

（1）氯化钾。分子式为KCl，氯化钾肥料中含50%～60%的氧化钾，约含2%的氯化钠，纯品氯化钾为白色结晶，含杂质为浅黄色或紫红色（含铁盐）。其吸湿性小，但长期贮存会结块，易溶于水，化学中性、生理酸性肥料。

氯化钾在土壤中可解离为K^+和Cl^-，K^+能被植物直接吸收利用和被土壤胶体代换吸收，残留的Cl^-可与中性和石灰性土壤中钙离子生成氯化钙。氯化钙易溶于水，在多雨季节或灌溉条件下，会随水流失，长期施用会使土壤中的钙减少。氯化钾还会使缓冲性小的中性土壤变酸，生成的盐酸会使土壤酸性加强，提高土壤中铁和铝的溶解度，使活性铝的毒害作用加重，妨碍种子发芽和幼苗生长。

氯化钾一般作基肥和追肥，不作种肥。作基肥应深施到作物根系密集土层中。在酸性土壤上施用，应注意配合施用石灰和有机肥料。追肥要注意深施和早施。氯化钾是含氯肥料，不宜在盐碱地和葡萄、烟草、甜菜等忌氯作物上施用。氯化钾适用于麻类、棉花等纤维作物，因为氯对提高纤维含量和质量有良好作用。

（2）硫酸钾。分子式为 K_2SO_4，硫酸钾肥料中含 50%～52%的氧化钾，白色晶体，含杂质时为淡黄色，物理性状好，吸湿性小，易溶于水，是化学中性、生理酸性肥料。硫酸钾在石灰性土壤上施用量多时，由于生成溶解度小的硫酸钙，易堵塞土壤孔隙，导致土壤板结，因此，施用时应注意配合施用有机肥。

硫酸钾适于多种土壤和作物，可作基肥、追肥、种肥和根外追肥。硫酸钾作基肥和追肥应深施，追肥应早施。硫酸钾特别适用于喜钾忌氯作物，如烟草、甘薯、甜菜、马铃薯、西瓜等。

（3）草木灰。植物残体燃烧后，剩余的灰分称为草木灰。草木灰是我国农村重要的钾肥资源。草木灰的成分复杂，含有钾、钙、磷、镁和各种微量元素，含氧化钾 5%～15%。不同植物灰分中磷、钾、钙等含量各不相同。一般木灰含钙、钾、磷较多，而草灰含硅量较多，磷、钾、钙较少。草木灰中的钾，以碳酸钾为主，硫酸钾次之，氯化钾少量，都溶于水，贮存时应防雨淋。颜色灰白色至灰黑色。它的水溶液呈碱性，是一种碱性肥料。

草木灰可作基肥、种肥和追肥，也可用于拌种、盖种或根外追肥。作基肥可沟施或穴施，每公顷用量 750～1 025kg，用湿土拌和均匀，防止被风吹散。作追肥条施或穴施，也可用 1%草木灰浸出液进行根外喷施。草木灰适合于水稻、蔬菜等作物育苗的盖顶肥，既可供给养分，又能提高地温，防止烂秧。

草木灰适用于各种作物，尤其是喜钾和忌氯作物，如棉花、甜菜、烟草及马铃薯等。草木灰不能与铵态氮肥、磷肥、腐熟的有机肥料混合施用，也不宜与人粪尿混存，以免造成氮素损失。

4. 操作规程和质量要求 见表 4-1-7。

表 4-1-7 钾肥的合理施用技术操作规程和质量要求

工作环节	操作规程	质量要求
当地土壤速效钾含量测定	根据当地土壤类型和植物种植规划，通过采集耕层土样，分析土壤速效钾含量，评价土壤钾素养分状况，为确定钾肥施用量提供依据	参考土壤样品采集、土壤速效钾含量测定
当地常见钾肥种类的性质与施用要点认识	根据当地生产中常用的钾肥品种，抽取样品，熟悉它们的性质和施用要点	能准确认识当地常见钾肥品种，并熟悉其含量、化学成分、主要性质和施用要点
根据土壤条件合理施用钾肥	（1）土壤供钾水平。钾肥应优先施用在缺钾地区和土壤上。土壤速效钾含量小于 80mg/kg 应施用钾肥 （2）土壤质地。质地较黏土壤的钾肥用量应适当增加。沙质土壤上应掌握分次、适量的施肥原则，而且应优先分配和施用在缺钾的沙质土壤上 （3）土壤水分。干旱地区的土壤，钾肥施用量适当增加。水田、盐土、酸性强的土壤、应适当增加钾肥用量	（1）植物对钾肥的反应首先取决于土壤供钾水平。钾肥的增产效果与土壤供钾水平呈负相关（表 4-1-8） （2）盐碱地应避免施用高量氯化钾，酸性土壤施硫酸钾更好些

（续）

工作环节	操作规程	质量要求
根据植物特性合理施用钾肥	（1）植物种类。钾肥应优先施用在需钾量大的喜钾植物上，而禾谷类植物及禾本科牧草等植物施用钾肥效果不明显 （2）植物生育期。对一般植物来说，苗期对钾较为敏感。但棉花需钾量最大在现蕾至成熟阶段，葡萄在浆果着色初期 （3）轮作方式。在绿肥—稻—稻轮作中，钾肥应施到绿肥上；在双季稻和麦—稻轮作中，钾肥应施在后季稻和小麦上；在麦—棉花、麦—玉米、麦—花生轮作中，钾肥应重点施在夏季植物（棉花、玉米、花生等）上	（1）喜钾植物主要是：油料植物、薯类植物、糖料植物、棉麻植物、豆科植物以及烟草、果、茶、桑等植物 （2）水稻矮秆高产品种比高秆品种对钾的反应敏感，粳稻比籼稻敏感，杂交稻优于常规稻 （3）轮作中钾肥应施用在最需要钾的植物中
采用合理施用方法	（1）钾肥只有在充足供给氮磷养分基础上才能更好地发挥作用。因此要与有机肥、氮肥、磷肥配合施用 （2）钾肥宜深施、早施和相对集中施。施用时掌握重施基肥，看苗早施追肥原则。对保肥性差的土壤，钾肥应基追肥兼施和看苗分次追肥。宽行植物（玉米、棉花等）采用条施或穴施都比撒施效果好；而密植植物（小麦、水稻等）采用撒施效果较好	在一定氮肥用量范围内，钾肥肥效有随氮肥施用水平提高而提高趋势；磷肥供应不足，钾肥肥效常受影响。有机肥施用量高时会降低钾肥的肥效

表 4-1-8　土壤供钾水平与钾肥肥效

级别	土壤速效钾（mg/kg）	肥效反应	每千克 K_2O 增粮（kg）	建议每公顷用钾肥（kg）
严重缺钾	<40	极显著	>8	75～120
缺钾	40～80	较显著	5～8	75
含钾中等	80～130	不稳定	3～5	<75
含钾偏高	130～180	很　差	<3	不施或少施
含钾丰富	>180	不显效	不增产	不施

5. 常见技术问题处理　由于我国钾肥资源有限，在生产实际中，也可通过多种途径缓解钾肥供应不足。如通过秸秆还田、增施有机肥料和灰肥、种植富钾植物、合理轮作倒茬等途径，增加土壤钾素供应、减少化学钾肥施用。

任务二　中微量元素肥料的合理施用

任务目标

了解中微量元素营养功能，了解中量和微量元素肥料分类等基本知识，熟悉常见中量元素和微量元素肥料的性质，掌握各种中微量元素肥料的施用要点。

背景知识

中微量元素营养功能

1. 中量元素营养功能

（1）钙的营养功能。钙在植物体内的含量一般为 5～30mg/kg。花生、蔬菜、果树等吸收钙较多，为喜钙植物。植物体内的钙是细胞壁的结构成分，起稳定细胞壁的作用；钙可以将细胞膜上的磷脂和蛋白质连接起来，保持其完整性，使细胞膜对养分离子的吸收具有选择性；钙是某些酶的活化剂，能调节介质的生理平衡，可传递信息，并能消除氢、铝、钠离子的毒害作用。

（2）镁的营养功能。植物体内含镁量一般为0.5～7.0g/kg。镁是叶绿素的构成元素，叶绿素只有与镁结合后才具有吸收光能的能力，并进行光合作用；镁是磷酸转移酶、糖激酶等多种酶的活化剂，参与光合作用脂肪代谢及养分吸收和物质转运等生理生化过程；镁还在蛋白质的合成中起非常重要的作用。

（3）硫的营养功能。植物体内的含硫量一般为2.0～5.0g/kg。硫是多种氨基酸和酶的组成成分；硫是作物体内氧化还原过程不可缺少的元素；硫还是固氮酶和许多挥发性物质的组成成分，如葱蒜中的蒜油都含有硫，使其具有特殊的气味。

2. 植物的微量元素营养功能 植物微量元素包括硼、锌、钼、锰、铁、铜和氯共7种。植物在生长发育过程中对其需要量很少，而且所适宜的浓度范围很窄。土壤中任何一种微量元素的缺乏或过多，都会影响植物的生长发育。微量元素的营养功能如表4-1-9所示，微量元素在植物体中的含量、形态及易出现缺素的植物种类如表4-1-10所示。

表4-1-9 微量元素的营养功能

种类	营养功能
锌	锌能促进生长素、叶绿素、色氨酸和蛋白质的合成；锌还可以增强作物的抗逆性并参与作物繁殖器官的发育
硼	硼能促进植物体内糖类的运输，影响酚类化合物和木质素的合成，硼还影响植物花粉萌发和花粉管的生长，对繁殖器官的发育有重要的作用
钼	钼是植物体内硝酸还原酶和固氮酶的组分，对植物体氮代谢有重要影响；钼与植物磷素代谢有关，有利于无机磷向有机磷的转化；钼还影响植物光合作用的进行
锰	锰影响叶绿体的形成、发育；锰是植物体内许多酶的成分和活化剂，如氧化还原酶、水解酶等；锰影响植物生长素的代谢
铁	铁是形成植物细胞中叶绿素的重要元素；铁是植物体许多电子传递链中的重要部分；铁还是许多酶的活化剂
铜	铜在植物体内功能主要是参与酶的活动，对植物体内的生化反应起催化作用；铜是植物体内多种氧化酶的组分，如多酚氧化酶、抗坏血酸氧化酶、细胞色素氧化酶和二胺氧化酶。另外，铜还参与植物体内的氧化还原反应，参与蛋白质和糖代谢，影响繁殖器官的发育

表4-1-10 微量元素在植物体中的含量、形态与敏感植物

种类	含量（mg/kg）	形态	敏感植物
锌	20～100	离子态（Zn^{2+}）、蛋白质复合体	玉米、水稻、芹菜、菠菜、柑橘、桃、苹果、梨、李、杏、葡萄、樱桃等
硼	2～100	分子态（H_3BO_3）	紫花苜蓿、三叶草、油菜、莴苣、花椰菜、白菜、甘蓝、芹菜、萝卜、甜菜、向日葵、葡萄、苹果、柠檬、橄榄等
钼	0.1～2	离子态（MoO_4^{2-}）、蛋白质复合体	花生、大豆、花椰菜、菠菜、洋葱、萝卜、油菜等

（续）

种类	含量（mg/kg）	形态	敏感植物
锰	2～100	离子态（Mn^{2+}）、锰与蛋白质结合体	花生、大豆、豌豆、绿豆、小麦、烟草、甜菜、马铃薯、甘薯、黄瓜、莴苣、洋葱、萝卜、菠菜、草莓、樱桃、苹果、桃、柑橘等
铁	50～250	离子态（Fe^{2+}、Fe^{3+}）	花生、大豆、蚕豆、高粱、花椰菜、甘蓝、番茄、葡萄、草莓、柑橘、苹果、桃、梨、樱桃等
铜	5～20	离子态（Cu^{2+}）或络合态	大麦、小麦、莴苣、洋葱、菠菜、胡萝卜、甜菜、柑橘、向日葵等

活动一　中量元素肥料的合理施用

1. 活动目标　了解常见钙肥、镁肥、硫肥的性质，掌握钙肥、镁肥、硫肥的施用要点。

2. 活动准备　将全班按 2 人一组分为若干组，准备钙肥、镁肥、硫肥等常见肥料样品少许。

3. 相关知识

（1）钙肥种类与性质。含钙的肥料有石灰、石膏、硝酸钙、石灰氮、过磷酸钙、含钙工业废渣等，见表 4－1－11。

生石灰，分子式为 CaO，含氧化钙 90%～96%。白色粉末或块状，呈强碱性，具吸水性，与水反应产生高热，并转化成粒状的熟石灰。生石灰中和土壤酸性能力很强，其中和值为 179，施入土壤后，可在短期内矫正土壤酸度。此外，生石灰还有杀虫、灭草和土壤消毒的功效。

表 4－1－11　几种石灰物质和含钙肥料

名　称	化学式	Ca（%）
石灰物质		
生石灰	CaO	60.3
熟石灰	$Ca(OH)_2$	46.1
方解石石灰岩	$CaCO_3$	31.7
白云石石灰岩	$CaCO_3 \cdot MgCO_3$	21.5
高炉炉渣	$CaSiO_3$	29.5
含钙肥料		
石灰氮	$CaCN_2$	38.5
硝酸钙	$Ca(NO_3)_2$	19.4
磷灰岩	$3Ca_3(PO_4)_2 \cdot CaF_2$	33.1
过磷酸钙	$Ca(H_2PO_4)_2 + CaSO_4 \cdot 2H_2O$	20.4
重过磷酸钙	$Ca(H_2PO_4)_2$	13.6
窑灰钾肥	CaO	25～28
石膏	$CaSO_4 \cdot 2H_2O$	22.5

熟石灰，分子式为 $Ca(OH)_2$，白色粉末，溶解度大于石灰石粉，呈碱性反应。施用时不产生热，是常用的石灰。中和值为 136，中和土壤酸度能力也很强。

碳酸石灰，分子式为 $CaCO_3$ 或 $CaCO_3 \cdot MgCO_3$，由石灰石、白云石磨碎而成的粉末。

不易溶于水，但溶于酸，中和土壤酸度能力缓效而持久。石灰石比生石灰加工简单，节约能源，成本低而改土效果好，同时不板结土壤，淋溶损失小，后效长，增产作用大。

工业废渣主要是高炉炉渣，成分为硅酸钙，含氧化钙 38%～40%，氧化镁 3%～11%，二氧化硅 32%～42%。施入酸性土壤能缓慢中和土壤酸度。

（2）镁肥种类与性质。农业上应用的镁肥有水溶性镁盐和难溶性镁矿物两大类，含镁的肥料有硫酸镁、氯化镁、水镁矾、硝酸镁、白云石、钙镁磷肥等，一些常用镁肥的养分含量见表 4-1-12。

表 4-1-12 主要含镁肥料的养分含量

名 称	化学式	Mg（%）
硫酸镁	$MgSO_4$	20
氯化镁	$MgCl_2$	25.6
水镁矾	$MgSO_4 \cdot H_2O$	16.3
硝酸镁	$Mg(NO_3)_2$	16.4
硫酸钾镁	$K_2SO_4 \cdot MgSO_4$	6.6～19.4
钾镁肥	$KCl \cdot MgSO_4$	12
菱镁矿	$MgCO_3$	27.1
白云石	$CaCO_3 \cdot MgCO_3$	10～13
钙镁磷肥	$Mg_3(PO_4)_2$	9～11
磷酸镁铵	$MgNH_4PO_4$	14

（3）硫肥种类与性质。常用的含硫肥料有石膏、硫黄、硫酸镁、硫酸铵、硫酸钾、过磷酸钙等（表 4-1-13）。

表 4-1-13 含硫肥料的养分含量

名 称	化学式	S（%）
石膏	$CaSO_4 \cdot 2H_2O$	18.6
硫黄	S	95～99
硫酸铵	$(NH_4)_2SO_4$	24.0
硫酸钾	K_2SO_4	17.6
硫酸镁	$MgSO_4 \cdot 7H_2O$	14.0
硫酸钾镁肥	$K_2SO_4 \cdot 2MgSO_4$	22.0
过磷酸钙	$Ca(H_2PO_4)_2 + CaSO_4 \cdot 2H_2O$	11.9

石膏是重要的硫肥，石膏既可为植物提供钙、硫养分，又是碱土化学改良剂，农用石膏有生石膏、熟石膏和磷石膏 3 种。生石膏，即普通石膏，主要成分是硫酸钙（$CaSO_4 \cdot 2H_2O$）。含硫 18.6%，氧化钙 23%。微溶于水，呈粉末状，其产品质量与细度有关，农用生石膏以过 60 目筛为宜，以利于植物吸收利用。熟石膏，又称雪花石膏，由生石膏加热脱水而成，主要成分为 $CaSO_4 \cdot \frac{1}{2}H_2O$，含硫 20.7%。呈白色粉末，易被磨细，吸湿性强，吸水后又变成生石膏，物理性质变差，施用不便，宜干燥处贮存。磷石膏是硫酸法制磷酸的残渣，主要成分是硫酸钙（$CaSO_4 \cdot 2H_2O$），约占 64%，含硫 11.9%，还含有五氧化二磷 0.7%～3.7%。它是磷酸铵工业的副产品。磷石膏呈酸性，易吸潮。

农用硫黄（S）含硫 95%～99%，难溶于水，施入土壤经微生物氧化为硫酸盐后被植物吸收，肥效较慢但持久。农用硫黄必须100%通过16目筛，50%通过100目筛。

4. 操作规程和质量要求　见表4-1-14。

表4-1-14　中量元素肥料的合理施用操作规程和质量要求

工作环节	操作规程	质量要求
钙肥的合理施用	（1）常见钙肥品种的性质及施用要点认识。主要熟悉石灰物质、钙质肥料的含量、性质及施用要点 （2）钙肥的合理施用。石灰多用作基肥，也可用作追肥。稻田施用石灰多在插秧前整地时施入，也可在分蘖期和幼穗分化期结合中耕除草时施用；旱地可结合犁田整地时施用石灰，也可采用局部条施或穴施	石灰不能与氮、磷、钾、微肥等一起混合施用，一般先施石灰，几天后再施其他肥料。石灰肥料有后效，一般隔3～5年施用一次
镁肥的合理施用	（1）常见镁肥品种的性质及施用要点认识。主要熟悉硫酸镁、氯化镁、水镁矾、硝酸镁、白云石、钙镁磷肥等镁肥的含量、性质及施用要点 （2）镁肥的合理施用。酸性土壤缺镁时以施用菱镁粉、白云石粉效果良好；碱性土壤宜施氯化镁或硫酸镁。镁肥可作基肥或追肥，用量因土壤植物而异，一般以纯镁计为15～25kg/hm^2。硫酸镁、硝酸镁可叶面喷施，在蔬菜上喷施浓度，硫酸镁为0.5%～1.5%，硝酸镁为0.5%～1.0%	镁肥肥效与土壤有效镁含量有密切关系，土壤酸性强，质地粗，淋溶强，母质中含镁少时容易缺镁
硫肥的合理施用	（1）常见硫肥品种的性质及施用要点认识。主要熟悉硫石膏、硫黄、硫酸镁、硫酸铵、硫酸钾、过磷酸钙等硫肥的含量、性质及施用要点 （2）硫肥的合理施用。石膏可作基肥、追肥和种肥。旱地作基肥，用量为225～375kg/hm^2，将石膏粉碎后撒于地面，结合耕作施于土壤。花生施用石膏可在果针入土后15～30d施用，用量225～375kg/hm^2；稻田施用石膏，可结合耕地施用，也可栽秧后撒施或塞秧根，用量为75～150kg/hm^2，若用量较少（37.5kg/hm^2）可用作蘸秧根。若水稻用硫黄应作基肥提早施用，一般7.5～15kg/hm^2，拌和土杂肥或蘸秧根施用。优质小麦和大麦可施用石膏225～375kg/hm^2作基肥	（1）排水不良土壤中，SO_4^{2-}被还原为H_2S，对植物产生危害，应注意排除 （2）许多研究表明，十字花科植物如油菜、芥菜、甘蓝等的需硫量较高，是硫素敏感的植物，施用硫肥有较好的反应

5. 常见技术问题处理

（1）石灰用量的确定。石灰不仅可以补充钙素营养，还可中和土壤酸度。目前我国多用熟石灰作为酸性土壤的化学改良剂，其用量有两种计算方法。

一是按土壤交换性酸度或水解性酸度来计算。采用一定浓度的$CaCl_2$溶液浸提土壤样品，然后用标准$Ca(OH)_2$溶液滴定，按下式计算石灰用量。

$$\text{石灰施用量}(t/hm^2)=\frac{cV}{m}\times\frac{74}{1000}\times2250\times\frac{1}{2}$$

式中，$\frac{cV}{m}$为中和1g土壤所需$Ca(OH)_2$的毫摩尔数；$\frac{74}{1000}$为$Ca(OH)_2$的毫摩尔质量；2 250为每公顷耕层土重，t；$\frac{1}{2}$为实际施用时采用测定值的半数。

二是按土壤盐基饱和度来计算。

$$\text{石灰施用量}(t/hm^2)=\frac{CEC\ (B_2-B_1)}{TRNP}\times dt$$

式中，*CEC* 为阳离子交换量，cmol/kg；B_2 为计划盐基饱和度；B_1 为实测盐基饱和度；*TRNP* 为石灰物质总的相对中和值；*dt* 为施用深度。

(2) 石膏用量的确定。石膏作为碱土改良剂施用时其用量可用下式计算：

$$石膏用量（kg/hm^2）=\frac{Na}{1000}\times\frac{172}{100}\times\frac{1}{2}\times m$$

式中，$\frac{Na}{1000}$为交换性钠量，cmol/kg；$\frac{172}{100}\times\frac{1}{2}$为 1cmol（$\frac{1}{2}$Ca）相当于 $CaSO_4\cdot 2H_2O$ 的质量，g；*m* 为耕层土壤质量，2.25×10^6 kg/hm²。

活动二　微量元素肥料的合理施用

1. 活动目标　掌握常见微量元素肥料的性质和施用要点；掌握当地合理施用微肥技术。

2. 活动准备　将全班按 2 人一组分为若干组，每组准备以下材料和用具：硼砂、硼酸、硫酸锌、钼酸铵、硫酸锰、硫酸亚铁、硫酸铜等常见微量元素肥料样品少许。

3. 相关知识

(1) 微量元素肥料的种类和性质。微量元素肥料主要是一些含硼、锌、钼、锰、铁、铜等营养元素的无机盐类和氧化物。我国目前常用的品种 20 余种（表 4-1-15）。

表 4-1-15　微量元素肥料的种类和性质

微量元素肥料		主要成分	有效成分含量（以元素计，%）	性　质
硼肥	硼酸	H_3BO_3	17.5	白色结晶或粉末，溶于水，常用硼肥
	硼砂	$Na_2B_4O_7\cdot 10H_2O$	11.3	白色结晶或粉末，溶于水，常用硼肥
	硼镁肥	$H_3BO_3\cdot MgSO_4$	1.5	灰色粉末，主要成分溶于水
	硼泥	—	约 0.6	是生产硼砂的工业废渣，呈碱性，部分溶于水
锌肥	硫酸锌	$ZnSO_4\cdot 7H_2O$	23	白色或淡橘红色结晶，易溶于水，常用锌肥
	氧化锌	ZnO	78	白色粉末，不溶于水，溶于酸和碱
	氯化锌	$ZnCl_2$	48	白色结晶，溶于水
	碳酸锌	$ZnCO_3$	52	难溶于水
钼肥	钼酸铵	$(NH_4)_2MoO_4$	49	青白色结晶或粉末，溶于水，常用钼肥
	钼酸钠	$Na_2MoO_4\cdot 2H_2O$	39	青白色结晶或粉末，溶于水
	氧化钼	MoO_3	66	难溶于水
	含钼矿渣	—	10	是生产钼酸盐的工业废渣，难溶于水，其中含有效态钼 1%～3%
锰肥	硫酸锰	$MnSO_4\cdot 3H_2O$	26～28	粉红色结晶，易溶于水，常用锰肥
	氯化锰	$MnCl_2$	19	粉红色结晶，易溶于水
	氧化锰	MnO	41～68	难溶于水
	碳酸锰	$MnCO_3$	31	白色粉末，较难溶于水
铁肥	硫酸亚铁	$FeSO_4\cdot 7H_2O$	19	淡绿色结晶，易溶于水，常用铁肥
	硫酸亚铁铵	$(NH_4)_2SO_4\cdot FeSO_4\cdot 6H_2O$	14	淡绿色结晶，易溶于水
铜肥	五水硫酸铜	$CuSO_4\cdot 5H_2O$	25	蓝色结晶，溶于水，常用铜肥
	一水硫酸铜	$CuSO_4\cdot H_2O$	35	蓝色结晶，溶于水
	氧化铜	CuO	75	黑色粉末，难溶于水
	氧化亚铜	Cu_2O	89	暗红色晶状粉末，难溶于水
	硫化铜	Cu_2S	80	难溶于水

（2）微量元素肥料施用技术。微量元素肥料有多种施用方法。既可作基肥、种肥或追肥施入土壤，又可直接作用于植物，如种子处理、蘸秧根或根外喷施等。

直接施入土壤中的微量元素肥料，能满足植物整个生育期对微量元素的需要，同时由于微肥有一定后效性，因此土壤施用可隔年施用一次。微量元素肥料用量较少，施用时必须均匀，作基肥时，可与有机肥料或大量元素肥料混合施用。

微量元素肥料直接作用于植物是微量元素肥料常用方法，包括种子处理、蘸秧根和根外喷施。

① 拌种。用少量温水将微量元素肥料溶解，配制成较高浓度的溶液，喷洒在种子上。一般每千克种子用量为0.5～1.5g，一般边喷边拌，阴干后可用于播种。

② 浸种。把种子浸泡在含有微量元素肥料的溶液中6～12h，捞出晾干即可播种，浓度一般为0.01%～0.05%。

③ 蘸秧根。具体做法是将适量的肥料与肥沃土壤少许制成稀薄的糊状液体，在插秧前或植物移栽前，把秧苗或幼苗根浸入液体中数分钟即可。如水稻可用1%氧化锌悬浊液蘸根半分钟即可插秧。

④ 根外喷施。这是微量元素肥料既经济又有效的方法。常用浓度为0.01%～0.2%，具体用量视植物种类、植株大小而定，一般每公顷600～1125kg溶液。

⑤枝干注射。果树、林木缺铁时常用0.2%～0.5%硫酸亚铁溶液注射入树干内，或在树干上钻一小孔，每棵树用1～2g硫酸亚铁盐塞入孔内，效果很好。

4. 操作规程和质量要求　见表4-1-16。

表4-1-16　微量元素肥料的合理施用技术操作规程和质量要求

工作环节	操作规程	质量要求
当地常见微量元素肥料种类的性质与施用要点认识	根据当地生产中常用的微量元素肥料品种，抽取样品，熟悉它们的性质和施用要点（表4-1-17）	能准确认识当地常见微量元素肥料品种，并熟悉其含量、化学成分、主要性质和施用要点
针对植物对微量元素的反应施用	微量元素肥料应施在需要量较多、对缺素比较敏感的植物上，发挥其增产效果	各种植物对不同的微量元素有不同的反应，敏感程度也不同，需要量也有差异（表4-1-18）
针对土壤中微量元素状况而施用	（1）铁、硼、锰、锌、铜等微量元素肥料应施在北方石灰性土壤上，而钼肥应施在酸性土壤上 （2）施用时应针对土壤中微量元素状况（表4-1-19）。酸性土壤施用石灰会明显影响许多种微量元素养分的有效性	一般来说缺铁、硼、锰、锌、铜，主要发生在北方石灰性土壤上，而缺钼主要发生在酸性土壤上
针对天气状况而施用	早春遇低温时，早稻容易缺锌；冬季干旱，会影响根系对硼的吸收，翌年油菜容易出现大面积缺硼；降雨较多的沙性土壤，容易引起土壤铁、锰、钼的淋洗，会促使植物产生缺铁、缺锰和缺钼症；在排水不良的土壤又易发生铁、锰、钼的毒害	生产实际中，应根据当年天气反常情况，及时诊断植物对微量元素缺乏情况，及时预防

表 4-1-17 常见微量元素肥料的施用方法

肥料名称	基肥	拌种	浸种	根外喷施
硼肥	硼泥 225～375kg/hm^2，硼砂 7.5～11.25kg/hm^2 可持续 3～5 年	—	—	硼砂或硼酸浓度 0.1%～0.2%，喷施 2～3 次
锌肥	硫酸锌 15～30kg/hm^2，可持续 2～3 年	硫酸锌每千克种子 4g 左右	硫酸锌浓度为 0.02%～0.05%；水稻 0.1%	硫酸锌浓度 0.1%～0.2%，喷施 2～4 次
钼肥	钼渣 3.75kg/hm^2 左右，可持续 2～4 年	钼酸铵每千克种子 1～2g	钼酸铵浓度为 0.05%～0.1%	钼酸铵浓度 0.05%～0.1%，喷施 1～2 次
锰肥	硫酸锰 15～45kg/hm^2，可持续 1～2 年，效果较差	硫酸锰每千克种子 4～8g	硫酸锰浓度为 0.1%	硫酸锰浓度 0.1%～0.2%，果树 0.3%，喷施 2～3 次
铁肥	大田植物，硫酸亚铁 30～75kg/hm^2，果树 75～150kg	—	—	大田植物硫酸亚铁浓度 0.2%～1.0%；果树 0.3%～0.4%喷 3～4 次
铜肥	硫酸铜 15～30kg/hm^2，可持续 3～5 年	硫酸铜每千克种子 4～8g	硫酸铜浓度为 0.01%～0.05%	硫酸铜浓度为 0.02%～0.04%，喷 1～2 次

表 4-1-18 主要植物对微量元素需求状况

元素	需要较多	需要中等	需要较少
B	甜菜、苜蓿、萝卜、向日葵、白菜、油菜、苹果等	棉花、花生、马铃薯、番茄、葡萄等	大麦、小麦、柑橘、西瓜、玉米等
Mn	甜菜、马铃薯、烟草、大豆、洋葱、菠菜等	大麦、玉米、萝卜、番茄、芹菜等	苜蓿、花椰菜、包心菜等
Cu	小麦、高粱、菠菜、莴苣等	甘薯、马铃薯、甜菜、苜蓿、黄瓜、番茄等	玉米、大豆、豌豆、油菜等
Zn	玉米、水稻、高粱、大豆、番茄、柑橘、葡萄、桃等	马铃薯、洋葱、甜菜等	小麦、豌豆、胡萝卜等
Mo	大豆、花生、豌豆、蚕豆、绿豆、紫云英、苕子、油菜、花椰菜等	番茄、菠菜等	小麦、玉米等
Fe	蚕豆、花生、马铃薯、苹果、梨、桃、杏、李、柑橘等	玉米、高粱、苜蓿等	大麦、小麦、水稻等

表 4-1-19 土壤中微量元素的丰缺指标

单位：mg/kg

元素	有效指标	低	适量	丰富	备注
B	有效硼	0.25～0.5	0.5～1.0	1.0～2.0	
Mn	有效锰	50～100	100～200	200～300	
Zn	有效锌	0.5～1.0	1～2	2～4	中性和石灰性土壤
		1.0～1.5	1.5～3.0	3.0～5.0	酸性土壤
Cu	有效铜	0.1～0.2	0.2～1.0	1.0～1.8	
Mo	有效钼	0.1～0.15	0.15～0.2	0.2～0.3	

5. 常见技术问题处理　微量元素肥料施用有其特殊性，如果施用不当，不仅不能增产，反而会使植物受到严重危害，为此，施用时应注意：

（1）土壤中微量元素的有效性受土壤环境条件影响。为了彻底解决微量元素缺乏问题，应在补充有效性微量元素养分的同时，注意消除缺乏微量元素的土壤因素。一般可采用施用有机肥料或适量石灰来调节土壤酸碱度、改良土壤的某些性状。

（2）把施用大量元素肥料放在重要位置上。虽然微量元素肥料和氮、磷、钾三要素都是同等重要和不可代替的，但是在农业生产中，微量元素肥料的效果，只有在施足大量元素肥料基础才能充分发挥出来。

（3）严格控制用量，力求施用均匀。微量元素肥料用量过大会对植物产生毒害作用，而且有可能污染环境，或影响人、畜健康，因此，施用时应严格控制用量，力求做到施用均匀。

任务三　复（混）合肥料的合理施用

任务目标

了解复（混）合肥料概念与分类，熟悉常见复（混）合肥料的性质，掌握各种复（混）合肥料的施用要点。

背景知识

复（混）合肥料概述

复（混）合肥料是指氮、磷、钾三种养分中，至少有两种养分标明量的，由化学方法和（或）掺混方法制成的肥料。由化学方法制成的称复合肥料，由干混方法制成的称混合肥料。

1. 复（混）合肥料类型　复（混）合肥料按其制造方法一般可分为化成复合肥料、混成复合肥料和配成复合肥料。化成复（混）合肥料是在一定工艺条件下，利用化学合成或化学提取分离等加工过程而制成的具有固定养分含量和配比的肥料，如磷酸二铵、硝酸钾、磷酸二氢钾等，一般简称复合肥。混成复（混）合肥料是根据农艺和农民的需要将两种或两种以上的单质肥料经过掺混而制成的复（混）合肥料，简称掺混肥料，又称BB肥。配成复（混）合肥料是采用两种或多种单质肥料在化肥生产厂家经过一定的加工工艺重新制造而成的复（混）合肥料，简称复混肥。生产上一般根据植物的需要常配成氮、磷、钾比例不同的专用肥，如小麦专用肥、西瓜专用肥、花卉专用肥等。

复（混）合肥料的有效成分，一般用 $N—P_2O_5—K_2O$ 的含量百分数来表示。如N含量为13%、K_2O 含量为44%的硝酸钾，可用13—0—44来表示。

2. 复（混）合肥料的特点　与单质肥料相比，复（混）合肥料具有以下特点：一是养分齐全，科学配比。多数复（混）合肥料含有两种或两种以上养分，能比较均衡地、较长时间地同时供应植物所需要的多种养分，并能充分发挥营养元素之间互相促进作用。二是物理性状好，适合于机械化施肥。复（混）合肥料一般副成分少，比表面积小，不易结块，具有较好的流动性，堆密度小，粒径一般在1～5mm，因此适宜于机械化施肥。三是简化施肥，节省劳动力。选用有较强针对性的复（混）合肥料，在施用基肥基础上，只需追施一定量氮肥，因此既可节省劳动力，又可简化施肥程序。四是效用与功能多样。生产复（混）合肥料时，可加入硝化及尿酶抑制剂、稀土元素、除草剂、农药等成分，增加功效；也可利用包膜技术，生产缓释性复（混）合肥料，应用于草坪、高尔夫球场等，扩展应用范围。五是养分比例固定，难于满足施肥技术要求。这也是复合肥料的不足之处，因此，可采取多功能与专用型相结合，研制肥效调节型肥料来克服其缺点。

活动一　复（混）合肥料的合理施用

1. 活动目标　了解复（混）合肥料的类型及特点；了解混合肥料的混合原则与类型；掌握常见复（混）合肥料的性质和施用要点；掌握当地合理施用复（混）合肥料技术。

2. 活动准备　将全班按2人一组分为若干组，每组准备以下材料和用具：磷酸铵系列、硝酸磷肥、磷酸二氢钾、硝磷钾肥、硝铵磷肥、磷酸钾铵等肥料样品少许。

3. 相关知识　混合肥料是各种基础肥料经二次加工的产品。复混肥料和掺混肥料属于混合肥料。制备混合肥料的基础肥料中单质肥料可用硝酸铵、尿素、硫酸铵、氯化铵、过磷酸钙、重过磷酸钙、钙镁磷肥、氯化钾和硫酸钾等，二元肥料可用磷酸一铵、磷酸二铵、聚磷酸铵、硝酸磷肥等。

（1）肥料的混合原则。肥料混合必须遵循的原则是：肥料混合不会造成养分损失或有效性降低；肥料混合不会产生不良的物理性状；肥料混合有利于提高肥效和工效。根据这3条原则，肥料是否适宜混合通常3种情况：可以混合、可以暂混、不能混合。各种肥料混合的适宜性见图4-1-2。

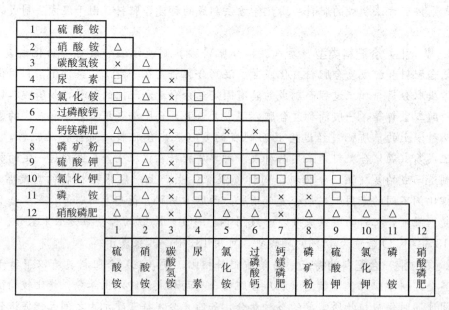

		1	2	3	4	5	6	7	8	9	10	11	12
1	硫酸铵												
2	硝酸铵	△											
3	碳酸氢铵	×	△										
4	尿素	□	△	×									
5	氯化铵	□	△	×	□								
6	过磷酸钙	□	△	□	□	□							
7	钙镁磷肥	△	△	×	□	×	×						
8	磷矿粉	□	△	×	□	□	△	□					
9	硫酸钾	□	△	×	□	□	□	□	□				
10	氯化钾	□	△	×	□	□	□	□	□	□			
11	磷铵	□	△	×	□	□	□	×	×	□	□		
12	硝酸磷肥	△	△	×	△	△	△	×	△	△	△	△	
		硫酸铵	硝酸铵	碳酸氢铵	尿素	氯化铵	过磷酸钙	钙镁磷肥	磷矿粉	硫酸钾	氯化钾	磷铵	硝酸磷肥

图4-1-2　各种肥料的可混性

△可以暂时混合但不宜久置　□可以混合　×不可混合

（2）混合肥料的类型。混合肥料的类型主要有两类：一是掺混肥料，是基础肥料之间干混、随混随用，通常不发生化学反应；二是复混肥料，是基础肥料之间发生某些化学反应。

掺混肥料是把含有氮、磷、钾及其他营养元素的基础肥料按一定比例掺混而成的混合肥料，简称BB肥。BB肥近年来在我国得到迅速发展，其原因主要是BB肥有以下特点：生产工艺简单，投资省，能耗少，成本低；养分配方灵活，针对性强，符合农业平衡施肥的需要；能做到养分全面，浓度适宜，达到增产增收；减少施肥对环境污染。BB肥除原料肥料的互配性要求外，对颗粒原料肥有特殊的要求，以满足养分均匀性的规定，其影响因素有：颗粒原料肥料的粒度、比重和形态，特别是粒度，因此要保证原料肥料的颗粒粒径、密度，尽量相一致（即匹配性）。

近年来为适应我国复混肥料生产迅速发展的形势，国家制定了复混肥料的专业标准（表4-1-20）。该标准对养分含量、含水量、粒度、抗压强度等都有明确规定。

表4-1-20　复混肥料质量标准（ZBG 21002—87）

指标名称	指标		
	总浓度	中浓度	低浓度
总养分量（%）（$N+P_2O_5+K_2O$）≥	40	30	25
水溶性磷占有效磷百分率（%）＞	50	50	40
水分（游离水，%）＜	1.5	2.0	5.0
颗粒平均抗压强度（MPa）≥	12	10	8
粒度中1～4mm颗粒百分率%≥	90	90	80

注：组成复混肥料的单一养分最低含量不得低于4%。以钙镁磷肥为基础肥料，配入氮、钾肥制成的复混肥料可不控制水溶性磷百分率指标，但须在包装袋上注明弱酸溶性磷含量。有含氯基础肥料参与时，应在包装上注明氯离子含量。

4. 操作规程和质量要求　见表4-1-21。

表4-1-21　复（混）合肥料的合理施用技术操作规程和质量要求

工作环节	操作规程	质量要求
当地常见复（混）合肥料种类的性质与施用要点认识	常见复（混）合肥料的性质与施用要点见表4-1-22。根据当地生产中常用的微量元素肥料品种，抽取样品，熟悉它们的性质和施用要点	能准确认识当地常见复（混）合肥料品种，并熟悉其含量、化学成分、主要性质和施用要点
根据土壤条件合理施用	（1）土壤养分供应情况。在某种养分供应水平较高的土壤上应选用该养分含量低的复混肥料；在某种养分供应水平较低的土壤上则选用该养分含量高的复混肥料 （2）土壤水分状况。一般水田优先施用尿素磷铵钾、尿素钙镁磷肥钾等品种；旱地则优先施用硝酸磷肥系复混肥料，也可施用尿素磷铵钾、氯磷铵钾、尿素过磷酸钙钾等 （3）土壤酸碱性。在石灰性土壤宜选用酸性复混肥料，如硝酸磷肥系、氯磷铵系等，而不宜选用碱性复混肥料；酸性土壤则相反	（1）在含速效钾较高的土壤上，宜选用高氮、高磷、低钾复混肥料或氮、磷二元复混肥料 （2）水田不宜施用硝酸磷肥系复混肥料；旱地不宜施用尿素钙镁磷肥钾等品种

（续）

工作环节	操作规程	质量要求
根据植物特性合理施用	（1）根据植物种类和营养特点施用适宜的复混肥料品种。一般粮食植物以提高产量为主，可施用氮、磷复混肥料；豆科植物宜施用磷、钾为主的复混肥料；果树、西瓜等经济植物施用氮、磷、钾三元复混肥料 （2）根据轮作方式。南方稻—稻轮作制中，在同样为缺磷的土壤上磷肥的肥效早稻好于晚稻，而钾肥的肥效则相反。在北方小麦—玉米轮作中，小麦应施用高磷复混肥料，玉米应施用低磷复混肥料	（1）烟草、柑橘等忌氯植物应施用不含氯的三元复混肥料 （2）在轮作中上、下茬植物施用的复混肥料品种也应有所区别
根据复混肥料的养分形态合理施用	（1）含铵态氮、酰胺态氮的复混肥料在旱地和水田都可施用，但应深施覆土，以减少养分损失；含硝态氮的复混肥料宜施在旱地，在水田和多雨地区肥效较差 （2）含水溶性磷的复混肥料在各种土壤上均可施用，含弱酸溶性磷的复混肥料更适合于酸性土壤上施用	含氯的复混肥料不宜在忌氯植物和盐碱地上施用
以基肥为主合理施用	（1）复混肥料作基肥要深施覆土，防止氮素损失，施肥深度最好在根系密集层，利于植物吸收；复混肥料作种肥必须将种子和肥料隔开 5cm 以上，否则影响出苗而减产 （2）施肥方式有条施、穴施、全耕层深施等，在中低产土壤上，条施或穴施比全耕层深施效果更好，尤其是以磷、钾为主的复混肥料穴施于植物根系附近，即便于吸收，又减少固定	由于复混肥料一般含有磷或钾，且为颗粒状，养分释放缓慢，所以作基肥或种肥效果较好

表 4-1-22 常见复合肥料性质及施用

肥料名称		组成和含量	性质	施用
二元复合肥	磷酸铵	$(NH_4)_2HPO_4$ 和 $NH_4H_2PO_4$ N16%～18%，$P_2O_5$46%～48%	水溶性，性质较稳定，多为白色结晶颗粒状	基肥或种肥，适当配合施用氮肥
	硝酸磷肥	NH_4NO_3，$(NH_4)_2HPO_4$ 和 $CaHPO_4$ N12%～20%，$P_2O_5$10%～20%	灰白色颗粒状，有一定吸湿性，易结块	基肥或追肥，不适宜于水田，豆科植物效果差
	磷酸二氢钾	KH_2PO_4 $P_2O_5$52%，K_2O35%	水溶性，白色结晶，化学酸性，吸湿性小，物理性状良好	多用于根外喷施和浸种
	硝酸钾	KNO_3 N12%～15%，K_2O45%～46%	水溶性，白色结晶，吸湿性小，无副成分	多作追肥，施于旱地和马铃薯、甘薯、烟草等喜钾植物
三元复合肥	硝磷钾肥	NH_4NO_3、$(NH_4)_2HPO_4$ 和 KNO_3， N11%～17%，$P_2O_5$6%～17%， K_2O12%～17%	淡黄色颗粒，有一定吸湿性。其中，N、K 为水溶性，P 为水溶性和弱酸溶性	基肥或追肥，目前已成为烟草专用肥
	硝铵磷肥	N，P_2O_5，K_2O 均为 17.5%	高效、水溶性	基肥、追肥
	磷酸钾铵	$(NH_4)_2HPO_4$ 和 K_2HPO_4 N、P_2O_5、K_2O 总含量达 70%	高效、水溶性	基肥、追肥

5. 常见技术问题处理 复混肥料种类多，成分复杂，养分比例各不相同，不可能完全适宜于所有植物和土壤，因此施用前根据复混肥料的成分、养分含量和植物的需肥特点，合理施用一定用量的复混肥料，并配施适宜用量的单质肥料，以确保养分平衡，满足植物需求。

活动二　常见化学肥料的真假识别

1. 活动目标　借助少数试剂和简单工具，能准确而又迅速地对各种主要化学肥料的特性及其化学组成进行鉴定，以达到识别常用化学肥料的目的，为准确无误地施用化肥提供依据。

2. 活动准备　将全班按 2 人一组分为若干组，每组准备以下材料和用具：烧杯、试管，酒精灯，石蕊试纸；10 种常见化肥（碳酸氢铵、氨水、尿素、硫酸铵、氯化铵、钾肥、过磷酸钙等），石灰，0.5%硫酸铜溶液，1%硝酸银溶液，2.5%氯化钡溶液，硝酸—钼酸铵溶液，20%亚硝酸钴钠溶液，稀盐酸，10%氢氧化钠溶液。

3. 相关知识　各种肥料都有规范的标识、外形特点及不同的物理和化学性质。根据肥料包装标识、外表情况、气味、水溶性、加碱的变化和遇火燃烧的情况可初步判断出肥料的类型和真假。但要知道养分含量是否符合产品标准，肥料是否无毒、无害、无污染，杂菌数量、重金属、有机污染物等含量是否符合国家规定的标准，还需要将肥料样品送相关部门测定。

（1）包装标识。根据 GB 18382—2001 的标准规定：肥料产品的包装标识上必须有中文标明的肥料名称、商标、重量、养分含量、生产许可证号和肥料登记证号，产品执行标准，生产者的厂名、厂址和电话号码以及警示说明等。同时，在产品包装袋内应附有产品使用说明书，限期使用的产品还应标明生产日期和有效期。凡包装上缺少产品执行标准、生产许可证号等任何一项都应视为无证产品，严禁在市场上销售。凡包装袋上未标明肥料厂名、企业地址及电话号码的肥料产品，应一律视为假、劣肥料产品。

（2）常见的误导性标识。以中微量元素钙、硅、镁、硫中的任何一种或几种元素代替氮、磷、钾三要素中的任何一种元素。如将本应标明氮、磷、钾（N、P_2O_5、K_2O）养分含量的复混肥料改为氮、磷、硫（N、P_2O_5、S）或硅、镁、钙（Si、Mg、Ca），缺少了钾或氮、磷、钾的含量。

将氮、磷、钾三要素肥料与中量、微量元素钙、镁、硅、硫及微量元素锌、硼、铁、锰、钼、铜等养分加在一起作为总养分含量。

将有机质含量作为有效养分含量与氮、磷、钾养分加在一起。

有的将含 P_2O_5 3%的含钙、镁、硅肥料标识为钙镁硅肥，易被误认为是钙镁磷肥。

（3）肥料标准。有机—无机复混肥料：根据国家标准 GB 18877—2009 规定：Ⅰ、Ⅱ、Ⅲ有机—无机复混肥料的有机质含量≥20%、15%和 8%，总养分含量氮、磷、钾（$N+P_2O_5+K_2O$）≥15%、25%和 35%。凡低于上述 2 个指标的有机—无机复混肥料均为不合格肥料产品。

有机肥料：农业行业标准 NY 525—2012 规定：有机肥料的有机质含量≥45%；总养分含量氮、磷、钾（N、P_2O_5、K_2O）≥5%，水分（游离水）<30%，pH 5.5～8.5，凡低于上述指标的有机肥均为不合格肥料产品。

新型水溶肥料：要注意可溶性如何、有无沉淀等。农业行业标准 NY 1107—2010 规定：①大量元素（$N+P_2O_5+K_2O$）水溶性肥料：固体产品≥50%；液体产品≥500g/L。②微量元素（Fe+Zn+B+Mo+Mn+Cu，至少含有一种）水溶肥料：固体产品≥10%；液体产品≥100g/L。③含氨基酸水溶肥料。中量元素型固体产品游离氨基酸含量≥10%、中量元素含量≥3%，液体产品游离氨基酸含量≥100g/L、中量元素含量≥30g/L；微量元素型固体产品游离氨基酸含量≥10%、中量元素含量≥2%，液体产品游离氨基酸含量≥100g/L、中量元素含量≥20g/L。④腐殖酸水溶性肥料：大量元素型固体产品腐殖酸含量≥3%、大量元素含量≥20%，液体产品游离氨基酸含量≥30g/L、大量元素含量≥200g/L；微量元素型腐殖酸含量≥3%、微量元素含量≥6%。

目前，我国的肥料标准有国家标准、省部行业标准和地方行业标准等，行业（企业）标准遵循国家标准并高于国家标准。

4. 操作规程和质量要求 见表4-1-23。

表4-1-23 常见化学肥料鉴别操作规程和质量要求

工作环节	操作规程	质量要求
外表观察	可将肥料给予总的区别，一般氮肥和钾肥多为结晶体，如碳酸氢铵、硝酸铵、氯化铵、硫酸铵、尿素、氯化钾、硫酸钾等；磷肥多为粉末状，如过磷酸钙、钙镁磷肥、磷矿粉、钢渣磷肥等	样品一定要干燥，保持原状
加水溶解	准备1只烧杯或玻璃杯，内放半杯蒸馏水或凉开水，将一小勺化肥样品慢慢倒入杯中，并用玻璃棒充分搅拌，静止一段时间后观察其溶解情况，以鉴别肥料样品 （1）全部溶解的有：硫酸铵、硝酸铵、氯化铵、尿素、硝酸钠、氯化钾、硫酸钾、磷酸铵、硝酸钾等 （2）部分溶解的有：过磷酸钙、重过磷酸钙、硝酸铵钙等 （3）不溶解或绝大部分不溶解的有：钙镁磷肥、沉淀磷肥、钢渣磷肥、脱氟磷肥、磷矿粉等	在用外表观察分辨不出它的品种时，采用此法
加碱性物质混合	取样品同石灰或其他碱性物质（如烧碱）混合，如闻到氨臭味，则可确定为铵态氮肥或含铵态的复合肥料或混合肥料	注意以防刺激眼睛
灼烧检验	将待测的少量样品直接放在铁片或烧红的木炭上燃烧，观察其熔化、烟色、烟味与残烬等情况 （1）逐渐熔化并出现“沸腾”状，冒白烟，可闻到氨味，有残烬，是硫酸铵 （2）迅速熔解时冒白烟，有氨味，是尿素。无变化但有爆裂声，没有氨味，是硫酸钾或氯化钾 （3）不易熔化，但白烟甚浓，又闻到氨味和盐酸味，是氯化铵 （4）边熔化边燃烧，冒白烟，有氨味，是硝酸铵 （5）燃烧并出现黄色火焰是硝酸钠，燃烧出现带紫色火焰的是硝酸钾	样品量不宜过多，注意安全
化学检验	（1）取少量样品，放在干净的试管中，将试管放在酒精灯上灼烧，观察识别。①结晶在试管中逐渐熔化、分解、能嗅到氨味，用湿的红色石蕊试纸试一下，变成蓝色，是硫酸铵。②结晶在试管中不熔化，而固体像升华一样，在试管壁冷的部分生成白色薄膜，是氯化铵。③结晶在试管中能迅速熔化、沸腾、用湿的红色石蕊试纸在管口试一下，能变成蓝色，但继续加热，试纸则又由蓝色变成红色，是硝酸铵。④结晶在试管中加热后，立即熔化，能产生氨臭味，并且很快挥发，在试管中有残渣，是尿素 （2）取少量肥料样品在试管中，加水5mL待其完全溶解后，用滴管加入2.5%氯化钡溶液5滴，产生白色沉淀：①当加入稀盐酸呈酸性时，沉淀不溶解，证明含有硫酸根；当化学方法鉴定出含有氨，又经此法确定含有硫酸根，则肥料为硫酸铵。②当用灼烧检验方法证明是钾肥，又经此法检验含有硫酸根，则为硫酸钾 （3）取少量肥料样品放在试管中，加水5mL待其完全溶解后，用滴管加入1%硝酸银5滴，产生白色絮状沉淀，证明含有氯根：①当用化学方法鉴定出含有氨，又经此法证明含有氯根，则为氯化铵。②当用灼烧检验方法证明是钾肥，又经此法检验含有氯根，则为氯化钾 （4）取极少量肥料样品放在试管中，加水5mL使其溶解，如溶液混浊，则需过滤，取清液鉴定，于滤液中加入钼酸铵—硝酸溶液2mL，摇匀后，如出现黄色沉淀，证明是水溶性磷肥 （5）取少量样品（加碱性物质不产生氨味），放在试管中，加水使其完全溶解，滴加亚硝酸钴钠溶液3滴，用玻璃棒搅匀，产生黄色沉淀，证明是含钾化肥 （6）取肥料样品约1g放在试管中，在酒精灯上加热熔化，稍冷却，加入蒸馏水2mL及10%氢氧化钠5滴，溶解后，再加入0.5%硫酸铜溶液3滴，如出现紫色，证明是尿素	注意化学试剂使用的安全

5. 常见技术问题处理　根据实验结果，认真填写肥料系统鉴定表（表4-1-24），并掌握其主要内容。

表4-1-24　化学肥料系统鉴定

样品	外表观察	加水溶解	加碱性物质混合	灼烧检验	化学检验	肥料名称
1						
2						
3						
4						
5						
6						
7						
8						
9						
10						

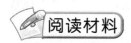

阅读材料

常见肥料施肥要点歌谣

1. 硫酸铵　硫铵俗称肥田粉，氮肥以它作标准；含氮高达二十一，各种作物都适宜；
生理酸性较典型，最适土壤偏碱性；混合普钙变一铵，氮磷互补增效应。

2. 碳酸氢铵　碳酸氢铵偏碱性，施入土壤变为中；含氮十六到十七，各种作物都适宜；
高温高湿易分解，施用千万要深埋；牢记莫混钙镁磷，还有草灰人尿粪。

3. 氯化铵　氯化铵、生理酸，含有二十五个氮；施用千万莫混碱，用作种肥出苗难；
牢记红薯马铃薯，烟叶甜菜都忌氯；重用棉花和水稻，掺和尿素肥效高。

4. 硝酸铵　硝酸铵、生理酸，内含三十四个氮；铵态硝态各一半，吸湿性强易爆燃；
施用最好作追肥，不施水田不混碱；掺和钾肥氯化钾，理化性质大改观。

5. 尿素　尿素性平呈中性，各类土壤都适用；含氮高达四十六，根外追肥称英雄；
施入土壤变碳铵，然后才能大水灌；千万牢记要深施，提前施用最关键。

6. 过磷酸钙　过磷酸钙水能溶，各种作物都适用；混沤厩肥分层施，减少土壤磷固定；
配合尿素硫酸铵，以磷促氮大增产；含磷十八性呈酸，运贮施用莫遇碱。

7. 重过磷酸钙　过磷酸钙名加重，也怕铁铝来固定；含磷高达四十六，俗称重钙呈酸性；
用量掌握要灵活，它与普钙用法同；由于含磷比较高，不宜拌种蘸根苗。

8. 钙镁磷肥　钙镁磷肥水不溶，溶于弱酸属枸溶；作物根系分泌酸，土壤酸液也能溶；
含磷十八呈碱性，还有钙镁硅锰铜；酸性土壤施用好，石灰土壤不稳定；
小麦油料和豆科，施用效果各不同；施用应作基肥使，一般不作追肥用；
五十千克施一亩，用前堆沤肥效增；若与铵态氮肥混，氮素挥发不留情。

9. 硫酸钾	硫酸钾、较稳定，易溶于水性为中；吸湿性小不结块，生理反应呈酸性； 含钾四八至五十，基种追肥均可用；集中条施或穴施，施入湿土防固定； 酸土施用加矿粉，中和酸性又增磷；石灰土壤防板结，增施厩肥最可行； 每亩用量十千克，块根块茎用量增；易溶于水肥效快，氮磷配合增效应。
10. 氯化钾	氯化钾、早当家，钾肥家族数它大；易溶于水性为中，生理反应呈酸性； 白色结晶似食盐，也有淡黄与紫红；含钾五十至六十，施用不易作种肥； 酸性土施加石灰，中和酸性增肥力；盐碱土上莫用它，莫施忌氯作物地； 亩用一十五千克，基肥追肥都可以；更适棉花和麻类，提高品质增效益。

资料收集

1. 阅读《土壤》《中国土壤与肥料》《土壤通报》《土壤学报》《植物营养与肥料学报》等杂志及有关化学肥料方面的书籍。

2. 浏览中国肥料信息网、××省（市）土壤肥料信息网、中国科学院南京土壤研究所网站、中国农业科学院土壤肥料研究所网站等。

3. 了解近两年有关化学肥料方面的新技术、新成果、最新研究进展，写一篇“当地常见化学肥料的合理施用”的综述。

师生互动

将全班分为若干团队，每队 5～10 人，利用业余时间，进行下列活动：

1. 当地生产实践中有哪些合理施用碳酸氢铵的典型经验？

2. 当地生产实践中小麦田与水稻田采用“以水带氮”施用尿素的肥效如何？

3. 根据当地环境条件，制定一个合理施用氮肥的技术方案；调查当地农户施用氮肥中存在的主要问题与典型经验。

4. 当地生产实践中有哪些提高过磷酸钙肥料施用效果的好方法？

5. 调查当地农户施用磷肥中存在的主要问题与典型经验；根据当地环境条件，制定一个合理施用磷肥的技术方案。

6. 根据当地环境条件，制定一个合理施用钾肥的技术方案；调查当地农户施用钾肥中存在的主要问题与典型经验。

7. 根据当地环境条件，制定一个合理施用微肥的技术方案；调查当地农户施用微肥中存在的主要问题与典型经验。

8. 用当地经常施用的化学肥料，哪些肥料之间可以混合，哪些不可以混合？

9. 根据当地环境条件，制定一个合理施用复合肥料的技术方案；调查当地目前正在推广应用的 BB 肥典型经验。

10. 以当地土壤为例，说明碳酸氢铵的施用技术。尿素为什么适宜作根外追肥？举例说明其在蔬菜上的应用。

11. 结合当地实际情况，应如何合理施用尿素？应如何合理施用硫酸铵、氯化铵和硝酸铵？

12. 结合当地实际情况，如何提高磷肥的肥效？如何合理施用钾肥，提高其肥效？

13. 以果树为例，说明微量元素的合理施用技术。施用时应注意哪些问题?

14. 结合实际，举例说明当地施用的复混肥料主要有哪些品种；并谈谈如何合理施用复混肥。

15. 结合实际情况，对当地常用的化学肥料（包括碳酸氢铵、氯化铵、尿素、硫酸钾、氯化钾、过磷酸钙、磷酸铵等肥料品种）进行识别与定性鉴定。

16. 对当地农业、林业、园林等企业员工进行走访及有效沟通，了解其工作经历和工作经验，熟悉当地植物性生产中的施肥现状及安全生产的要求，培养自身的团队意识，为企业提供建设性的生产建议。

考证提示

获得农艺工、种子繁育员、肥料配方师、植保员、蔬菜园艺工、花卉园艺工、果树园艺工、林木种苗工、绿化工、草坪建植工、中药材种植员、牧草工等高级资格证书，需具备以下知识和能力：

◆熟知常见氮肥如碳酸氢铵、尿素、硫酸铵、硝酸铵、氯化铵等性质与合理施用技术。

◆熟知常见磷肥如过磷酸钙、重过磷酸钙、钙镁磷肥、磷矿粉等性质与合理施用技术。

◆熟知常见钾肥如氯化钾、硫酸钾、草木灰等性质与合理施用技术。

◆熟知常见微量元素肥料的性质与合理施用技术。

◆熟知常见复混肥料的性质与合理施用技术。

◆熟知当地常见化学肥料的识别与鉴定。

项目二　有机肥料与生物肥料的合理施用

项目目标

知识目标： 了解有机肥料与生物肥料的种类、特点及生产意义；掌握生产中常用有机肥料与生物肥料的主要类型与性质；结合当地实际情况，能合理施用主要有机肥料与生物肥料。

能力目标： 能熟练操作畜禽粪尿和厩肥的腐熟技术；基本能够进行高温堆肥、沤肥的积制技术；学会调查当地农户施肥有机肥料与生物肥料的现状。

任务一　有机肥料的合理施用

任务目标

了解有机肥料的种类、特点与作用等基本知识，熟悉当地土壤有机肥料的施用现状，能熟练操作家畜粪尿和厩肥的腐熟技术及高温堆肥、沤肥的积制技术。

背景知识

有机肥料概述

有机肥料是指利用各种有机废弃物料，加工积制而成的含有有机物质的肥料总称，是农村就地取材，就地积制，就地施用的一类自然肥料，也称为农家肥。目前已有工厂化积制的有机肥料出现，这些有机肥料被称为商品有机肥料。

1. 有机肥料类型　有机肥料按其来源、特性和积制方法一般可分为 4 类：

（1）粪尿肥类。主要是动物的排泄物（包括人粪尿、家畜粪尿、家禽粪、海鸟粪、蚕沙）和利用家畜粪便积制的厩肥等。

（2）堆沤肥类。主要是有机物料经过微生物发酵的产物，包括堆肥（普通堆肥、高温堆肥和工厂化堆肥）、沤肥、沼气池肥（沼气发酵后的池液和池渣）、秸秆直接还田等。

（3）绿肥类。主要是指直接翻压到土壤中作为肥料施用的植物整体和植物残体，包括野生绿肥、栽培绿肥等。

（4）杂肥类。包括各种能用作肥料的有机废弃物，如泥炭（草炭）和利用泥炭、褐煤、风化煤等为原料加工提取的各种富含腐殖酸的肥料，饼肥（榨油后的油粕）与食用菌的废弃营养基，河泥、湖泥、塘泥、污水、污泥，垃圾肥和其他含有有机物质的工农业废弃物等，也包括以有机肥料为主配置的各种营养土。

2. 有机肥料的作用　有机肥料在农业生产中所起到的作用，可以归结为以下几个方面。

（1）为植物生长提供营养。有机肥料几乎含有作物生长发育所需的所有必需营养元素，尤其是微量元素，长期施用有机肥料的土壤，作物是不缺乏微量元素的。此外，有机肥料中还含有少量氨基酸、酰胺、磷脂、可溶性糖类等一些有机分子，可以直接为作物提供有机碳、氮、磷营养。

（2）活化土壤养分，提高化肥利用率。施用有机肥料可以有效地增加土壤养分含量，有机肥料中所含的腐殖酸中含有大量的活性基团，可以和许多金属阳离子形成稳定的配位化合物，从而使这些金属阳离子（如锰、钙、铁等）的有效性提高，同时也间接提高了土壤中闭蓄态磷的释放，从而达到活化土壤养分的功效。应当注意的是，有机肥料在活化土壤养分的同时，还会与部分微量营养元素形成稳定的配位化合物而降低有效性，如锌、铜等。

（3）改良土壤理化性质。有机肥料含有大量腐殖质，长期施用可以起到改良土壤理化性质和协调土壤肥力因素状况的作用。有机肥料施入土壤中，所含的腐殖酸可以改良土壤结构，促进土壤团粒结构形成，从而协调土壤孔隙状况，提高土壤的保蓄性能，协调土壤水、气、热状况；还能增强土壤的缓冲性，改善土壤氧化还原状况，平衡土壤养分。

（4）改善农产品品质和刺激作物生长。施用有机肥料能提高农产品的营养品质、风味品质、外观品质；有机肥料中还含有维生素、激素、酶、生长素和腐殖酸等，能促进作物生长和增强作物抗逆性。

（5）提高土壤微生物活性和酶的活性。有机肥料给土壤微生物提供了大量的营养和能量，加速了土壤微生物的繁殖，提高了土壤微生物的活性，同时还使土壤中一些酶（如脱氢酶、蛋白酶、脲酶等）的活性提高，促进了土壤中有机物质的转化，加速了土壤有机物质的循环，有利于提高土壤肥力。

（6）提高土壤容量，改善生态环境。施用有机肥料还可以降低作物对重金属离子铜、锌、铅、汞、铬、镉、镍等的吸收，降低了重金属对人体健康的危害。有机肥料中的腐殖质对一部分农药（如狄氏剂等）的残留有吸附、降解作用，能够有效地消除或减轻农药对食品的污染。

活动一　常见有机肥料及其合理施用

1. 活动目标　了解常见有机肥料的成分和性质，熟悉常见有机肥料的施用技术。

2. 活动准备　查阅有关土壤肥料书籍、杂志、网站，收集有机肥料的施用知识，总结有机肥料的合理利用情况。将全班按5人一组分为若干组，每组准备以下材料和用具：常见粪尿肥类、堆沤肥类、绿肥类、杂肥类等肥料样品少许。

3. 相关知识

（1）人粪尿。人粪尿是一种养分含量高、肥效快的有机肥料。人粪是食物经过消化后未被吸收而排出体外的残渣，混有多种消化液、微生物和寄生虫等物质，含有70%～80%的水分、20%左右的有机物和5%左右的无机物。有机物主要是纤维素和半纤维素、脂肪、蛋白质和分解蛋白、氨基酸、各种酶、粪胆汁等，还含有少量粪臭质、吲哚、硫化氢、丁酸等臭味物质；无机物主要是钙、镁、钾、钠的硅酸盐、磷酸盐和氯化物等盐类。新鲜人粪一般呈中性。

人尿是食物经过消化吸收，并参加人体代谢后产生的废物和水分，约含95%的水分、5%左右的水溶性有机物和无机盐类，主要为尿素（占1%～2%）、氯化钠（约占1%），少量的尿酸、马尿酸、氨基酸、磷酸盐、铵盐、微量元素和微量的生长素（吲哚乙酸等）。新鲜的尿液为淡黄色透明液体，不含有微生物，因含有少量磷酸盐和有机酸而呈弱酸性。

人粪尿的排泄量和其中的养分及有机质的含量因人而异，不同的年龄、饮食状况和健康状况都不相同（表4-2-1）。

表4-2-1 人粪尿的养分含量

种 类	主要成分含量（鲜基,%）				
	水分	有机物	N	P_2O_5	K_2O
人 粪	>70	约20	1.00	0.50	0.37
人 尿	>90	约3	0.50	0.13	0.19
人粪尿	>80	5～10	0.5～0.8	0.2～0.4	0.2～0.3

（2）畜禽粪尿。畜禽粪尿肥主要指人们饲养的牲畜，如猪、牛、羊、马、驴、骡、兔等的排泄物及鸡、鸭、鹅等禽类排泄的粪便。畜禽粪成分较为复杂，主要是纤维素、半纤维素、木质素、蛋白质及其降解物、脂肪、有机酸、酶、大量微生物和无机盐类。畜禽尿成分较为简单，全部是水溶性物质，主要为尿素、尿酸、马尿酸和钾、钠、钙、镁的无机盐。不同的畜禽排泄物成分略有不同（表4-2-2）。各类畜禽粪尿的性质可参考表4-2-3。

表4-2-2 畜禽粪尿中主要成分含量

单位：%

种类	水分	有机质	矿物质	N	P_2O_5	K_2O	C/N
猪粪	81.5	15.0	3.00	0.60	0.40	0.44	13～14∶1
猪尿	96.7	2.80	1.00	3.00	0.12	0.95	—
牛粪	83.3	14.50	3.90	0.32	0.25	0.16	25～26∶1
牛尿	93.8	3.50	8.00	0.95	0.03	0.95	—
羊粪	65.5	31.40	4.70	0.65	0.47	0.23	29∶1
羊尿	87.2	8.30	4.60	1.68	0.03	2.10	—
马粪	75.8	21.0	4.50	0.58	0.30	0.24	23～24∶1
马尿	90.1	7.10	2.10	1.20	微量	1.50	—
鸡粪	50.5	25.6	—	1.63	1.55	0.82	10～11∶1
鸭粪	56.6	26.2	—	1.10	1.40	0.62	—
鹅粪	77.1	23.4	—	0.55	0.50	0.95	—

表 4-2-3　畜禽粪尿的性质

家畜粪尿	性　质
猪粪	质地较细，含纤维少，C/N 低，养分含量较高，且蜡质含量较多；阳离子交换量较高；含水量较多，纤维分解细菌少，分解较慢，产热少
牛粪	质地细密，C/N 为 21∶1，含水量较高，通气性差，分解较缓慢，释放出的热量较少，称为冷性肥料
羊粪	质地细密干燥，有机质和养分含量高，C/N 为 12∶1 分解较快，发热量较大，热性肥料
马粪	纤维素含量较高，疏松多孔，水分含量低，C/N 为 13∶1，分解较快，释放热量较多，称为热性肥料
兔粪	富含有机质和各种养分，C/N 低，易分解，释放热量较多，热性肥料
禽粪	纤维素较少，粪质细腻，养分含量高于家畜粪，分解速度较快，发热量较低

（3）厩肥。厩肥是以家畜粪尿为主，和各种垫圈材料（如秸秆、杂草、黄土等）和饲料残渣等混合积制的有机肥料统称。北方称为“土粪”或“圈粪”，南方称为“草粪”或“栏粪”。厩肥中富含丰富的有机质和各种养分，属完全肥料（表 4-2-4）。

表 4-2-4　新鲜厩肥的主要成分含量

单位：%（鲜基）

种类	水分	有机质	N	P_2O_5	K_2O	CaO	MgO
猪厩肥（圈粪）	72.4	25.0	0.45	0.19	0.40	0.08	0.08
马厩肥	71.9	25.4	0.38	0.28	0.53	0.31	0.11
牛厩肥（栏粪）	77.5	20.3	0.34	0.18	0.40	0.21	0.14
羊厩肥（圈粪）	64.6	31.8	0.83	0.23	0.67	0.33	0.28

厩肥常用的积制方法有 3 种，即深坑圈、平底圈和浅坑圈。

① 深坑圈。我国北方农村常用的一种养猪积肥方式。圈内设有一个 1m 左右的深坑为猪活动和积肥的场所，每日向坑中添加垫圈材料，通过猪的不断践踏，使垫圈材料和猪粪尿充分混合，并在缺氧的条件下就地腐熟，待坑满后一次出圈。出圈后的厩肥，下层已达到腐熟或半腐熟状态，可直接施用，上层未腐熟的厩肥可在圈外堆制，待腐熟后施用。

② 平底圈。地面多为紧实土底，或采用石板、水泥筑成，无粪坑设置，采用每日垫圈，每日或数日清除的方法，将厩肥移至圈外堆制。牛、马、驴、骡等大牲畜常采用这种方法，每日垫圈每日清除。对于养猪来说，此法适合于大型养猪场，或地下水位较高、雨水较充足而不宜采用深坑圈的地区，一般采用每日垫圈，数日清除的方法。平底圈积制的厩肥未经腐熟，需要在圈外堆腐，费时费工，但比较卫生，有利于家畜健康。

③ 浅坑圈。介于深坑圈和平底圈之间，在圈内设 13～17cm 浅坑，一般采用勤垫勤起的方法，类似于平底圈。此法和平底圈差不多，厩肥腐熟程度较差，需要在圈外堆腐。

（4）堆肥。堆肥主要是以秸秆、落叶、杂草、垃圾等为主要原料，再配合定量的含氮丰富的有机物，在不同条件下积制而成的肥料。堆肥的性质基本和厩肥类似，其养分含量因堆肥原料和堆制方法不同而有差别（表 4-2-5）。堆肥一般含有丰富的有机质，碳氮比较小，养分多为速效态；堆肥还含有维生素、生长素及微量元素等。

表 4-2-5 堆肥的主要成分含量

单位：%

种类	水分	有机质	氮（N）	磷（P_2O_5）	钾（K_2O）	C/N
高温堆肥	—	24～42	1.05～2.00	0.32～0.82	0.47～2.53	9.7～10.7
普通堆肥	60～75	15～25	0.4～0.5	0.18～0.26	0.45～0.70	16～20

堆肥的腐熟是一系列微生物活动的复杂过程。堆肥初期矿质化过程占主导，堆肥后期则是腐殖化过程占主导。普通堆肥因加入土多，发酵温度低，腐熟时间较长，需 3～5 个月。高温堆肥以纤维素多的原料为主，加入适量的人、畜粪尿，腐熟时间短，发酵温度高，有明显的高温过程，能杀灭病菌虫卵、草籽等。高温堆肥所经过的 4 个阶段特征，见表 4-2-6。

其腐熟程度可从颜色、软硬程度及气味等特征来判断。半腐熟的堆肥材料组织变松软易碎，分解程度差，汁液为棕色，有腐烂味，可概括为“棕、软、霉”。腐熟的堆肥，堆肥材料完全变形，呈褐色泥状物，可捏成团，并有臭味，特征是“黑、烂、臭”。

表 4-2-6 堆肥腐熟的 4 个阶段

腐熟阶段	温度变化	微生物种类	变化特征
发热阶段	常温上升至 50℃左右	中温好氧性微生物如无芽孢杆菌、球菌、芽孢杆菌、放线菌、霉菌等为主	分解材料中的蛋白质和少部分纤维素、半纤维素，释放出 NH_3、CO_2 和热量
高温阶段	维持在 50～70℃	好热性真菌、好热性放线菌、好热性芽孢杆菌、好热性纤维素分解菌和梭菌等好热性微生物	强烈分解纤维素、半纤维素和果胶类物质，释放出大量热能。同时，除矿质化过程外，也开始进行腐殖化过程
降温阶段	温度下降至 50℃以下	中温性纤维分解黏细菌、中温性芽孢杆菌、中温性真菌和中温性放线菌等	腐殖化过程相对矿质化过程占据优势
后熟保肥阶段	堆内温度稍高于气温	放线菌、厌氧纤维分解菌、厌氧固氮菌和反硝化细菌	堆内的有机残体基本分解，C/N 降低，腐殖质数量逐渐积累起来，应压紧封严保肥

（5）沤肥。沤肥是利用有机物料与泥土在淹水条件下，通过厌氧性微生物进行发酵积制的有机肥料。沤肥的名称因积制地区、积制材料和积制方法的不同而各异，如江苏的草塘泥，湖南的凼肥，江西和安徽的窖肥，湖北和广西的垱肥，北方地区的坑沤肥等，都属于沤肥。

沤肥是在低温厌氧条件下进行腐熟的，腐熟速度较为缓慢，腐殖质积累较多。沤肥的养分含量因材料配比和积制方法的不同而有较大的差异，一般而言，沤肥的 pH 为 6～7，有机质含量为 3%～12%，全氮量为 2.1～4.0g/kg，速效氮含量为 50～248mg/kg，全磷量（P_2O_5）为 1.4～2.6g/kg，速效磷（P_2O_5）含量为 17～278mg/kg，全钾（K_2O）量为 3.0～5.0g/kg，速效钾（K_2O）含量为 68～185mg/kg。

（6）沼气发酵肥。沼气发酵是用秸秆、粪尿、污泥、污水、垃圾等各种有机废弃物，在一定温度、湿度和隔绝空气条件下，由多种厌氧性微生物参与，在严格的无氧条件下进行厌氧发酵，并产生沼气（CH_4）的过程。沼气发酵产生的沼气可以缓解农村能源的紧张，协调农牧业的均衡发展，发酵后的废弃物（池渣和池液）还是优质的有机肥料，即沼气发酵肥料，也称作沼气池肥。沼气发酵产物除沼气可作为能源使用、粮食储藏、沼气孵化和柑橘保鲜外，沼液（占总残留物13.2%）和池渣（占总残留物86.8%）还可以进行综合利用。

沼液含速效氮0.03%～0.08%，速效磷0.02%～0.07%，速效钾0.05%～1.40%，同时还含有钙、镁、硫、硅、铁、锌、铜、钼等各种矿质元素以及各种氨基酸、维生素、酶和生长素等活性物质。池渣含全氮5～12.2g/kg（其中速效氮占全氮的82%～85%），速效磷50～300mg/kg，速效钾170～320mg/kg以及大量的有机质。

（7）绿肥。绿肥是指栽培或野生的植物，利用其植物体的全部或部分作为肥料，称之为绿肥。绿肥的种类繁多，一般按照来源可分为栽培型（绿肥植物）和野生型；按照种植季节可分为冬季绿肥（如紫云英、毛叶苕子等）、夏季绿肥（如田菁、柽麻、绿豆等）和多年生绿肥（如紫穗槐、沙打旺、多变小冠花等）；按照栽培方式可分为旱生绿肥（如黄花苜蓿、箭筈豌豆、金花菜、沙打旺、黑麦草等）和水生绿肥（如绿萍、空心莲子草、凤眼莲等）。此外，还可以将绿肥分为豆科绿肥（如紫云英、毛叶苕子、紫穗槐、沙打旺、黄花苜蓿、箭筈豌豆等）和非豆科绿肥（如绿萍、空心莲子草、凤眼莲、肥田萝卜、黑麦草等）。

绿肥适应性强，种植范围比较广，可利用农田、荒山、坡地、池塘、河边等种植，也可间作、套种、单种、轮作等。绿肥产量高，平均每公顷产鲜草15～22.5t，含较丰富的有机质，有机质含量一般在12%～15%（鲜基），而且养分含量较高（表4-2-7）。种植绿肥可增加土壤养分，提高土壤肥力，改良低产田。绿肥能提供大量新鲜有机质和钙素营养，根系有较强的穿透能力和团聚能力，有利于水稳性团粒结构形成。绿肥还可固沙护坡，防止冲刷，防止水土流失和土壤沙化。绿肥还可作饲料，发展畜牧业。

表4-2-7　主要绿肥植物主要成分含量

绿肥品种	鲜草主要成分（鲜基，%）			干草主要成分（干基，%）		
	N	P_2O_5	K_2O	N	P_2O_5	K_2O
草木樨	0.52	0.13	0.44	2.82	0.92	2.42
毛叶苕子	0.54	0.12	0.40	2.35	0.48	2.25
紫云英	0.33	0.08	0.23	2.75	0.66	1.91
黄花苜蓿	0.54	0.14	0.40	3.23	0.81	2.38
紫花苜蓿	0.56	0.18	0.31	2.32	0.78	1.31
田菁	0.52	0.07	0.15	2.60	0.54	1.68
沙打旺	—	—	—	3.08	0.36	1.65
柽麻	0.78	0.15	0.30	2.98	0.50	1.10
肥田萝卜	0.27	0.06	0.34	2.89	0.64	3.66
紫穗槐	1.32	0.36	0.79	3.02	0.68	1.81
箭筈豌豆	0.58	0.30	0.37	3.18	0.55	3.28
空心莲子草	0.15	0.09	0.57	—	—	—
凤眼莲	0.24	0.07	0.11	—	—	—
绿萍	0.30	0.04	0.13	2.70	0.35	1.18

（8）杂肥类。包括泥炭及腐殖酸类肥料、饼肥或菇渣、城市有机废弃物等，其养分含量见表4-2-8。

表 4-2-8 杂肥类有机肥料的主要成分含量

名称	养分含量
泥炭	含有机质40%～70%，腐殖酸20%～40%；全氮0.49%～3.27%，全磷0.05%～0.6%，全钾0.05%～0.25%，多酸性至微酸性反应
腐殖酸类	主要是腐殖酸铵（游离腐殖酸15%～20%、含氮3%～5%）、硝基腐殖酸铵（腐殖酸40%～50%、含氮6%）、腐殖酸钾（腐殖酸50%～60%）等，多黑色或棕色，溶于水
饼肥	主要有大豆饼、菜籽饼、花生饼等，含有机质75%～85%、全氮1.1%～7.0%、全磷0.4%～3.0%、全钾0.9%～2.1%
菇渣	含有机质60%～70%、全氮1.62%、全磷0.454%、钾0.9%～2.1%、速效氮212mg/kg、速效磷188mg/kg，并含丰富微量元素
城市垃圾	处理后垃圾肥含有机质2.2%～9.0%、全氮0.18%～0.20%、全磷0.23%～0.29%、全钾0.29%～0.48%

4. 操作规程和质量要求 见表4-2-9。

表 4-2-9 常见有机肥料的合理施用的操作规程和质量要求

工作环节	操作规程	质量要求
人粪尿的合理施用	（1）人粪尿的认识。认识了解人粪尿、人粪、人尿的成分、性质、养分含量等 （2）人粪尿的贮存。在我国南方常采用加盖粪缸或三格化粪池等方式将人粪尿制成水粪贮存。我国北方则采用人粪拌土堆积，或用堆肥、厩肥、草炭制成土粪、或单独积存人尿，也可用干细土垫厕所保存人粪尿中养分 （3）人粪尿的施用。人粪尿可作基肥和追肥施用，人尿还可以作种肥用来浸种。一般以人粪尿为原料积制的大粪土、堆肥和沼气池渣等肥料宜作基肥。人粪尿在作基肥时，一般用量为7 500～15 000kg/hm^2，还应配合其他有机肥料和磷、钾肥。人粪尿在作追肥时，应分次施用，并在施用前加水稀释，以防止盐类对作物产生危害	（1）人粪尿腐熟快慢与季节有关，人粪尿混存时，夏季需6～7d，其他季节需10～20d （2）人尿作追肥在苗期施用时要注意，直接施用新鲜人尿有烧苗的可能，需要增大稀释倍数再施用
畜禽粪尿的合理施用	（1）畜禽粪尿的认识。了解猪、牛、马、羊、家禽等的成分、性质、养分含量等 （2）各类畜禽粪尿的施用。猪粪适宜于各种土壤和植物，可作基肥和追肥；牛粪适宜于有机质缺乏的轻质土壤，作基肥；羊粪适宜于各种土壤，可作基肥；马粪适宜于质地黏重的土壤，多作基肥。兔粪多用于茶、桑、果树、蔬菜、瓜等植物，可作基肥和追肥；禽粪适宜于各种土壤和植物，可作基肥和追肥	各种畜禽粪具有不同特点，在施用时必须加以注意，以充分发挥肥效；并注意施用量
厩肥的合理施用	（1）厩肥的认识。厩肥的成分依垫圈材料及用量、家畜种类、饲料质量等不同而不同 （2）厩肥的积制。厩肥常用的积制方法有3种，即深坑圈、平底圈和浅坑圈。应根据家畜种类进行选择 （3）厩肥的腐熟。常采用的腐熟方法有冲圈和圈外堆制。冲圈是将家畜粪尿集中于化粪池沤制，或直接冲入沼气发酵池，利用沼气发酵的方法进行腐熟。圈外堆制有两种方式：紧密堆积法和疏松堆积法 （4）厩肥的施用。未经腐熟的厩肥不宜直接施用，腐熟的厩肥可用作基肥和追肥。厩肥作基肥时，要根据厩肥的质量、土壤肥力、植物种类和气候条件等综合考虑。一般在通透性良好的轻质土壤上，可选择施用半腐熟的厩肥；在温暖湿润的季节和地区，可选择半腐熟的厩肥；在种植生育期较长的植物或多年生植物时，可选择腐熟程度较差的厩肥。而在黏重的土壤上，应选择腐熟程度较高的厩肥；在比较寒冷和干旱的季节和地区，应选择完全腐熟的厩肥；在种植生育期较短的植物时，则需要选择腐熟程度较高的厩肥	（1）养猪采用深坑圈，牛、马、驴、骡等大牲畜和大型养猪场采用平底圈和浅坑圈 （2）厩肥半腐熟特征可概括为“棕、软、霉”，完全腐熟可概括为“黑、烂、臭”，腐熟过劲则为“灰、粉、土” （3）厩肥在施用时，可根据当地的土壤、气候和作物等条件，选择不同腐熟程度的厩肥

（续）

工作环节	操作规程	质量要求
堆肥的合理施用	（1）堆肥的认识。堆肥的性质基本和厩肥类似，其养分含量因堆肥原料和堆制方法不同而有差别 （2）堆肥的腐熟。堆肥腐熟过程可分为4个阶段，即：发热、高温、降温和腐熟阶段。其腐熟程度可从颜色、软硬程度及气味等特征来判断 （3）堆肥的施用。堆肥主要作基肥，施用量一般为15 000～30 000kg/hm²。堆肥作种肥时常与过磷酸钙等磷肥混匀施用，作追肥时应提早施用	（1）高温堆肥和普通堆肥成分不同 （2）半腐熟的堆肥可概括为“棕、软、霉”。腐熟的堆肥特征是“黑、烂、臭”
沤肥、沼气发酵肥的合理施用	（1）沤肥的施用。沤肥一般作基肥施用，多用于稻田，也可用于旱地。在旱地上施用时，也应结合耕地作基肥。沤肥的施用量一般在30 000～75 000kg/hm²，并注意配合化肥和其他肥料一起施用 （2）沼气发酵肥的施用。沼液可作追肥施用，一般土壤追肥施用量为30 000kg/hm²，并且要深施覆土。沼气池液还可以作叶面追肥，将沼液和水按1∶1～2稀释，7～10d喷施一次，可收到很好的效果。沼液还可以用来浸种，可以和池渣混合作基肥和追肥施用。池渣可以单独作基肥或追肥施用	（1）沤肥在水田中施用时，应在耕作和灌水前将沤肥均匀施入土壤，然后进行翻耕、耙地，再进行插秧 （2）池渣可以和沼液混合施用，作基肥施用
秸秆直接还田	秸秆直接还田还可以节省人力、物力。在还田时应注意： （1）秸秆预处理。一般在前茬收获后将秸秆预先切碎或撒施地面后用圆盘耙切碎翻入土中；或前茬留高茬15～30cm，收获后将根茬及秸秆翻入土中 （2）配施氮、磷化肥。一般每公顷配施碳酸氢铵150～225kg和过磷酸钙225～300kg （3）耕埋时期和深度。旱地要在播种前30～40d还田为好，深度17～22cm；水田需要在插秧前40～45d为好，深度10～13cm （4）稻草和麦秸的用量在2 250～3 000kg/hm²，玉米秸秆可适当增加，也可以将秸秆全部还田 （5）水分管理。对于旱地土壤，应及时灌溉，保持土壤相对含水量在60%～80%。水田则要浅水勤灌，干湿交替	（1）秸秆还田在酸性土壤配施适量石灰、水田浅水勤灌和干湿交替，利于有害物质的及早排除 （2）染病秸秆和含有害虫虫卵的秸秆一般不能直接还田，应经过堆、沤或沼气发酵等处理后再施用
绿肥的合理施用	（1）绿肥的认识。了解当地经常种植的绿肥种类及其栽培特性 （2）绿肥的翻压利用。①绿肥翻压时期。常见绿肥品种中紫云英应在盛花期；毛叶苕子和田菁应在现蕾期至初花期；箭筈豌豆应在初花期；柽麻应在初花期至盛花期。翻压绿肥时期应与播种和移栽期有一段时间间距，大约10d左右。②绿肥压青技术。绿肥翻压量一般应控制在15 000～25 000kg/hm²，然后再配合施用适量的其他肥料。绿肥翻压深度大田应控制在15～20cm。③翻压后，应配合施用磷、钾肥，对于干旱地区和干旱季节还应及时灌溉	（1）可利用农田、荒山、坡地、池塘、河边等种植，也可间作、套种、单种、轮作等 （2）绿肥可与秸秆、杂草、树叶、粪尿、河塘泥、含有机质的垃圾等有机废弃物配合进行堆肥或沤肥
杂肥的合理施用	（1）泥炭的施用。多作垫圈或堆肥材料、肥料生产原料、营养钵无土栽培基质，一般较少直接施用 （2）腐殖酸类肥料的施用。可作基肥和追肥，作追肥要早施；液体类可浸种、蘸根、浇根或喷施，浓度0.01%～0.05% （3）饼肥的施用。一般作饲料，不作肥料。若用作肥料，可作基肥和追肥 （4）菇渣的施用。可作饲料、吸附剂、栽培基质。腐熟后可作基肥和追肥 （5）城市垃圾的施用。经腐熟并达到无害化后多作基肥施用	饼肥或菇渣要注意腐熟后才能施用

5. 常见技术问题处理

（1）有机肥利用过程中的问题。有机肥料在培肥地力、增加产量方面具有一定的作用，而且我国传统农业长期以来一直依赖有机肥料，在其使用技术方面积累了宝贵的经验。但近年来，由于耕种者受短期经济效益和农产品收购重产量、轻品质等因素的影响，导致有机肥利用上仍存在以下问题：第一，有机肥使用量减少，尤其是农家肥使用量减少，而化肥施用量剧增，导致养分比例不合理、土壤板结、结构恶化、蓄水保肥能力下降。第二，大多数秸秆仍被当作燃料烧掉，目前就地焚烧越来越严重，还田比例很小。这不仅使有机养分浪费，而且污染环境。第三，绿肥种植还没纳入到轮作制度中，种植面积越来越小。

（2）发展有机肥料的对策。第一，有机无机肥料的配合施用。有机肥和化肥的肥效特点不同，只有将它们配合施用，才能发挥其各自的优势，相互补充，起到缓解、保持土壤养分平衡且显著改善作物品质的作用。目前已有许多有机无机商品肥料相继投入市场，这是农业生产和肥料行业发展的必然趋势，然而这方面的研究无论是基础理论还是技术攻关均很薄弱，今后需加大力度进行深入研究。第二，调整当前种植业结构。建议以一元结构发展到三元结构，即谷物—经济作物—牧草、饲料作物，发展饲草、绿肥兼用的新品种。第三，推行秸秆还田。秸秆是一种数量多，来源广，可就地利用的优质肥源。它有补充和平衡土壤养分、补充土壤新鲜有机质、疏松土壤、改善土壤理化性状和提高土壤肥力的作用。秸秆还田是缓解当前有机肥源和钾肥资源不足的一项有效措施。秸秆可作饲料通过家畜等实行过腹还田，加速其转化；有条件的地方还可以推广沼气和快速堆沤技术，做成更优质的有机肥料。第四，开发利用城市有机肥。城镇人粪尿、有机废弃物和一些畜禽场的粪便是一个很大的肥源，应充分利用，这样既减少了环境污染，又增加了有机肥料数量。开发和利用这部分肥源对资源的合理利用、保护我国生态环境、促进农业生产的发展具有重要的意义。

我国地域广阔，有机肥料资源丰富、种类繁多，利用上的问题各不相同，只有因地制宜，利用各种技术和方法，提高有机肥质量，加大有机肥攻关研究的投入，才能充分发挥其作用。

活动二　常见有机肥料（高温堆肥）的积制

1. 活动目标　熟悉高温堆肥积制有机肥料的材料选择搭配、碳氮比的调节、场地的选择、堆制方法以及堆后管理等技术。

2. 活动准备　根据当地地形情况，初步选择堆肥地点，准备堆肥材料和工具。

3. 相关知识　高温堆肥的堆制原理：以秸秆、杂草等含纤维素、半纤维素、木质素较高的原料为主要材料，配合以家畜、家禽粪便或人粪尿等含氮素较多的材料，可利用垃圾等其他有机废弃物，在有氧条件下，产生较高的温度，使堆内温度高达 50～70℃，而进行的有机材料发酵过程。

4. 操作规程和质量要求　根据当地地形和堆肥材料，进行下列全部或部分内容（表 4-2-10）。

表 4-2-10　高温堆肥积制的操作规程和质量要求

工作环节	操作规程	质量要求
场地选择与规划	选择学校基地空闲处，或其他闲置地块，或结合当地农业生产需要选择合适地点。地点选好后，根据堆肥材料的数量规划场地大小和形状，一般以长方形为佳。规划后，在地面画出相应平面图，以便于材料堆积	场地应具备背风、向阳、靠近水源处

（续）

工作环节	操作规程	质量要求
备料配料	以秸秆为主的高温堆肥配料：风干植物秸秆 500kg，鲜骡、马粪 300kg（需破碎），人粪尿 100～200kg，水 750～1 000kg。若骡、马粪和人粪尿不足，可用 20%左右的老堆肥和 1%的过磷酸钙、2%的硫酸铵代替 以垃圾为原料堆肥的配料：垃圾与粪便之比为 7∶3 混合，或垃圾与污泥之比为 7∶3 混合，或垃圾、粪便与秸秆、杂草按1∶1∶1 比例混合	秸秆需要切碎至 3～5cm，便于腐熟；材料的选择可根据当地具体情况考虑。选择好材料后，按上述比例计算材料 C/N，并进行适当调整，以达到堆肥所需的（20～35）∶1
材料堆制	将规划出的堆肥场地地面夯实，再将堆肥材料混合均匀，开始在场地中堆积，材料堆积中适当压紧。当堆积物至 18～20cm 高时，可用直径为 10cm 的木棍，在堆积物表面达成“井”字形，并在木棍交叉点向上立木棍，然后再继续堆积材料至完成。材料堆积完成后，在肥堆表面用泥封好，厚度为 4～8cm。待泥稍干后，将木棍抽出，形成通气孔	如在堆制过程中没有木棍，也可以用长的玉米秸秆或高粱秸秆捆成直径为 10～15cm 的秸秆束，代替木棍搭建通气孔，但封堆后秸秆束不用抽出，留在肥堆中做通气孔
堆后管理	地面施堆肥一般在堆制 5～7d 后，堆温就可以升高，再经过 2～3d，肥堆温度就可达 70℃，待达到最高温度 10d 后，肥堆温度开始下降，可进行翻堆。翻堆时可适当补充人粪尿和一定水分，可利于第二次发热。翻堆后仍旧用泥封好肥堆，继续发酵。10d 后，可再进行第二次翻堆 堆后管理可由教师统一安排，利用课余时间，将学生分成几组进行；也可交由工人统一管理，将管理工作整理成书面材料后，统一发给学生	全部腐熟时间 2～3 个月（春冬季节），腐熟的堆肥呈黑褐色，汁液为浅棕色或无色，有氨气的臭味，材料完全腐烂变形，极易拉断，体积减小 30%～50%，即出现“黑、烂、臭”特征，标志肥料已经腐熟

5. 常见技术问题处理　也可以根据当地情况，学习沤肥积制有机肥料的材料选择搭配、C/N 的调节、场地的选择、沤制方法以及沤制过程中管理等技术。

任务二　生物肥料的合理施用

任务目标

了解生物有机肥料的概念、种类、作用等基本知识，掌握常用生物肥料的施肥方法。

背景知识

生物肥料概述

生物肥料是指肥料自身含有相当（特定）数量的对植物有益的微生物，应用后即可获得特定的肥料效应，而这个效应的结果及其发生过程，肥料中的有益微生物处于关键或主要的地位，凡符合该定义的肥料，即统称为生物肥料。

1. 生物肥料的种类　生物肥料按微生物的种类划分，有根瘤菌、固氮菌、芽孢杆菌、硅酸盐细菌、光合细菌、纤维素分解菌、乳酸菌、酵母菌、放线菌和真菌等制剂；按作用机理可划分为固氮类、溶磷类、有机物料腐熟类等生物肥料产品。按目前做生物肥料制品的功能可将微生物肥料主要分为两大类：

一类是通过其中所含微生物的生命活动，增加植物元素营养的供应，从而改善植物营养状况而使得作物产量增加。其代表品种为各种根瘤菌肥料，主要应用于豆科植物，使其能在豆科植物根、茎（叶）上形成根瘤，同化空气中的氮素来供应给豆科植物主要氮素营养。

另一类的微生物肥料是通过其中所含活性微生物的生命活动使得作物增产。但其关键作用不只限于提高植物营养元素的供应水平，还包括它们本身产生的各类植物生长刺激素对植物生长的刺激作用，颉颃某些病原微生物而产生的抑制病害作用，活化被土壤固定的磷、钾等矿物营养，使之能被植物吸收利用，帮助植物根吸收水分及多种微量元素而使作物增产的作用；加速作物秸秆腐熟及促进有机废物发酵等作用。

2. 生物肥料的特色及作用的特点 生物肥料是活体肥料，它的作用主要靠它含有的大量有益微生物的生命活动来完成。只有当这些有益微生物处于旺盛的繁殖和新陈代谢的情况下，物质转化和有益代谢产物才能不断形成。因此，生物肥料中有益微生物的种类、生命活动是否旺盛是其有效性状况的基础，而不像其他肥料是以氮、磷、钾等主要元素的形式和多少为基础。正因为生物肥料是活制剂，所以其肥效与活菌数量、强度及周围环境条件密切相关，包括温度、水分、酸碱度、营养条件及原生活在土壤中土著微生物的排斥作用都有一定影响，这是它区别于化肥和有机肥料的主要特征。

生物肥料对农业生产起着重要的作用，这不仅体现在改善土壤养分供应状况，而且体现在对作物生长的促生、抗病、抗逆性、提高产量、改善品质等方面。

（1）改善土壤养分供应状况。生物肥料主要通过各种菌剂促进土壤中难溶性养分的溶解和释放。同时，由于菌剂的代谢过程中释放出大量的无机、有机酸性物质，促进土壤中微量元素硅、铝、铁、镁、钼等的释放及螯合，有效打破土壤板结，促进团粒结构的形成，使被土壤固定的无效肥料转化成有效肥料，改善了土壤中养分的供应情况、通气状况及疏松程度。如各种自生、联合、共生的固氮微生物肥料，可以增加土壤中的氮素来源；多种解磷、解钾微生物的应用，可以将土壤中难溶的磷、钾分解出来，从而能为作物吸收利用，增加土壤肥力。

（2）促进作物生长。生物肥料的施用，促进了激素即植物生长调节剂的产生，调节、促进作物的生长发育。微生物菌剂还可使其产生植物激素类物质，能刺激和调节作物生长，使植物生长健壮，营养状况得到改善。

（3）增强作物抗病抗逆能力。生物肥料中部分菌种具有分泌抗菌素和多种活性酶的功能，抑制或杀死致病真菌和细菌；由于在作物根部接种微生物肥力，微生物在作物根部大量生长繁殖，作为作物根际的优势菌，限制了其他病原微生物的繁殖机会。同时有的微生物对病原微生物还具有颉颃作用，起到了减轻作物病害的功效，同时它也有明显的抗旱、抗寒、抗倒伏、抗盐碱的效果，增强作物的抗病性，从而有效预防作物生理性病害的发生。

（4）提高产量、改善品质。使用生物肥料可以提高农产品中的维生素C、氨基酸和糖分的含量，有效降低硝酸盐含量。

活动一　主要生物肥料及其施用

1. 活动目标　了解生物肥料及其施用知识，熟悉生物肥料的发展趋势。

2. 活动准备　查阅有关土壤肥料书籍、杂志、网站，收集生物肥料及其施用知识，总结生物肥料的发展趋势；将全班按 5 人一组分为若干组，每组准备常见生物肥料样品少许。

3. 相关知识　生物肥料主要有根瘤菌肥料、固氮菌肥料、磷细菌肥料、钾细菌肥料、复合微生物肥料等。

（1）根瘤菌肥料。根瘤菌能和豆科植物共生、结瘤、固氮，用人工选育出来的高效根瘤菌株，经大量繁殖后，用载体吸附制成的生物菌剂称为根瘤菌肥料。在培养条件下，根瘤菌的个体形态为杆状，革兰氏反应为阴性，周生、端生或侧生鞭毛，能运动，不形成芽孢。细胞内含许多聚 β-羟基丁酸颗粒，细胞外形成荚膜和黏液物质。根瘤菌为化能异养微生物、好氧菌，具有以下特点：

① 专一性。指某种根瘤菌只能使某一种类的豆科植物形成根瘤，即互接种族关系，只有在同一种族内的植物，才可以互相利用其根瘤菌形成根瘤。

② 侵染性。指根瘤菌侵入豆科植物根内形成根瘤的能力。只有侵染能力和结瘤能力强的菌株对植物生产才具有意义，因为无论固氮能力多高，但侵染性差则无法与土壤中的原有根瘤菌竞争，最后会被自然淘汰。

③ 有效性。根瘤菌的有效性是指它的固氮能力，是衡量菌株优劣的重要指标。并不是所有能够形成根瘤的根瘤菌都能固氮，因而有了有效根瘤和无效根瘤之分。从形态上判断，有效根瘤一般生长在主根或靠近主根的地方，根瘤大而饱满，呈粉红色，淀粉积累少；无效根瘤结瘤少，且多分散在侧根上，个体较小，呈灰白或青色。

（2）固氮菌肥料。固氮菌肥料是指含有大量好氧性自生固氮菌的生物制品。具有自生固氮作用的微生物种类很多，在生产上得到到广泛应用的是固氮菌科的固氮菌属，以圆褐固氮菌应用较多。

固氮菌常为两个菌体聚在一起，形成“8”字形孢囊。生长旺盛时期个体形态为杆状，单生或成对，周生鞭毛，能运动；在培养基上，荚膜丰富，菌落光滑，无色透明，进一步变成褐色或黑色，色素不溶于水。固氮菌为中温性微生物，具有以下特点：

① 具有固氮作用。固氮菌能固定空气中的分子态氮素并将其转化成植物可利用的化合态氮素，但与根瘤菌不同，自生固氮菌不与高等植物共生，而是独立存在于土壤中，利用土壤中的有机物或根系分泌物作为碳源活动并固定氮素。

② 生长调节作用。自生固氮菌能分泌某些化合物如维生素 B_1、维生素 B_2、维生素 B_{12}、吲哚乙酸等，能刺激植物生长和发育。近年来还发现，一些自生固氮菌在其生活过程中还能溶解难溶性的磷酸三钙。

（3）磷细菌肥料。磷细菌肥料是指含有能强烈分解有机或无机磷化合物的磷细菌的生物制品。这一类群微生物分为 2 种：一种是解有机磷微生物（如芽孢杆菌属、沙雷氏菌属等中的某些种），能使土壤中有机磷水解；另一种解无机磷微生物（如色杆菌属等），能利用生命活动产生的二氧化碳和各种有机酸，将土壤中一些难溶性的矿质态磷酸盐溶解，改善土壤磷素营养。磷细菌还能促进土壤中自生固氮菌和硝化细菌的活动。此外，在其生命活动过程中，还能分泌激素类物质，刺激种子发芽和植物生长。

(4) 钾细菌肥料。又名硅酸盐细菌、生物钾肥。钾细菌肥料是指含有能对土壤中云母、长石等含钾的铝硅酸盐及磷灰石进行分解，释放出钾、磷与其他灰分元素，改善植物营养条件的钾细菌的生物制品。钾细菌主要对磷钾等矿物元素有特殊的利用能力，它可借助荚膜包围岩石矿物颗粒而吸收磷钾养分，细胞内含钾量很高，其灰分中的钾含量高达33%～34%，菌株死亡后钾可以从菌体中游离出来，供植物吸收利用。钾细菌可以抑制植物病害，提高植物的抗病性。菌体内存在着生长素和赤霉素，具有一定刺激作用。此外，该菌还有一定的固氮作用。

4. 操作规程和质量要求 见表4-2-11。

表4-2-11 常见生物肥料合理施用的操作规程和质量要求

工作环节	操作规程	质量要求
根瘤菌肥料的施用	根瘤菌肥料多用于拌种，用量为每公顷地种子用225～450g菌剂加3.75kg水混匀后拌种，或根据产品说明书施用。拌种时要掌握互接种族关系，选择与植物相对应的根瘤菌肥	根瘤菌结瘤最适温度为20～40℃，土壤含水量为田间持水量的60%～80%，适宜中性到微碱性（pH6.5～7.5）
固氮菌肥料的施用	可作基肥、追肥和种肥，施用量按说明书确定。作基肥施用时可与有机肥配合沟施或穴施，施后立即覆土。作追肥时把菌肥用水调成糊状，施于植物根部，施后覆土，一般在植物开花前施用较好。种肥一般作拌种施用，加水混匀后拌种，将种子阴干后即可播种。对于移栽植物，可采取蘸秧根的方法施用	固氮菌属中温好气性细菌，最适温度为25～30℃。要求土壤通气良好，含水量为田间持水量的60%～80%，最适pH7.4～7.6
磷细菌肥料的施用	磷细菌肥料可作基肥、追肥和种肥。基肥用量为每公顷22.5～75kg，可与有机肥料混合沟施或穴施，施后立即覆土。作追肥在植物开花前施用为宜，菌液施于根部。也可先将菌剂加水调成糊状，然后加入种子拌匀，阴干后立即播种	磷细菌还能促进土壤中自生固氮菌和硝化细菌的活动。此外，在其生命活动过程中，能分泌激素类物质，刺激种子发芽和植物生长
钾细菌肥料的施用	钾细菌肥料可作基肥、拌种或蘸秧根。作基肥与有机肥料混合沟施或穴施，每公顷用量150～300kg，液体用30～60kg菌液。拌种时将固体菌剂加适量水制成菌悬液或液体菌加适量水稀释，然后喷到种子上拌匀。也可将固体菌剂适当稀释或液体菌稍加稀释，把根蘸入，蘸后立即插秧	钾细菌可以抑制植物病害，提高植物的抗病性；菌体内存在着生长素和赤霉素，具有一定刺激作用

5. 常见技术问题处理

(1) 生物肥料的特殊应用。

首先，提高肥料利用率，改良土壤。随着化肥的大量使用，其利用率不断降低，且还有环境污染等一系列的问题。为此各国科学家一直在努力探索提高化肥利用率，达到平衡施肥、合理施肥以克服其弊端的途径。微生物肥料在解决这方面问题上有独到的作用。

其次，在绿色食品生产及蔬菜大棚中的应用。随着人民生活水平的不断提高，尤其是人们对生活质量提高的要求，国内外都在积极发展绿色农业（生态有机农业）来生产安全、无公害的绿色食品。生产绿色食品过程中要求不用或尽量少用（或限量使用）化学肥料、化学农药和其他化学物质。它要求肥料必须：保护和促进施用对象生长和提高品质；不造成施用对象产生和积累有害物质；对生态环境无不良影响。微生物肥料基本符合以上三原则。蔬菜大棚是一个相对封闭的环境，温度、湿度较高，病虫害种类多，近年来，我国已用具有特殊功能的菌种制成多种微生物肥料，不但能缓和或减少农产品污染，明显地减少大棚作物的病虫害，很好的固定大棚内的养分使其不流失，很好的疏松土壤，缓解和改善土壤板结、土壤盐渍化等问题，而且还能改善农产品的品质。

最后，微生物肥料在环保中的应用。中国城市经济一直保持高速增长态势，并且长期以来延续的是一种高投入、高消耗和高排放的粗放式增长模式，这带来污染物的高排放，使得城市赖以存在的自然生态环境面临越来越严重的威胁，城市环境污染问题日益显现，特别是城市生活垃圾无害化处理和公园商业小区废弃物处置等方面尤显不足。利用微生物的特定功能分解发酵城市生活垃圾及农牧业废弃物而制成微生物肥料是一条经济可行的有效途径，可谓一举两得。

（2）生物肥料发展趋势。我国对菌肥的研究和应用起步较晚，20 世纪 50 年代开始对根瘤菌、抗生菌等多种菌剂进行全面的研究和应用，从欧美国家引进花生根瘤菌种的同时，筛选出大豆根瘤菌和紫云英根瘤菌菌株；60 年代福建、吉林、江苏等省还就自生固氮菌剂进行多点的肥效研究；70 年代开始小麦等作物根际联合固氮菌的农业应用效果的研究。现在，随着农业生产能力的提高，国内微生物肥料市场越来越活跃，多种微生物肥料涌向市场，其中以固氮解磷解钾、单菌多功能型最具代表性。

世界上许多国家，如美国、加拿大、意大利、奥地利、法国、荷兰、芬兰、澳大利亚、新西兰、日本、泰国、韩国、印度及非洲的一些国家生产和应用豆科根瘤菌，不仅接种面积不断扩大，而且应用的豆科植物种类日益增多。不少国家在经历一段时间的混乱后，逐步认识到加强根瘤菌肥料质量管理的重要性，并制定了相应的标准。

除根瘤菌以外，许多国家在其他一些有益微生物的研究和应用方面也做了大量的工作。一些国家的科研人员进行了固氮菌肥料和磷细菌肥料的研究和应用，所用的菌种为圆褐固氮菌和巨大芽孢杆菌。这类细菌能分泌生长物质和一种抗真菌的抗生素，能促进种子发芽和根的生长；20 世纪 70 年代末和 80 年代初，一些国家对固氮细菌和解磷细菌进行了田间试验，结果各异，对其作用还有相当大的争议。但在固氮螺菌与禾本科作物联合共生的研究中取得了一定的进展，在许多国家作为接种剂使用。总结 30 年来世界上一些国家的田间试验数据表明，固氮螺菌接种在土壤和气候不同的地区可以提高作物的产量，在 60%～70%的试验中可增产 5%～30%。它们促进生长的主要机制是产生能促进植物生长的物质，能促进根毛的密度和长度、侧根出现的频率及根的表面积。

阅读材料

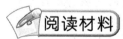

商品有机肥料及其发展趋势

近年来，化肥的长期过量施用造成了土壤板结、环境污染、农产品品质下降，再加上化肥价格浮动较大，安全、环保、绿色的有机肥料再次引起人们的关注，市场需求不断增加。然而经过近几十年的发展，以精制有机肥料、有机无机复混肥料、生物有机肥料等为代表的商品有机肥料产业已初具规模，但有机肥料产业化的步伐缓慢，随着政府扶持力度的加大以及市场形势的变化，有机肥行业发展迎来了前所未有的契机。

1. 商品有机肥料内涵　与传统有机肥不同，商品有机肥有着自己独特的内涵。商品有机肥料是指工厂化生产，经过物料预处理、配方、发酵、干燥、粉碎、造粒、包装等工艺加工生产的有机肥料或有机无机复混肥料。按照2008年4月29日下发的《财政部国家税务总局关于有机肥产品免征增值税的通知》中对商品有机肥的概念来界定，商品有机肥包括精制有机肥料类、有机无机复混肥料、生物有机肥料。精制有机肥料是指不含特定功能的微生物，以提供有机质和少量养分为主，市场上约占43%；有机无机复混肥料是由有机和无机肥料混合而成，既含有一定比例的有机质，又含有较高的养分，市场上约占40%；生物有机肥料除含较高的有机质和少量养分外，还含特定功能（固氮、解磷、解钾、抗土传病害等）的有益菌，市场上约占15%。

2. **商品有机肥料的发展趋势** 目前，我国有机肥行业已初具规模，但商品有机肥农田的大规模施用尚不成熟，新型有机肥的推广与使用还没有得到充分的认识，那么有机肥的发展方向又将如何呢？

（1）无机肥与有机肥并重是未来肥料业发展的方向。诚然，无机化肥在农业生产中起到了举足轻重的作用，没有化肥的贡献，人类便无法养活70亿人口。但对于滋养植物的土地来说，单一的补充无机化肥，就如同棉布衣物无法满足人类所需的舒适度一样，同样也不能满足作物生长的营养平衡与地力的保持。目前多数专家认为，肥料作为粮食的粮食，大地作为粮食的“粮食”承载的主体，也面临着“膳食”结构的转变，这就是从传统的有机肥，到以无机化肥为主，再回到重视有机肥。应该说具有数千年历史的传统农家肥也是重要的有机肥来源，但并不是有机肥产业化的方向，真正的商品化的有机肥应是走产业发展之路，而这其中无机与有机并重更为关键。

（2）环境要求的日益严格造就了有机肥的产业化。中国是世界上发酵产业的大国，据统计，2007年我国发酵业的废糟渣年资源量达到了6×10^7t，但如果都能变废为宝，却将会生产出大量的商品化的有机肥，既促进了生态的和谐，又节约了大量的化石资源。这样的“变废为宝”产业，必将得到国家的重点支持。

（3）商品化的有机肥产业离不开政策与标准的支持。同是农业生产中不可或缺的肥料，化肥享受着诸多的国家政策，但商品化的有机肥却没有如此待遇，这就制约了有机肥的发展。在这些政策中企业最关心的是电价、运费与税收，在国家提倡大力发展有机肥产业的背景下，政府有关部门应在政策上给予一定的扶持，以确保有机肥产业的快速发展。在商品化有机肥产业发展的起步期，必须有严格的标准来规范这个产业的发展。尤其是有机肥这个产业，庞杂的有机源中包括了城市垃圾、污泥、排泄物等，这些都可能成为病菌的携带源，如果被施用到食用的作物上，会严重危及人类自身的安全。标准先行，这几乎是所有专家的呼声。

（4）商品有机肥的发展对化肥产业的影响。可以预计在未来很长的一段时间内，化肥仍会是大田作物增产所必不可缺的，但有机肥行业也开始引起了人们的重视，可以说在经济作物生产方面有机肥已占了先机。如果抛开经济作物，从促进农业的可持续发展，从改善土壤地力方面来说，有机肥在大田中与化肥的科学平衡施用必将也会占据一定的地位。不管是有机—无机复合施用，还是有机肥与无机肥交替使用，不管是有机肥施用减少了化肥的使用量，还是有机肥促进了化肥中氮、磷、钾养分的有效利用率，总之有机肥产业的发展，必然会对化肥需求的增长产生一定的影响。

资料收集

1. 阅读《土壤》《中国土壤与肥料》《土壤通报》《土壤学报》《植物营养与肥料学报》等杂志及有关有机肥料、生物肥料等方面的书籍。

2. 浏览中国肥料信息网、××省（市）土壤肥料信息网、中国科学院南京土壤研究所网站、中国农业科学院土壤肥料研究所网站等。

3. 了解近两年有关有机肥料、生物肥料等方面的新技术、新成果、最新研究进展，写一篇“有机肥料的发展综述”的综述。

师生互动

将全班分为若干团队，每团队 5～10 人，利用业余时间，进行下列活动：

1. 当地施用的有机肥料类型与主要品种有哪些？

2. 有机肥料在无公害食品生产中有哪些优势？对作物品质改善有何影响？

3. 列表比较各种家畜粪、家畜尿的性质与施用技术。

4. 当地农村厩肥的积制与腐熟主要采用何种方法？怎样合理施用？

5. 普通堆肥与高温堆肥在积制与腐熟特征等方面有何区别？

6. 当地农村沼气发酵发展有何经验？有哪些合理应用经验？

7. 结合当地实际，怎样进行小麦和玉米秸秆直接还田？秸秆直接还田时应注意哪些问题？

8. 根据当地环境条件，制定一个合理施用有机肥料的技术方案；调查当地目前正在推广应用的农村清洁能源典型经验。

9. 根据当地环境条件，制定一个合理施用生物肥料的技术方案；调查当地农户主要施用哪些品种生物肥料。

10. 试比较堆肥、沤肥、沼气发酵肥积制过程中的环境条件。

考证提示

获得农艺工、种子繁育员、肥料配方师、植保员、蔬菜园艺工、花卉园艺工、果树园艺工、林木种苗工、绿化工、草坪建植工、中药材种植员、牧草工等高级资格证书，需具备以下知识和能力：

◆常见粪尿肥与厩肥的性质与合理施用技术。

◆常见堆肥、沤肥、沼气发酵肥等性质与合理施用技术及秸秆还田技术。

◆常见绿肥的合理施用技术。

◆常见杂肥类有机肥料的性质与合理施用技术。

◆常见生物肥料的性质与合理施用技术。

◆当地高温堆肥的堆制技术。

项目三　新型肥料与合理施肥新技术

项目目标

知识目标：了解缓释肥料、新型磷肥、长效钾肥、新型水溶肥料、新型复混肥料等新型肥料的性质与施用。

能力目标：能结合当地作物种植情况，推广农作物、果树、蔬菜合理施肥新技术。

任务一　新型肥料的合理施用

任务目标

了解缓释肥料、新型磷肥、长效钾肥、新型水溶肥料、新型复混肥料等新型肥料的性质，合理施用各种新型肥料。

背景知识

新型肥料作用与发展趋势

新型肥料是指利用新方法、新工艺生产的，具有复合高效、全营养控释、环境友好等特点的一类肥料的总称。新型肥料作为新开发的产品，它的发展速度和前景相当广泛。目前，市场上存着多种新型肥料，主要类型有缓/控释氮肥、新型磷肥、长效钾肥、新型水溶肥料、新型复混肥料等。

新型肥料的主要作用是：能够直接或间接地为作物提供必需的营养成分；调节土壤酸碱度、改良土壤结构、改善土壤理化性质和生物学性质；调节或改善作物的生长机制；改善肥料品质和性质或能提高肥料的利用率。

新型肥料的发展趋势是：一是高效化。随着农业生产的进一步发展，对新型肥料的养分含量提出了更高的要求，高浓度不仅有效地满足作物需要，而且还可省时省工，提高工作效率。二是复合化。农业生产要求新型肥料要具有多种功效，来满足作物生长的需要。目前，含有微量元素的复合肥料，以及含有农药、激素、除草剂等新型肥料在市场上日趋增多。三是长效化。随着现代农业的发展，对肥料的效能和有效时期都提出了更高的要求，肥料要根据作物的不同需求来满足作物的需要。

活动一　缓/控释肥料的合理施用

1. 活动目标　了解缓/控释氮肥、新型磷肥、长效钾肥的性质；熟悉缓/控释氮肥、新型磷肥、长效钾肥等新型肥料的合理施用。

2. 活动准备　将全班按 2 人一组分为若干组，每组准备以下材料和用具：缓/控释氮肥、新型磷肥、长效钾肥等样品或图片或资料。

3. 相关知识

（1）缓/控释肥料。国际肥料工业协会对缓释和控释肥料的定义为：缓释和控释肥料是那些所含养分形式在施肥后能缓慢被植物吸收与利用的肥料；所含养分比速效肥料有更长肥效的肥料。

① 缓/控释肥料特点。缓/控释肥料具有减少氮肥淋溶和径流损失；减少肥料在土壤中的化学和生物固定作用；减少氮肥以氨气的形式挥发以及反硝化作用的特点。在植物营养方面，缓/控释肥料能按照植物需要的速度和浓度提供养分，充分发挥植物本身的遗传潜力。缓/控释肥料的施用可以减少施肥作业次数和节约劳力，因此可以降低施肥的作业成本。缓/控释肥料具有控释特性，重施不会使植物受盐分的危害或灼伤植物。但缓/控释肥料价格昂贵，因此目前主要应用于经济价值较高的植物上。

② 缓/控释肥料类型。按其缓释/控释原理可分为 4 类：一是生物化学方法，如添加脲酶抑制剂或硝化抑制剂类肥料；二是物理方法，如微囊法（聚合物包膜肥料、硫包膜尿素、包裹型肥料、涂层尿素等）、整体法（扩散控制基质型肥料、营养吸附基质型肥料）；三是化学方法，如脲醛类、异丁叉二脲、丁烯叉二脲、草酰胺、脒基硫脲、三聚氰胺、磷酸镁铵、长效硅酸钾肥、节酸磷肥、聚磷酸盐等；四是生物化学—物理包膜相结合方法，如添加抑制剂与物理包膜相结合控释肥料，添加抑制剂、促释剂与物理包膜相结合控释肥料等。

4. 操作规程和质量要求　见表 4-3-1。

表 4-3-1　常见缓/控释肥料的合理施用的操作规程和质量要求

工作环节	操作规程	质量要求
缓效氮肥的合理施用	（1）脲甲醛，代号为 UF，含脲分子 2～6 个，白色粒状或粉末状的微溶无臭固体，吸湿性很小，含氮量 36%～38%。脲甲醛常作基肥一次性施入 （2）丁烯叉二脲，代号为 CDU，白色微溶粉末，不具有吸湿性，长期贮存不结块，含氮量 28%～32%。丁烯叉二脲适宜酸性土壤施用，特别适合于果树、蔬菜、草坪、糖料植物、马铃薯、烟草、禾谷类植物。常作基肥一次性施入 （3）异丁叉二脲，代号为 IBDU，是尿素与异丁醛反应的缩合物，白色粉末，不吸湿，水溶性很低，含氮量 32.18%。异丁叉二脲适用于牧草、草坪和观赏植物，不必掺入其他速效氮肥；用于稻、麦、蔬菜时，可掺入一定量的速效氮肥 （4）草酰胺，代号为 OA，白色粉末，含氮量 31.8%，多以塑料工业的副产品氰酸为原料合成，成本低。常作基肥一次性施入 （5）硫衣尿素，代号为 SCU，含氮量 34.2%，主要成分为尿素和硫黄，其中尿素约 76%、硫黄 19%、石蜡 3%、煤焦油 0.25%、高岭土 1.5%。其氮素释放机理为微生物分解和渗透压，温暖潮湿条件下释放较快，低温干旱时较慢。因此冬性植物施用时需补施速效氮肥 （6）涂层尿素，是用海藻胶作为涂层液，再加入适量的微量元素，用高压喷枪将涂层液从造粒塔底部喷至造粒塔上部，使涂层液在尿素的表面形成一层较薄的膜，在尿素表面的余热条件下，水分被蒸发，生产出涂层黄色尿素。涂层尿素施入土壤后，由于海藻胶的作用，可以延缓脲酶对尿素的酶解速度，延长肥效期，提高氮肥利用率	（1）脲甲醛、丁烯叉二脲施在一年生植物上时必须配合施用一些速效氮肥，以避免植物前期因氮素供应不足而生长不良 （2）在日本将异丁叉二脲压制成 34mm×34mm×20mm 的砖形“IB 砖片”肥料，能持续供应养分 3～5 年，主要用于林业、城市绿化以及果树、茶叶等经济植物 （3）草酰胺施于土壤后易导致 NH_3 挥发损失，造成局部 pH 升高和 NH_4^+ 的浓度增大，施用时应特别注意

（续）

工作环节	操作规程	质量要求
新型磷肥的合理施用	（1）聚磷酸盐，主要成分是焦磷酸、三聚磷酸或环状磷酸组成，含有效磷（P_2O_5）76%～85%，是一种超高浓度磷肥，具有较高水溶性。聚磷酸盐是一种白色小颗粒，粒径1.4～2.8mm。在酸性土壤上施用效果与正磷酸盐相等，在中性和碱性土壤上施用优于正磷酸盐，但其具有较长的后效，其后效超过正磷酸盐。常作基肥一次性施入 （2）磷酸甘油酯，是一种有机磷化合物，含有效磷（P_2O_5）41%～46%，溶于水。施用方便，可以撒施，也可以与灌溉水结合施入土壤；在土壤中被磷酸酶水解为正磷酸盐后缓慢供植物利用 （3）酰胺磷酯，是一种具有N—P共价键的有机氮磷化合物，其主要成分为$(C_2H_5O)_2PONH_2$、$[(C_2H_5O)_2N]_2PONH_2$等。其特点是：水解前不易被土壤固定，水解后能不断供给植物氮、磷、钙。但其价格昂贵，目前难以在生产中推广应用	聚磷酸盐特点是：可与金属离子形成可溶性络合物，减少磷的固定；制成液体肥料时，加入微量元素后仍呈可溶态；能在土壤中逐步分解为正磷酸盐，一次足量施用可满足植物整个生育期的需要；在酸性土壤上施用不宜被铁、铝固定，在石灰性土壤中易于分解，有效性高
长效钾肥的合理施用	美国生产的偏磷酸钾（0-60-40）、聚磷酸钾（0-57-37）是两种主要的长效钾肥，二者均不溶于水，而溶于2%的柠檬酸，在土壤中不易被淋失，可以逐步水解，对植物不产生盐害，其肥效与水溶性钾的含量及粒径大小有关，大体上与氯化钾、硫酸钾相当或略低。常作基肥一次性施入	目前有关长效钾肥的研究较少

5. 常见技术问题处理 由于传统的速溶肥料存在易淋失、易挥发等特点，加上农民追求短期经济效益，常常超量施用肥料，导致肥料利用率普遍偏低。氮肥的当季利用率为30%～35%，磷肥的当季利用率为10%～25%，钾肥的当季利用率为35%～50%。据估计，如果我国化肥利用率提高10%，以我国目前现有的化肥消费水平计算，每年可节约化学成本100亿元以上。此外，环境污染中70%的氮氧化物来源于施肥，因此从20世纪80年代，缓/控释肥料成为国内外新型肥料的研究热点，但由于价格昂贵，目前还处于应用研究阶段。

活动二　新型水溶肥料的合理施用

1. 活动目标 了解各种新型水溶肥料的性质；熟悉新型水溶肥料的合理施用。

2. 活动准备 将全班按2人一组分为若干组，每组准备以下材料和用具：新型水溶肥料等样品、图片或资料。

3. 相关知识 新型水溶肥料是我国目前大量推广应用的一类新型肥料，多为通过叶面喷施或随灌溉施入（又称为冲施肥）的一类水溶性肥料。可分为清液型、氨基酸型、腐殖酸型和生长调节剂型等。

（1）清液型水溶肥料。是多种营养元素无机盐类的水溶液，一般可分为微量元素水溶肥料和大量元素水溶肥料两种。

①微量元素水溶肥料。是由铜、铁、锰、锌、硼、钼微量元素按照所需比例制成的或单一微量元素制成的液体或固体水溶肥料。外观要求为：均匀的液体，均匀、松散的固体。微量元素水溶肥料产品技术指标应符合表4-3-2的要求。

表 4-3-2　微量元素水溶肥料技术指标

项目	固体指标	液体指标
微量元素含量≥	10.0%	100g/L
水不溶物含量≤	5.0%	50g/L
pH（1∶250 倍稀释）	3.0～10.0	
水分（H_2O,%）≤	6.0%	—
汞（Hg）（以元素计）≤	5mg/kg	
砷（As）（以元素计）≤	10mg/kg	
镉（Cd）（以元素计）≤	10mg/kg	
铅（Pb）（以元素计）≤	50mg/kg	
铬（Cr）（以元素计）≤	50mg/kg	

注：微量元素含量指铜、铁、锰、锌、硼、钼元素含量之和。产品应至少包含一种微量元素。含量不低于 0.05%（0.5g/L）的单一微量元素均应计入微量元素含量中。钼元素含量不高于 1.0%（10g/L）（单质含钼微量元素产品除外）。

② 大量元素水溶肥料。大量元素水溶肥料是一种可以完全溶于水的多元素全水溶肥料，它能迅速地溶解于水中，更容易被作物吸收，而且其吸收利用率相对较高，营养全面用量少见效快的速效肥料。经水溶解或稀释，用于灌溉施肥、叶面施肥、无土栽培、浸种蘸根等用途的液体或固体肥料。

根据中华人民共和国农业部标准（NY1107—2010），大量元素水溶肥料主要有以下 4 种类型，其技术指标为：一是大量元素水溶肥料（中量元素型）固体产品，主要技术指标为：大量元素含量≥50.0%，中量元素含量≥1.0%，水不溶物含量≤5.0%，pH（1∶250 倍稀释）3.0～9.0，水分≤3.0%。二是大量元素水溶肥料（中量元素型）液体产品，主要技术指标为：大量元素含量≥500g/L，中量元素含量≥10g/L，水不溶物含量≤50g/L，pH（1∶250 倍稀释）3.0～9.0。三是大量元素水溶肥料（微量元素型）固体产品，主要技术指标为：大量元素含量≥50.0%，微量元含量 0.2%～3%，水不溶物含量≤5.0%，pH（1∶250 倍稀释）3.0～9.0，水分≤3.0%。四是大量元素水溶肥料（微量元素型）液体产品，主要技术指标为：大量元素含量≥500g/L，微量元素含量 2～30g/L，水不溶物含量≤50g/L，pH（1∶250 倍稀释）3.0～9.0。

（2）氨基酸型水溶肥料。是以游离氨基酸为主体的，按适合植物生长所需比例，添加适量钙、镁中量元素或铜、铁、锰、锌、硼、钼微量元素而制成的液体或固体水溶肥料。其技术指标见表 4-3-3、表 4-3-4。

表 4-3-3　含氨基酸水溶肥料（中量元素型）技术指标

项目	固体指标	液体指标
游离氨基酸含量≥	10.0%	100g/L
中量元素含量≥	3.0%	30g/L
水不溶物含量≤	5.0%	50g/L
pH（1∶250 倍稀释）	3.0～9.0	
水分（H_2O,%）≤	4.0%	—
汞（Hg）（以元素计）≤	5mg/kg	
砷（As）（以元素计）≤	10mg/kg	
镉（Cd）（以元素计）≤	10mg/kg	

（续）

项目	固体指标	液体指标
铅（Pb）（以元素计）≤	50mg/kg	
铬（Cr）（以元素计）≤	50mg/kg	

注：中量元素含量指钙、镁元素含量之和。产品应至少包含一种中量元素。含量不低于 0.1%（1g/L）的单一中量元素均应计入中量元素含量中。

表 4-3-4 含氨基酸水溶肥料（微量元素型）技术指标

项目	固体指标	液体指标
游离氨基酸含量≥	10.0%	100g/L
微量元素含量≥	2.0%	20g/L
水不溶物含量≤	5.0%	50g/L
pH（1∶250 倍稀释）	3.0～9.0	
水分（H_2O,%）≤	4.0%	—
汞（Hg）（以元素计）≤	5mg/kg	
砷（As）（以元素计）≤	10mg/kg	
镉（Cd）（以元素计）≤	10mg/kg	
铅（Pb）（以元素计）≤	50mg/kg	
铬（Cr）（以元素计）≤	50mg/kg	

注：微量元素含量指铜、铁、锰、锌、硼、钼元素含量之和。产品应至少包含一种微量元素。含量不低于 0.05%（0.5g/L）的单一微量元素均应计入微量元素含量中。钼元素含量不高于 0.5%（5g/L）。

（3）腐殖酸型水溶肥料。是以适合植物生长所需比例的矿物源腐殖酸，添加适量比例的氮、磷、钾大量元素或铜、铁、锰、锌、硼、钼微量元素而制成的液体或固体水溶肥料。其技术指标见表 4-3-5、表 4-3-6。

表 4-3-5 含腐殖酸水溶肥料（大量元素型）技术指标

项目	固体指标	液体指标
游离腐殖酸含量≥	3.0%	30g/L
大量元素含量≥	20.0%	200g/L
水不溶物含量≤	5.0%	50g/L
pH（1∶250 倍稀释）	3.0～10.0	
水分（H_2O,%）≤	5.0%	—
汞（Hg）（以元素计）≤	5mg/kg	
砷（As）（以元素计）≤	10mg/kg	
镉（Cd）（以元素计）≤	10mg/kg	
铅（Pb）（以元素计）≤	50mg/kg	
铬（Cr）（以元素计）≤	50mg/kg	

注：大量元素含量指总 N、P_2O_5、K_2O 含量之和。产品应至少包含两种大量元素。单一大量元素含量不低于 2.0%（20g/L）。

表 4-3-6　含腐殖酸水溶肥料（微量元素型）技术指标

项目	指标
游离腐殖酸含量≥	3.0%
大量元素含量≥	6.0%
水不溶物含量≤	5.0%
pH（1∶250 倍稀释）	3.0～9.0
水分（H_2O,%）≤	5.0%
汞（Hg）（以元素计）≤	5mg/kg
砷（As）（以元素计）≤	10mg/kg
镉（Cd）（以元素计）≤	10mg/kg
铅（Pb）（以元素计）≤	50mg/kg
铬（Cr）（以元素计）≤	50mg/kg

注：微量元素含量指铜、铁、锰、锌、硼、钼元素含量之和。产品应至少包含一种微量元素。含量不低于 0.05%的单一微量元素均应计入微量元素含量中。钼元素含量不高于 0.5%。

（4）生长调节剂型水溶肥料。是在清液型、氨基酸型、腐殖酸型三种水溶肥料基础上加入生长调节剂和叶面展着剂（如烷基苯磺酸铵、有机硅表面活性剂等）制成的水溶肥料。但农业部从 2011 年开始禁止水溶肥料标注具有植物生长调节剂等农药功效。根据通知，农业部将进一步细化水溶肥料登记资料要求，明确水溶肥料生产企业在申请肥料登记时，书面承诺申请登记的水溶肥料产品没有添加植物生长调节剂等农药成分。肥料登记机关要加强对水溶肥料产品标签审核，禁止在水溶肥料标签上标注具有植物生长调节剂等农药功效、夸大宣传产品功能等内容。省级肥料登记机关在对水溶肥料登记初审时，结合肥料企业考核，重点审查原材料、生产工艺是否有添加植物生长调节剂可能，从源头上把好关。

4. 操作规程和质量要求　见表 4-3-7。

表 4-3-7　常见新型水溶肥料的合理施用的操作规程和质量要求

工作环节	操作规程	质量要求
土壤冲施	（1）要正确选择肥料品种。绝不是“肥随水冲”这么简单，必须根据不同作物选用，如种植需氮较多的蔬菜作物时，可选用大量元素水溶肥料 （2）使用方法要得当。施用前，应先把固体化的肥料加水化开，制成母液，然后加水冲施。对于一些浅耕性蔬菜等作物，或不便土壤施肥时，可将配制好的肥料随水冲施，冲施过程中要控制好水量，确保养分在地里分布均匀 （3）肥料用量和使用浓度要合理。用量过大、浓度过高，易产生氨气、氧化氮、硫化氢等有毒有害气体，引起作物中毒；切忌直接把固体肥料撒在田间，浇水冲施，反而造成肥料分布不均匀，甚至出现烧苗。肥水冲施后，结合中耕松土，效果更佳	（1）冲施主要是在蔬菜作物生长的旺盛季节进行追肥用的，广泛用于大棚种植和露地蔬菜上。一般冲后 2～3d 或 3～5d 就可见效 （2）含微生物制剂类型的复合型水溶肥，宜保存于阴凉处，避免阳光暴晒和过度潮热，不可与杀菌剂混用。如果结块，可继续使用，不影响肥效

（续）

工作环节	操作规程	质量要求
叶面喷洒	新型水溶肥料主要用作叶面喷施和浸种，适用于多种植物。而叶面喷施应注意以下几点： （1）喷施浓度。一般可参考肥料包装上推荐浓度。一般每公顷喷施 600～750kg 溶液 （2）喷施时期。喷施时期多数在苗期、花蕾期和生长盛期 （3）喷施部位。应重点喷洒上、中部叶片，尤其是多喷洒叶片反面。若为果树则应重点喷洒新梢和上部叶片 （4）增添助剂。可在肥料溶液中加入助剂（如中性洗衣粉、肥皂粉等），提高肥料利用率	（1）溶液湿润叶面时间要求能维持 0.5～1h，一般选择傍晚无风时进行喷施较宜 （2）为提高喷施效果，可将多种水溶肥料混合或肥料与农药混合喷施，但应注意营养元素之间的关系、肥料与农药之间是否有害
浸种	浸种时一般用水稀释 100 倍，浸种 6～8h，沥水晾干后即可播种	浸种时要注意浓度不能过高，以免烧种

5. 常见技术问题处理 除清液型、氨基酸型、腐殖酸型、生长调节剂型 4 类新型水溶肥料外，还有其他含天然活性物质型水溶肥料。该类水溶肥料中一般含有从天然物质（如海藻、秸秆、动物毛发、草炭、风化煤等）中处理提取的发酵或代谢产物，产生核酸、海藻酸、糖醇等物质。这些物质有刺激作物生长、促进作物代谢、提高作物自身抗逆性等功能。主要有糖醇螯合水溶肥料、含海藻酸型水溶肥料、肥药型水溶肥料、木醋液（或竹醋液）水溶肥料、稀土型水溶肥料、有益元素类水溶肥料。

活动三 其他新型肥料的合理施用

1. 活动目标 了解新型复混肥料、土壤调理剂、腐熟剂的性质；熟悉新型复混肥料、土壤调理剂、腐熟剂的合理施用。

2. 活动准备 将全班按 2 人一组分为若干组，每组准备以下材料和用具：新型复混肥料、土壤调理剂、腐熟剂等样品、图片或资料。

3. 相关知识

（1）有机无机复混肥料。是以无机原料为基础，填充物采用烘干鸡粪、经过处理的生活垃圾、污水处理厂的污泥及草炭、蘑菇渣、氨基酸、腐殖酸等有机物质，然后经造粒、干燥后包装而成（表 4-3-8）。

（2）微生物复混肥料。微生物复混肥是指两种或两种以上的微生物，或一种微生物与其他营养物质复配而成的肥料。

① 复合微生物肥料。是指特定微生物与营养物质复合而成，能提供、保持或改善植物营养，提高农产品品质或改善农产品品质的活体微生物制品。主要有两种：第一种是菌与菌复合微生物肥料，可以是同一微生物菌种的复合（如大豆根瘤菌的不同菌系分别发酵，吸附时混合），也可以是不同微生物菌种的复合（如固氮菌、解磷细菌、解钾细菌等分别发酵，吸附时混合）。第二种是菌与各种营养元素或添加物、增效剂的复合微生物肥料，采用的复合方式有：菌与大量元素复合、菌与微量元素复合、菌与稀土元素复合、菌与作物生长激素复合等。

② 生物有机肥。是指特定功能的微生物与经过无害化处理、腐熟的有机物料（主要是动

表 4-3-8　有机无机复混肥的技术要求

项目	指标	
	Ⅰ型	Ⅱ型
总养分（$N+P_2O_5+K_2O$）的质量分数①（%）≥	15	25
水分（H_2O）的质量分数②（%）≤	12	12
有机质的质量分数（%）≥	20	15
粒度（1.00～4.75mm 或 3.35～5.60mm）③（%）≥	70	
pH	5.5～8.0	
蛔虫卵死亡率（%）≥	95	
粪大肠菌群数（个/g）≤	100	
氯离子的质量分数④（%）≤	3.0	
砷及其化合物的质量分数（以 As 计）（%）≤	0.005 0	
镉及其化合物的质量分数（以 Cd 计）（%）≤	0.001 0	
铅及其化合物的质量分数（以 Pb 计）（%）≤	0.015 0	
铬及其化合物的质量分数（以 Cd 计）（%）≤	0.050 0	
汞及其化合物的质量分数（以 Hg 计）（%）≤	0.000 5	

注：①标明的单一养分含量不得低于 3.0%，且单一养分测定值与标明值负偏差的绝对值不得大于 1.5%。②水分以出厂检验数据为准。③指出厂检验结果。④如产品氯离子含量大于 3.0%，并在包装容器上标明"含氯"，该项目可不做要求。

物、植物残体，如畜禽粪便、农作物秸秆等）复合而成的一类肥料，兼有微生物肥料和有机肥料效应。生物有机肥按功能微生物的不同可分为固氮生物有机肥、解磷生物有机肥、解钾生物有机肥、复合生物有机肥等。技术指标要求：有机质含量≥25%，有效活菌数≥0.2 亿 g/g。

（3）稀土复混肥料。稀土复混肥是将稀土制成固体或液体的调理剂，以每吨复混肥加入 0.3%的硝酸稀土的量配入生产复混肥的原料而生产的复混肥料。施用稀土复混肥不仅可以起到叶面喷施稀土的作用，还可以对土壤中一些酶的活性有影响，对植物的根有一定的促进作用。

（4）有机物料腐熟剂。是指能够加速各种有机物料（包括农作物秸秆、畜禽粪便、生活垃圾及城市污泥等）分解、腐熟的微生物活体制剂，如腐秆灵、酵素菌等。按剂型可分为粉状、颗粒状、液体状等。其特点为：能快速促进堆料升温，缩短物料腐熟时间；有效杀灭病虫卵、杂草种子、除水、脱臭；腐熟过程中释放部分速效养分，产生大量氨基酸、有机酸、维生素、多糖、酶类、植物激素等多种促进植物生长的物质。

（5）土壤调理剂。土壤调理剂又称土壤结构改良剂，简称土壤改良剂。土壤调理剂是根据团粒结构形成的原理，利用植物残体、泥炭、褐煤等为原料，从中抽取腐殖酸、纤维素、木质素、多糖羧酸类等物质，作为团聚土粒的胶结剂，或模拟天然团粒胶结剂的分子结构和性质所合成的高分子聚合物。近年来，随着土壤调理剂在农业和生态环境中的广泛应用，国内外土壤调理剂的新产品越来越多，如土壤保湿剂、松土剂、固沙剂、消毒剂、重金属钝化剂、降酸碱剂等。

4. 操作规程和质量要求 见表4-3-9。

表4-3-9 其他新型肥料的合理施用的操作规程和质量要求

工作环节	操作规程	质量要求
新型复混肥料的合理施用	（1）有机无机复混肥。一是作基肥：旱地宜全耕层深施或条施；水田是先将肥料均匀撒在耕翻前的湿润土面，耕翻入土后灌水，耕细耙平。二是作种肥：可采用条施或穴施，将肥料施于种子下方3～5cm，防止烧苗；如用作拌种，可将肥料与1～2倍细土拌匀，再与种子搅拌，随拌随播 （2）微生物复混肥。是指两种或两种以上的微生物，或一种微生物与其他营养物质复配而成的肥料。每公顷用复合微生物肥料15～30kg与有机肥料或细土混匀后沟施、穴施、撒施作基肥；果树或园林树木幼树每棵200g环状沟施、成年树每棵0.5～1kg放射状沟施；每公顷用肥15～30kg兑水3～4倍，移栽时蘸根或栽后灌根；每平方米苗床土用肥200～300g与之混匀后播种；花卉草坪可用复合微生物肥料10～15g/kg盆土或作基肥；根据不同植物每公顷用15～30kg复合微生物肥料与化肥混合，用适量水稀释后灌溉时随水冲施 （3）稀土复混肥。稀土复混肥是将稀土制成固体或液体的调理剂，以每吨复混肥加入0.3%的硝酸稀土的量配入生产复混肥的原料而生产的复混肥料。施用稀土复混肥不仅可以起到叶面喷施稀土的作用，还可以对土壤中一些酶的活性有影响，对植物的根有一定的促进作用。施用方法同一般复混肥料	微生物复混肥有两种类型：一是菌与菌复合微生物肥料；二是菌与各种营养元素或添加物、增效剂的复合微生物肥料，主要有：菌与大量元素复合、菌与微量元素复合、菌与稀土元素复合、菌与植物生长激素复合等
有机物料腐熟剂	以腐秆灵堆沤农家肥为例 （1）按每吨农家肥用腐秆灵2kg（如农家肥为秸秆杂草等植物残体为主的，每吨需另加尿素8kg）的配比用量加水配成菌液 （2）把秸秆、人畜粪便、土杂肥等按每15～20cm一层上堆，并每堆一层均匀加入5%～10%的生土，再均匀泼洒一次用腐秆灵配成的菌液 （3）堆肥完成后用黑膜或稻草覆盖，以便保湿保温，在堆沤发酵过程中可产生55～70℃的高温，可杀死肥料中的病原菌、虫卵和草籽等。堆沤中间若能翻堆1～2次，腐熟会更彻底、效果更好。堆沤时间为15～30d	（1）水的份量依据农家肥的干湿情况而定，以菌液刚好淋过堆肥为度 （2）水田可在水稻收割时把脱粒后的稻秆均匀撒在田面，放水7～10cm深，结合机耕时均匀施用腐秆灵。每667m² 用量2～3kg，压秆后困水以防止菌随水流失
土壤调理剂	（1）施用量。一般根据土壤和土壤调理剂性质选择适当的用量，如聚电解质聚合物调理剂能有效改良土壤物理性质的最低用量为10mg/kg，适宜用量为100～2 000mg/kg。具体施用量参考施用说明书 （2）施用方法。目前施用的土壤调理剂多为水溶性土壤调理剂，并多采用喷施、灌施的技术方法。固态调理剂一般作为基肥撒施	（1）施用前要求把土壤耙细晒干 （2）两种或两种以上调理剂混合施用效果更好 （3）尽量与有机肥、化肥配合施用

5. 常见技术问题处理 酵素菌是一种多功能菌种，由能够产生多种酶的好气性细菌、酵母菌和霉菌组成的有益微生物群体。酵母菌能产生多种酶，如纤维素酶、淀粉、蛋白、脂酶、氧化还原酶等。它能够在短时间内将有机物分解，尤其能降解木屑等物质中的毒素。酵素菌作用于作物秸秆等有机质材料，利用其产生的水解酶的作用，在短时间内，对有机质成分进行糖化分解和氨化分解，产生低分子的糖、醇、酸，这些物质又为土壤中有益生物生长

繁殖的良好培养基，能够促进堆肥中放线菌的大量繁殖，从而改善土壤的生态环境，创造农作物生长发育所需的良好环境。

利用酵素菌加工有机肥的原料配方为：麦秸 1 000kg、钙镁磷肥 20kg、干鸡粪 300kg、麸皮 100kg、红糖 1.5kg、酵素菌 15kg、原料总质量 60%的水分。先将麦秸摊成 50cm 厚，用水充分泡透。将干鸡粪均匀撒在麦秸上，再将麸皮、红糖撒上，最后将酵素菌与钙镁磷肥混合均匀撒上，充分掺匀，堆成高 1.5～2m，宽 2.5～3m，长度不超过 4m 的长形堆进行发酵。夏季发酵温度上升很快，一般第 2 天温度升至 60℃，维持 7d，翻堆一次，前后共翻 4 次。第 4 次翻堆后，注意观察温度变化，当温度日趋平稳且呈下降趋势时，表明堆肥发酵完成。

任务二　作物合理施肥新技术

任务目标

了解农作物、果树、蔬菜合理施肥新技术，根据当地作物种植情况，进行推广应用。

背景知识

我国合理施肥技术的发展趋势

进入二十一世纪，面对我国改革开放和现代化建设新阶段的形势和农业发展“以优化品种，提高质量，增加效益为中心，积极调整种植业作物结构、品种结构和品质结构，发展优质高产，高效种植业”“发展特色农业，形成规范化，专业化的商品格局，提高商品率”“大力发展创汇农业，创建农产品标准化生产示范基地”等艰巨任务，以及肥料在农业可持续发展中的重要地位，针对当前肥料在生产和使用中存在的问题，今后合理施肥技术发展的方向应从以下几点考虑。

第一，充分发挥农田养分再循环利用的潜力，进一步总结、提高和发展利用农业生产和生活中有机物的方法和经验，充分利用有机肥源，包括以简便、省工为目标，加强积肥，施肥机械化；进一步深入研究利用微生物技术解决秸秆还田的“碎”“烂”问题，大力推广各种方式的秸秆还田；探索有机肥料干燥，除臭技术和有效施用技术；发展商品有机肥料和无机有机复合商品肥料；合理规划种植饲草绿肥和经济绿肥，提高综合利用绿肥技术等，以适应新经济发展的需求。

第二，改变传统施肥方式，推行施肥新技术，提高肥料利用率。首先，应加强农化服务工作，指导农民进行科学施肥，将行之有效的测土施肥、平衡施肥、建议施肥、深层施肥，以及其他施肥新技术，通过试验、示范进行推广；其次，结合不同的种植制度结构，建立相应的科学施肥制度；再次，实行化肥资源优化配置，对高产田以及经济作物加大钾肥投入，对中低产田加大总养分投入，并重视有机无机肥料配合施用。

第三，对现有化肥品种进行改性，积极研制和开发新型肥料。发展高效、高浓度化肥品种；推广应用长效肥料，涂层尿素，缓释和控释肥料；发展复混肥料；开发专用肥料，有机微肥，腐殖酸类肥料，叶面肥等，以适应我市高产优质高效现代农业发展多样化的需求和科学施肥的需求。

第四，加强施肥与其他栽培措施（品种、密度、灌溉等）的相互组装配套发挥不同技术措施之间的交互作用，是进一步提高肥效和肥料利用率的又一途径。

第五，建立健全肥料管理法规，完善肥料管理制度。建立主要农业生态区养分资源评价与综合管理的信息系统，在政策和法律上对养、种、积制有机肥，生物废弃物无害化处理以及肥料资源优化配置等给予鼓励，导向和宏观调控，建立智能平衡施肥专家咨询系统和农化体系，提高社会化服务程度，使科研、生产、流动、施用等环节密切地配合，将肥料和施肥技术同时送到农民手中，指导农民合理施肥，提高农民科学施肥水平，提高土壤与植物营养诊断技术水平，完善肥料的监测与鉴定，是科学施肥技术的实施与维护农民利益的保证。

活动一　农作物合理施肥新技术

1. 活动目标　了解农作物精确施肥新技术、轮作施肥技术等。

2. 活动准备　将全班按 2 人一组分为若干组，通过图书查询、网络查询等手段，每组准备农作物合理施肥新技术有关的图片或资料。

3. 相关知识

（1）精确施肥技术概况。精确农业是在现代信息技术（RS、GIS、GPS）、植物栽培管理技术、农业工程装备技术等一系列高新技术基础上发展起来的一种重要的现代农业生产形式和管理模式。其核心思想是获取农田小区植物产量和影响植物生产的环境因素（如土壤结构、土壤肥力、地形、气候、病虫草害等）实际存在的空间和时间差异信息，分析影响小区产量差异的原因，采取技术上可行、经济上有效的调控措施，改变传统农业大面积、大样本平均投入的资源浪费做法，对植物栽培管理实施定位、按需变量投入。包括精确播种、精确施肥、精确灌溉、精确收获等环节。

精确施肥技术是将不同空间单元的产量数据与其他多层数据（土壤理化性质、病虫草害、气候等）的叠合分析为依据，以植物生长模型、植物营养专家系统为支持，以高产、优质、环保为目的的变量处方施肥理论和技术。它是信息技术、生物技术、机械技术和化工技术的优化组合，按植物生长期可分为基肥精施和追肥精施，按施肥方式可分为耕施和撒施，按精施的时间性可分为实时精施和时后精施。

（2）轮作制度下肥料分配原则。轮作施肥技术是指针对某个轮作周期而制订的施肥计划，包括不同茬口的肥料分配方案和植物的施肥制度。而植物施肥制度则是针对某一植物的计划产量而确定的施肥技术。

针对某一轮作周期中不同作物如何统筹分配和施用肥料，应遵循均衡增产、效益优化、用养结合、持续发展、环境友好等基本原则。而具体不同的轮作制度，应因地域、作物等而进行分配。

① 一年一熟制肥料分配原则。以大豆→小麦→玉米 3 年轮作为例，总的原则是培肥地力，保证重点。有机肥重点分配在小麦上，氮肥重点分配在小麦和玉米上，磷肥重点分配在大豆和小麦上。

② 一年两熟制肥料分配原则。以小麦—玉米→小麦—玉米复种连作为例，总的原则是养分要全，数量要足。有机肥应重点分配在小麦上，玉米利用其后效；高产麦田要控制氮肥用量，增加磷、钾肥，补施微肥；高产玉米田要稳施氮肥、增加磷肥与锌肥，中产玉米田要加强氮、磷肥的配合。

③ 两年三熟制肥料分配原则。以小麦—甘薯→春玉米为例，总的原则是保证一年多熟，兼顾一年一熟。有机肥主要考虑冬小麦和春玉米，尤其是春玉米；冬小麦和春玉米要增加氮、磷肥施用，甘薯要考虑钾肥施用、减少氮肥施用量。

④ 立体种植肥料分配原则。以小麦/玉米—大白菜→小麦—大豆为例，总的原则是多施有机肥，施好氮肥，养分协调，数量充足。有机肥重点分配在小麦和大白菜上，若第二年夏播玉米，两茬各占50%，若第三年夏播大豆，则大白菜占60%～70%；化肥分配要适度增加大白菜氮肥投入，同时多施磷肥、钾肥、微肥。

4. 操作规程和质量要求　见表4-3-10。

表4-3-10　农作物合理施肥新技术实施的操作规程和质量要求

工作环节	操作规程	质量要求
精确施肥技术	（1）土壤数据和植物营养实时数据的采集。对于长期相对稳定的土壤变量参数，如土壤质地、地形、地貌、微量元素含量等，可一次分析长期受益或多年后再对这些参数作抽样复测。对于中短期土壤变量参数，如N、P、K、有机质、土壤水分等，应以GPS定位或导航实时实地分析，也可通过遥感（RS）技术和地面分析结合获得生长期植物养分丰缺情况。这是确定基肥、追肥施用量的基础 （2）差分全球定位系统（DGPS）。全球定位系统（GPS）为精确施肥提供了基本条件，GPS接收机可以在地球表面的任何地方、任何时间、任何气象条件下获得4颗以上的GPS卫星发出的定位定时信号，而每一颗卫星的轨道信息由地面监测中心监测而精确知道，GPS接收机根据时间和光速信号通过三角测量法确定自己的位置 （3）决策分析系统。决策分析系统是精确施肥的核心，它包括地理信息系统（GIS）和模型专家系统两部分。植物生长模型是将植物及气象和土壤等环境作为一个整体，应用系统分析的原理和方法，综合大量植物生理学、生态学、农学、土壤肥料学、农业气象学等学科理论和研究成果，对植物的生长发育、光合作用、器官建成和产量形成等生理过程与环境和技术的关系加以理论概括和数量分析，建立相应的数学模型，它是环境信息与植物生长的量化表现。植物营养专家系统用于描述植物的养分需求，有待进一步发展和提高 （4）控制施肥。现有两种形式：一是实时控制施肥，根据监测土壤的实时传感器信息，控制并调整肥料的投入数量，或根据实时监测的植物光谱信息分析调节施肥量。二是处方信息控制施肥，根据决策分析后的电子地图提供的处方施肥信息，对田块中的肥料的撒施量进行定位调控	（1）20世纪90年代以来，土壤实时采样分析的新技术、新仪器有了长足的发展，如基于土壤溶液光电比色法开发的主要营养元素测定仪、基于近红外多光谱分析技术和半导体多离子选择效应晶体管的离子敏传感技术、基于近红外多光谱分析技术和传输阻抗变换理论的水分测量仪、基于光谱探测和遥感理论的植物营养监测技术等 （2）但由于卫星信号受电离层和大气层的干扰，产生的定位误差可达100m，所以为满足精确施肥需要，还需给GPS接收机提供差分信号即差分定位系统（DGPS）。DGPS除了接收全球定位卫星信号外，还能接收信标台或卫星转发的差分校正信号，提高定位精度（1～5m）。现在的研究正向着GPS-GIS-RS一体化、GPS-智能机械一体化方向发展 （3）在精确施肥中，GIS主要用于建立土壤数据、自然条件、植物苗情等农田空间信息数据库和进行空间属性数据的地理统计、处理、分析、图形转换和模型集成等

（续）

工作环节	操作规程	质量要求
轮作施肥技术	以冬小麦—夏玉米轮作为例： (1) 调查研究，收集有关资料。主要了解近 3 年的轮作方式及其产量水平、经济状况和生产条件、肥料施用现状、科技水平、气候条件、土壤肥力状况等 (2) 估算轮作周期内作物对养分需要总量（按养分平衡法）。首先确定轮作周期内各种作物的计划产量；第二步估算各作物实现计划产量的所需养分量，见表 4-3-11 的“计划产量所需养分量”列；第三步估算轮作周期内作物对养分需要总量，即将表 4-3-11 的“计划产量所需养分量”列所有作物需要氮、磷、钾的量分别汇总即可 (3) 估算轮作周期内土壤供给的养分总量。可以不施肥情况下作物产量（空白产量）乘以氮、磷、钾养分系数获得，见表 4-3-11“土壤养分供给量”列，然后把各茬土壤供给氮、磷、钾养分量分别汇总 (4) 估算轮作周期中实现养分平衡时补给养分量。首先按照表 4-3-11中的“计划产量所需养分量”列与“土壤养分供给量”列的差来估算轮作周期内各作物需要补充的养分量，然后把各茬作物各种养分量汇总，就是轮作周期中实现养分平衡时补给养分总量，见表 4-3-11 中“需要补给养分量”列	(1) 轮作周期内施肥计划的制订包括肥料分配方案和作物的施肥技术两方面内容。其中肥料分配方案按前述的分配原则，针对具体的轮作方式而制订 (2) 轮作周期内各作物施肥技术的制订：依据表 4-3-12 中的资料，考虑现有肥料的种类、品种、利用率、养分含量等，根据作物需肥规律，然后制订各作物的肥料施用量和施用时期，以及配套的栽培技术

表 4-3-11 轮作周期内作物对养分的需要量（kg/hm^2）

作物种类	计划产量	计划产量所需养分量	土壤养分供给量		需要补给养分量
			空白产量	土壤养分供给量	
冬小麦	9 000	N 328.5	6 000	219.0	109.5
		P 41.4		27.6	13.8
		K 347.4		231.6	115.8
夏玉米	9 000	N 270.0	5 250	157.5	112.5
		P 39.6		23.1	16.5
		K 224.1		130.7	93.4
总计		N 598.5		376.5	222.0
		P 81.0		50.7	30.3
		K 571.5		362.3	209.2

5. 常见技术问题处理 2000 年农业部颁布实施的绿色食品肥料使用准则（NY/T 394—2000），严格规定了我国 AA 级绿色食品和 A 级绿色食品肥料使用原则，并对每类肥料进行了严格界定。

肥料使用的原则是：使用化肥必须满足植物对营养元素的需要，使足够数量的有机物质返回土壤，以保持或增加土壤肥力及土壤生物活性。所有有机肥料或无机肥料，尤其是富含氮的肥料，对环境和植物（营养、味道、品质和植物抗性）不产生不良后果方可施用。

表 4-3-12　轮作周期内各作物施肥技术（kg/hm²）

作物种类	补充养分量	肥料种类	施肥量和施肥方式		
			基肥	种肥	追肥
冬小麦	有机肥	厩肥	30 000	0	0
	N 109.5	尿素	310	75	75
	P 13.8	磷酸二氢铵	275	0	70
	K 115.8	硫酸钾	360	0	90
夏玉米	有机肥	厩肥	30 000	0	0
	N 112.5	尿素	230	75	75
	P 16.5	磷酸二氢铵	275	0	140
	K 93.4	硫酸钾	342	0	0
总计	有机肥	厩肥	60 000	0	0
	N 222.0	尿素	540	150	150
	P 30.3	磷酸二氢铵	550	0	210
	K 209.2	硫酸钾	702	0	90

（1）AA 级绿色食品肥料施用要求。AA 级绿色食品肥料施用要求是：禁止施用任何化学合成肥料；必须施用农家肥；在以上肥料不能满足 AA 级绿色食品生产需要时，允许施用商品肥料；禁止施用城市的垃圾和污泥、医院的粪便垃圾和含有毒物质（如毒气、病原微生物、重金属等）的垃圾；可采用秸秆还田、过腹还田、直接翻压还田、覆盖还田等形式，增加土壤肥力；利用覆盖、翻压、堆沤等方式合理利用绿肥。绿肥应在盛花期翻压，翻压深度为 15cm 左右，盖土要严，翻后耙匀，压青后 15～20d 才能进行播种或移苗；腐熟的沼气液、残渣及人畜粪尿可用作追肥，严禁施用未腐熟的人粪尿；饼肥优先用于水果、蔬菜等，严禁施用未腐熟的饼肥；微生物肥料可用于拌种，也可作基肥和追肥施用。微生物肥料中有效活菌的数量应符合 NY 227—94 中的技术指标；叶面肥料质量应符合 GB/T 17419—1998 或 GB/T 17420—1998 的技术要求。

（2）A 级绿色食品肥料施用要求是：AA 级绿色食品生产允许施用的肥料；在以上肥料不能满足 A 级绿色食品生产需要的情况下，允许施用掺合肥（有机氮和无机氮之比不超过 1∶1）；在前面两项的肥料不能满足生产需要时，允许化学肥料（氮肥、磷肥、钾肥）与有机肥料混合施用，但有机氮与无机氮之比不超过 1∶1。化学肥料也可与有机肥、复合微生物肥配合施用。禁止将硝态氮肥与有机肥，或与复合微生物肥配合施用；对前面所提到的两种掺合肥，对农作物最后一次追肥必须在收获前 30d 进行；城市生活垃圾一定要经过无害化处理，质量达到 GB 8172 中 1.1 的要求才能使用。

另外，对农家肥堆制标准也进行了严格规定。生产绿色食品的农家肥制作堆肥，必须高温发酵，以杀灭各种寄生虫卵、病原菌和杂草种子，使之达到无害化卫生标准（表 4-3-13、表 4-3-14）。农家肥料原则上就地生产就地使用。商品肥料及新型肥料必须通过国家有关部门的登记及生产许可，质量指标应达到国家有关标准的要求。

表 4-3-13 高温堆肥卫生标准

项目	卫生标准及要求
堆肥温度	最高堆温达 50～55℃持续 5～7d
蛔虫卵死亡率	95%～100%
粪大肠菌值	0.01～0.1
苍蝇	有效地控制苍蝇滋生，堆肥周围没有活的蛆、蛹或羽化的成蝇

表 4-3-14 沼气发酵肥卫生标准

项目	卫生标准及要求
密封贮存期	30d 以上
高温沼气发酵温度	(52±2)℃持续 2d
寄生虫卵沉降率	在 95%以上
血吸虫卵和钩虫卵	在使用粪液中不得检出活的血吸虫卵和钩虫卵
粪大肠菌值	普通沼气发酵 0.000 1，高温沼气发酵 0.000 1～0.01
蚊子、苍蝇	有效地控制蚊蝇滋生，粪液中无孑孓，池的周围无活的蛆、蛹或新羽化的成蝇
沼气池残渣	经无害化处理后方可用做农肥

同时规定，因施肥造成土壤污染、水源污染，或影响农植物生长，农产品达不到食品安全卫生标准时，要停止使用该肥料，并向专门管理机构报告。

活动二 果树合理施肥新技术

1. 活动目标 了解穴贮肥水地膜覆盖新技术、树干强力注射施肥技术、管道施肥喷药技术、根系灌溉施肥技术等。

2. 活动准备 将全班按 2 人一组分为若干组，通过图书查询、网络查询等手段，每组准备果树合理施肥新技术有关的图片或资料。

3. 相关知识

(1) 穴贮肥水地膜覆盖技术。是把果树的浇水、施肥、保墒结合在一起，在局部范围内为根系生长发育创造良好的环境，从而保证果树的正常生长结果。该技术有省工、省水、成本低、效益高、便于推广等优点，是大力生产绿色果品的有效措施之一。该技术适用于山地、坡地、滩地、沙荒地、干旱少雨等果园。

(2) 树干强力注射施肥技术。是将果树所需要的肥料配成一定浓度的溶液，从树干强行直接注入树体内，靠机具持续的压力将进入树体的肥液输送到根、枝和叶部，直接被果树吸收利用。这种方法的优点是可及时矫治果树缺素症，减少肥料用量，不污染环境。但存在易引起腐烂病等缺点。

(3) 果树管道施肥技术。是采用大贮藏肥池统一配置肥液，用机械动力将肥液压入输送管道系统，直接喷施于树体上的一种施肥方法。

（4）根系灌溉施肥技术实际就是灌根施肥技术。它是借助于滴灌输水系统，根据果树需肥特性，将肥液注入管道，随同灌溉水一起施入土壤。由于节水省肥，特别适合于缺水少雨的丘陵山区和沙漠土壤、盐碱地及经济效益高的果树上推广应用。

4. 操作规程和质量要求　见表4-3-15。

5. 常见技术问题处理　我国地域广阔，南北方果树品种差异很大，东、西部降水量差异也很大，因此在推广果树合理施肥新技术时，应根据当地情况灵活运用。

表4-3-15　果树合理施肥新技术实施的操作规程和质量要求

工作环节	操作规程	质量要求
穴贮肥水地膜覆盖新技术	（1）处理草把子。将玉米秸、麦秆或杂草切成30～35cm长的段，捆成直径为15～25cm的草把（共扎三道），然后放在10%的尿素液或鲜尿中浸泡1～2d，让其吸足水肥 （2）挖穴数量。据树冠的大小定挖穴数量，山地果园或幼树的树冠小时挖3～4个穴，7～8年生冠径在3.5～4m时挖4～5个穴，成年大树树冠可挖6～8个穴 （3）埋草把。将经充分浸泡的草把垂直放入穴内，再用50～100g氯化钾、50～100g过磷酸钙、50g尿素与土壤混合均匀后填到草把周围，踩紧踩实 （4）覆盖薄膜。最后用薄膜覆盖整个树盘，覆膜后的施肥灌水都将在穴孔上进行，穴口比树盘低1～2cm	（1）穴直径要略大于草把的直径，一般为20～30cm，穴深35～40cm，土层较薄时，可适当浅些，但必须比埋入的草把高3～5cm。穴位在树冠垂直投影下稍里 （2）草把顶部覆盖1cm厚的土，再施50g尿素，然后浇水，每穴浇水4～5kg （3）覆膜后浇水时，用木棍戳孔，每穴浇水4～5kg。需追肥时，把化肥溶于水中后再浇施。浇后用土块压孔，防止风吹破薄膜
树干强力注射施肥技术	先用钻头的曲柄钻，在树干基部垂直钻3个深3～4cm的孔，然后用扳手将针头旋入孔中，针头与树干结合要紧密牢固，针头尖端与孔底要留有0.5～1cm的空隙。摇动拉杆，将注泵和注管吸满肥液，排净空气，连接针头，即可注肥。注射中应观察压力表读数，使压力恒定在10～15MPa，以保证肥液连续进入树体。一般干周在40cm以上的树，硫酸亚铁的注射量为20g以上，失绿严重时可注射30～50g	多用此法来注射含铁肥料，以治疗果树缺铁失绿症。配制好的1%左右的硫酸亚铁溶液，pH应为3.8～4.4，淡蓝色透明，不宜久置。若出现红棕色沉淀，应调节pH使沉淀消失，否则不能使用
管道施肥喷药技术	（1）自流混合和在泵吸水侧注入。离心泵从自由水面如沟渠或池塘抽水，在吸水管内形成负压。可以利用这一减压吸肥液入泵。肥液从敞口桶经过一段软管或管道进入泵的吸水管，流入滤用阀门控制，这一连接必须密闭防止空气进入泵。另一段软管或管道边接泵的出水管用以向肥料桶灌水 （2）压力泵注入。使用透平泵时，轮叶没入水中，肥液可以在压力下注入喷灌管道。可以用一个小型的旋转泵、齿轮泵、活塞泵等把肥液从桶中压入管道	选择适宜于管道施肥的肥料品种必须具有易溶、速效、不易结晶或沉淀等特点，配制后肥液应成为清液或悬浮液，并不易堵塞管道和喷头，喷雾效果好。主要有：硝酸铵、硝酸铵钙、磷酸铵、硫磷铵、硝磷铵、氯化铵、硫酸铵、硝酸钙、硝酸钠、硝酸钾、尿素、重过磷酸钙、氯化钾、硫酸钾、磷酸二氢钾等

（续）

工作环节	操作规程	质量要求
根系灌溉施肥技术	（1）管道滴灌施肥新技术。借助于滴灌管道系统，将化肥直接滴入果树根区土壤。进入土壤的肥液，借助毛管力的作用湿润土壤，而直接被根系吸收，肥效高，省工节水。滴灌施肥时，依果树根系、需肥特性及肥料种类而确定使用浓度。如钾肥浓度为2mg/kg时，供肥后继续滴灌4～5h，5d后钾可向下层土壤移动80cm，向四周移动150～180cm。硝酸铵浓度为1～2mg/kg时，供肥后向下层土壤移动100cm以上，向四周移动120cm （2）简易滴灌施肥技术。利用不漏水的塑料袋（如旧化肥袋）作为贮肥水器，容肥水量30～50kg，并准备一些扎捆用的细铁丝。滴灌为直径3mm的塑料管。每株树需3～5个水袋，每袋需配备10～15cm长的塑料滴灌。把塑料滴灌的一端剪成马蹄形。在马蹄形的端部留一个高粱粒大小的小孔，其余部分用火烘烤黏合。把滴灌的另一端平剪插入塑料袋1.5～2cm，然后用细铁丝扎紧固定 在树冠外围垂直投影的地面上挖3～5个等距离的坑，深20cm左右，倾斜度25°，宽依水袋大小而定。将制作好的水袋放入坑内。水不要平放，放好后将滴灌埋入40cm深的土层中。滴灌所处位置要在树冠外缘的下方 （3）简易渗灌施肥技术。基本做法是：地上部修建蓄水池，半径为1.5m，高2.0m，容水量为13t左右。渗水管为直径2cm的塑料管，每隔40cm左右两侧及上方打3个针头大的小孔（孔径1.0mm），渗水管埋入地下40cm左右。行距3m的果园，每行宜埋1条；行距4m以上的每行埋2条。每隔渗水管上安装过滤网，以防堵管道。渗幅纵深为90～100cm，横向155cm （4）根系饲喂施肥技术。操作方法：早春于果树未萌芽前，将装有相当于叶面喷施适宜浓度的肥液的瓶子或塑料袋（内装200～300mL肥液），埋入距树干约1m处，将粗度约为5mm的吸收根剪断放入瓶或袋中，埋好即可	（1）滴灌系统由三部分组成：一是首部枢纽，自压滴灌必须修压力池，机压滴灌必须由水泵加压。首部附属设备有流量表、化肥罐、压力表、过滤器。二是管路，一般分干管、支管和毛管三级。三是滴头 （2）简易滴灌施肥技术利用不漏水的塑料袋（如旧化肥袋）作为贮肥水器，捆扎时要特别注意掌握好松紧度，过紧出水慢，过松出水快活漏水。出水量以每分钟110～120滴为宜 （3）简易渗灌施肥技术根据果树长势需要施肥时，可将化肥直接投入贮水池，也可先溶解过滤后再输入流水道，肥液随水流渗入根际土壤，直接被根系吸收，肥效高，节水省工 渗灌也可利用果树皿灌器。皿灌器是一种陶瓷，可容水20kg，将肥料投入罐内随水慢慢渗入根部土壤层。渗水半径为100cm。注肥液15kg，7d渗完。此法对矫治果树缺素症效果特别好 （4）根系饲喂施肥技术是借助渗灌施肥的原理，在果树缺乏某种微量元素，采用其他施肥方法难以见效时所应用的急救措施。在苹果、梨、桃、柑橘等果树上矫治缺铁黄化病效果很好。施用最佳时期为果树落叶后或第二年春季萌芽前。果树生长期灌根时，必须严格掌握肥液浓度，以免发生肥害

活动三　蔬菜合理施肥新技术

1. 活动目标　了解保护地蔬菜二氧化碳施肥新技术、蔬菜水肥一体化膜下滴灌施肥技术等。

2. 活动准备　将全班按2人一组分为若干组，通过图书查询、网络查询等手段，每组准备蔬菜合理施肥新技术有关的图片或资料。

3. 相关知识

（1）保护地蔬菜二氧化碳施肥新技术。二氧化碳是植物进行光合作用的重要原料，植物正常进行光合作用时周围环境中二氧化碳浓度为300mg/L。保护地内，日出前二氧化碳浓度可达到1 200mg/L；日出后，植物开始进行光合作用，二氧化碳浓度迅速下降，2h后降至250mg/L。当降至100mg/L以下时，植株光合作用减弱，植物生长发育受到严重影响。

二氧化碳施肥是保护地蔬菜栽培的重要增产措施之一。

① 二氧化碳施用时期。大棚蔬菜在定植后 7～10d（缓苗期）开始施用二氧化碳，温室蔬菜在定植后 15～20d（幼苗期）开始施用二氧化碳，连续进行 30～35d。果菜类开花坐果前不宜施用二氧化碳，以免营养生长过旺造成徒长而落花落果，在开花坐果期施用二氧化碳，对减少落花落果、提高坐果率、促进果实生长具有明显作用。

② 二氧化碳施用时间。施用时间根据日出后的光照度确定。一般每年的 11 月至次年 2 月，于日出 1.5h 后施放；3～4 月中旬，于日出 1h 后施放；4 月下旬至 6 月上旬，于日出 0.5h 后施放：施放后，将温室或大棚封闭 1.5～2.0h 后再放风，一般每天 1 次，雨天停止。

③ 二氧化碳施用浓度。一般大棚施用浓度为 1 000mg/L，温室为 800～1 000mg/L，阴天适当降低施用浓度。具体浓度根据光照度、温度、肥水管理水平、蔬菜生长情况等适当调整。

（2）蔬菜水肥一体化膜下滴灌施肥技术。是在地膜覆盖栽培的基础上，将施肥与灌溉结合在一起的一项农业新技术。这种灌水施肥方法，是通过滴灌系统，在灌溉的同时将肥料配对成肥液一起输送到作物根部土壤，供作物根系直接吸收利用。该方法可以精确控制灌水量、施肥量和灌溉及施肥时间，显著提高水和肥的利用率。现将保护地蔬菜地膜覆盖滴灌施肥技术介绍如下。

① 滴灌系统。主要有：一是水源。连片温室大棚可实施地下输水工程在每个温室大棚内设阀门，水泵用微机控制。单个温室大棚可修建蓄水池，一般建在温室大棚的侧墙边，容积不少于 $3m^3$。二是首部。安装水泵、过滤器、压力调节阀门、流量调节器及施肥罐。三是输水管道。根据水源压力和滴灌面积来确定滴灌管道的安装级数。一般采用三级管道，即干管、支管和毛管。管道可采用薄壁 PE 管，在不影响使用寿命的情况下降低工程造价。四是旁通。具有调压功能，连接方便，可任意调整滴灌管的位置和间距。五是滴灌管。滴头可拆卸，如发生堵塞，便于清洗，滴头流量小，可形成较好的湿润体。

② 滴灌形式。一是膜下滴灌。滴灌管（带）铺在地表面，覆于膜下。二是地埋式滴灌。滴灌管埋在地下 30～35cm 处，水通过地埋毛管的滴头缓慢滴出渗入土中，再通过毛细管作用浸润作物根部。该技术对土壤的扰动较小，有利于作物保持根层疏松通透的环境条件，使地表土壤干燥，减少杂草生长。

4. 操作规程和质量要求　见表 4-3-16。

5. 常见技术问题处理　与地面灌溉相比，蔬菜水肥一体化膜下滴灌施肥技术自动化程度较高，可以实现精确灌溉、精准施肥，具有节水、节肥、节药、节地和省工，改善土壤及微生态环境等优点。

（1）经济效益。经测算，应用滴灌施肥技术，每 $667m^2$ 蔬菜增产 400～1 000kg，增加纯收益 2 000 元以上，经济效益显著。此外，滴灌减轻了大棚内的空气湿度，降低了病虫害发生程度，每 $667m^2$ 可节约农药投入 80 元以上。

（2）生态效益。滴灌施肥可使灌溉水利用率达到 90%，氮肥当季利用率达 60%，与地面灌溉相比，节水 30%～50%，节肥 25%～30%，减少了水向深层的渗漏及移动性强的营养元素如氮素的淋洗流失，减轻了对地下水的污染。

（3）社会效益。滴灌施肥可以减轻灌溉和施肥的劳动强度，并有利于蔬菜标准化生产，提高蔬菜品质和市场化程度，促进农民增收。

表 4-3-16 蔬菜合理施肥新技术实施的操作规程和质量要求

工作环节	操作规程	质量要求
保护地蔬菜二氧化碳施肥技术	(1) 开窗通风。通过棚内外空气交换使二氧化碳浓度达到内外平衡，并可排出其他有害气体，如氨气、二氧化氮、二氧化硫等，但冬季易造成低温冷害 (2) 施用颗粒有机生物气肥法。将颗粒有机生物气肥按一定间距均匀施入植株行间，施入深度为 3cm，保持穴位土壤有一定水分，使其相对湿度在 80%左右，利用土壤微生物发酵产生二氧化碳。该法经济有效，但释放量有限 (3) 液态二氧化碳。把酒精厂、酿造厂发酵过程中产生的液态二氧化碳装在高压瓶内，在棚内直接施放，用量可根据二氧化碳钢瓶的流量表和大棚体积进行计算，该法清洁卫生，便于控制用量，只是高压瓶造价高，应用受限 (4) 干冰气化。固体二氧化碳又称干冰，使用时将干冰放入水中，使其慢慢气化。该方法使用简单，便于控制用量，但冬季施用因二氧化碳气化时吸收热量，会降低棚内温度 (5) 有机物燃烧。用专制容器在大棚内燃烧甲烷、丙烷、白煤油、天然气等，生成二氧化碳，这种方法材料来源容易，但燃料价格较贵，燃烧时如氧气不足，则会生成一氧化碳，毒害蔬菜和人体，燃烧用的空气应由棚外引进，且燃料内不应含有硫化物，否则燃烧时产生亚硫酸也会造成危害 (6) 二氧化碳发生剂。目前大面积推广的是利用稀硫酸加碳酸氢铵产生二氧化碳。可利用塑料桶、盆等耐酸容器盛清水，按酸水比 1∶3 的比例把工业用浓硫酸倒入水中稀释（不能把水倒入酸中），再按稀硫酸 1 份加碳酸氢铵 1.66 份的比例放入碳酸氢铵。为使二氧化碳缓慢释放，可用塑料薄膜把碳酸氢铵包好，扎几个小孔，再放入酸中，无气泡放出时，加过量的碳酸氢铵兑水 50 倍，即为硫酸铵和碳酸氢铵的混合液，可作追肥施用。也可用成套设备让反应在棚外发生，再将二氧化碳输入棚内 (7) 施用双微二氧化碳颗粒气肥。只需在大棚中穴播，深度 3cm 左右，每次每 667m^2 播 10kg，一次有效期长达 1 个月，一茬蔬菜一般使用 2～3 次，省工省力，效果较好，是一种较有推广价值的二氧化碳施肥新技术	(1) 严格控制二氧化碳施用浓度。补充二氧化碳浓度应根据品种特性、生育时期、天气状况和栽培技术等综合考虑，不要过高或过低，大棚需要密闭，以减少二氧化碳外溢，提高肥效 (2) 合理安排施用时间。蔬菜在不同生育阶段施用二氧化碳其效果不是完全一样的，如毛豆在开花结荚期施用二氧化碳的增产效果比在营养生长阶段明显；番茄、黄瓜等果菜类蔬菜从定植至开花，植株生长慢，二氧化碳需求量少，一般不施用二氧化碳，以防植株徒长 (3) 加强配套栽培管理。蔬菜施用二氧化碳后，根系的吸收能力提高，生理机能改善，施肥量应适当增加，以防植株早衰，但应避免肥水过量，否则极易造成植株徒长。注意增施磷、钾肥，适当控制氮肥用量，还应注意激素点花保果，促进坐果，加强整枝打叶，改善通风透光，以减少病害发生，平衡植株的营养生长和生殖生长 (4) 注意天气情况和生育期。使用传统二氧化碳补充方法，需视天气情况和生育期而定，一般在晴天清晨施用，阴天不宜补充；苗期补充量最少，定植至坐果最多，坐果至收获补充量其次。蔬菜生产期内长期使用，才能收到较好效果 (5) 防止有害气体。应特别注意和防止二氧化碳气体中混有的有害气体对蔬菜作物的毒害作用
蔬菜水肥一体化膜下滴灌施肥技术	(1) 技术集成。配套运用保护地地膜覆盖保水、保水剂应用等农艺保水技术及应用生物肥、有机肥培肥地力等保肥技术 (2) 水肥耦合。水肥耦合的操作程序：根据作物生长条件和前季产量确定目标产量；以作物营养的理论数据拟定施肥配方；依据土壤条件调节配方；以滴灌施肥条件下肥料稀释比计算施肥量；选配肥料与灌水制度配置用肥量 (3) 起垄栽培每垄种植两行作物；铺设滴灌管，在高垄中间铺设滴灌管（带），埋在地下或覆于膜下；施肥时，将尿素等可溶性化肥溶于施肥罐中，随水施入作物根部。施肥后，再用不含肥料的水滴灌 30min；滴灌灌溉时，打开主管道堵头，冲洗 3min，再将堵头装好；清洗，灌溉一段时间后，过滤器要打开清洗	(1) 滴灌技术。根据作物需水生理和土壤条件制订灌溉方案，包括灌水定额、一次灌水时间、灌水周期、灌水次数等 (2) 施肥技术。根据作物营养生理和土壤条件确定施肥制度，如加肥时间、数量、比例、加肥次数和总量

阅读材料

减少环境污染的施肥技术

1. 减少环境污染的氮肥施用技术　减少氮肥对环境污染的施肥措施主要有：

(1) 深施或混施。深施特别是粒肥深施是目前各种方法中效果最大且较稳定的一种。与氮肥表施相比，将氮肥混施于土壤耕层中，也能减少氮素损失。深施和混施的主要作用是减少氨挥发和径流损失，也可能减少反硝化损失。

(2) 水肥综合管理。适宜的水肥综合管理可以达到提高氮肥增产效果的目的。在水稻田中常采用"无水层混施法"（施用基肥）和"以水带氮法"（施用追肥），这种方法可降低施肥后存留于田面水中的肥料氮量，从而减少氮素损失。与习惯施肥相比，氮肥利用率平均提高12%，每667m^2 产量提高11%。旱作上撒施氮肥后随即灌水，可以达到部分深施的目的。在河南封丘潮土上进行的小麦试验中，用返青肥表施后灌水，尿素的氮素损失比灌水后表施降低7%。

(3) 脲酶及硝化抑制剂。脲酶抑制剂的作用是延缓脲酶对尿素的水解，使较多的尿素能扩散到土表以下的土层中，从而减少旱地表层土壤或稻田田面水中铵态氮或硝态氮的总浓度，以减少挥发损失。硝化抑制剂的作用是抑制硝化速率，减缓铵态氮向硝态氮的转化，从而可能减少氮素的反硝化损失和硝酸盐的淋溶损失，还可以减少硝化过程中NO_2的逸出和N_2O-N的积累以及改善植物的品质。我国试验较多的有2-氯-6-CP和DCD，CP对减缓硝化作用有明显的效果，添加CP的石灰性水稻土和潴育性水稻土的硝化率为不添加的30%～33%。在非石灰性土壤上施用抑制剂优于石灰性土壤。

(4) 缓效（长效）肥料。中国科学院南京土壤研究所钙镁磷肥包膜碳酸氢铵（长效碳酸氢铵）和钙镁磷肥包膜尿素（长效尿素）的增产效果，结果表明长效肥在水稻直播上的增产效果显著，在质地疏松的沙质土壤上施用长效肥的效果优于保水保肥性能好的黏质土壤。

2. 减少环境污染的磷肥施用技术　减少环境污染的磷肥施用技术主要有：

(1) 磷肥的施用时间。理论上水溶性磷肥不宜提前施用，以减少磷肥和土壤的接触时间。而对弱酸溶性磷肥，在酸性土壤则应适当提前施入。一般情况下，磷肥不作追肥，而是在播种或移栽时，一次作基肥施入。

(2) 磷肥的施入方法。磷肥的施用方法，大体上分为撒施和集中施用两类。水溶性磷肥，特别在酸性土壤上，应避免采用撒施的方法；对于弱酸溶性和微溶性磷肥，在酸性土壤上一般均应采用撒施的方法，以促进土壤对磷肥的溶解作用。集中施肥适合于强固定能力的酸性土壤和水溶率高的磷肥，在东北黑土上、湖南和浙江的酸性水稻土上，集中施磷或施用颗粒磷肥均获得显著的增产效果。

(3) 以轮作周期为单位施用磷肥。以轮作周期为单位统筹施用磷肥，尽可能发挥磷肥后效的作用，显著提高磷肥的利用率。研究表明，如果把磷肥在当季和后季总的增产作用为100%，则当季占50%，第二季占25%，第三季占15%，第四季占10%，充分利用后效，可以节约磷肥，提高磷肥的利用率。

（4）水溶性磷肥和有机肥料配合施用。有机肥料和磷肥配合施用，有利于磷更多、更长时间地保持有效状态。

（5）氮肥和磷肥混合集中施用。NH_4^+ －N 肥或者尿素和水溶性磷混合后集中施用，比氮肥、磷肥分开施用有更高的肥效。

另外，利用生物工程手段培育出更有效地利用磷肥的植物，也是一个有良好前景的途径。

资料收集

1. 阅读《土壤》《中国土壤与肥料》《土壤通报》《土壤学报》《植物营养与肥料学报》等杂志及有关合理施肥新技术方面的书籍。

2. 浏览中国肥料信息网、××省（市）土壤肥料信息网、中国科学院南京土壤研究所网站、中国农业科学院土壤肥料研究所网站等。

3. 了解近两年有合理施肥等方面的新技术、新成果、最新研究进展等资料，写一篇"当地主要作物合理施肥新技术介绍"的综述。

师生互动

将全班分为若干团队，每团队 5～10 人，利用业余时间，进行下列活动：

1. 新型水溶肥料主要用作叶面喷施和浸种，在其用于叶面喷施时，应注意哪些事项？

2. 当地主要施用哪些缓/控释肥料，使用效果如何？

3. 调查了解当地施用秸秆腐解剂和土壤调理剂的情况。

4. 走访当地农业企业员工或有经验的农户，并与之进行有效沟通，调查当地推广农作物合理施肥新技术情况。

5. 走访当地农业企业员工或有经验的农户，并与之进行有效沟通，调查当地推广果树合理施肥新技术情况。

6. 走访当地农业企业员工或有经验的农户，并与之进行有效沟通，调查当地推广蔬菜合理施肥新技术情况。

考证提示

获得农艺工、种子繁育员、肥料配方师、植保员、蔬菜园艺工、花卉园艺工、果树园艺工、林木种苗工、绿化工、草坪建植工、中药材种植员、牧草工等高级资格证书，需具备以下知识和能力：

◆常见新型肥料的性质与合理施用技术。

◆主要农作物合理施肥新技术推广。

◆主要果树合理施肥新技术推广。

◆主要蔬菜合理施肥新技术推广。

模块五 测土配方施肥技术及应用

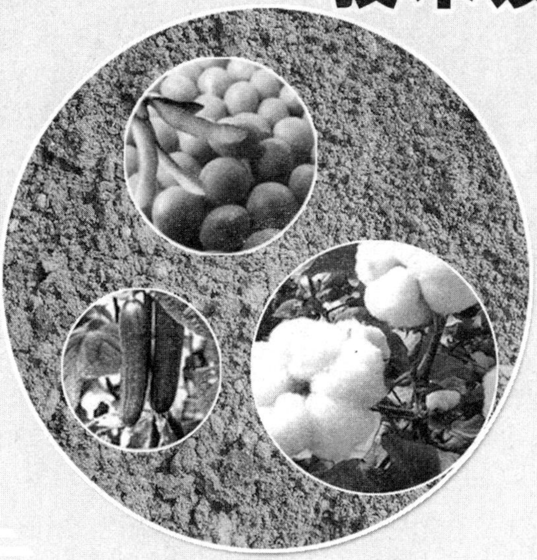

项目一 测土配方施肥技术

项目目标

知识目标：了解测土配方施肥技术的必要性和作用；熟悉测土配方施肥技术的基本知识；掌握测土配方施肥技术的基本方法。了解蔬菜、果树肥效试验，熟悉测土配方施肥新技术的实施步骤、大田作物“3414”肥效试验的实施步骤、县域施肥分区与肥料配方设计。

能力目标：能协助技术人员完成田间基本情况及农户施肥情况调查表；能利用养分平衡法计算肥料施用量。掌握基于田块的肥料配方设计、土壤与植株氮素养分快速测试方法。

测土配方施肥技术是综合运用现代农业科技成果，以肥料田间试验和土壤测试为基础，根据作物需肥规律、土壤供肥性能和肥料效应，在合理施用有机肥料的基础上，科学提出氮、磷、钾及中、微量元素等肥料的施用品种、数量、施肥时期和施用方法的一套施肥技术体系。它是促进作物高产、优质、高效、生态和安全的一种科学施肥技术，也是建设肥沃健康农田的关键技术。

任务一 测土配方施肥技术的基本方法

任务目标

了解测土配方施肥技术的必要性和作用；熟悉测土配方施肥技术的基本知识；掌握测土配方施肥技术的基本方法。能协助技术人员完成田间基本情况及农户施肥情况调查表；能利用养分平衡法计算肥料施用量。

背景知识

测土配方施肥技术的必要性和作用

测土配方施肥技术的核心是调节和解决作物需肥与土壤供肥之间的矛盾，有针对性地补充作物所需的各种营养元素，作物缺什么补什么，需要多少补多少，实现各种养分的平衡供应，满足作物的需要，提高作物产量，改善作物品质。

1. 测土配方施肥技术的必要性

（1）测土配方施肥技术是贯彻中央文件精神、推进科技兴农的需要。2005 年，中央 1

号文件提出要“推广测土配方施肥，推行有机肥综合利用与无害化处理，引导农民多施农家肥，增加土壤有机质”。2005年全国“两会”期间，温家宝同志批示：“大力推广科学施肥技术，指导农民科学、经济、合理施肥，既可以节约开支，降低成本，提高耕地产出率；又有利于改良土壤，保护地力和环境，是发展高产、优质、高效农业，增加农民收入的一项重要途径，应当作为农业科技革命的一项重要措施来抓”。2005年开始，农业部在全国组织开展测土配方施肥行动，并与财政部联合共同开展了“测土配方施肥试点补贴资金项目”，大大推动了测土配方施肥技术在全国的广泛开展，全国已累计推广测土配方施肥技术 $7.33\times10^7 km^2$ 以上。

(2) 测土配方施肥技术是实现农业发展方式转变，粮食增产、农业增效与农民增收的需要。《中共中央关于推进农村改革发展若干重大问题的决定》中明确提出，发展现代农业必须按照高产、优质、高效、生态、安全的要求，加快转变农业发展方式，提高土地产出率、资源利用率、劳动生产率，增强农业抗风险能力、国际竞争能力、可持续发展能力。但我国近20年来，越来越多农民转移到高附加值的设施经济作物及名优特农产品的种植上来，导致化肥用量日益增加，有机肥施用量急剧减少，结果出现了土壤板结、结构变差，土壤微生物功能下降，土壤生态系统脆弱，耕地的生产能力和抵御自然灾害能力严重下降，从而影响了农产品数量和质量安全，影响了农业效益和农民收入的提高，而且严重影响了生态环境。而实践证明，通过实行测土配方施肥技术，对于提高果树、蔬菜、粮食单产、降低生产成本、保证农产品稳定增产和农民持续增收具有重要现实意义；对于提高肥料利用率、减少肥料浪费、保护农业生态环境、保证农产品质量安全、实现农业可持续发展具有深远的历史意义。

(3) 测土配方施肥技术是保护生态环境，促进农业可持续发展的需要。土肥是农业的基础，直接关系到农业的可持续发展。目前，我国年化肥用量已经达到5 000多万吨，占世界总用量的30%以上，但利用率仅为35%左右，远低于发达国家水平，资源浪费的同时还造成环境污染。无论是为了提高农业生产能力，促进农业节本增效、农民节支增收，还是为了从源头上解决食品安全问题，减少面源污染、保证生态安全，都亟须加强土肥科技的创新支持，转变农业发展方式，发展低碳、生态、高效、循环农业。测土配方施肥技术的应用推广正是其中的关键所在。

2. 测土配方施肥技术的作用 开展测土配方施肥有利于推进农业节本增效，有利于促进耕地质量建设，有利于促进农作技术的发展，是贯彻落实科学发展观、维护农民切身利益的具体体现，是促进粮食稳定增产、农民持续增收、生态环境不断改善的重大举措。

(1) 测土配方施肥技术是提高作物单产、保障粮食安全的客观要求。提高作物产量离不开土、肥、水、种四大要素。肥料在农业生产中的作用是不可或缺的，对农业产量的贡献约40%。人增地减的基本国情决定了提高单位耕地面积产量是必由之路，合理施肥能大幅度地提高作物产量；在测土配方的基础上合理施肥，促进农作物对养分的吸收，每 $667m^2$ 可提高作物产量5%～20%或更高。

(2) 测土配方施肥技术是降低生产成本、促进节本增效的重要途径。在测土配方施肥条件下，由于肥料品种、配比、施肥量是根据土壤供肥状况和作物需肥特点确定，既可以保持土壤均衡供肥，还可以提高化肥利用率，降低化肥使用量，节约成本。实践证明，合理施肥，农业生产平均每667m^{2}可节约纯氮3～5kg，每667m^{2}节本增效可达20元以上。

（3）测土配方施肥技术是减少肥料流失、保护生态环境的需要。盲目施肥、过量施肥，不仅易造成农业生产成本增加，而且减少肥料利用率，会带来严重的环境污染。在测土配方施肥条件下，作物生长健壮，抗逆性增强，减少农药施用量，可降低化肥、农药对农产品及环境的污染。目前农民盲目偏施或过量施用氮肥的现象严重，氮肥大量流失，对水体营养和大气臭氧层的破坏十分严重。推行测土配方施肥技术是保护生态环境，促进农业可持续发展的必由之路。

（4）测土配方施肥技术是提高农产品质量、增强农业竞争力的重要环节。滥用化肥会使农产品质量降低，导致“瓜不甜、果不香、菜无味”。通过科学施肥，能克服过量施肥造成的徒长现象，减少作物倒伏，增强抗病虫害能力，从而减少农药的施用量，降低农产品中农药残留的风险。同时，由于增加了钾等元素，可改善西瓜的甜度，防止棉花红叶茎枯病。施肥方式不仅决定农作物产量的高低，同时也决定农产品品质的优劣。通过测土配方施肥技术，可实现合理用肥，科学施肥，从而改善农作物品质。

（5）测土配方施肥技术是不断培肥地力、提高耕地产出能力的重要措施。测土配方施肥技术是耕地质量建设的重要内容，通过有机与无机相结合，用地与养地相结合，做到缺素补素，能改良土壤，最大限度地发挥耕地的增产潜力。农业生产中施肥不合理，主要表现在不施有机肥或少施有机肥，偏施滥施氮肥，养分失衡，土壤结构受破坏，土壤肥力下降。测土配方施肥，能明白土壤中到底缺少什么养分，根据需要配方施肥，才能使土壤缺失的养分及时得到补充，维持土壤养分平衡，改善土壤理化性状。

（6）测土配方施肥技术是节约能源消耗、建设节约型社会的重大行动。化肥是资源依赖型产品，化肥生产必须消耗大量的天然气、煤、石油、电力和有限的矿物资源。节省化肥生产性支出对于缓解能源紧张矛盾具有十分重要的意义，节约化肥就是节约资源。

活动一　测土配方施肥技术的基本原理

1. 活动目标　了解测土配方施肥技术的内容、目标与增产途径；熟悉测土配方施肥技术的原理和原则。

2. 活动准备　将全班按5人一组分为若干组，每组准备以下材料和用具：调查表格及工具、有关测土配方施肥技术等图片或资料。

3. 相关知识

（1）测土配方施肥技术的目标与增产途径。测土配方施肥技术包括“测土、配方和施肥”3个基本环节。其中测土要严格按照采样方法进行采集土壤，然后对土壤养分进行测试分析。配方是由科技人员针对土壤供肥特点、作物需肥规律进行肥料配方，做到产前决定施用什么肥料，用多少合适，既不会因为少施而减产，又不会因为多施而加大成本，达到肥料和作物的供求平衡。施肥是由科技人员指导农户根据肥料特性、土壤供肥性能，采取最有效的施肥方式和施肥方法。

① 测土配方施肥技术目标。测土配方施肥技术是一项科学性、应用性很强的农业科学

技术，它有五方面目标：一是高产目标，即通过该项技术使作物单产水平在原有水平上有所提高，能最大限度地发挥作物的生产潜能。二是优质目标，通过该项技术实施均衡作物营养，改善作物品质。三是高效目标，即养分配比平衡，分配科学，提高了产投比，施肥效益明显增加。四是生态目标，即减少肥料的挥发、流失等损失，使大气、土壤和水源不受污染。五是改土目标，即通过有机肥和化肥配合施用，实现耕地用养平衡，达到培肥土壤、增加土地生产力的目的。

② 测土配方施肥技术增产途径。测土配方施肥技术主要通过以下途径获得作物增产：

一是调肥增产。即不增加化肥施用总量情况下，调整化肥氮、磷、钾比例，获得增产效果。多年来由于偏施单一肥料，造成土壤养分失调，即使施用大量的氮肥或磷肥，增产效应仍不明显，肥料投资所获得的报酬日趋降低。因此，通过土壤养分测试和肥料效应试验结果，调整化肥施用比例，消除土壤障碍因子，就可以获得明显的增产效果。

二是减肥增产。在一些施肥量高或偏施肥严重的地区，农户缺乏科学施肥知识，往往以为高肥就能高产，结果经济效益很低。通过测土配方施肥技术，采取科学计量和合理施用方法，减少某种肥料用量，就可以获得平产或增产效果。

三是增肥增产。对化肥用量水平很低或单一施用某种养分肥料的地块或地区，作物产量未达到最大利润施肥点，或者土壤最小养分已成为限制产量的因子时，合理增加肥料用量或配施某一营养元素肥料，可使作物获得大幅度增产效果。

（2）测土配方施肥技术的基本原理。测土配方施肥技术是一项科学性很强的综合性施肥技术，它涉及作物、土壤、肥料和环境条件，因此，它继承一般施肥理论的同时又有新的发展。其基本原理主要有：养分归还学说、最小养分律、报酬递减率、因子综合作用律、必需营养元素同等重要律和不可代替律、作物营养关键期等。推广测土配方施肥技术在遵循这些基本原理基础上，还需要掌握以下基本原则。

① 氮、磷、钾相配合。氮、磷、钾相配合是测土配方施肥技术的重要内容。随着产量的不断提高，在土壤高强度消耗养分的情况下，必须强调氮、磷、钾相互配合，并补充必要的微量元素，才能获得高产稳产。

② 有机与无机相结合。实施测土配方施肥技术必须以有机肥料施用为基础。增施有机肥料可以增加土壤有机质含量，改善土壤理化性状，提高土壤保水保肥能力，增强土壤微生物的活性，促进化肥利用率的提高。因此，必须坚持多种形式的有机肥料投入，培肥地力，实现农业可持续发展。

③ 大量、中量、微量元素配合。各种营养元素的配合是测土配方施肥技术的重要内容，随着产量的不断提高，在耕地高度集约利用的情况下，必须进一步强调氮、磷、钾肥的相互配合，并补充必要的中量、微量元素，才能获得高产稳产。

④用地与养地相结合，投入与产出相平衡。要使作物——土壤——肥料形成物质和能量的良性循环，必须坚持用养结合，投入产出相平衡，维持或提高土壤肥力，增强农业可持续发展能力。

4. 操作规程和质量要求 走访当地农业局或农业技术推广站、土壤肥料站等技术部门，选择当地推广应用测土配方施肥技术的农户，协助当地技术人员完成测土配方施肥技术推广应用情况调查（表 5-1-1）。

表 5-1-1　当地测土配方施肥技术推广应用情况调查操作规程和质量要求

工作环节	操作规程	质量要求
推广地区基本情况调查	（1）走访当地农业技术部门，调查推广地区的自然条件和社会经济状况 （2）走访当地气象部门，调查推广地区的农业生产基本条件	（1）调查农户要具有代表性，一定要采取简单随机抽样法确定 （2）数据具有真实性。调查人员由技术人员担任，调查前要进行培训，填写问卷最好在与农户交谈时填写，并对数据进行多途径核对 （3）数据具有准确性。要注意数据的单位、名称、数量要统一、一致
推广农田基本现状调查	调查田间基本情况，调查内容主要有：土壤基本性状、前茬作物种类、产量水平和施肥水平等，填写测土配方施肥采样地块基本情况表（表 5-1-2）	
开展农户施肥情况调查	开展农户施肥情况调查，数据收集的主要途径是填写问卷，一般采用面访式问卷调查，即调查人与农户面对面，调查人提问农户回答。测土配方施肥技术中农户调查由两类：一是一次性调查，即采用一次性面访式问卷调查，并填写事先准备好的调查表格；二是跟踪调查，要求实施的技术人员要跟踪一部分农户的施肥管理等情况，跟踪年限为 5 年，填写农户施肥情况调查表（表 5-1-3）	
测土配方施肥技术推广情况调查	根据当地测土配方施肥技术推广应用情况，协助当地技术人员完成表 5-1-4内容调查与统计，为进行测土配方施肥技术项目资金补贴提供依据	

表 5-1-2　测土配方施肥采样地块基本情况调查

统一编号：________　　调查组号：________　　采样序号：________

采样目的：________　　采样日期：________　　上次采样日期：________

地理位置	省市名称		地市名称		县旗名称	
	乡镇名称		村组名称		邮政编码	
	农户名称		地块名称		电话号码	
	地块位置		距村距离（m）		—	—
	纬度		经度		海拔高度（m）	
自然条件	地貌类型		地形部位		—	—
	地面坡度（度）		田面坡度（度）		坡向	
	通常地下水位（m）		最高地下水位（m）		最深地下水位（m）	
	常年降水量（mm）		常年有效积温（℃）		常年无霜期（d）	
生产条件	农田基础设施		排水能力		灌溉能力	
	水源条件		输水方式		灌溉方式	
	熟制		典型种植制度		常年产量水平（kg/hm^2）	
土壤情况	土类		亚类		土属	
	土种		俗名		—	—
	成土母质		剖面构型		土壤质地（手测）	
	土壤结构		障碍因素		侵蚀程度	
	耕层厚度（cm）		采样深度（cm）		—	—
	田块面积（hm^2）		代表面积（hm^2）		—	—
来年种植情况	茬口	第一季	第二季	第三季	第四季	第五季
	作物名称					
	品种名称					
	目标产量					
采样调查单位	单位名称				联系人	
	地址				邮政编码	
	电话		传真		采样调查人	
	E-mail					

表 5-1-3 农户施肥情况调查

施肥相关情况	生长季节		作物名称		品种名称	
	播种季节		收获日期		产量水平	
	生长期内降水次数		生长期内降水总量		—	—
	生长期内灌水次数		生长期内灌水总量		灾害情况	

推荐施肥情况	是否推荐施肥指导			推荐单位性质				推荐单位名称		
	配方内容	目标产量（kg/hm²）	推荐肥料成本（元/hm²）	化肥（kg/hm²）					有机肥（kg/hm²）	
				大量元素			其他元素		肥料名称	实物量
				N	P_2O_5	K_2O	名称	用量		

实际施肥总体情况		实际产量（kg/hm²）	实际肥料成本（元/hm²）	化肥（kg/hm²）					有机肥（kg/hm²）	
				大量元素			其他元素		肥料名称	实物量
				N	P_2O_5	K_2O		用量		
实际施肥明细	汇总									

实际施肥明细	施肥明细	施肥次序	施肥时期	项目			施肥情况：第一种	第二种	第三种	第四种	第五种	第六种
		第一次		肥料种类								
				肥料名称								
				养分含量情况（%）	大量元素	P						
						P_2O_5						
						K_2O						
					其他元素	名称						
						含量						
				实物量（kg/hm²）								
		第二次		肥料种类								
				肥料名称								
				大量元素	N							
					P_2O_5							
					K_2O							
				其他元素	名称							
					含量							
				实物量（kg/hm²）								
		第三次		肥料种类								
				肥料名称								
				大量元素	N							
					P_2O_5							
					K_2O							
				其他元素	名称							
					含量							
				实物量（kg/hm²）								
		第四次		肥料种类								
				肥料名称								
				大量元素	N							
					P_2O_5							
					K_2O							
				其他元素	名称							
					含量							
				实物量（kg/hm²）								

表 5-1-4　测土配方施肥技术推广应用情况汇总

______年度 ______县______乡______村

1. 基本情况

项目	单位	数量	项目	单位	数量	肥料品种	用量（t）	其中自产（t）
总人口	万人		耕地面积	hm^2		尿素		
农业户数	户		粮食总产量	t		碳酸氢铵		
农业人口	万人		农作物播种面积	hm^2		普钙		
农业劳力	万人		粮食作物	hm^2		磷酸一铵		
上年农民人均纯收入	元		水稻	hm^2		磷酸二铵		
土肥技术人员	人		小麦	hm^2		氯化钾		
中级以上	人		玉米	hm^2		复混肥料		
化验室面积	m^2		大豆	hm^2		配方肥料		
仪器设备	台套		棉花	hm^2		配肥站（个）		—
价值	万元					生产能力(万 t)		

注：肥料用量和自产量均指实物量

2. 施肥情况

项目		单位	水稻	小麦	玉米	大豆	棉花	花生
常规施肥	面积	hm^2						
	单产	kg/hm^2						
	单价	元/kg						
	有机肥用量	kg/hm^2						
	化肥总用量	kg/hm^2						
	氮肥	kg/hm^2						
	磷肥	kg/hm^2						
	钾肥	kg/hm^2						
	中、微肥	kg/hm^2						
测土配方施肥	面积	hm^2						
	单产	kg/hm^2						
	单价	元/kg						
	有机肥用量	kg/hm^2						
	化肥总用量	kg/hm^2						
	氮肥	kg/hm^2						
	磷肥	kg/hm^2						
	钾肥	kg/hm^2						
	中、微肥	kg/hm^2						
效益	增产	kg/hm^2						
	节肥	kg/hm^2						
	增收＋节支	元/hm^2						

注：有机肥料用量指实物量，化肥用量指折纯量

5. 常见技术问题处理 国家2004年、2005年大力进行沃土工程和测土配肥宣传活动，很多肥料生产、经营企业已及时地开展了测土配方施肥服务。但经过一段时间的实践发现：只有少数地区、政府、企业取得了比较显著的效果，大多数效果并不十分理想。这是因为很多地区、政府、企业、经销商和农民存在着测土配肥的混淆认识问题，没有真正认识什么是科学的测土配方施肥，还没有真正解决上述科学测土配方施肥必须解决的问题，还没有实现真正的科学测土配方施肥。

目前我国常见的测土配方施肥技术混淆认识、现象有以下10种：误认为测土配方施肥技术就是配方肥、复合肥；误认为测土配方施肥技术就是测试手段现代化；误认为测土配方施肥技术就是测土或得到准确测土数据；误认为测土配方施肥技术仅仅是土肥站和土肥专业的事情；误认为测土配方施肥技术就是提供针对性科学施肥配方；误认为测土配肥就是经销商按配方供肥；误认为测土配方施肥技术就是建立配肥站；误认为只有大企业才能搞测土配方施肥技术；误认为只有正规土肥实验室才能搞好测土配方施肥技术；误认为速测技术必然误差大和速测仪是测土配方施肥技术的宣传工具。

活动二 测土配方施肥技术的基本方法

1. 活动目标 了解测土配方施肥技术的基本方法有哪些；掌握养分平衡法计算肥料用量。

2. 活动准备 将全班按5人一组分为若干组，每组准备以下材料和用具：计算工具、有关测土配方施肥技术等图片或资料。

3. 相关知识

（1）测土配方施肥技术的方法。我国配方施肥方法归纳为三大类6种方法：地力分区（级）配方法；目标产量配方法，包括养分平衡法和地力差减法；田间试验配方法，包括肥料效应函数法、养分丰缺指标法和氮、磷、钾比例法。在确定施肥量的方法中以养分丰缺指标法、养分平衡法和肥料效应函数法应用较为广泛。

① 地力分区（级）配方法。是根据土壤肥力高低分成若干等级或划出一个肥力相对均等的田块，作为一个配方区，利用土壤普查资料和肥料田间试验成果，结合群众的实践经验估算出这一配方区内比较适宜的肥料种类及施用量。

② 养分平衡法。是以实现作物目标产量所需养分量与土壤供应养分量的差额作为施肥的依据，以达到养分收支平衡的目的。

③ 地力差减法。地力差减法就是目标产量减去地力产量，就是施肥后增加的产量，肥料需要量可按下式计算：

$$\text{肥料需要量}=\frac{\text{作物单位产量养分吸收量}\times(\text{目标产量}-\text{空白田产量})}{\text{肥料中所含养分}\times\text{肥料当季利用率}}$$

④ 肥料效应函数法。肥料效应函数法是以田间试验为基础，采用先进的回归设计，将不同处理得到的产量和相应的施肥量进行数理统计，求得在供试条件下产量与施肥量之间的数量关系，即肥料效应函数或称为肥料效应方程式。从肥料效应方程式中不仅可以直观地看出不同肥料的增产效应和两种肥料配合施用的交互效应，而且还可以通过它计算出最大施肥量和最佳施肥量，作为配方施肥决策的重要依据。

⑤ 养分丰缺指标法。在一定区域范围内，土壤速效养分的含量与植物吸收养分的数量

之间有良好的相关性，利用这种关系，可以把土壤养分的测定值按照一定的级差划分养分丰缺等级，提出每个等级的施肥量。

⑥ 氮、磷、钾比例法。通过田间试验可确定不同地区、不同作物、不同地力水平和产量水平下氮、磷、钾三要素的最适用量，并计算三者比例。实际应用时，只要确定其中一种养分用量，然后按照比例就可确定其他养分用量。

（2）施肥量的确定。施肥量是构成施肥技术的核心要素，确定经济合理施肥用量是合理施肥的中心问题。估算施肥用量的方法很多，如养分平衡法、肥料效应函数法、土壤养分校正系数法、土壤肥力指标法等。这里主要介绍养分平衡法。

养分平衡法是根据植物需肥量和土壤供肥量之差来计算实现目标产量施肥量的一种方法。其中土壤供肥量是通过土壤养分测定值来进行计算。应用养分平衡法必须求出下列参数：

① 植物目标产量。目标产量是根据土壤肥力水平来确定的，而不是凭主观愿望任意定一个指标。根据我国多年来各地试验研究和生产实践，常用“以地定产”方法。一般是在不同土壤肥力条件下，通过多点田间试验，从不施肥区的空白产量 x 和施肥区可获得的最高产量 y，经过统计求得函数关系。植物定产经验公式的通式是：

$$y=\frac{x}{\mathrm{a}+\mathrm{b}x}$$

为了推广上的方便，一般采用 $y=\mathrm{a}+\mathrm{b}x$ 直线方程。只要了解空白地块的产量 x，就可根据上式求出目标产量 y。

土壤肥力是决定产量高低的基础，某一种植物计划产量多高，要依据当地的综合因素进行确定，不可盲目过高或过低。在实际中推广配方施肥时，常常不易预先获得空白产量，常用的方法是以当地前三年植物平均产量为基础，增加10%～15%作为目标产量。

② 植物目标产量需养分量。常以下式来推算：

$$\text{植物目标产量所需养分量（kg）}=\frac{\text{目标产量（kg）}}{100\text{kg}}\times 100\text{kg 产量所需养分量（kg）}$$

式中，100kg 产量所需养分是指形成 100kg 植物产品时，该植物必须吸收的养分量，可通过对正常植物全株养分化学分析来获得。也可参照表 5-1-5。

③ 土壤供肥量。土壤供肥量指一季植物在生长期中从土壤中吸收的养分。养分平衡法一般是用土壤养分测定值来计算。土壤养分测定值是一个相对值，土壤养分不一定全部被植物吸收，同时缓效态养分还不断地进行转化，故尚需经田间试验求出土壤养分测定值与产量相关的“校正系数”，经校正后，才能作为土壤养分的供应量，与植物吸收养分量相加减。

$$\text{土壤供肥量}=\text{土壤养分测定值（mg/kg）}\times 2.25\times\text{校正系数}$$

式中，2.25 是换算系数，即将 1mg/kg 养分折算成 1hm^2 耕层土壤养分的实际质量；校正系数是植物实际吸收养分量占土壤养分测定值的比值，常常通过田间试验用下列公式求得：

$$\text{校正系数}=\frac{\text{空白产量}/100\times\text{植物 100kg 产量养分吸收量}}{\text{土壤养分测定值}\times 2.25}$$

④ 肥料利用率。肥料利用率是指当季植物从所施肥料中吸收的养分占施入肥料养分总量的百分数。它是把营养元素换成肥料实物量的重要参数，它对肥料定量的准确性影响很

大。在进行田间试验的情况下，其计算公式为：

$$肥料利用率=\frac{施肥区植物吸收养分量-无肥区植物吸收养分量}{肥料施用量\times肥料中养分含量}\times100\%$$

表5-1-5 不同植物形成100kg经济产量所需养分（kg）

植物名称		收获物	从土壤中吸收N、P_2O_5、K_2O的量		
			N	P_2O_5	K_2O
大田植物	水稻	稻谷	2.1～2.4	1.25	3.13
	冬小麦	籽粒	3.00	1.25	2.50
	春小麦	籽粒	3.00	1.00	2.50
	大麦	籽粒	2.70	0.90	2.20
	荞麦	籽粒	3.30	1.60	4.30
	玉米	籽粒	2.57	0.86	2.14
	谷子	籽粒	2.50	1.25	1.75
	高粱	籽粒	2.60	1.30	3.00
	甘薯	块根	0.35	0.18	0.55
	马铃薯	块茎	0.50	0.20	1.06
	大豆	豆粒	7.20	1.80	4.00
	豌豆	豆粒	3.09	0.86	2.86
	花生	荚果	6.80	1.30	3.80
	棉花	籽棉	5.00	1.80	4.00
	油菜	菜籽	5.80	2.50	4.30
	芝麻	籽粒	8.23	2.07	4.41
	烟草	鲜叶	4.10	0.70	1.10
	大麻	纤维	8.00	2.30	5.00
	甜菜	块根	0.40	0.15	0.60
蔬菜植物	黄瓜	果实	0.40	0.35	0.55
	茄子	果实	0.81	0.23	0.68
	架芸豆	果实	0.30	0.10	0.40
	番茄	果实	0.45	0.50	0.50
	胡萝卜	块根	0.31	0.10	0.50
	萝卜	块根	0.60	0.31	0.50
	卷心菜	叶球	0.41	0.05	0.38
	洋葱	葱头	0.27	0.12	0.23
	芹菜	全株	0.16	0.08	0.42
	菠菜	全株	0.36	0.18	0.52
	大葱	全株	0.30	0.12	0.40
果树	柑橘（温州蜜柑）	果实	0.60	0.11	0.40
	梨（20世纪）	果实	0.47	0.23	0.48
	柿（富有）	果实	0.59	0.14	0.54
	葡萄（玫瑰露）	果实	0.60	0.30	0.72
	苹果（国光）	果实	0.30	0.08	0.32
	桃（白凤）	果实	0.48	0.20	0.76

例如，某农田施氮肥区1hm^{2}的植物产量为6 000kg，无氮肥区1hm^{2}的植物产量为

4 500kg。1hm^2 施用尿素量为 150kg，（尿素含氮量为 46%，植物 100kg 产量吸收氮素 2kg），则尿素中氮素的利用率可计算为：

$$尿素中氮素利用率=\frac{6000/100\times2-4500/100\times2}{150\times46\%}\times100\%=43.5\%$$

计算肥料利用率的另一种方法为同位素法，即直接测定施入土壤中的肥料养分进入植物体的数量，而不必用上述差值法计算，但其难于广泛用于生产实际中。常见肥料的利用率见表 5-1-6。

表 5-1-6　肥料当年利用率

肥料	利用率（%）	肥料	利用率（%）
堆肥	25～30	尿素	60
一般圈粪	20～30	过磷酸钙	25
硫酸铵	70	钙镁磷肥	25
硝酸铵	65	硫酸钾	50
氯化铵	60	氯化钾	50
碳酸氢铵	55	草木灰	30～40

⑤ 施肥量的确定。得到了上述各项数据后，即可用下式计算各种肥料的施用量。

$$肥料用量=\frac{目标产量所需养分总量（kg/hm^2）-土壤养分测定值（mg/kg）\times2.25\times校正系数}{肥料中养分含量（\%）\times肥料当季利用率（\%）}$$

4. 操作规程和质量要求　以养分平衡法为例，计算施肥量（表 5-1-7）。

表 5-1-7　当地测土配方施肥技术方法调查及施肥量计算操作规程和质量要求

工作环节	操作规程	质量要求
当地测土配方施肥技术方法调查	走访当地农业局、农业技术推广站或土壤肥料站，访问负责测土配方施肥技术推广的技术人员，调查当地采用的测土配方施肥技术方法有哪些	调查前了解测土配方施肥技术方法有哪些
作物目标产量的确定	（1）调查当地主要作物的前三年产量，计算平均产量。如某地小麦 2011 年、2012 年、2013 年产量分别为 6 840kg/hm^2、6 970kg/hm^2、7 012kg/hm^2，则其平均产量为 6 940.7kg/hm^2 （2）确定当地主要作物的目标产量。根据本例的目标产量，以增产幅度 10%～15%依据，则目标产量范围在 7 634.8～7 981.8kg/hm^2，因此建议确定为 7 700kg/hm^2	目标产量的确定方法主要有：以地定产、以水定产、以土壤有机质定产等，在实际中以以地定产和前三年平均产量为常用
植物目标产量需养分量计算	根据种植的作物种类和确定的目标产量，查阅表 5-1-5 中 100kg 经济产量所需养分，分别计算目标产量所需的氮、磷、钾养分量 以上例为基础，则需要的氮、磷、钾养分量分别为： （1）需氮量=(7700÷100)×3.00=231.00(kg) （2）需磷量=(7700÷100)×1.25=96.25(kg) （3）需钾量=(7700÷100)×2.50=192.50(kg)	如果有实验条件，可自己测定，确定 100kg 经济产量所需养分，结果更为可靠

（续）

工作环节	操作规程	质量要求
土壤供肥量计算	（1）土壤速效养分测定。采取推广用地土壤样品，测定土壤碱解氮、速效磷和速效钾含量。假如本例中的地块经过取样测定结果为：碱解氮为62.7mg/kg、速效磷为9.8mg/kg、速效钾112.3mg/kg （2）校正系数确定：一般条件下，为计算方便，碱解氮的校正系数为1、速效磷为0.5、速效钾为0.7 （3）土壤供肥量计算。根据计算公式可得： 土壤供氮量＝62.7×2.25×1＝141.08(kg) 土壤供磷量＝9.8×2.25×0.5＝11.03(kg) 土壤供钾量＝112.3×2.25×0.7＝176.87(kg)	（1）测定方法和质量要求参见表2-2-32 （2）有试验条件的校正系数可通过空白区产量、土壤测试值确定
肥料利用率确定	生产中如果没有条件，可参考表5-1-6。假如本例施用的氮肥为尿素、磷肥为过磷酸钙、钾肥为硫酸钾，则三者的肥料利用率分别为60%、25%、50%	肥料利用率一般可通过"3414"肥效试验中的五处理试验来确定
肥料中养分含量确定	一般购买肥料时，如果产品合格，包装袋上会标有肥料中养分含量，可直接使用。如本例中尿素含氮为46%，过磷酸钙含五氧化二磷为20%，硫酸钾含氧化钾为52%	如果肥料产品不合格，可实际测定其养分含量
施肥量确定	根据上述5个参数，分别计算氮肥、磷肥和钾肥的用量 （1）尿素用量的确定。尿素用量＝(231.00－141.08)/(46%×60%)＝325.80(kg/hm^2) （2）过磷酸钙用量的确定。过磷酸钙用量＝(96.25－11.03)/(20%×25%)＝1704.40(kg/hm^2) （3）硫酸钾用量的确定。硫酸钾用量＝(192.50－176.87)/(52%×50%)＝60.12(kg/hm^2)	实际生产中，经常施用有机肥，因此应将有机肥提供的氮、磷、钾量考虑在内

5. 常见技术问题处理 一般推广测土配方施肥技术是在施用有机肥基础上进行的，因此在计算施肥量时，往往要把有机肥料提供的氮、磷、钾养分计算出来，并从用量中减去。例如，上例中施用有机肥30t/hm^2，其中有机肥含氮0.4%、含磷0.2%、含钾0.8%，当季利用率分别为20%、15%、20%，那么有机肥当季可提供的氮、磷、钾养分为：

有机肥提供的氮量＝30000×0.4%×20%＝24(kg)

有机肥提供的磷量＝30000×0.2%×15%＝9(kg)

有机肥提供的钾量＝30000×0.8%×20%＝48(kg)

那么氮肥、磷肥、有机肥的施用量则分别为：

（1）尿素用量的确定。

尿素用量＝(231.00－141.08－24)/(46%×60%)＝238.84(kg/hm^2)

（2）过磷酸钙用量的确定。

过磷酸钙用量＝(96.25－11.03－9)/(20%×25%)＝1524.40(kg/hm^2)

（3）硫酸钾用量的确定。

硫酸钾用量＝(192.50－176.87－48)/(52%×50%)＝－124.50(kg/hm^2)

硫酸钾用量为负值，说明由于有机肥提供的钾已经能满足需要，不需要再施化学钾肥。

任务二　测土配方施肥技术的实施

任务目标

了解蔬菜、果树肥效试验，熟悉测土配方施肥新技术的实施步骤、大田作物“3414”肥效试验的实施步骤、县域施肥分区与肥料配方设计，掌握基于田块的肥料配方设计、土壤与植株氮素养分快速测试方法。

背景知识

测土配方施肥技术的推广

1. 测土配方施肥技术推广的基本要求　按照“测、配、产、供、施”一体化服务的原则，开展测土配方施肥必须达到5项基本要求：一是健全和稳定各级土肥队伍，培训各级专业技术人员；二是完善建立县级土样常规分析化验室、地市级微量元素分析化验室、省级植株诊断分析化验室和标准化样板化验室，进行分工协作，搞好全省测土配方工作中的样品测试；三是设立和完善田间地力监测和肥效试验基地，摸索各种土壤、环境，不同作物的合理施肥比例和数量；四是建立区域示范性测土配肥站，有针对性地供应配方肥料；五是搞好各作物不同生产环节的施肥指导，包括施肥方案制订，逐级技术培训宣传，举办样板，开展生产环节田间施肥技术指导。

2. 测土配方施肥技术应用　针对测土配方施肥技术到位难的问题，从2010年开始，农业部在全国组织开展测土配方施肥普及行动，并在100个示范县探索整建制推进的有效模式和工作机制。各地在整建制推进测土配方施肥试点中，通过组织方式创新、工作机制创新和服务手段创新，吸引了一批大中型化肥企业生产供应配方肥，为技术熟化、物化提供了载体，逐步实现了企业和农民均受益的良性循环，测土配方施肥技术覆盖率、入户率和到位率明显提高，整建制推进的模式和机制初步确立。以推动农民“按方施肥”和“施用配方肥”为路径，探索了整建制推进的六大模式：

（1）政府主导合力推进模式。通过政府主导、部门主推、多方参与、分类指导、示范带动，特别是结合粮棉油糖高产创建、园艺作物标准园创建等项目实施，有效提高技术覆盖率和配方肥到位率，这是当前整建制推进的主流模式。

（2）合作社带动模式。以农民专业合作社为纽带，采取技物、技企结合方式，架起广大农民与农技部门、供肥企业的桥梁，加快测土配方施肥技术推广，这类模式随着土地流转和专业合作社发展，将呈快速发展态势。

（3）配方肥直供模式。实行“大配方、小调整”策略，通过农业部门发布配方，引导企业按方生产，建立配方肥现代物流体系，发展企业连锁配送服务，方便农户购买配方肥。这是大型企业参与测土配方施肥的主要方式。

（4）定点供销服务模式。对现有基层肥料经销网点进行筛选，提供培训指导和技术支持，并挂牌认定为测土配方施肥定点供应服务网点，帮助农民选肥、购肥，这是整建制推进的途径之一。

（5）统测统配统供模式。农业部门统一测土，统一配方，企业按方生产，在全省或全县范围内统一采购供肥，统一（或分户）施用。这是在垦区、农场、产业基地等生产组织化程度较高地区整建制推进的一种有效方式。

（6）现场混配供肥模式。以基层配肥站点为阵地，以智能配肥供肥设备为手段，为农民提供不同田块、不同作物配肥供肥服务，这是配方肥生产供应的有益补充，是满足个性化按方配肥供肥施肥的有效模式。

活动一　测土配方施肥技术的实施体系

1. 活动目标　熟悉测土配方施肥新技术的实施步骤，掌握土壤、植株氮素养分快速测试方法。

2. 活动准备　将全班按5人一组分为若干组，每组准备以下材料和用具：有关测土配方施肥技术等图片或资料。

3. 相关知识　测土配方施肥技术的实施是一个系统工程，整个实施过程需要农业教育、科研、技术推广部门与广大农户或农业合作社、农业企业等相结合，配方肥料的研制、销售、应用相结合，现代先进技术与传统实践经验相结合。从土样采集、养分分析、肥料配方制订、按配方施肥、田间试验示范监测到修订配方，形成一个完整的测土配方施肥技术体系。

测土配方施肥技术包括“测土、配方、配肥、供应、施肥指导”5个核心环节和11项重点内容（图5-1-1）。

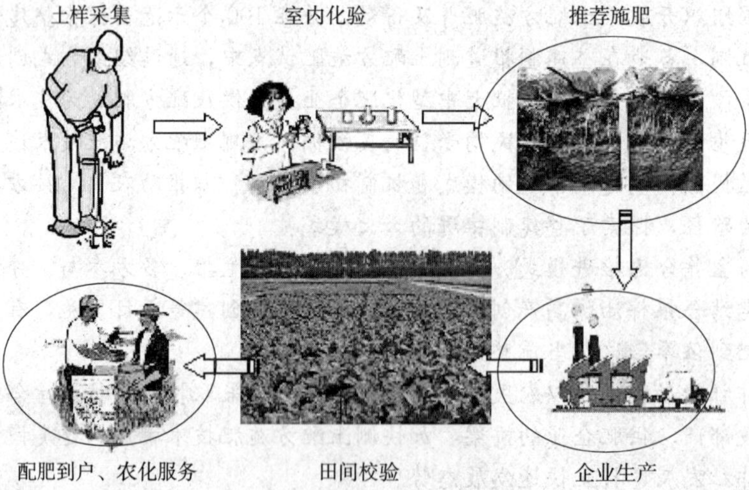

图5-1-1　测土配方施肥技术示意

（1）野外调查。资料收集整理与野外定点采样调查相结合，典型农户调查与随机抽样调查相结合，通过广泛深入的野外调查和取样地块农户调查，掌握耕地地理位置、自然环境、土壤状况、生产条件、农户施肥情况以及耕作制度等基本信息进行调查，以便有的放矢地开展测土配方施肥技术工作。

（2）田间试验。田间试验是获得各种作物最佳施肥量、施肥时期、施肥方法的根本途径，也是筛选、验证土壤养分测试技术、建立施肥指标体系的基本环节。通过田间试验，掌握各个施肥单元不同作物优化施肥量，基肥、追肥分配比例，施肥时期和施肥方法；摸清土壤养分校正系数、土壤供肥量、农作物需肥参数和肥料利用率等基本参数；构建作物施肥模型，为施肥分区和肥料配方依据。

（3）土壤测试。土壤测试是肥料配方的重要依据之一，随着我国种植业结构不断调整，高产作物品种不断涌现，施肥结构和数量发生了很大的变化，土壤养分库也发生了明显改变。通过开展土壤氮、磷、钾及中、微量元素养分测试，了解土壤供肥能力状况。

（4）配方设计。肥料配方设计是测土配方施肥工作的核心。通过总结田间试验、土壤养分数据等，划分不同区域施肥分区；同时，根据气候、地貌、土壤、耕作制度等相似性和差异性，结合专家经验，提出不同作物的施肥配方。

（5）校正试验。为保证肥料配方的准确性，最大限度地减少配方肥料批量生产和大面积应用的风险，在每个施肥分区单元设置配方施肥、农户习惯施肥、空白施肥 3 个处理，以当地主要作物及其主栽品种为研究对象，对比配方施肥的增产效果，校验施肥参数，验证并完善肥料施用配方，改进测土配方施肥技术参数。

（6）配方加工。配方落实到农户田间是提高和普及测土配方施肥技术的最关键环节。目前不同地区有不同的模式，其中最主要的也是最具有市场前景和运作模式就是市场化运作、工厂化加工、网络化经营。这种模式适应我国农村农民科技水平低、土地经营规模小、技物分离的现状。

（7）示范推广。为促进测土配方施肥技术能够落实到田间地点，既要解决测土配方施肥技术市场化运作的难题，又要让广大农民亲眼看到实际效果，这是限制测土配方施肥技术推广的“瓶颈”。建立测土配方施肥示范区，为农民创建窗口，树立样板，全面展示测土配方施肥技术效果。将测土配方施肥技术物化成产品，打破技术推广“最后一公里”的“坚冰”。

（8）宣传培训。测土配方施肥技术宣传培训是提高农民科学施肥意识，普及技术的重要手段。农民是测土配方施肥技术的最终使用者，迫切需要向农民传授科学施肥方法和模式；同时还要加强对各级技术人员、肥料生产企业、肥料经销商的系统培训，逐步建立技术人员和肥料经销持证上岗制度。

（9）数据库建设。运用计算机技术、地理信息系统和全球卫星定位系统，按照规范化测土配方施肥数据字典，以野外调查、农户施肥状况调查、田间试验和分析化验数据为基础，时时整理历年土壤肥料田间试验和土壤监测数据资料，建立不同层次、不同区域的测土配方施肥数据库。

（10）效果评价。农民是测土配方施肥技术的最终执行者和落实者，也是最终受益者。检验测土配方施肥的实际效果，及时获得农民的反馈信息，不断完善管理体系、技术体系和服务体系。同时，为科学地评价测土配方施肥的实际效果，必须对一定的区域进行动态调查。

（11）技术创新。技术创新是保证测土配方施肥工作长效性的科技支撑。重点开展田间试验方法、土壤养分测试技术、肥料配制方法、数据处理方法等方面的创新研究工作，不断提升测土配方施肥技术水平。

4. 操作规程和质量要求 见表 5－1－8。

表 5-1-8 测土配方施肥技术的实施操作规程和质量要求

工作环节	操作规程	质量要求
制订计划，收集资料	收集采样区域土壤图、土地利用现状图、行政区划图等资料，绘制样点分布图，制订采样工作计划；准备 GPS、采样工具、采样袋、采样标签等	要做好人员、物资、资金等各方面准备
样品采集与制备	（1）土壤样品的采集与制备。参考县级土壤图做好采样规划；划分采样单元，每个土壤采样单元为 $6\sim15hm^2$，采样地块面积为 $0.5\sim5hm^2$；确定采样时间，一般在作物收获后或施肥前；采样深度为 0～20cm；做好样品标记；做好新鲜样品、风干样品的制备和贮存 （2）植物样品的采集与制备。根据要求分别采集粮食作物、水果样品、蔬菜样品；填好标签；做好植株样品的处理与保存	具体见土壤样品采集与制备要求。植物样品采集应符合代表性、典型性、适时性等要求
土壤、植株养分测试	（1）土壤测试。按照国家标准或部委标准，土壤测试项目有：土壤质地、容重、水分、酸碱度、阳离子交换量、水溶性盐分、氧化还原电位、有机质、全氮、有效氮、全磷、有效磷、全钾、有效钾、交换性钙镁、有效硫、有效硅、有效微量元素等 （2）植株测试。植株测试项目有：全氮、全磷、全钾、水分、粗灰分、全钙、全镁、全硫、微量元素全量等	具体测试原理与要求参见国家标准或部委标准
田间基本情况调查	调查田间基本情况，开展农户施肥情况调查	参见任务一活动一内容
田间试验	按照农业部《测土配方施肥技术规范》推荐采用的“3414”试验方案，根据研究目的选择完全实施或部分实施方案	具体要求见农业部《测土配方施肥技术规范》
调查数据的整理和初步分析	（1）作物产量。实际产量以单位面积产量表示，当地平均产量一般采用加权平均数法。产量的分布直接用调查表产量数据进行分析 （2）氮、磷、钾养分投入量。施肥明细中各种肥料要进行折纯。方法是每种肥料的数量分别乘以其氮、磷、钾含量，然后将有机肥料和化肥中的养分纯量加和 （3）氮、磷、钾比例。根据氮、磷、钾养分投入量就可以计算氮、磷、钾比例，并分析其比例分布情况 （4）有机无机肥料养分比例。分别计算有机肥料和无机肥料氮、磷、钾的平均用量，然后进行比较 （5）施肥时期和底追比例。在计算各种作物施肥量时，可以分别计算底肥和追肥的氮、磷、钾平均用量，然后分析底追比例的合理程度 （6）肥料品种。将本地区所有农户的该种肥料用量乘以各自面积再加和，除以总面积，即得到该作物上该肥料的加权平均用量；将所有施用该种肥料的农户作物面积加和再除以总调查面积，乘以 100，可得施用面积比例 （7）肥料成本。以单位面积数量来表示，计算方法同作物产量	（1）当样本农户作物面积差别不大时，平均产量也可用简单平均数 （2）要对农户施肥量逐个检查，剔除异常数据。平均值也应采用加权平均数 （3）所有农户某肥料加权平均用量＝施用该肥料农户某肥料加权平均用量×施肥面积比例 （4）要注意数据处理过程的错误，最好 2 人完成，1 人录入，1 人校验
基础数据库的建立	（1）属性数据库，其内容包括田间试验示范数据、土壤与植株测试数据、田间基本情况及农户调查数据等，要求在 SQL 数据库中建立 （2）空间数据库，内容包括土壤图、土地利用图、行政区划图、采样点位图等，利用 GIS 软件，采用数字化仪或扫描后屏幕数字化的方式录入。图样比例为 1∶5 万 （3）施肥指导单元属性数据获取，可由土壤图和土地利用图或行政区划图叠加生成施肥指导单元图	具体要求见农业部《测土配方施肥技术规范》

（续）

工作环节	操作规程	质量要求
施肥配方设计	（1）田块的肥料配方设计，首先采用养分平衡法等确定氮、磷、钾养分的用量，然后确定相应的肥料组合，通过提供配方肥料或发放配肥建议卡，指导农户使用 （2）施肥分区与肥料配方设计，其步骤为：确定研究区域，GPS定位指导下的土壤样品采集，土壤测试与土壤养分空间数据库的建立，土壤养分分区图的制作，施肥分区和肥料配方的生成，肥料配方的检验	具体要求见农业部《测土配方施肥技术规范》
校正试验	对上述肥料配方通过田间试验来校验施肥参数，验证并完善肥料配方，改进测土配方施肥参数	要依据当地土壤类型、土壤肥力校正
配方加工	配方落实到农户田间是提高和普及测土配方施肥技术的最关键环节。根据相关的配方施肥参数，以各种单质或复混肥料为原料，配置配方肥。目前推广上有两种方式：一是农民根据配方建议卡自行购买各种肥料，配合施用；二是由配肥企业按配方加工配方肥，农民直接购买施用	配方实施要结合农户田块的土壤肥力高低、植物种植情况灵活应用
示范推广	（1）每667hm^{2}设2～3个示范点，进行田间对比示范。设置两个处理：常规施肥对照区和测土配方施肥区，面积不小于200m^2 （2）制订测土配方施肥建议卡，使农民容易接受（表5-1-9）	建立测土配方施肥示范区，为农民创建窗口，树立样板，把测土配方施肥技术落实到田头
效果评价	（1）农户（田块）测土配方施肥前后比较。从农户执行测土配方施肥前后的养分投入量、产量、效益进行评价，并计算增产率、增收情况和产投比等进行比较 增产率 $A=(Y_p-Y_c)/Y_c$ 增收 I（元/hm^2）$=(Y_p-Y_c)\times P_y-\sum F_i\times P_i$ 产投比 $D=[(Y_p-Y_c)\times P_y-\sum F_i\times P_i]/\sum F_i\times P_i$ 式中，Y_p为测土施肥产量（kg/hm^2）；Y_c为常规施肥（或实施测土配方施肥前）产量（kg/hm^2）；F_i为肥料用量（kg/hm^2）；P_i为肥料价格（元/kg） （2）测土配方施肥农户（田块）与常规施肥农户（田块）比较。根据对测土配方施肥农户（田块）与常规施肥农户（田块）调查表的汇总分析，从农户执行测土配方施肥前后的养分投入量、产量、效益进行评价，并计算增产率、增收情况和产投比等进行比较 （3）测土配方施肥5年跟踪调查分析。从农户执行测土配方施肥5年中的养分投入量、产量、效益进行评价。并计算增产率、增收情况和产投比等进行比较	在测土配方施肥项目区进行动态调查并随机调查农民，征求农民的意见，检验其实际效果，以完善管理体系、技术体系和服务体系
宣传培训	测土配方施肥技术宣传培训是提高农民科学施肥意识，普及技术的重要手段。及时对各级农技人员、肥料生产企业、肥料经销商、农民进行系统培训，有效提高测土配方施肥的实施效果	在农户购肥、施肥前，请技术人员面对农户、村组干部进行技术培训讲座，同时推荐印发测土配方平衡施肥方案，使技术入户到田，指导农户购买和施用优质的配方适宜的配方肥料
技术创新	在田间试验方法、土壤测试、肥料配制方法、数据处理等方面开展创新研究，以不断提升测土配方施肥技术水平	最终形成适合当地的测土配方施肥技术体系

表 5-1-9 测土配方施肥建议卡

农户姓名：______ ______省______县（市）______乡（镇）______村 编号______

地块面积（hm^2）：______ 地块位置：______

	测试项目	测试值	丰缺指标	养分水平评价		
				偏低	适宜	偏高
土壤测试数据	全氮（g/kg）					
	速效氮（mg/kg）					
	有效磷（mg/kg）					
	速效钾（mg/kg）					
	有机质（g/kg）					
	pH					
	有效铁（mg/kg）					
	有效锰（mg/kg）					
	有效铜（mg/kg）					
	有效锌（mg/kg）					
	有效硼（mg/kg）					

作物			目标产量（kg/hm^2）			
施肥配方			用量（kg/hm^2）	施肥时间	施肥方式	施肥方法
推荐方案一	基肥					
	追肥					
推荐方案二	基肥					
	追肥					

技术指导单位：______ 联系方式：______ 联系人：______ 日期：______

5. 常见技术问题处理 土壤养分及植株测试除了常规项目外，有时还用到土壤、植株氮素养分快速测试方法，其目的是为确定氮肥追施时期和用量提供科学依据。

（1）土壤硝态氮田间快速测试。在田间条件下，按照土壤样品采集规范完成混合土样的采集、土样混合、过5mm筛、浸提等步骤，采用反射仪硝酸盐快速定量方法，测得土壤硝酸盐的含量。

仪器设备主要有：取土工具（土样钻）、天平（精度0.1g）、称量勺、称量纸、定性滤纸、胶卷盒或小烧杯、量筒、封口袋或振荡瓶、反射仪、硝酸盐试纸（0～90mg/L NO_3^-）。

① 土样采集。土样钻或铲子采取根层土壤，一般为 20cm（取样深度可根据不同作物不同生育期作物的根系主要分布的深度而定）。将采集的新鲜土壤在田间捏碎混匀过 5mm 筛备用。

② 浸提过滤。称取混匀好的新鲜土壤样品 200g，放入封口带或振荡瓶中，加 200mL 去离子水按 1∶1 水土比浸提，人工上下左右晃动 5 次，每次 2min，中间静置 1min。定性滤纸过滤到小烧杯或胶卷盒中，留滤液备用（也可用滤纸反滤，吸取清液待测）。另称取一份混匀好的新鲜样品，测定水分含量。

③ 硝酸盐测定。用反射仪测定浸提液中的硝酸盐含量，具体步骤如下：

第一，按ON/OFF键，打开反射仪。

第二，打开硝酸盐试纸的包装盒，找出其中的校正条，插入校正条插口，反射仪会自动校正。

第三，按 START 键，屏幕显示 60s 的时间。把硝酸盐试纸条下端浸入待测溶液，同时再按 START 键。试纸条充分湿润后，拿出用手不断摇动，使尽快干燥，同时屏幕上的数字不断减少。

第四，时间剩最后 5s 时，左手把试纸条插口右边的黑色把手向右扳，右手把试纸条显色端插入试纸条插口中，放开左手，反射仪读数后记录。注意试纸条的显色端插入时朝左（操作不熟练时最好提前 10s 插入）。

第五，反射仪的读数范围是 0～90mg/L，超出此范围必须把样品重新稀释后再测定，同时尽量使读数位于中间范围，过高和过低的读数误差比较大。

④ 硝态氮计算。反射仪测定值为滤液中硝酸盐的含量，必须换算成硝态氮，根据土壤水分含量和土壤容重计算土壤硝态氮的含量。

土壤硝态氮含量（$kg/667m^2$）＝测试值（NO_3^-）×稀释倍数×$(1+w)$×0.2259×0.15/$[1-w(H_2O)]$

式中，w 为土壤水分含量，%鲜基；0.2259 为 NO_3^- 换算为 NO_3^-—N 的换算系数；0.15 为 0～20cm 土层硝态氮含量（mg/kg）换算为每 $667m^2$ 千克数的换算系数。

（2）冬小麦、夏玉米植株氮营养田间诊断。冬小麦、夏玉米等作物在生长发育重要时期的氮营养状况，可通过植株的快速诊断来判断。小麦拔节期、夏玉米大喇叭口期是氮肥追施的时期。通过诊断冬小麦茎基部、夏玉米最新展开叶叶脉中部硝酸盐的浓度，并通过田间试验建立相应指标体系，可进行该作物追肥的准确调控。仪器设备主要有：反射仪 1 台、硝酸盐试纸、压汁钳 1 把、加样枪和枪头、剪刀 1 把、吸水纸若干、记录纸、干净的白纸若干、干净的胶卷盒、蒸馏水、手套。

① 冬小麦硝酸盐的测定。

第一，田间取样：取小区内长势比较均一的样品若干株（每小区至少取 3 处地方以减少田间变异），冬小麦主茎（非分蘖茎）不能少于 30 株，（如果样品汁液较少，样品量相应增加）。

第二，样品的处理：将所取样品的分蘖去掉，并把主茎的下部小叶及根部去掉。完成后把所有样品的下端对齐，用剪刀把下部 1cm 部分剪下来放在白纸上，并在白纸上记录下样品的处理号。

第三，榨汁：把剪下的1cm部分小心放入压汁钳里，用力挤压，将挤出的汁液滴在胶卷盒内，如果汁液太少则需要多压几次，并将胶卷盒贴上写好处理号的标签。用过的压汁钳要及时清洗，便于下一样品的测定。

第四，稀释：用加样枪吸取100μL的汁液至另一个胶卷盒里，加1mL蒸馏水稀释。用过的吸取汁液的枪头要及时还掉。

第五，反射仪测定：按ON/OFF键，打开反射仪。打开硝酸盐试纸的包装盒，找出其中的校正条，插入校正条插口，反射仪会自动校正。按START键，屏幕显示60s的时间。把硝酸盐试纸条下端浸入待测溶液，同时再按START键。试纸条充分湿润后，拿出用手不断摇动，使尽快干燥，同时屏幕上的数字不断减少。时间剩最后5s时，左手把试条插口右边的黑色把手向右扳，右手把试纸显色端插入试纸条插口中，放开左手，反射仪读数后记录。注意试纸条的显色端插入时朝左（操作不熟练时最好提前10s插入）。反射仪的读数范围是0～90mg/L，超出此范围必须把样品重新稀释后测定。同时尽量使读数位于中间范围，过高和过低的读数误差比较大。

② 夏玉米硝酸盐的测定。

第一，田间取样：取试验小区内长势均一植株的最新完全展开叶。最好是每小区取3物，每行随机取10片叶片。

第二，样品的处理：将所取叶片的中部叶脉剪下3～4cm。继续用剪刀剪成1cm放在白纸上，并在白纸上记录下样品的处理号。

第三，榨汁：把剪下的1cm叶脉小心放入压汁钳里，用力挤压，将挤出的汁液滴在胶卷盒内，如果汁液太少则需要多压几次，并将胶卷盒贴上写好处理号的标签。用过的压汁钳要及时清洗，便于下一样品的测定。

第四，稀释：同冬小麦。

第五，反射仪测定：同冬小麦。

③ 测定结果。可参考中国肥料信息网的推荐方法，但不同区域应建立相应的指标体系。

活动二 “3414”肥效试验

1. 活动目标 熟悉大田作物“3414”肥效试验的实施步骤，了解蔬菜、果树肥效试验。

2. 活动准备 将全班按5人一组分为若干组，每组准备以下材料和用具：有关测土配方施肥技术等图片或资料。

3. 相关知识 肥料效应试验是获得作物最佳施肥量、施肥比例、施肥时期、施肥方法的根本途径，即是确定肥料配方的基本环节。大田作物肥料效应田间试验，基本采用“3414”方案设计，在具体实施过程中可根据研究目的采用“3414”完全实施方案或部分实施方案。

(1)“3414”完全实施方案。“3414”方案设计吸收了回归最优设计处理少、效率高的优点，是目前应用较为广泛的肥料效应试验方案（表5-1-10）。“3414”是指氮、磷、钾3个因素，4个水平，14个处理。4个水平的含义：0水平指不施肥，2水平指当地推荐施肥量，1水平（指施肥不足）=2水平×0.5，3水平（指过量施肥）=2水平×1.5。为便于汇总，同一作物、同一区域内施肥量要保持一致。如果需要研究有机肥料和中、微量元素肥料效应，可在此基础上增加处理。

表 5-1-10　“3414”试验方案处理（推荐方案）

试验编号	处理	N	P	K
1	$N_0P_0K_0$	0	0	0
2	$N_0P_2K_2$	0	2	2
3	$N_1P_2K_2$	1	2	2
4	$N_2P_0K_2$	2	0	2
5	$N_2P_1K_2$	2	1	2
6	$N_2P_2K_2$	2	2	2
7	$N_2P_3K_2$	2	3	2
8	$N_2P_2K_0$	2	2	0
9	$N_2P_2K_1$	2	2	1
10	$N_2P_2K_3$	2	2	3
11	$N_3P_2K_2$	3	2	2
12	$N_1P_1K_2$	1	1	2
13	$N_1P_2K_1$	1	2	1
14	$N_2P_1K_1$	2	1	1

该方案可应用 14 个处理进行氮、磷、钾三元二次效应方程拟合，还可分别进行氮、磷、钾中任意二元或一元效应方程拟合。例如：进行氮、磷二元效应方程拟合时，可选用处理 2～7、11、12，求得在以 K_2 水平为基础的氮、磷二元二次效应方程；选用处理 2、3、6、11 可求得在 P_2K_2 水平为基础的氮肥效应方程；选用处理 4、5、6、7 可求得在 N_2K_2 水平为基础的磷肥效应方程；选用处理 6、8、9、10 可求得在 N_2P_2 水平为基础的钾肥效应方程。此外，通过处理 1，可以获得基础地力产量，即空白区产量。

（2）“3414”部分实施方案。试验氮、磷、钾某一个或两个养分的效应，或因其他原因无法实施“3414”完全实施方案，可在“3414”方案中选择相关处理，即“3414”的部分实施方案。这样既保持了测土配方施肥田间试验总体设计的完整性，又考虑到不同区域土壤养分特点和不同试验目的要求，满足不同层次的需要。如有些区域重点要试验氮、磷效果，可在 K_2 做肥底的基础上进行氮、磷二元肥料效应试验，但应设置 3 次重复。具体处理及其与“3414”方案处理编号对应列于表 5-1-11。

表 5-1-11　氮、磷二元二次肥料试验设计与“3414”方案处理编号对应

处理编号	“3414”方案处理编号	处理	N	P	K
1	1	$N_0P_0K_0$	0	0	0
2	2	$N_0P_2K_2$	0	2	2
3	3	$N_1P_2K_2$	1	2	2
4	4	$N_2P_0K_2$	2	0	2
5	5	$N_2P_1K_2$	2	1	2
6	6	$N_2P_2K_2$	2	2	2
7	7	$N_2P_3K_2$	2	3	2
8	11	$N_3P_2K_2$	3	2	2
9	12	$N_1P_1K_2$	1	1	2

（3）常规 5 处理试验设计。在肥料试验中，为了取得土壤养分供应量、作物吸收养分量、土壤养分丰缺指标等参数，一般把试验设计为 5 个处理：空白对照（CK）、无氮区

(PK)、无磷区（NK)、无钾区（NP）和氮、磷、钾区（NPK)。这5个处理分别是“3414”完全实施方案中的处理1、2、4、8和6（表5-1-12)。如要获得有机肥料的效应，可增加有机肥处理区（M)；试验某种中（微）量元素的效应，在NPK基础上，进行加与不加该中（微）量元素处理的比较。试验要求测试土壤养分和植株养分含量，进行考种和计产。试验设计中，氮、磷、钾、有机肥等用量应接近肥料效应函数计算的最高产量施肥量或用其他方法推荐的合理用量。

表5-1-12　常规5处理试验设计与“3414”方案处理编号对应

常规5处理	“3414”方案处理编号	处理	N	P	K
空白对照	1	$N_0P_0K_0$	0	0	0
无氮区	2	$N_0P_2K_2$	0	2	2
无磷区	4	$N_2P_0K_2$	2	0	2
无钾区	8	$N_2P_2K_0$	2	2	0
氮、磷、钾区	6	$N_2P_2K_2$	2	2	2

4. 操作规程和质量要求　见表5-1-13。

表5-1-13　“3414”肥效试验的实施操作规程和质量要求

工作环节	操作规程	质量要求
试验地选择	试验地应选择平坦、整齐、肥力均匀，具有代表性的不同肥力水平的地块；坡地应选择坡度平缓、肥力差异较小的田块	试验地应避开道路、堆肥场所及遮阳光不充足等特殊地块。同一田块不能连续布置试验
试验作物品种选择	田间试验应选择当地主栽的大田作物品种或拟推广品种	种子准备尽量饱满、均匀
试验准备	整地、设置保护行、试验地区划；小区应单灌单排，避免串灌串排；试验前采集土壤样品；依测试项目不同，分别制备新鲜或风干土样	准备整地、区划及采样工具
试验重复与小区排列	为保证试验精度，减少人为因素、土壤肥力和气候因素的影响，田间试验一般设3～4个重复（或区组）。采用随机区组排列 小区面积：大田作物小区面积一般为20～50m²，密植作物可小些，中耕作物可大些；小区宽度：密植作物不小于3m，中耕作物不小于4m	区组内土壤、地形等条件应相对一致，区组间允许有差异。同一生长季、同一作物、同类试验在10个以上时可采用多点无重复设计
田间管理	试验田的栽培管理措施可按当地丰产田的标准进行，田间管理的措施主要包括中耕、除草、灌溉、排水、施肥、防治病虫害等，各有其技术操作特点，要尽量做到一致，从而最大限度地减少试验误差	在执行各项管理措施时除了试验设计所规定的处理间差异外，其他管理措施应保持一致，使对各小区的影响尽可能没有差别。要求同一措施能在同一天完成，如遇到特殊情况（如下雨等）不能一天完成，则应坚持完成一个重复
试验记载与测试	试验前采集基础土样进行测定，收获期采集植株样品，进行考种和生物与经济产量测定。必要时进行植株分析，每个县每种作物应按高、中、低肥力分别各取不少于1组“3414”试验中1、2、4、8、6处理的植株样品；有条件的地区，采集“3414”试验中所有处理的植株样品	参照肥料效应鉴定田间试验技术规程（NY/T 497—2002）执行

（续）

工作环节	操作规程	质量要求
收获与考种	（1）收获及脱粒。收获前要先准备好收获、脱粒用的材料和工具，如绳索、标牌、编织袋或网袋、脱粒机、晒场等 （2）考种。考种是将取回的考种样本，进行作物形态的观察、产量结构因子的调查，或收获物重要品质的鉴定的方法。考种的具体项目可因作物种类不同、试验任务不同而做不同选择（表 5-1-14）	（1）收获是田间试验数据收集的关键环节，必须严格把关，要及时、细致、准确，尽量避免差错 （2）为使收获考种工作顺利进行，避免发生差错，在收获、运输、脱粒、日晒、贮藏、考种等工作中，必须专人负责，建立验收制度，随时检查核对
试验统计分析	常规试验和回归试验的统计分析方法参见肥料效应鉴定田间试验技术规程（NY/T 497—2002）或其他专业书籍	可借助专业统计分析软件或专业人员进行

表 5-1-14　常见作物主要考种指标

作物	考种项目
小麦	结实小穗数或不孕小穗数、穗长、穗粒数、千粒重、单株成穗数
玉米	穗长、穗粗、穗粒数、单穗粒重、千粒重、秃尖
水稻	穗长、每穗粒数、结实率、千粒重、平方米有效穗数
棉花	单铃重、籽指、衣分、霜前花率、籽棉产量、皮棉产量
花生	单株荚果数、百果重、百仁重、双仁率、出仁率
大豆	单株粒数、单株粒重、百粒重、平均荚粒数
油菜	第一次有效分枝数、第一次有效分枝部位、全株有效果数、每果粒数、千粒重
小白菜（青菜）	株高、叶片数、展开度、最大叶片（宽度、长度）、单株重
芹菜	株高、单株叶柄数、第一节叶柄宽与长度、叶片颜色、展开度、叶柄开裂程度、单株重
黄瓜	单株结瓜数、瓜长、瓜粗、瓜条顺直情况、单瓜重、单株瓜重
辣椒	单株结果数、果长、果宽、单果重、果肉厚、果色、果面特征（是否光滑）、单株果重、坐果率
茄子	单株结茄数、茄长、茄横径、茄果颜色、单茄重、茄果肉质（松软程度）、果形
大蒜	株高、茎粗、叶片数、蒜头直径、单蒜重、单瓣重
大白菜	株高、展开度、叶球指数、叶球高与叶球宽、叶球紧密度、叶球重、净菜率
苹果	单株结果重、单果重、果实平均纵径与横径、果实着色度、果实硬度、可溶性固性物、裂果率
葡萄	单穗重、单穗果粒数、单果重、果色、单株结穗数、可溶性固形物、果枝率
西瓜	主蔓长与蔓粗、瓜纵茎与横径、单瓜重、瓜皮厚度、中心糖与边糖、适口性或口感、瓜着节位数

5. 常见技术问题处理　除了大田作物外，农业部从 2012 年开始，对蔬菜和果树的田间肥效试验也进行了规范。

（1）蔬菜肥料田间试验。蔬菜肥料田间试验设计推荐“2＋X”方法，分为基础施肥和动态优化施肥试验两部分，“2”是指各地均应进行的以常规施肥和优化施肥 2 个处理为基础的对比施肥试验研究；“X”是指针对不同地区、不同种类蔬菜可能存在一些对生产和养分高效有较大影响的未知因子而不断进行的修正优化施肥处理的动态研究试验，未知因子包括不同种类蔬菜养分吸收规律、施肥量、施肥时期、养分配比、中微量元素等。

① 基础施肥试验设计。基础施肥试验取“2＋X”中的“2”为试验处理数：一是常规施

肥，蔬菜的施肥种类、数量、时期、方法和栽培管理措施均按照当地大多数农户的生产习惯进行；二是优化施肥，即蔬菜的高产高效或优质适产施肥技术，可以是科技部门的研究成果，也可为科技种菜能手采用并经土壤肥料专家认可的优化施肥技术方案作为试验处理。基础施肥试验是生产应用性试验，可将小区面积适当增大，不设置重复。

②“X”动态优化施肥试验设计。“X”表示根据试验地区、土壤条件、蔬菜种类及品种、适产优质等内容确定，确定亟须优化的技术内容方案，旨在不断完善优化处理。“X”动态优化施肥试验可与基础施肥试验的 2 个处理在同一试验条件下进行，也可单独布置试验。“X”动态优化施肥试验需要设置 3～4 次重复，必须进行长期定位试验研究，至少有 3 年的试验结果。

“X”主要针对氮肥优化管理，包括 5 个方面的试验设计，分别为：X_1，氮肥总量控制试验；X_2，氮肥分期调控试验；X_3，有机肥当量试验；X_4，肥水优化管理试验；X_5，蔬菜生长和营养规律研究试验。“X”处理中涉及有机肥、磷肥、钾肥的用量、施肥时期等应接近于优化管理。除有机肥当量试验外，其他试验中，有机肥根据各地实际情况选择施用或者不施（各个处理保持一致），如果施用，则应该选用当地有代表性的有机肥种类；磷、钾根据土壤磷、钾测试值和目标产量确定施用量，根据作物养分规律确定施肥时期。各地根据实际情况，选择设置相应的“X”试验；如果认为磷肥或钾肥为限制因子，可根据需要将磷、钾单独设置几个处理。

（2）果树肥料田间试验。果树肥料田间试验设计推荐“2＋X”方法，分为基础施肥和动态优化施肥试验两部分，“2”是指各地均应进行的以常规施肥和优化施肥 2 个处理为基础的对比施肥试验研究；“X”是指针对不同地区、不同种类果树可能存在一些对生产和养分高效有较大影响的未知因子而不断进行的修正优化施肥处理的动态研究试验，未知因子包括不同种类果树养分吸收规律、施肥量、施肥时期、养分配比、中微量元素等。

① 基础施肥试验设计。基础施肥试验取“2＋X”中的“2”为试验处理数：一是常规施肥，果树的施肥种类、数量、时期、方法和栽培管理措施均按照本地区大多数农户的生产习惯进行；二是优化施肥，即果树的高产高效或优质适产施肥技术，可以是科技部门的研究成果，也可为当地高产果园采用并经土壤肥料专家认可的优化施肥技术方案作为试验处理。优化施肥处理涉及施肥时期、肥料分配方式、水分管理、花果管理、整形修剪等技术应根据当地情况与有关专家协商确定。基础施肥试验是在大田条件下进行的生产应用性试验，可将面积适当增大，不设置重复。试验采用盛果期的正常结果树。

②“X”动态优化施肥试验设计。“X”表示根据试验地区果树的立地条件、果树生长的潜在障碍因子、果园土壤肥力状况、果树种类及品种、适产优质等内容，确定亟须优化的技术内容方案，旨在不断完善优化施肥处理。其中氮、磷、钾通过采用土壤养分测试和叶片营养诊断丰缺指标法进行，中量元素钙、镁、硫和微量元素铁、锌、硼、钼、铜、锰宜采用叶片营养诊断临界指标法。“X”动态优化施肥试验可与基础施肥试验的 2 个处理在同一试验条件下进行，也可单独布置试验。“X”动态优化施肥试验每个处理应不少于 4 棵果树，需要设置 3～4 次重复，必须进行长期定位试验研究，至少有 3 年的试验结果。

“X”主要包括 4 个方面的试验设计，分别为：X_1，氮肥总量控制试验；X_2，氮肥分期调控试验；X_3，果树配方肥料试验；X_4，中微量元素试验。“X”处理中涉及有机肥、磷肥、钾肥的用量、施肥时期等应接近于优化管理；磷、钾根据土壤磷、钾测试值和目标产量确定施用量和作物养分规律确定施肥时期。各地根据实际情况，选择设置相应的“X”试验；如果认为磷肥或钾肥为限制因子，可根据需要将磷、钾单独设置几个处理。

活动三　肥料配方设计及配方肥料施用

1. 活动目标　掌握基于田块的肥料配方设计，熟悉县域施肥分区与肥料配方设计，学会配方肥料的合理施用与田间示范。

2. 活动准备　将全班按 5 人一组分为若干组，每组准备以下材料和用具：有关测土配方施肥技术等图片或资料。

3. 相关知识　根据当前我国测土配方施肥技术工作的经验，肥料配方设计的核心是肥料用量的确定。肥料配方设计首先确定氮、磷、钾养分的用量，然后确定相应的肥料组合，通过提供配方肥料或发放配肥建议卡，指导农民使用。基于田块的肥料配方的确定方法主要包括土壤与植株测试推荐施肥方法、肥料效应函数法、土壤养分丰缺指标法和养分平衡法。

（1）土壤、植株测试推荐施肥方法。该技术综合了目标产量法、养分丰缺指标法和作物营养诊断法的优点。对于大田作物。在综合考虑有机肥、作物秸秆应用和管理措施的基础上，根据氮、磷、钾和中微量元素养分的不同特征，采取不同的养分优化调控与管理策略。该技术包括氮素实时监控，磷、钾养分恒量监控和中微量元素养分矫正施肥技术。

① 氮素实时监控施肥技术。根据目标产量确定作物需氮量，以需氮量的 30%～60%作为基肥用量。具体基施比例根据土壤全氮含量，同时参照当地丰缺指标来确定，一般在全氮含量偏低时，采用需氮量的 50%～60%作为基肥；在全氮含量居中时，采用需氮量的 40%～50%作为基肥；在全氮含量偏高时，采用需氮量的 30%～40%作为基肥。30%～60%基肥比例可根据上述方法确定，并通过“3414”田间试验进行校验，建立当地不同作物的施肥指标体系。

氮肥追肥用量推荐以作物关键生育期的营养状况诊断或土壤硝态氮的测试为依据。这是实现氮肥准确推荐的关键环节，也是控制过量施氮或施氮不足、提高氮肥利用率和减少损失的重要措施。测试项目主要是土壤全氮、土壤硝态氮。此外，小麦可以通过诊断拔节期茎基部硝酸盐浓度、玉米最新展开叶叶脉中部硝酸盐浓度来了解作物氮素情况，水稻则采用叶色卡或叶绿素仪进行叶色诊断。

② 磷钾养分恒量监控施肥技术。根据土壤有（速）效磷钾含量水平，以土壤有（速）效磷钾养分不成为实现目标产量的限制因子为前提，通过土壤测试和养分平衡监控，使土壤有（速）效磷钾含量保持在一定范围内。对于磷肥，基本思路是根据土壤有效磷测试结果和养分丰缺指标进行分级，当有效磷水平处在中等偏上时，可以将目标产量需要量（只包括带出田块的收获物）的 100%～110%作为当季磷用量；随着有效磷含量的增加，需要减少磷用量，直至不施；而随着有效磷的降低，需要适当增加磷的用量；在极缺磷的土壤上，可以施到需要量的 150%～200%。在 2～4 年再次测土时，根据土壤有效磷和产量的变化再对磷肥用量进行调整。钾肥首先需要确定施用钾肥是否有效，再参照该方法确定钾肥用量，但需要考虑有机肥和秸秆还田带入的钾量。一般大田作物磷、钾肥料全部做基肥。

③ 中微量元素养分矫正施肥技术。中微量元素养分的含量变幅大，作物对其需要量也各不相同。这主要与土壤特性（尤其是母质）、作物种类和产量水平等有关。通过土壤测试评价土壤中微量元素养分的丰缺状况，进行有针对性的因缺补缺的矫正施肥。

（2）肥料效应函数法。常以“3414”肥料试验为依据进行确定。根据“3414”方案田间试验结果建立当地主要作物的肥料效应函数，直接获得某一区域、某种作物的氮、磷肥料的最佳施用量，为肥料配方和施肥推荐提供依据。

（3）土壤养分丰缺指标法。土壤养分丰缺指标田间试验也可采用“3414”部分实施方案。“3414”方案中的处理1为无肥区（CK），处理6为氮、磷、钾区（NPK），处理2、4、8为缺素区（即PK、NK和NP），收获后计算产量，用素区产量占全肥区产量百分数即相对产量的高低来表达土壤养分的丰缺情况。相对产量低于50%的土壤养分为极低；50%～75%为低；75%～95%为中；大于95%为高，从而确定出适用于某一区域、某种作物的土壤养分丰缺指标及对应的施用肥料数量。

（4）养分平衡法。根据作物目标产量需肥量与土壤供肥量之差估算目标产量的施肥量，通过施肥实践土壤供应不足的那部分养分。施肥量的计算公式为：

$$施肥量（kg/hm^2）=\frac{（目标产量所需养分总量-土壤供肥量）}{肥料中养分含量\times肥料当季利用量}$$

养分平衡法涉及目标产量、作物需肥量、土壤供肥量、肥料利用率和肥料中有效养分含量五大参数。土壤供肥量即为“3414”方案中处理1的作物养分吸收量。基础产量即为“3414”方案中处理1的产量。

肥料利用率一般通过差减法来计算：

$$肥料利用率=\frac{施肥区农作物吸收养分量（kg/hm^2）-缺素区农作物吸收养分量（kg/hm^2）}{肥料施用量（kg/hm^2）\times肥料中养分含量（\%）}\times100\%$$

上述公式以计算氮肥利用率为例来进一步说明。施肥区（NPK区）农作物吸收养分量（kg/hm^2）：“3414”方案中处理6的作物总吸氮量；缺氮区（PK区）农作物吸收养分量（kg/hm^2）：“3414”方案中处理2的作物总吸氮量；肥料施用量（kg/hm^2）：施用的氮肥肥料用量；肥料中养分含量（%）：施用的氮肥肥料所标明的含氮量。如果同时使用了不同品种的氮肥，应计算所用的不同氮肥品种的总氮量。

4. 操作规程和质量要求 见表5-1-15。

表5-1-15 肥料配方确定与配方肥料的合理施用操作规程和质量要求

工作环节	操作规程	质量要求
基于田块的肥料配方设计	（1）土壤、植株测试推荐施肥方法。其中，氮素推荐根据土壤供氮状况和作物需氮量，进行实时动态监测和精确调控，包括基肥和追肥的调控；磷、钾肥通过土壤测试和养分平衡进行监控；中、微量元素采用因缺补缺的矫正施肥策略 （2）肥料效应函数法。其具体操作参照有关试验设计与统计技术资料 （3）土壤养分丰缺指标法。通过“3414”试验确定丰缺指标。然后对该区域其他田块，通过土壤养分测定，就可以了解土壤养分的丰缺状况，提出相应的推荐施肥量 （4）养分平衡法。参见施肥量的确定	具体确定方法参见相关知识和前面的施肥量确定

（续）

工作环节	操作规程	质量要求
县域施肥分区与肥料配方设计	（1）确定研究区域。一般以县级行政区域为施肥分区和肥料配方设计的研究单元 （2）GPS定位指导下的土壤样品采集。土壤样品采集要求使用GPS定位，采样点的空间分布应相对均匀，如每$6.7hm^2$采集一个土壤样品，先在土壤图上大致确定采样位置，然后要标记附近采集多点混合土样 （3）土壤测试与土壤养分空间数据库的建立。将土壤测试数据和空间位置建立对应关系，形成空间数据库，以便能在GIS中进行分析 （4）土壤养分分区图的制作。基于区域土壤养分分级指标，以GIS为操作平台，使用Kriging方法进行土壤养分空间插值，制作土壤养分分区图 （5）施肥分区和肥料配方的生成。针对土壤养分的空间分布特征，结合作物养分需求规律和施肥决策系统，生成县域施肥分区图和分区肥料配方 （6）肥料配方的校验。在肥料配方区域内针对特定作物进行肥料配方验证	在GPS定位土壤采样与土壤测试的基础上，综合考虑行政区划、土壤类型、土壤质地、气象资料、种植结构、作物需肥规律等因素，借助信息技术生成区域性土壤养分空间变异图和县域施肥分区，优化设计不同分区的肥料配方
配方肥料的合理施用	（1）配方肥料的施肥时期。根据配方肥料性质和作物营养特性，适时施肥。一般来说，配方肥料多做基肥施用，以含硝态氮配方肥料可作追肥 （2）配方肥料的施肥深度。作物根系在土壤中分布多数与地面呈30°～60°的夹角，且农作物在生育期间绝大部分根系分布在地面以下5～10cm的耕层内。因此，为了使施用的配方肥料能尽量接近吸收的耕层，基本趋势是：减少表面施用，增加施肥深度 （3）配方肥料的施肥用量。对于分区配方的地区，要根据每一特定分区，在确定肥料种类之后，要利用上述基于肥料配方设计中肥料用量的推荐方法，确定该区肥料的推荐用量。而对于田块配方的地区，在进行田块配方的同时就确定了肥料推荐用量，无需重新确定施肥数量	（1）作物生长旺盛和吸收养分的养分时期应重点施肥，有灌溉条件的地区应分期施肥。对作物不同时期的氮肥推荐量的确定，有条件区域应建立并采用实时监控技术 （2）注意不同深度的施肥方法。不提倡表面施肥，提倡全耕层施肥和分层施肥 （3）注意不同施肥时期的施肥深度。种肥施肥深度以5～6cm为宜。追肥，窄行作物的追肥深度以6～8cm为宜，宽行作物的追肥深度以8～12cm为宜。基肥深施常为15～20cm或更深
测土配方施肥中的配方校正	每县在主要作物上设20～30个测土配方施肥示范点，进行田间对比示范。示范设置常规施肥对照区和测土配方施肥区两个处理，另外加设一个不施肥的空白处理（图5-1-2）。大田作物测土配方施肥、农民常规施肥处理面积不少于$200m^2$、空白对照（不施肥）处理不少于$30m^2$；蔬菜两个处理面积不少于$100m^2$；果树每个处理果树数不少于25株。田间示范应包括规范的田间记录档案和示范报告	其他参照一般肥料试验要求。通过田间示范，综合比较肥料投入、作物产量、经济效益、肥料利用率等指标，客观评价测土配方施肥效益，为测土配方施肥技术参数的校正及进一步优化肥料配方提供依据

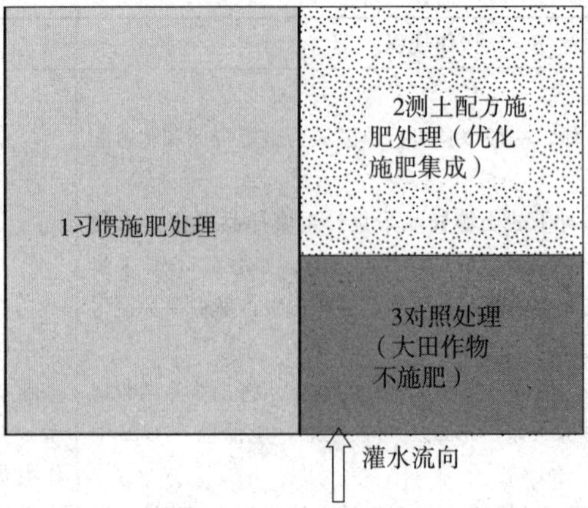

图 5-1-2 测土配方施肥示范小区排列示意

注：习惯施肥处理完全由农民按照当地习惯进行施肥管理；测土配方施肥处理只是按照试验要求改变施肥数量和方式，对照处理则不施任何化学肥料，其他管理与习惯处理相同。处理间要筑田埂及排、灌沟，单灌单排，禁止串排串灌。

5. 常见技术问题处理 对于每一个示范点，可以利用 2～3 个处理之间产量、肥料成本、产值等方面的比较，从增产和增收等角度进行分析，同时也可以通过测土配方施肥产量结果与计划产量之间的比较，进行参数校验。

阅读材料

河南省测土配方施肥技术推广案例

河南省在推广测土配方施肥技术时，总结出了“技术人员包村指导、依托农民合作组织、结合各类农业项目、利用肥料经销网络和科技示范户带动”等推广模式。

1. **技术人员包村指导推广** 为有效解决农技推广“最后一公里”、技术转化“最后一道坎”的问题，河南省组织开展了“万名科技人员包万村活动”，各项目县结合“活动”，利用春耕、夏收夏播、秋冬种等关键农时季节，组织科技人员分片包干、责任到村、服务到户，每个科技人员具体负责 5 个行政村的技术培训和技术指导，做到“四入户”。一是技术培训入户。根据农时季节，因地制宜，采取集中培训与分户培训方法，宣传应用测土配方施肥技术的好处。二是技术指导入户。包村技术人员采取“手把手”“面对面”的方法，指导农民掌握合理施肥数量、施肥品种、运筹比例、施肥时期和施肥方法。三是信息服务入户。为农户及时提供准确的肥料市场信息，并帮助农民选购质优价廉的肥料。四是施肥建议卡入户。利用发卡到户的机会，用通俗易懂的语言讲解建议卡内容，让群众看得懂、学得会、用得上。

2. **依托农业专业合作组织推广** 各项目县充分利用农村建立的各种农业专业合作社、专业协会等，发挥合作组织在群众中的影响力、号召力和示范带动作用，推广测土配方施肥技术，探索建立了“土肥技术部门＋专业合作组织＋农民”的测土配方施肥技术推广模式。通过专业合作组织牵头，土肥技术部门对加入合作组织的农民进行统一测土，并将测土结果和施肥配方提供给专业合作组织，由合作组织按土肥部门提供的配方联系企业或肥料经销商统一购肥供肥。

3. **结合各类农业项目推广**　各项目县在项目实施中，把测土配方施肥与粮棉油高产创建、标准粮田建设、园艺作物标准园地建设、农业综合开发、土地整治等各类项目紧密结合，在示范区内，按照高标准、全覆盖的总体要求，实行“测、配、产、供、施”一条龙服务，免费为农户测土化验，统一供应配方肥，进行全程技术指导，积极开展面向农民个性化需求的技术服务，及时为自采送样的农民免费开展土壤测试和施肥推荐服务，技术人员深入乡村、农户和田间地头，指导农民按方购肥和适时施肥、追肥。

4. **利用肥料经销网络推广**　各项目县结合实际，积极探索利用肥料经销网点推广测土配方施肥技术。一是开展技术培训。选择信誉好、影响大、懂农业技术、愿为农民服务的肥料经销点，统一组织培训，把肥料销售网点变成技术推广网点，指导农民选肥用肥。二是统一挂牌。对培训过的肥料销售网点，经过自愿申请、考核等环节，具备条件的由农业局统一挂牌，作为测土配方施肥服务点，并通过媒体、县农业信息网、手机短信进行公告。三是优先测土。对挂牌的经销点所送土样，免费化验，及时提供测试结果。四是严格管理。服务点对施用配方肥的农户建立信誉卡、质量保证卡，实行跟踪服务制度，对有农民举报服务不到位、出售假冒劣质肥现象，随时取消其资格。

5. **科技示范户带动推广**　各项目县在测土配方施肥技术推广中，十分重视种粮大户、科技示范户作用的发挥。一是将示范户作为重点培训对象，每年培训3～4次，全面掌握不同作物科学施肥技术要点，达到具备培训指导周围农民科学选肥用肥的能力，一户带多户。二是对示范户以地块为单元进行测土，建立测土档案，跟踪土壤养分变化，提供个性化精确施肥指导服务，做到“不同地力、不同配方、一户一卡、照方购肥”。三是承担田间试验示范任务，现场展示测土配方施肥技术，宣传测土配方施肥应用效果，影响周围农民，充分发挥示范辐射带动作用。

6. **测土配方施肥技术上墙推广**　制作测土配方施肥技术宣传瓷砖版画，粘贴于乡村群众容易聚集地方的醒目墙体上，版画内容为测土配方施肥技术宣传卡通画，并提出不同作物的施肥总体建议，突出“大配方”，还将针对特色村印制适宜不同季节的喷绘展板，强调配方差异化，突出“小调整”。

7. **发布测土配方施肥短信推广**　利用中国移动短信服务系统，建立测土配方施肥短信发布平台，传播以测土配方施肥为核心的综合配套农艺技术信息，不受空间和时间限制，快捷方便及时。

8. **专家施肥决策系统指导推广**　充分利用耕地地力评价成果，通过在乡、村农技推广服务网点和肥料销售网点设置专家施肥决策系统终端（触摸屏），为农民购肥和施肥提供适时技术与信息服务。

资料收集

1. 阅读《土壤》《中国土壤与肥料》《土壤通报》《土壤学报》《植物营养与肥料学报》等杂志及有关测土配方施肥技术方面的书籍。

2. 浏览中国肥料信息网、××省（市）土壤肥料信息网、中国科学院南京土壤研究所网站、中国农业科学院土壤肥料研究所网站等。

3. 了解近两年有关当地测土配方施肥技术等方面的新技术、新成果、最新研究进展等资料，写一篇“××县测土配方施肥技术应用概况”的综述。

师生互动

将全班分为若干团队，每团队 5～10 人，利用业余时间，进行下列活动：

1. 测土配方施肥技术对当地现代农业生产有何重要意义？测土配方施肥技术的目标有哪些？测土配方施肥技术的方法有哪些？

2. 当地推广测土配方施肥技术时，有哪些重要内容，其关键环节是什么？

3. 根据当地主要作物的目标产量和土壤养分测试值，利用养分平衡法计算施用尿素、过磷酸钙、氯化钾的用量。

4. 与当地农业技术部门的技术专家一道进行当地主要大田作物的“3414”肥效试验。

5. 结合当地主要作物和田块情况，能够进行肥料配方设计，并能合理施用配方肥料。

考证提示

获得农艺工、种子繁育员、肥料配方师、植保员、蔬菜园艺工、花卉园艺工、果树园艺工、林木种苗工、绿化工、草坪建植工、中药材种植员、牧草工等高级资格证书，需具备以下知识和能力：

◆测土配方施肥技术的基本原理。

◆测土配方施肥新技术的实施。

◆基于田块的肥料配方设计。

表 5-2-11　不同无钾区产量和目标产量下的钾肥施用量

每 667m² 目标产量（kg）	每 667m² 无磷区产量（kg）				
	200	250	300	350	400
300	4	2	—	—	—
350	6	4	2	—	—
400	8	6	4	2	—
450	10	8	6	4	2
500	—	10	8	6	4

② 根据土壤磷、钾养分含量分级和目标产量确定。磷肥施用量见表 5-2-12，钾肥施用量见表 5-2-13。

表 5-2-12　土壤磷分级和双季稻磷肥用量

每 667m² 产量水平（kg）	肥力等级	有效磷含量（mg/kg）	每 667m² 早稻施磷量（P_2O_5，kg）	每 667m² 晚稻施磷量（P_2O_5，kg）
300	低	＜10	3	2
	中	10～20	2	1
	高	＞20	1	0
400	低	＜10	4	2.5
	中	10～20	3	2
	高	＞20	2	1.5
500	低	＜10	5.5	3.5
	中	10～20	4	2.5
	高	＞20	3	2

表 5-2-13　土壤钾分级和双季稻钾肥用量

每 667m² 产量水平（kg）	肥力等级	交换性钾（mg/kg）	每 667m² 早稻施钾量（K_2O，kg）
300	低	＜50	4
	中	50～80	2
	高	＞80	1
400	低	＜50	6
	中	50～80	4
	高	＞80	2
500	低	＜50	8
	中	50～80	6
	高	＞80	4

（3）施肥原则与建议。目前广东双季稻施肥原则为：控制氮肥总量，防止过量施氮；氮肥后移，减少前期施氮量，增加中、后期施氮量；氮、磷、钾合理配比，有机无机配合，提

倡稻草还田。

① 双季早稻施肥建议。早稻氮肥分次施用，基肥占40%，分蘖肥占20%～25%，穗肥占30%～40%；有机肥和磷肥全部作基肥；钾肥一半作分蘖肥，一半作穗肥。如667m² 施猪粪尿1 000～1 500kg，则化肥用量可减少。冬季种植紫云英的，每压青1 000kg可减少氮肥（纯氮）2.5kg。冬季种植蔬菜或马铃薯的，早稻化肥用量可酌情减少。常年秸秆还田的，钾肥用量减少30%。

② 双季稻晚稻施肥建议。双季晚氮肥分次施用，基肥占40%，分蘖肥占20%～25%，穗肥占35%～40%；有机肥和磷肥全部作基肥；钾肥一半作分蘖肥，一半作穗肥。如667m² 施猪粪尿1 000～1 500kg，则化肥用量可减少。早稻秸秆还田的，钾肥用量减少30%。

5. 常见技术问题处理 其他地区单季稻和双季稻测土配方施肥技术可根据当地实际情况，参考华北单季稻、湖北省双季稻、广东省双季稻测土配方施肥技术，查阅有关资料，走访当地农业技术部门，进行推广应用。

活动二 冬小麦测土配方施肥技术

1. 活动目标 了解冬小麦科学施肥技术，熟悉冬小麦测土配方施肥技术。

2. 活动准备 将全班按5人一组分为若干组，每组准备以下材料和用具：调查表格及工具、有关冬小麦测土配方施肥技术等图片或资料。

3. 相关知识 根据小麦的生育规律和营养特点，应重视基肥和早施追肥。基肥用量一般应占总施肥量的60%～80%，追肥占40%～20%为宜。

（1）基肥。对于土壤质地偏黏，保肥性能强，又无浇水条件的麦田，将全部肥料一次施作基肥，俗称“一炮轰”。具体方法是：把全量的有机肥、2/3氮、磷、钾化肥撒施地表后，立即深耕，耕后将余下的肥料撒垡头上，再随即耙入土中。

对于保肥性能差的沙土或水浇地，可采用重施基肥、巧施追肥的分次施肥方法。即把2/3的氮肥和全部磷肥、钾肥、有机肥作为基肥，其余氮肥作为追肥。施种肥是最经济有效的施肥方法。一般每667m² 施尿素2～3kg，或过磷酸钙8～10kg，也可用复合肥10kg左右。

微肥可作基肥，也可拌种。作基肥时，由于用量少，很难撒施均匀，可将其与细土掺和后撒施地表，随即耕翻入土。用锌、锰肥拌种时，每千克种子用硫酸锌2～6g，硫酸锰0.5～1g，拌种后随即播种。

（2）追肥。目前主要采取氮肥后移技术，该技术适用于冬麦区中高产田块，晚茬弱苗、群体不足等麦田不宜采用。其技术要点是将氮素化肥的底肥比例减少到50%，追肥比例增加到50%，土壤肥力高的麦田底肥比例为30%～50%，追肥比例为50%～70%；同时将春季追肥时间后移，一般后移至拔节期，土壤肥力高的麦田采用分蘖成穗率高的品种，可移至拔节期至旗叶露尖时。

（3）根外喷肥。若小麦生育后期必须追施肥料时，可采用叶面喷施的方法。小麦抽穗期可喷施2%～3%的尿素溶液和0.3%～0.4%的磷酸二氢钾溶液，每667m² 喷施量为50～60kg。微肥喷施浓度一般为0.1%，每667m² 喷施量为50kg。喷施锌肥宜在苗期和抽穗以后进行，可喷施1～2次。硼肥可在小麦孕穗期喷施，锰肥可在拔节期、扬花期各喷1次，喷肥的时间宜选择在无风的下午16时以后。

4. 操作规程和质量要求 全班分为若干项目小组，通过查询有关冬小麦测土配方施肥技术的书籍、杂志、网站等，并走访当地农业局、农业技术推广站或土壤肥料站的技术人员、当地种植能手，了解冬小麦测土配方施肥技术的推广应用内容，参考下面的华北平原灌区冬小麦和北方旱作冬小麦案例，进行推广应用。

【应用案例】

1. 华北平原地区灌溉冬小麦测土配方施肥技术 该地区小麦一般在10月上、中旬播种，第二年5月下旬至6月上旬收获，全生育期230～270d。通常将小麦生育期划分为出苗、分蘖、越冬、起身、拔节、孕穗、抽穗、开花、灌浆和成熟期。生产中基本苗数一般为每667m² 10万～30万株，多穗性品种667m²穗数为50万穗，大穗型品种为30万穗左右。

(1) 氮肥总量控制，分期调控。平原灌溉区不同产量水平冬小麦氮肥推荐用量可参考表5-2-14。

表5-2-14 不同产量水平下冬小麦氮肥推荐用量

每667m²目标产量（kg）	土壤肥力	每667m²氮肥用量（kg）	基/追肥比例（%）
<300	极低	11～13	70/30
	低	10～11	70/30
	中	8～10	60/40
	高	6～8	60/40
300～400	极低	13～15	70/30
	低	11～13	70/30
	中	10～11	60/40
	高	8～10	50/50
400～500	低	14～16	60/40
	中	12～14	50/50
	高	10～12	40/60
	极高	8～10	30/40/30
500～600	低	16～18	60/40
	中	14～16	50/50
	高	12～14	40/60
	极高	10～12	30/40/30
>600	中	16～18	50/50
	高	14～16	40/60
	极高	12～14	30/40/30

(2) 磷、钾恒量监控技术。该地区多以冬小麦/夏玉米轮作为主，因此，磷、钾养分管理要将整个轮作体系统筹考虑，将2/3的磷肥施在冬小麦季，1/3的磷肥施在玉米季；将

1/3的钾肥施在冬小麦季，2/3 的磷肥施在玉米季。磷、钾养分分级及推荐用量参考表5-2-15、表5-2-16。

表 5-2-15 土壤磷素分级及冬小麦磷肥（五氧化二磷）推荐用量

每 667m² 产量水平（kg）	肥力等级	有效磷含量（mg/kg）	每 667m² 磷肥用量（kg）
<300	极低	<7	6～8
	低	7～14	4～6
	中	14～30	2～4
	高	30～40	0～2
	极高	>40	0
300～400	极低	<7	7～9
	低	7～14	5～7
	中	14～30	3～5
	高	30～40	1～3
	极高	>40	0
400～500	极低	<7	8～10
	低	7～14	6～8
	中	14～30	4～6
	高	30～40	2～4
	极高	>40	0～2
500～600	低	<14	8～10
	中	14～30	7～9
	高	30～40	5～7
	极高	>40	2～5
>600	低	<14	9～11
	中	14～30	8～10
	高	30～40	6～8
	极高	>40	3～6

表 5-2-16 土壤钾素分级及钾肥（氧化钾）推荐用量

肥力等级	速效钾（mg/kg）	每 667m² 钾肥用量（kg）	备注
低	50～90	5～8	连续 3 年以上实行秸秆还田的可酌减；没有实行秸秆还田的适当增加
中	90～120	4～6	
高	120～150	2～5	
极高	>150	0～3	

（3）微量元素因缺补缺。该地区微量元素丰缺指标及推荐用量见表 5-2-17。

表 5-2-17　微量元素丰缺指标及推荐用量

元素	提取方法	临界指标（mg/kg）	每 667m² 基施用量（kg）
锌	DTPA	0.5	硫酸锌 1～2
锰	DTPA	10	硫酸锰 1～2
硼	沸水	0.5	硼砂 0.5～0.75

（4）施肥指导意见。针对该地区氮、磷化肥用量普遍偏高，肥料增产效率下降，而有机肥施用不足，微量元素锌和硼缺乏时有发生等问题，施肥建议原则：依据土壤肥力条件，适当调减氮、磷化肥用量；增施有机肥，提倡有机无机配合，实施秸秆还田；依据土壤钾素状况，高效施用钾肥，并注意硼和锌的配合施用；氮肥分期施用，适当增加生育中、后期的氮肥比例；肥料施用应与高产、优质栽培技术相结合。

若基肥施用了有机肥，可酌情减少化肥用量。单产水平在 6 000kg/hm² 以下时，氮肥作基肥、追肥可各占一半。单产超过 7 500kg/hm² 时，氮肥总量的 1/3 作基肥施用，2/3 为追肥在拔节期施用。磷肥、钾肥和微量元素肥料全部作基肥施用。

2. 北方旱作冬小麦施肥技术　该地区小麦一般在 9 月上、中旬播种，第二年 5 月下旬至 6 月上、中旬收获，全生育期 230～280d。通常将小麦生育期划分为出苗、分蘖、越冬、起身、拔节、孕穗、抽穗、开花、灌浆和成熟。生产中基本苗数一般为每 667m² 15 万～20 万株，每 667m² 成穗数 30 万～40 万。

（1）氮肥总量控制，分期调控。北方旱作区不同产量水平冬小麦氮肥推荐用量可参考表 5-2-18。

表 5-2-18　不同产量水平下冬小麦氮肥推荐用量

每 667m² 目标产量（kg）	土壤肥力	每 667m² 氮肥用量（kg）	基/追肥比例（%）
<150	极低	9～10	100/0
	低	7～9	100/0
	中	6～8	100/0
	高	5～6	80/20
150～250	极低	9～11	100/0
	低	8～10	100/0
	中	7～9	100/0
	高	6～8	70/30
250～350	低	10～12	100/0
	中	8～10	100/0
	高	7～9	80/20
	极高	6～8	70/30

（续）

每667m² 目标产量（kg）	土壤肥力	每667m² 氮肥用量（kg）	基/追肥比例（%）
350～450	低	12～14	100/0
	中	10～12	100/0
	高	8～10	70/30
	极高	6～8	70/30
>450	低	13～15	80/20
	中	12～14	80/20
	高	10～12	70/30
	极高	8～10	70/30

（2）磷、钾恒量监控技术。该地区多以冬小麦/夏玉米轮作为主，因此，磷、钾管理要将整个轮作体系统筹考虑，将2/3的磷肥施在冬小麦季，1/3的磷肥施在玉米季；将1/3的钾肥施在冬小麦季，2/3的磷肥施在玉米季。磷、钾分级推荐用量参考表5-2-19、表5-2-20。

表5-2-19 土壤磷素分级及冬小麦磷肥（五氧化二磷）推荐用量

每667m² 产量水平（kg）	肥力等级	有效磷含量（mg/kg）	每667m² 磷肥用量（kg）
<150	极低	<5	5～6
	低	5～10	4～5
	中	10～15	2～4
	高	15～20	0～2
	极高	>20	0
150～250	极低	<5	7～8
	低	5～10	5～7
	中	10～15	3～5
	高	15～20	1～3
	极高	>20	0
250～350	极低	<5	7～9
	低	5～10	5～7
	中	10～15	4～5
	高	15～20	2～4
	极高	>20	0～3
350～450	低	5～10	6～8
	中	10～15	4～6
	高	15～20	2～4
	极高	>20	0～2
>450	低	5～10	8～10
	中	10～15	6～8
	高	15～20	4～6
	极高	>20	1～4

表 5-2-20　土壤钾素分级及钾肥（氧化钾）推荐用量

肥力等级	速效钾（mg/kg）	每 667m^2 钾肥用量（kg）
低	＜90	5～7
中	90～120	3～5
高	120～150	1～3
极高	＞150	0

（3）微量元素因缺补缺。该地区微量元素丰缺指标及推荐用量见表 5-2-21。

表 5-2-21　微量元素丰缺指标及推荐用量

元素	提取方法	临界指标（mg/kg）	每 667m^2 基施用量（kg）
锌	DTPA	0.5	硫酸锌 1～2
锰	DTPA	＜10	硫酸锰 1～2
硼	沸水	0.5	硼砂 0.5～0.75

（4）施肥指导意见。针对该地区降水量偏低，有机肥施用不足，施肥建议原则：依据土壤肥力条件，坚持“适氮、稳磷、补微”；增施有机肥，提倡有机无机配合，实施秸秆还田；注意锰和锌的配合施用；氮肥以基肥为主，追肥为辅；肥料施用应与高产、优质栽培技术相结合。氮肥 70%～80%作基肥，20%～30%作追肥。磷肥、钾肥和微量元素肥料全部作基肥施用。

5. 常见技术问题处理　其他地区冬小麦和春小麦测土配方施肥技术可根据当地实际情况，参考华北平原灌区冬小麦、北方旱作冬小麦测土配方施肥技术，查阅有关资料，走访当地农业技术部门，进行推广应用。

任务二　蔬菜测土配方施肥技术应用案例

任务目标

了解番茄、黄瓜的需肥规律，掌握番茄、黄瓜的测土配方施肥技术，为推广其他蔬菜测土配方施肥技术提供参考。

背景知识

番茄、黄瓜的需肥规律

1. 番茄各生育期需肥规律　番茄不同生育时期对养分的吸收量不同，一般随生育期的推进而增加。在幼苗期以氮营养为主，在第一穗果开始结果时，对氮、磷、钾的吸收量迅速增加，氮在三要素中占 50%，而钾只占 32%；到结果盛期和开始收获期，氮只占 36%，而钾已占 50%，结果期磷的吸收量约占 15%。番茄需钾的特点是从坐果开始一直呈直线上升，果实膨大期吸钾量约占全生育期吸钾总量的 70%以上。直到采收后期对钾的吸收量才稍有减少。

番茄对氮和钙的吸收规律基本相同，从定植至采收末期，氮和钙的累计吸收量呈直线上升，从第一穗果实膨大期开始，吸收速率迅速增大，吸氮量急剧增加。番茄对磷和镁的吸收规律基本相似，随着生育期的进展对磷、镁的吸收量也逐渐增多，但是与氮相比，累积吸收量都比较低。虽然苗期对磷的吸收量较小，但磷对以后的生长发育影响很大，供磷不足，不利于花芽分化和植株发育。

2. 黄瓜各生育期需肥规律 黄瓜对氮、磷、钾的吸收是随着生育期的推进而有所变化的，从播种到抽蔓吸收的数量增加；进入结瓜期，对各养分吸收的速度加快；到盛瓜期达到最大值，结瓜后期则又减少。它的养分吸收量因品种及栽培条件而异。各部位养分浓度的相对含量，氮、磷、钾在收获初期偏高，随着生育时期的延长，其相对含量下降；而钙和镁则是随着生育期的延长而上升。

黄瓜栽培方式的不同，养分的吸收量与吸收过程也不相同，生育期长的早热促成栽培黄瓜，要比生育期短的抑制栽培的吸收量高。秋季栽培的黄瓜，定植 1 个月后就可吸收全量的 50%。所以对秋延后的黄瓜来说，施足基肥尤为重要。早春黄瓜采用塑料薄膜地面覆盖后，土壤中有机质分解加速，前期土壤速效养分增加，土壤理化性状得到改善，促进了结瓜盛期以前干物质、氮、钾的累积吸收以及结果盛期磷至少的吸收。

活动一 番茄测土配方施肥技术

1. 活动目标 了解番茄科学施肥技术，熟悉番茄测土配方施肥技术。

2. 活动准备 将全班按 5 人一组分为若干组，每组准备以下材料和用具：调查表格及工具、有关番茄测土配方施肥技术等图片或资料。

3. 相关知识 露地番茄科学施肥技术主要有以下环节：

（1）育苗肥。培育壮苗不仅需要肥和疏松的床土，而且还需要土壤中有丰富的速效氮、磷、钾和其他养分，pH 在 6.0～7.0。

配制番茄育苗床土可以根据具体情况选择使用。没有种过番茄的菜园土 1/3＋腐熟马粪 2/3（按体积计算），在每 100kg 营养土中加过磷酸钙 3kg，硫酸钾 0.2kg。或没有种过番茄的菜园土 40%＋河泥 20%＋腐熟厩肥 30%＋草木灰 10%（按体积计算），在每 100kg 营养土中加过磷酸钙 2kg。

苗期追肥一般结合浇水进行，常用充分腐熟的稀粪，追施后，随即喷洒清水，淋去叶面的粪肥，并开棚通气，除去叶面的水分。另外也可以用 0.1%～0.2%尿素水溶液进行叶面喷施。

（2）大田底肥。每 667m^2 获得 5 000kg 产量，应施用优质的腐熟有机肥 4 000～6 000kg，过磷酸钙 35～50kg，硫酸钾 10kg；或番茄专用配方肥 80～120kg。磷肥要事先掺入有机肥中堆沤，然后再在翻地时均匀地施入耕层。

（3）生育期追肥。在番茄定植后 10～15d 冲施番茄专用冲施肥 5～10kg 或尿素 10kg。在第一穗果开始膨大到乒乓球大小时，每 667m^2 施尿素 9～12kg 或硫酸铵 20～26kg，硫酸钾 12～15kg；或冲施番茄专用冲施肥 15～20kg。当第一次穗果即将采收，第二穗果膨大至乒乓球大小时，每 667m^2 施尿素 9～12kg 或硫酸铵 20～26kg，硫酸钾 12～15kg；或冲施番茄专用冲施肥 15～20kg。在第二穗果即将采收，第三穗果膨大到乒乓球大小时开始，每

667m² 施 8～10kg 尿素或 18～24kg 硫酸铵；或冲施番茄专用冲施肥 10～15kg。

（4）叶面追肥。在番茄盛果后期，可结合打药，于晴天傍晚进行叶面施肥。用 0.3%～0.5%的尿素或 0.5%～1.0%的磷酸二氢钾水溶液，喷洒 2～3 次。

在番茄第一次开花后 15d 开始，每隔 10d 左右用 0.5%的氯化钙水溶液于 17:00～18:00 喷施于番茄叶的反面；相隔 4～5d 后，再喷施 0.1%～0.25%硼砂溶液、0.05%～0.1%硫酸锌溶液。

4. 操作规程和质量要求　全班分为若干项目小组，通过查询有关番茄测土配方施肥技术的书籍、杂志、网站等，并走访当地农业局、农业技术推广站或土壤肥料站的技术人员、当地种植能手，了解番茄测土配方施肥技术的推广应用内容，参考下面案例，进行推广应用。

【应用案例】

目前生产上番茄生产以保护地生产为主，保护地番茄施肥与露地番茄施肥具有一定差异。

1. 番茄推荐施肥量　番茄全生育期每 667m² 施肥量为商品有机肥 350～500kg，纯氮 15～22kg，五氧化二磷 5～10kg，氧化钾 10～15kg。有机肥、磷肥全部作基肥，氮肥和钾肥作基肥和追肥施用。番茄不同肥力水平推荐施肥量见表 5-2-22，基肥和追肥推荐方案见表 5-2-23。

表 5-2-22　番茄推荐施肥量

肥力等级	每 667m² 施肥量（kg）		
	氮	五氧化二磷	氧化钾
低肥力	19～22	7～10	12～15
中肥力	17～20	5～8	11～14
高肥力	15～18	5～7	10～12

表 5-2-23　番茄测土配方施肥推荐卡

每 667m² 基肥推荐方案（kg）				
肥力水平		低肥力	中肥力	高肥力
有机肥	商品有机肥	450～500	400～450	350～400
	或农家肥	3 500～4 000	3 000～3 500	2 500～3 000
氮肥	尿素	5～6	5～6	4～5
	或硫酸铵	12～14	12～14	9～12
	或碳酸氢铵	14～16	14～16	11～14
磷肥	磷酸二铵	15～22	13～17	11～15
钾肥	硫酸钾	7～9	7～8	6～7
	或氯化钾	6～8	6～7	5～6

每 667m² 追肥推荐方案（kg）						
施肥时期	低肥力		中肥力		高肥力	
	尿素	硫酸钾	尿素	硫酸钾	尿素	硫酸钾
第一穗果膨大期	9～10	5～6	8～9	5～6	7～8	4～5
第二穗果膨大期	12～14	7～8	11～13	6～8	10～12	6～7
第三穗果膨大期	9～10	5～6	8～9	5～6	7～8	4～5

2. 保护地番茄科学施肥技术

(1) 施足基肥。基肥以腐熟的优质有机肥为主，每 667m^2 施 2 500～3 000kg，并根据番茄品种熟性、栽培时期等的不同配以适量化肥。对于早熟品种，每 667m^2 配施过磷酸钙 25～30kg，硫酸钾 15～20kg；或番茄专用配方肥 50～60kg。但在有机肥困难的地方，每 667m^2 施用 100～150kg 番茄专用配方肥代替，另外增加尿素 10kg 左右。晚熟品种，对氮肥更要适当控制。

地膜覆盖栽培番茄的氮素化肥的分配，一般以基肥、追肥各半为宜。基肥施用方法：除磷肥或配方肥外可实行全层施肥，使肥料与耕层土壤均匀混合，达到土肥交融。过磷酸钙则与有机肥充分拌和后条施于种植穴内，以减少土壤对磷的固定。

(2) 合理追肥。定植后 7～10d，结合浇水追施一次催果肥，用量每 667m^2 施粪稀 500kg。当第一穗果开始膨大时结合浇水施尿素 10～15kg，或冲施番茄专用冲施肥 15～20kg。第一穗果将近收获，第二、第三穗果膨大时，植株进入旺产期，每 667m^2 追施粪稀 1 000kg 左右或冲施番茄专用冲施肥 15～20kg，最好是粪稀与番茄专用冲施肥交替施用，连续追肥 3 次，可以达到壮秧、防早衰和提高果实品质的目的。土壤缺钾情况下，中后期追施钾肥，对使番茄果实色均匀，减少棱形果，提高果品质量有重要作用。

(3) 及时喷肥。在番茄生长中后期，茎、叶生长开始减缓，为了争取中后期产量，防止早衰，番茄进入盛果期后，根系的吸肥能力下降，此时可进行叶面喷肥。常用的方法是：每 667m^2 每次喷洒 1%的尿素溶液、0.5%的磷酸二氢钾溶液、0.1%的硼砂混合液 40～50kg，5～7d 喷 1 次，连喷 2～3 次，有利于延缓植株衰老，延长采收期。

5. 常见技术问题处理 其他蔬菜的测土配方施肥技术可根据当地实际情况，参考番茄测土配方施肥技术，查阅有关资料，走访当地农业技术部门，进行推广应用。

活动二 黄瓜测土配方施肥技术

1. 活动目标 了解黄瓜科学施肥技术，熟悉黄瓜测土配方施肥技术。

2. 活动准备 将全班按 5 人一组分为若干组，每组准备以下材料和用具：调查表格及工具、有关黄瓜测土配方施肥技术等图片或资料。

3. 相关知识 露地黄瓜科学施肥技术主要有以下环节：

(1) 育苗施肥。要重视苗期培养土的制备，一般可用 50%菜园土、30%草木灰、20%腐熟的干猪粪掺匀组成。幼苗期不易缺肥，如发现缺肥现象可增加营养补液。其配方是：0.3%尿素和磷酸二氢钾混合液，可结合浇水施用 5%～10%充分腐熟的人粪尿进行追肥。在幼苗期适当增施磷肥，可增加黄瓜幼苗的根重和侧根的条数，提高根冠比值。

(2) 大田基肥。种植黄瓜的菜田要多施基肥，一般每 667m^2 普施腐熟厩肥 5 000～6 000kg，还可再在畦内按行开深、宽各 30cm 的沟，施饼肥 100～150kg 加黄瓜专用配方肥 40kg，然后覆平畦面以备移植。

(3) 大田追肥。根据每 667m^2 生产 5 000kg 以上产量，从黄瓜定植至采收结束，共需追肥 8～10 次。

定植后为促进缓苗和根系的发育，在浇缓苗水时追施人粪尿或沤制的禽畜粪水，也可用迟效性的有机肥料，开沟条施或环施。在缺磷的园田土中，也可每 667m^2 再追过磷酸钙 10～15kg。

以后追肥以速效氮肥为主，化肥与人粪尿交替使用，每次每 667m² 施用尿素 8～10kg 或冲施黄瓜专用冲施肥 15～20kg。在采瓜盛期，要增加追肥次数和数量，并选择在晴天追施，冲施黄瓜专用冲施肥 20～25kg。

还可结合喷药时叶面喷施 1%尿素和磷酸二氢钾溶液 2～3 次，可促瓜保秧，力争延长采收时期。

4. 操作规程和质量要求　全班分为若干项目小组，通过查询有关黄瓜测土配方施肥技术的书籍、杂志、网站等，并走访当地农业局、农业技术推广站或土壤肥料站的技术人员、当地种植能手，了解黄瓜测土配方施肥技术的推广应用内容，参考应用案例，进行推广应用。

【应用案例】

目前生产上黄瓜生产以保护地生产为主，保护地黄瓜施肥与露地黄瓜施肥存在一定差异。

1. 黄瓜推荐施肥量　黄瓜全生育期每 667m² 施肥量为商品有机肥 350～500kg，纯氮 13～20kg，五氧化二磷 5～10kg，氧化钾 7～13kg。有机肥、磷肥全部作基肥，氮肥和钾肥作基肥和追肥施用。黄瓜不同肥力水平推荐施肥量见表 5－2－24，基肥和追肥推荐方案见表 5－2－25。

表 5－2－24　黄瓜推荐施肥量

肥力等级	每 667m² 施肥量（kg）		
	氮	五氧化二磷	氧化钾
低肥力	16～20	8～10	11～13
中肥力	14～18	6～8	9～11
高肥力	13～16	5～6	7～9

表 5－2－25　黄瓜测土配方施肥推荐卡

每 667m² 基肥推荐方案（kg）

肥力水平		低肥力	中肥力	高肥力
有机肥	商品有机肥	450～500	400～450	350～400
	或农家肥	3 500～4 000	3 000～3 500	2 500～3 000
氮肥	尿素	5～6	4～5	4～5
	或硫酸铵	12～14	9～12	9～12
	或碳酸氢铵	14～15	11～14	11～14
磷肥	磷酸二铵	17～22	13～17	11～13
钾肥	硫酸钾	4	3～4	2～3
	或氯化钾	3	3	2～3

每 667m² 追肥推荐方案（kg）

施肥时期	低肥力		中肥力		高肥力	
	尿素	硫酸钾	尿素	硫酸钾	尿素	硫酸钾
初瓜期	8～9	7～8	7～8	5～6	7～8	3～5
盛瓜期（每次追肥量）	8～9	7～8	7～8	5～6	7～8	3～5

2. 保护地黄瓜科学施肥技术 目前，日光温室和大棚黄瓜栽培类型主要有冬春茬、春茬、秋茬和秋冬茬栽培，其中以冬春茬和春茬居多。冬春茬和春茬栽培施肥新技术说明如下。

(1) 苗床施肥。配制疏松、肥沃的苗床土，为培育壮苗奠定基础。苗床土配制方法有2种：

① 堆制苗床土。6月取深层园田土或葱蒜类蔬菜地及大田地土壤4份，未腐熟的纯鸡粪或猪粪3份，未腐熟的马粪或稻草、麦糠等3份，每100kg苗床土加黄瓜配方肥2kg，分层堆积。土和粪较干时还应加适量水，然后轻轻踏实。每堆可堆制2～4m^3，堆完后用废旧塑料膜覆盖封严，进行发酵。播前过筛混匀备用。

② 临时配制苗床土。配方一：取葱蒜类茬或未种过蔬菜的熟土4份，充分腐熟的鸡粪或猪粪3份，腐熟的马粪或乱草3份，分别过细筛。每1m^3床土掺加黄瓜配方肥500g或硫酸钾500g，磷酸氢二铵250g，50%多菌灵可湿性粉剂60g，与土混匀即为营养土。将营养土填入苗床，整平拍实，浇透底水即可播种。

配方二：取葱蒜地的肥土4份，腐熟厩肥6份，加少量钙镁磷肥和草木灰，过筛待播。

配方三：取葱蒜地的肥土3～6份，腐熟的厩肥3～6份，每15m^2的畦面加0.25kg尿素或0.5kg硝酸铵，0.5kg过磷酸钙或1.0kg钙镁磷肥，0.5～1.0kg草木灰，过筛，填入苗床拍实后播种或分苗。

配方四：腐殖质和园土的比例为1∶1，1m^3苗床上加0.5kg尿素和25kg草木灰。

(2) 重施基肥。一般肥力条件下，一个50m长的冬暖大棚整地时，每667m^2一次施入基肥量应为优质有机肥4 000～6 000kg，黄瓜专用配方肥40～50kg。

定植前整地时，先将棚内土地浇1次透水，墒情适宜时深翻1遍。注意深翻质量，将土坷垃打碎，将所准备的粪肥撒到地表层，浅翻细耙，将基肥混入表层土壤，然后整平做畦定植。

宜选择晴朗无风的上午进行定植，按大小行划开沟线，将备有的优质有机细粪和尿素按线刨浅沟施入，再将苗坨定植到所划浅沟上。

(3) 巧施提苗肥。缓苗后据幼苗长势可适施1次提苗肥。一般每667m^2施尿素5～7.5kg或腐熟的稀粪水500kg，或冲施黄瓜专用冲施肥15～20kg，距植株5cm，开沟施和后覆土浇水。

(4) 重施结果肥。冬暖大棚黄瓜结果期12月中下旬，结束于5月下旬或6月上旬。结果期有3个阶段，即冬季最寒冷阶段（12月下旬至翌年2月上旬）、天气逐渐变暖阶段（2月中旬至4月中旬）及天气转热阶段（4月中下旬至翌年5月上旬或6月上旬）。

① 冬季最寒冷阶段肥水管理。黄瓜定植前7～10d，地下埋设马粪、鸡粪和麦秸、稻草等混合而成的酿热物，提高棚内气温和地温的效果很明显。

闭棚提高棚温。晴天上午光照充足应施用二氧化碳，阴天寡照可不施用。除定植时大量有机肥外，利用强酸和一些碱式盐反应产生二氧化碳是简便易行的方法。

进入结果期可以补充肥水，当根系伸长，瓜柄颜色转绿时，开始追肥浇水。此时植株由营养生长向生殖生长过渡，应及时追肥浇水。一般每667m^2施尿素或磷酸氢二铵15～20kg，暗沟随水冲肥；或冲施黄瓜专用冲施肥20～25kg。

冬季温度低，不提倡叶面追肥，但是如果坐瓜较多及植株生长势弱时，应适当叶面喷施

2～3次100倍糖（白糖）液加0.2%磷酸二氢钾和0.1%尿素混合液，每隔7～10d喷1次，喷后要加强通风。

② 天气逐渐变暖阶段肥水管理。此阶段肥水管理是持续高产的关键。此时黄瓜植株吸肥量相当于露地定植50d后的吸肥量，而且有一半的吸肥量被果实携走，因此必须及时追肥浇水。然而由于土壤吸附性能力和黄瓜吸收能力所限，每次追肥数量应视土质和植株长势而定，不能盲目滥用化肥（表5-2-26）。

表5-2-26　各种肥料每667m^{2}一次施用最大限量（kg）

肥料种类	沙土	沙壤	壤土	黏壤土
硫酸铵	18～24	18～36	24～48	24～48
尿素	6～10	10～18	12～24	12～24
复合肥	18～30	24～36	36～40	36～50
过磷酸钙	24	36	48	48
硫酸钾	3～9	6～12	9～18	9～18

黄瓜盛果期持续高产肥水管理的原则：一般每隔5～10d浇1次水，10～15d追1次肥，在暗沟内随水每667m^{2}冲施硝酸铵或磷酸二铵15～20kg，或腐熟稀粪尿（按粪肥：水＝1∶10沤制）或饼肥水400～500kg，沤制液加5～10倍水释后再带入温室内冲施，在基肥未施钾肥时，可配合氨水、磷肥追施硫酸钾10～20kg；或冲施黄瓜专用冲施肥20～25kg。浇水追肥应于晴天上午揭苫1h后开始，浇水后要加大通风量，降低空气湿度。

在土壤追肥的基础上，可根据植株长势，进行叶面喷施速效氮、磷、钾、钙肥和微量元素肥料，每隔7～10d叶面施肥1次。可交替喷施0.1%尿素和0.2%磷酸二铵混合液，或0.1%尿素和0.05%硼砂或0.05%硫酸锌混合液等。

此期二氧化碳气肥浓度应为1 200～1 500mg/L为宜。

③ 天气转热阶段肥水管理。此期持续高产的肥水管理同前一阶段。化肥水—清水—有机肥水—化肥水交替施用。每次追施适量磷、钾肥。并结合叶面喷施效果更好。植株蒸腾量和土壤水分蒸发量均在加大，因而浇水次数相应增多，间隔时间相应缩短。同时，注意疏叶落秧，使老株更新，增加群体透光通风度，可延长采收期，获得高产高效益。

5. 常见技术问题处理　其他蔬菜的测土配方施肥技术可根据当地实际情况，参考黄瓜测土配方施肥技术，查阅有关资料，走访当地农业技术部门，进行推广应用。

任务三　果树测土配方施肥技术应用案例

任务目标

了解苹果、柑橘的需肥规律，掌握苹果、柑橘的测土配方施肥技术，为推广其他果树测土配方施肥技术提供参考。

背景知识

苹果、柑橘的需肥规律

1. 苹果的需肥规律 苹果树在生长发育过程中，不同的年龄时期，不同生长季节，其吸收肥料种类和吸收量不同。

（1）未结果幼树需肥规律。氮素的吸收自春至夏随气温上升而增加，到8月上旬达到高峰期，以后随气温下降，吸收量逐渐下降。磷的吸收规律与氮大致相同，但吸收量较少，高峰期不明显。钾的吸收自萌芽开始，随着枝条生长，吸收量急剧增加；枝条停止生长后，吸收量急剧减少。

（2）结果树需肥规律。对氮素的需求生长前期量最大，新梢生长、花期和幼果生长都需要大量的氮，但这时期需要的氮主要来源于树体的贮藏养分，因此增加氮素的贮藏养分非常重要；进入6月下旬以后氮素要求量减少，如果7～8月氮素过多，必然造成秋梢旺长，影响花芽分化和果实膨大。而从采收到休眠前，是根系的再次生长高峰，也是氮素营养的贮藏期，对氮肥的需求量又明显回升。对磷元素的吸收，表现为生长初期迅速增加，花期达到吸收高峰，以后一直维持较高水平，直至生长后期仍无明显变化。对钾元素的需求表现为前低、中高、后低，即花期需求量少，后期逐渐增加，至8月份果实膨大期达到高峰，后期又逐渐下降。

钙元素在苹果幼果期达到吸收高峰，占全年70%，因此，幼果期补充充足的钙对果实生长发育至关重要。苹果对镁的需求量随着叶片的生长而逐渐增加，并维持在较高水平。

硼元素在花期需求量最大，其次是幼果期和果实膨大期，因此，花期补硼是关键时期，可提高坐果率，增加优质果率。锌元素在发芽期需要量最大，必须在发芽前进行补充。

2. 柑橘的需肥规律 柑橘对养分的吸收，随物候期的进展表现出有规律的季节性变化。研究表明，蜜柑新梢中，从4月开始迅速吸收氮、磷、钾元素，6月达最高，7～8月下降，9～10月又稍下降。氮、磷的吸收在11月，钾在12月基本停止。果实对磷的吸收，从6月逐渐增加，至8～9月为高峰期，以后吸收趋于平稳；氮、钾的吸收，从6月开始增加，至8～10月出现最高峰。其中4～10月是柑橘年中吸肥最多的时期。而果实对三要素的吸收从5月急剧上升，8～9月达到最高水平，然后逐渐下降，11月处于最低值。

活动一 苹果测土配方施肥技术

1. 活动目标 了解苹果科学施肥技术，熟悉苹果测土配方施肥技术。

2. 活动准备 将全班按5人一组分为若干组，每组准备以下材料和用具：调查表格及工具、有关苹果测土配方施肥技术等图片或资料。

3. 相关知识 苹果是我国栽培面积最广、产量最多的果树品种之一，是落叶果树中耐寒的树种，在我国主要分布在长江以北的广大地区。苹果产区若地势平坦、土层深厚、排水良好、土壤有机质含量较高有利于苹果的生长发育。从苹果的生产特点看，其适应性强、丰产性好、结果周期长、品种繁多、耐贮运。

据研究，株产250kg左右的成龄苹果树，一年从土壤中吸收氮514.62g，五氧化二磷

85.17g，氧化钾 640.56g。株产 500kg 的苹果树，一年中从土壤吸收氮 1075.25g，五氧化二磷 143.6g，氧化钾 1145.64g。因此，盛果期树每生产 100kg 果实，一般一年要从土壤中吸收氮 204～222g，五氧化二磷 17～34.1g，氧化钾 229～324g。综合各地资料，一般每生产 100kg 苹果需要氮 0.3kg 左右，五氧化二磷 0.08kg 左右，氧化钾 0.32kg。

4. 操作规程和质量要求　全班分为若干项目小组，查询有关苹果测土配方施肥技术的书籍、杂志、网站等，并走访当地农业局、农业技术推广站或土壤肥料站的技术人员、当地种植能手，了解苹果测土配方施肥技术的推广应用内容，参考应用案例，进行推广应用。

【应用案例】

1. 苹果施肥量的确定　确定苹果施肥量的最简单方法就是：以结果量为基础，并根据品种特性、树势强弱、树龄、立地条件及诊断结果等加以调整。

(1) 根据产量。根据化肥试验网的资料，一年中，幼树期果树每株施 0.25～0.45kg 氮，初果期 0.45～0.90kg 氮，生长结果期 0.90～1.40kg 氮，盛果期 1.40～1.90kg 氮。

山东地区苹果盛果期，平均每 667m^2 产 2 500kg 以上，每生产 100kg 果实施纯氮 0.7kg、五氧化二磷 0.35kg、氧化钾 0.7kg、有机肥 150kg。

陕西渭北成龄果园，每 667m^2 产 1 500～2 000kg，每生产 100kg 果实施纯氮 0.5～0.7kg、五氧化二磷 0.3kg、氧化钾 0.6～0.7kg、有机肥 150kg。

(2) 根据树龄。不同树龄的苹果年施肥量见表 5-2-27。

表 5-2-27　不同树龄苹果每 667m^2 的施肥量（kg）

树龄（年）	有机肥	尿素	过磷酸钙	硫酸钾
1～5	1 000～1 500	5～10	20～30	5～10
6～10	2 000～3 000	10～15	30～50	7.5～15
11～15	3 000～4 000	10～30	50～75	10～20
16～20	3 000～4 000	20～40	50～100	20～40
21～30	4 000～5 000	20～40	50～75	30～40
>30	4 000～5 000	40	50～75	20～40

(3) 根据土壤分析结果。根据山东果园土壤有效养分与产量品质关系制订的分级标准见表 5-2-28。

表 5-2-28　果园土壤有机质和养分含量分级指标

养分种类	极低	低	中等	适宜	较高
有机质（g/kg）	<6	06～10	10～15	15～20	>20
全氮（g/kg）	<0.4	0.4～0.6	0.6～0.8	0.8～1.0	>1.0
速效氮（mg/kg）	<50	50～75	75～95	95～110	>110
有效磷（mg/kg）	<10	10～20	20～40	40～50	>50
有效钾（mg/kg）	<50	50～80	80～100	100～150	>150
有效锌（mg/kg）	<0.3	0.3～0.5	0.5～1.0	1.0～3.0	>3.0
有效硼（mg/kg）	<0.2	0.2～0.5	0.5～1.0	1.0～1.5	>1.5
有效铁（mg/kg）	<2	2～5	5～10	10～20	>20

2. 苹果施肥技术 苹果施肥一般分为基肥和追肥，具体时间，因品种、树体的生长结果状况以及施肥方法而有差异。不同时期，施肥种类、数量和方法不同。

（1）基肥。基肥以施用有机肥料为主，最宜秋施。秋施基肥的时间，以中熟品种采收后、晚熟品种采收前为最佳，一般为9月下旬至10月上旬。为了充分发挥肥效，可先将几种肥料一起堆腐，然后拌匀施用。基肥的施用量，按有效成分计算，宜占全年总施肥量的70%左右，其中化肥的量应占全年的2/5。

（2）追肥。是指生长季节根据树体的需要而追加补充的速效肥料，追肥因树因地灵活安排。

① 根据树势合理追肥。主要有旺长树、衰弱树、结果壮树、大小年树等。

旺长树，追肥应避开新梢旺盛期，提倡“两停”追肥（春梢和秋梢停长期）。应注重施磷、钾肥，促进成花。春梢停长期追肥（5月下旬至6月上旬），时值花芽生理分化期，追肥以铵态氮肥为主，配合磷、钾肥，结合小水、适当干旱、提高浓度、促进发芽分化；秋梢停长期追肥（8月下旬），时值秋梢花芽分化和芽体充实期，追肥应以磷、钾肥为主，补充氮肥，注重配方、有机充足。

衰弱树，应在旺长前期追施速效肥，以硝态氮肥为主，有利于促进生长。萌芽前追氮，配合浇水，加盖地膜。春梢旺长前追肥，配合大水。夏季借雨勤追，猛催秋梢，恢复树势。秋天带叶追，增加储备，提高芽质，促进秋根。

结果壮树，萌芽前追肥以硝态氮肥为主，有利于发芽抽梢、开花坐果。果实膨大期追肥，以磷、钾肥为主，配合铵态氮肥，加速果实增长，增糖增色。采收后补肥浇水，恢复树体，增加贮备。

大小年树，“大年树”追肥时期宜在花芽分化前一个月左右，以利于促进花芽分化，增加次年产量；追氮数量宜占全年总施氮量的1/3。“小年树”追肥宜在发芽前，或开花前及早进行，提高坐果率，增加当年产量；追氮数量宜占全年总施氮量的1/3。

② 根据土壤条件合理追肥。主要根据土壤类型、保肥能力、营养丰缺具体安排。沙质土果园，追肥少量多次浇小水，勤施少施，多追有机肥和复合肥，防止养分流失。盐碱地果园，应注重多追有机肥、磷肥和微肥。黏质土果园，追肥次数可适当减少，多配合有机肥或局部优化施肥，协调水气矛盾，提高肥料有效性。

③ 适时根外追肥。在苹果生长季节中，还可以根据树体的生长结果状况和土壤施肥情况，适当进行根外追肥（表5-2-29）。

表5-2-29 苹果的根外追肥

时期	种类、浓度	作用	备注
萌芽前	2%～3%尿素	促进萌芽、叶片、短枝发育，提高坐果率	可连续喷2～3次
	1%～2%硫酸锌	矫正小叶病，保持树体正常含锌	主要用于易缺锌果园
萌芽后	0.3%尿素	促进叶片转色、短枝发育、提高坐果率	可连续喷2～3次
	0.3%～0.5%硫酸锌	矫正小叶病	出现小叶病
花期	0.3%～0.4%硼酸	提高坐果率	可连续喷2次
新梢旺长期	0.1%～0.2%柠檬酸铁或黄腐酸二铵铁	矫正缺铁黄叶病	可连续喷2次

（续）

时期	种类、浓度	作用	备注
5～6月	0.3%～0.4%硼酸	防治缩果病	
6～7月	0.2%～0.5%硝酸钙	防治枯痘病，改善品质	可连续喷2～3次
果实发育后期	0.4%～0.5%磷酸二氢钾	增加果实含糖量，促进着色	可连续喷3～4次
采收后至落叶前	0.5%尿素	延缓叶片衰老、提高贮藏营养	可连续喷3～4次，大年尤为重要
	0.3%～0.5%硫酸锌	矫正小叶病	主要用于易缺锌果园
	0.4%～0.5%硼酸	矫正缺硼症	主要用于易缺硼果园

5. 常见技术问题处理　北方其他果树的测土配方施肥技术可根据当地实际情况，参考苹果测土配方施肥技术，查阅有关资料，走访当地农业技术部门，进行推广应用。

活动二　柑橘测土配方施肥技术

1. 活动目标　了解柑橘科学施肥技术，熟悉柑橘测土配方施肥技术。

2. 活动准备　将全班按5人一组分为若干组，每组准备以下材料和用具：调查表格及工具、有关柑橘测土配方施肥技术等图片或资料。

3. 相关知识　全世界栽培柑橘的国家和地区达90多个，是世界第一大类水果。在我国柑橘是仅次于苹果的第二大类水果，长年种植面积和产量分别保持在130万hm^2和1 000万t左右。面积和产量在全球分别排名第一和第三。我国柑橘生产分布在18个省、自治区、直辖市，是长江流域省份最主要的栽培果树。

柑橘生长和结果需要大量矿质养分。不同养分在不同器官中的分布比例有明显差异，氮和钾主要集中在叶和根中，磷在根中含量较多，钙、镁在枝、干和粗根中最多。1t柑橘需氮1.18～1.90kg，磷0.17～0.27kg，钾1.48～2.621kg，钙0.36～1.04kg，镁0.16～0.19kg，对氮、磷、钾的吸收比例为3∶1∶5。综合不同研究结果，每667m^2产5 000kg柑橘果实，平均带走氮8.75kg，磷（P_2O_5）2.65kg，钾（K_2O）12.0kg，钙（CaO）3.9kg，镁（MgO）1.35kg。由于根系吸收养分除供果实外，还有大量养分积累在树体中，其数量为果实需要总量的40%～70%。

4. 操作规程和质量要求　全班分为若干项目小组，通过查询有关柑橘测土配方施肥技术的书籍、杂志、网站等，并走访当地农业局、农业技术推广站或土壤肥料站的技术人员、当地种植能手，了解柑橘测土配方施肥技术的推广应用内容，参考应用案例，进行推广应用。

【应用案例】

1. 柑橘施肥量确定　柑橘施肥量的确定，需要考虑营养状况、柑橘品种、树体生长发育情况、柑橘结果及对果实品质的要求等因素。方法大致有三种：一是以产定肥。按照果实产量确定柑橘一个生长周年内的肥料施用量，该法适宜于产量比较稳定的成年树。二是按生产经验。这种方法盲目性大，适用于老产区有丰富栽培经验的种植户。表5-2-30是几个不同地区的柑橘推荐施肥用量，可供制订施肥方案时参考。三是叶片养分分析法，是在6～7月测定非结果枝条上部叶片的养分含量，该法在国外比较普遍。

表 5-2-30 不同地区成年柑橘推荐施肥量［g/(株·年)］

地区	氮	五氧化二磷	氧化钾	氧化镁	每 $667m^2$ 种植数量（株）
中国福建	417～500	92～108	347～415		70
中国四川	500～906	188～563	188～438		60
中国湖北	500～900	300～400	400～600	150～250	60～90

2. 柑橘施肥技术

(1) 幼树施肥技术。幼树施肥的重点在于扩大树冠营养生长，在肥料分配上要求前期薄肥勤施，后期控肥水、促老熟。长江流域柑橘每年抽生 3 次新梢，因此以 3 次重肥为主，即 2 月底至 3 月初施春梢肥，5 月中旬施夏梢肥，7 月上中旬施早秋梢肥，11 月下旬还要补施冬肥。夏季修剪结合整形，重施氮、磷、钾肥，以促发 7 月下旬抽生的早秋梢。丘陵山地的橘园，应多积制有机肥，深埋深施，深耕改土，促进根系的生长和扩展。全年施肥 3～5 次。

根据各地经验，一般幼龄树的肥料和量则不同于成年丰产树，表 5-2-31 是不同树龄的柑橘幼树推荐施肥量。

表 5-2-31 不同树龄的柑橘幼树推荐施肥量［g/(株·年)］

树龄（年）	氮	五氧化二磷	氧化钾	施用次数
0～1	80	40～60	40～60	4～5
1～2	160	60～100	80～120	4～5
2～3	200	60～100	80～120	4～5
3～4	300	60～150	100～200	3～4
4～5	400	60～150	100～200	3～4

(2) 成年树施肥技术。我国成年柑橘树一般每年施肥 3～5 次。每 $667m^2$ 产 2 500～3 000kg的一般年每株需施有机肥 30～50kg、尿素 1.4～2.0kg＋过磷酸钙 2～3kg＋氯化钾 0.9～1.2kg 或 35%柑橘配方肥 4.0～5.0kg。

第一，萌芽肥，主要是促春梢抽生和花芽分化，在柑橘发芽前 1 个月左右施肥，以速效氮、磷肥为主，氮的施用量占全年的 20%～30%，并结合施一些农家肥，如人畜粪尿等。

第二，稳果肥，于 5 月中旬施用，此时处在第一次生理落果与第二次生理落果之间。稳果肥以速效钾、磷为主，配合一定量的氮、镁肥，氮肥用量占全年用量的 10%。这时是柑橘对氮敏感的时期，氮不足会引起落果，供氮过多而促发大量新梢会导致更多落果。

第三，壮果促梢肥，一般在 7 月末至 8 月中旬施入。施肥时需要氮、磷、钾配合，以氮、钾为主，施氮量占全年的 20%～30%，施钾量占全年的 30%～40%。

第四，采果肥，一般在采果后 10d 左右施用，要重施有机肥及过磷酸钙、钾肥等，施肥量为施肥总量的 30%～35%，施肥要结合扩大改土进行。

(3) 老树更新施肥技术。柑橘衰老后，生长势减弱，树冠中下部、内膛枝因受郁闭枯萎逐渐增多，渐渐失去经济生产能力，需要全园更新，更新的方法通常是通过重剪，结合地下部断根施重肥，促发新根生长和抽生新梢。

断根结合施肥的时间，一般在春季 2～3 月，夏季 7 月上旬，秋季 8 月下旬至 9 月上旬，分期错开断根，施肥有机肥料，以重新培养新根。

新梢生长着重施 3 次肥，春肥促春梢，夏肥促夏梢，秋肥促秋梢，使重剪后的老树迅速形成新的树冠；老树更新应重施秋肥，占全年用量的 40%～50%，春肥和采果肥各占全年用量的 25%。三要素中氮肥应占较大比例，磷、钾肥可适当减少。

(4) 根外追肥技术。根外追肥抓住三个时期：一是花芽分化期，可在秋、冬季用 0.2%磷酸二氢钾+0.3%尿素液喷 2～3 次，促进花芽分化；二是在萌芽期和蕾期，用 0.1%硼砂液+0.2%磷酸二氢钾+0.3%硫酸锌溶液喷 3 次；三是在果实迅速膨大期用 0.3%磷酸二氢钾液，加 2%～3%的硫酸镁，或多元微肥液喷 2 次，但应注意在果实成熟前一个半月不施用任何叶面肥。稀土对果品增色有突出效果，并能使果实含糖量增加 1%左右，并增重 10%～15%。喷施方法是在生长季节喷施 2～3 次 1 000mg/kg 的稀土溶液即可。

5. 常见技术问题处理　其他南方果树的测土配方施肥技术可根据当地实际情况，参考柑橘测土配方施肥技术，查阅有关资料，走访当地农业技术部门，进行推广应用。

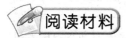

阅读材料

新疆棉区棉花膜下滴灌施肥技术

棉花膜下滴灌施肥，肥、水适度的纵向和横向扩展，使土壤中肥水含量均衡，维持理想根围环境，使须根发达，减少根系压力，容易控制棉花生长，增加产量。棉花膜下滴灌施肥可减少机械通过田间的次数，从而减少对耕层土壤结构的破坏；同时也可减少作物的机械损失，提高肥料利用率和肥效，实现节本增效目的。

1. 棉花膜下滴灌施肥方法

(1) 氮肥的滴施。氮肥每 667m^2 在棉花生育期随水滴施尿素 28～34kg，沙质土棉田应少量多次，前期不宜大，后期注意补。黏质土棉田全生育期滴肥 5～6 次，始花期、初花期、盛花期、盛花结铃期、结铃盛期各 1 次；滴肥量前期和后期少，花铃期要适当多施。壤质土棉田全生育期滴肥 7～8 次，开花前后、初花期、盛花期各 1 次，花铃期 2 次，结铃期 2 次，吐絮期视棉花长势灵活掌握。

(2) 磷肥的滴施。磷肥滴施以磷酸二氢钾为好，磷酸一铵和磷酸二铵亦可。磷肥滴施可与氮肥滴施同步进行。

(3) 钾肥的滴施。钾肥滴施亦以磷酸二氢钾为好，用硫酸钾、氯化钾亦可。钾肥滴施亦可与氮肥滴施同步进行。

(4) 微量元素锌、硼的滴施。新疆棉区建议施用 DDHA-Zn 螯合物。硼肥滴施宜选用溶解性较高的硼酸和高溶解度速溶性的速乐硼，如用硼砂应将其在温水中溶解，取其清液施用。

2. 棉花膜下滴灌施肥的技术要求

第一，实施棉花膜下滴灌施肥须具有优质的土壤，物理性能好，毛管孔隙丰富，透气性强，能使滴灌的水、肥均匀地纵向、横向渗润 20cm 以上，形成浅而广的圆锥状湿润带。这就要求高产和培肥相结合，通过施用有机肥，改善土壤结构，形成良好的土壤物理性能。

第二，棉花的不同生育阶段对营养元素的需求量及对各营养元素的配比要求不同，要在测土配方的基础上，根据棉花的需肥规律，在不同的生育阶段供给适时适量的营养元素，并可根据需要添加中微量元素，以全面地供给养分，充分发挥滴灌施肥技术的优势。

第三，施用的肥料必须在施肥罐中充分溶解后再随水滴施。随水施肥时应先滴水0.5～1.0h，然后滴入充分溶解的肥料，并在停水前0.5～1.0h停止施肥，以减少土壤对肥料的固定。

第四，新疆土壤多呈碱性，这就要求滴灌肥料为中性或酸性肥料，以减少水及土壤中碱性物质对肥效的影响。

第五，棉花膜下滴灌肥料必须水溶性为好（≥99.5%），含杂质及有害离子少，防止滴头堵塞造成的棉田肥水不匀及肥效降低。

3. 棉花膜下滴灌施肥的操作规程

第一，施肥时，首先要准确计算出轮灌小区面积，根据施肥量，一次将肥料倒入施肥罐，溶解后滴施。在待施肥轮灌组正常滴水30min后，开始施肥。开启施肥阀、调节控制阀，使之形成一定的压力差，使罐内的肥料压入输水网中进行施肥。一个轮灌组施肥完毕后，先将控制阀恢复全开状态，随后将施肥阀关闭。在本轮灌小区滴水结束前1h关闭施肥罐球阀，结束施肥，然后打开施肥罐排水球阀，到罐内的水体积小于1/3罐容积，添加下一轮灌小区的肥料。整块地施肥结束应进行施肥罐的清洗工作。

第二，施肥罐的操作。将施肥罐摆正，用软管与过滤器的2个施肥球阀连接好，注意进出水口的方向。施肥罐中注入的肥料固体颗粒不得超过罐体总容量2/3。调节过滤器的2个球阀，使阀门前后形成压力差，利用压差使施肥罐中的肥料进入过滤器输水系统。

第三，施肥装置运行注意事项。罐体内肥料必须充分溶解，否则影响滴施效果堵塞罐体；滴施肥料应在每个轮灌小区滴水0.5～1.0h后才可滴施，并且在滴水结束前30min必须停止施肥；轮灌组更换前应有30min的管网冲洗时间，即进行30min滴纯水冲洗，以免肥料在管内沉积；使用敞吸式施肥箱时，将肥料加入施肥箱容积2/3，先打开进水球阀注水，搅拌使肥料充分溶解，再打开吸水球阀使水肥溶液保持施肥箱容积2/3，达到进出水量平衡。

资料收集

1. 阅读《土壤》《中国土壤与肥料》《土壤通报》《土壤学报》《植物营养与肥料学报》等杂志及有关测土配方施肥技术方面的书籍。

2. 浏览中国肥料信息网、××省（市）土壤肥料信息网、中国科学院南京土壤研究所网站、中国农业科学院土壤肥料研究所网站等。

3. 了解近两年有关当地测土配方施肥技术等方面的新技术、新成果、最新研究进展等资料，写一篇“××作物测土配方施肥技术应用”的综述。

师生互动

将全班分为若干团队，每队5～10人，利用业余时间，进行下列活动：

1. 当地冬小麦、旱地小麦测土配方施肥技术要点是什么？

2. 当地单季稻或双季稻测土配方施肥技术要点是什么？

3. 当地种植的苹果及其他北方果树测土配方施肥技术要点是什么？

4. 当地种植的柑橘及其他南方果树测土配方施肥技术要点是什么？

5. 当地种植的主要番茄等茄果类蔬菜测土配方施肥技术要点是什么？

6. 当地种植的主要黄瓜等瓜果类蔬菜测土配方施肥技术要点是什么？

考证提示

获得农艺工、种子繁育员、肥料配方师、植保员、蔬菜园艺工、花卉园艺工、果树园艺工、林木种苗工、绿化工、草坪建植工、中药材种植员、牧草工等高级资格证书，需具备以下知识和能力：

◆当地主要大田作物的测土配方施肥技术要点。

◆地主要蔬菜种类的测土配方施肥技术要点。

◆地主要果树的测土配方施肥技术要点。

参 考 文 献

鲍士旦.2000. 土壤农化分析 [M].3 版. 北京：中国农业出版社.
崔英德.1999. 复合肥的生产与施用 [M]. 北京：化学工业出版社.
范兴亮，冯天福.2000. 新编肥料实用手册 [M]. 郑州：中原农民出版社.
高祥照，李贵宝，李新慧.2000. 化肥手册 [M]. 北京：中国农业出版社.
高祥照，申眺，郑义.2002. 肥料实用手册 [M]. 北京：中国农业出版社.
葛诚.2007. 微生物肥料生产及其产业化 [M]. 北京：化学工业出版社.
关连珠.2001. 土壤肥料学 [M]. 北京：中国农业出版社.
关连珠.2007. 普通土壤学 [M]. 北京：中国农业大学出版社.
何念祖，孟赐福.1987. 植物营养原理 [M]. 上海：上海科学技术出版社.
胡霭堂.2003 植物营养学：下册.2 版. [M]. 北京：中国农业大学出版社.
黄昌勇.2000. 土壤学 [M]. 北京：中国农业出版社.
黄巧云.2006. 土壤学 [M]. 北京：中国农业出版社.
金为民，宋志伟.2009. 土壤肥料.2 版. [M]. 北京：中国农业出版社.
李久生，张健君，薛克宗.2003. 滴灌施肥灌溉原理与应用 [M]. 北京：中国农业科学技术出版社.
李志洪，赵兰坡，窦森.2005. 土壤学 [M]. 北京：化学工业出版社.
林葆.2004. 化肥与无公害农业 [M]. 北京：中国农业出版社.
刘春生.2006. 土壤肥料学 [M]. 北京：中国农业大学出版社.
陆景陵.2003. 植物营养学：上册.2 版. [M]. 北京：中国农业大学出版社.
陆欣.2005. 土壤肥料学 [M]. 北京：中国农业大学出版社.
骆永明，马奇英，马建锋，等.2009. 土壤环境与生态安全 [M]. 北京：科学出版社.
吕贻忠，李保国.2006. 土壤学 [M]. 北京：中国农业出版社.
全国农业技术推广服务中心.2006. 土壤分析技术规范 [M].2 版. 北京：中国农业出版社.
全国农业技术推广服务中心组.2011. 北方果树测土配方施肥技术 [M]. 北京：中国农业出版社
全国农业技术推广服务中心组.2011. 单季稻测土配方施肥技术 [M]. 北京：中国农业出版社.
全国农业技术推广服务中心组.2011. 冬小麦测土配方施肥技术 [M]. 北京：中国农业出版社.
全国农业技术推广服务中心组.2011. 南方果树测土配方施肥技术 [M]. 北京：中国农业出版社.
全国农业技术推广服务中心组.2011. 蔬菜测土配方施肥技术 [M]. 北京：中国农业出版社.
全国农业技术推广服务中心组.2011. 双季稻测土配方施肥技术 [M]. 北京：中国农业出版社.
沈阿林.2004. 新编肥料实用手册 [M]. 郑州：中原农民出版社.
沈其荣.2003. 土壤肥料学通论 [M]. 北京：高等教育出版社.
石伟勇.2005. 植物营养诊断与施肥 [M]. 北京：中国农业出版社.
宋志伟，王阳.2012. 土壤肥料.3 版. [M]. 北京：中国农业出版社.
宋志伟，张爱中.2013. 肥料配方师 [M]. 郑州：中原农民出版社.
宋志伟，张爱中.2014. 果树实用测土配方施肥技术 [M]. 北京：中国农业出版社.
宋志伟，张爱中.2014. 农作物实用测土配方施肥技术 [M]. 北京：中国农业出版社.
宋志伟，张爱中.2014. 蔬菜实用测土配方施肥技术 [M]. 北京：中国农业出版社.
宋志伟.2005. 土壤肥料 [M]. 北京：高等教育出版社.
宋志伟.2009. 土壤肥料 [M]. 北京：高等教育出版社.

谭金芳.2003.作物施肥原理与技术［M］.北京：中国农业大学出版社.
王申贵.2000.土壤肥料学［M］.北京：经济科学出版社.
吴礼树.2004.土壤肥料学［M］.北京：中国农业出版社.
吴玉光，刘立新，黄德明.2000.化肥施用指南［M］.北京：中国农业出版社.
武志杰，陈利军.2003.缓释/控释肥料原理与应用［M］.北京：科学出版社.
夏冬明.2007.土壤肥料学［M］.上海：上海交通大学出版社.
熊顺贵.2001.基础土壤学［M］.北京：中国农业大学出版社.
徐秀华.2007.土壤肥料［M］.北京：中国农业大学出版社.
薛勇.2007.土壤肥料学［M］.北京：中国科学技术出版社.
张风荣.2002.土壤地理学［M］.北京：中国农业出版社.
张洪昌，赵春山.2010.作物专用肥配方与施肥技术［M］.北京：中国农业出版社.
张志明.2000.复混肥料生产与利用指南［M］.北京：中国农业出版社.
赵永志.2012.果树作物测土配方施肥技术理论与实践［M］.北京：中国农业科学技术出版社.
赵永志.2012.粮经作物测土配方施肥技术理论与实践［M］.北京：中国农业科学技术出版社.
赵永志.2012.蔬菜作物测土配方施肥技术理论与实践［M］.北京：中国农业科学技术出版社.
郑宝仁，赵静夫.2007.土壤与肥料［M］.北京：北京大学出版社.
周连仁，姜佰文.2007.肥料加工技术［M］.北京：化学工业出版社.
周启星.2005.健康土壤学［M］.北京：科学出版社.

图书在版编目（CIP）数据

土壤肥料 / 宋志伟，王阳主编 .—4 版 .—北京：中国农业出版社，2015.2（2018.11 重印）
“十二五”职业教育国家规划教材
ISBN 978-7-109-20117-0

Ⅰ.①土… Ⅱ.①宋… ②王… Ⅲ.①土壤肥力-高等职业教育-教材 Ⅳ.①S158

中国版本图书馆 CIP 数据核字（2015）第 013603 号

中国农业出版社出版
（北京市朝阳区麦子店街 18 号楼）
（邮政编码 100125）
责任编辑 王 斌

北京中兴印刷有限公司印刷 新华书店北京发行所发行
2001 年 8 月第 1 版 2015 年 4 月第 4 版
2018 年 11 月第 4 版北京第 4 次印刷

开本：787mm×1092mm 1/16 印张：19
字数：470 千字
定价：46.00 元